数据分析与模拟丛书

Volker Grimm　Steven F. Railsback　著

储诚进　林　玥　艾得协措　王酉石　译

Individual-based Modeling and Ecology

基于个体的
生态学与建模

高等教育出版社·北京

图字：01-2019-1149 号

INDIVIDUAL-BASED MODELING AND ECOLOGY

内容提要

有机体空间位置的信息以及个体间的差异对于理解许多生态学过程至
关重要。比如，随着森林长期动态监测样地在全世界的建立，基于个体的
思想牢牢地贯穿于诸多研究种群统计学参数的工作当中，探究周围有机体
对目标个体乃至物种共存和生物多样性的影响。设想在类似这些研究中忽
略空间位置的信息将会使人多么的"失望和气馁"。换言之，"基于个体"
的概念已成为支撑生态学的基石之一，是处理和认识复杂自然系统的重要
理念和思维方式；基于个体的建模已变得越来越常见，也越来越被广大科
研工作者所认同和采纳。本书全面介绍了基于个体的生态学和建模的基本
概念、研究范式、研究案例以及对理论和应用生态学的深远影响。

本书既适合于环境领域对生态学模型尤其是空间显含的模型感兴趣的
本科生、研究生和科研人员，也适合于研究自然系统和社会系统中群体行
为的人们。

图书在版编目（CIP）数据

基于个体的生态学与建模／（德）沃克尔·格里姆
(Volker Grimm)，（美）史蒂文·F. 雷尔斯巴克
(Steven F. Railsback) 著；储诚进等译. -- 北京：
高等教育出版社，2020. 7

书名原文：Individual-based Modeling and Ecology
ISBN 978-7-04-054382-7

Ⅰ.①基… Ⅱ.①沃… ②史… ③储… Ⅲ.①生态学
-数学模型 Ⅳ.①Q141

中国版本图书馆 CIP 数据核字（2020）第 109450 号

| 策划编辑 | 柳丽丽 | 责任编辑 | 柳丽丽 | 封面设计 | 张 楠 | 版式设计 | 杨 树 |
| 插图绘制 | 于 博 | 责任校对 | 刘丽娴 | 责任印制 | 赵义民 | | |

出版发行	高等教育出版社	网　　址	http://www.hep.edu.cn
社　　址	北京市西城区德外大街 4 号		http://www.hep.com.cn
邮政编码	100120	网上订购	http://www.hepmall.com.cn
印　　刷	鸿博昊天科技有限公司		http://www.hepmall.com
开　　本	787 mm× 1092 mm 1/16		http://www.hepmall.cn
印　　张	25		
字　　数	470 千字	版　　次	2020 年 7 月第 1 版
购书热线	010-58581118	印　　次	2020 年 7 月第 1 次印刷
咨询电话	400-810-0598	定　　价	69.00 元

本书如有缺页、倒页、脱页等质量问题，请到所购图书销售部门联系调换
版权所有　侵权必究
物 料 号　54382-00

JIYU GETI DE SHENGTAIXUE YU JIANMO

中译本序

欢迎阅读中文版《基于个体的生态学与建模》。作为原著作者，我们对中文版译者们翻译本书的初衷以及之后细致漫长的翻译工作表示衷心的感谢。他们能够完成这项翻译工作，使得我们的著作能够与中文读者和科研工作者见面，我们对此感到荣幸之至。

对于原著作者而言，中文版的出版也提供了一个机会，证明了本书的内容放在当下依然没有过时。自 2005 年本书出版至今，作为应用和理论生态学中不可或缺且行之有效的重要方法，基于个体的建模已变得越来越常见，也越来越受到认可。然而从目前看来，本书所涵盖的几乎所有内容依然十分重要，并没有哪一部分显得陈旧。因此读者们尽可以放心，从书中所学的内容仍然是合时宜的。

自本书英文版问世至今，基于个体的建模领域已有了一些非常重要的进展。其中之一就是美国西北大学的乌里·维伦斯基（Uri Wilensky）所开发的 NetLogo 已成为基于个体模型领域中非常有影响力并且广受欢迎的开发平台。NetLogo 的广泛应用并不妨碍我们在第 8 章所讨论的软件选择的相关问题，反而使得我们对于软件的推荐变得更加容易。

另一个重要进展，就是用来描述和理解基于个体模型的标准形式的广泛应用。这种名为"ODD 协议"（参见 Grimm et al. 2010. The ODD protocol：a review and first update. *Ecological Modelling* 221：2760-2768）的形式，将第 5 章的概念框架和第 10 章的模型描述建议整合成了一种规范标准，这种规范标准已被证明对于构想、设计和发表基于个体的模型是十分有效的，因此广受欢迎。我们强烈建议基于个体的建模者学习 ODD 协议，并且从开始构想模型设计到最终发表模型都使用这个协议。我们准备了一份模板以供大家使用 ODD 协议（英文文档下载 www. railsback-grimm-abm-book. com/downloads. html）。

在第 3 章介绍的面向模式的建模，也已经成为开发和测试基于个体的模型，以及验证模型优劣程度的重要策略。正如我们在第 4 章所讨论的那样，目前已经有非常多的例子证明了面向模式的建模是如何被用于发展基于个体的生态学理论的。我们依然认为这种理论发展，是生态学研究中至关重要但是未经探索的富饶领域。

自《基于个体的生态学与建模》一书出版以来的这三个重要进展，也促使我们编写了一本教材——《基于主体与个体的建模》（www.railsback-grimm-abm-book.com），该教材的最新版于 2019 年出版。这本教材通过一系列科学上和编程上的实践任务来指导大家学习基于个体的建模，教大家如何使用 ODD 协议和面向模式的建模方法来设计、测试和描述模型，以及如何在 NetLogo 中编程开发模型。相信阅读《基于个体的生态学与建模》后再通过这本教材进行学习，能够为生态学工作者以及其他科研工作者在基于个体的建模领域打下坚实的基础。

我们再次感谢中文版的译者们，感谢他们将此书呈现给广大中文读者。

沃克尔·格里姆

史蒂文·F·雷尔斯巴克

2019 年 11 月

Prologue to Chinese Version

Welcome to the Chinese edition of *Individual-based Modeling and Ecology*. We are very grateful to Yue Lin, Chengjin Chu, Dexiecuo Ai and Youshi Wang for having the idea to translate our book and for doing the long, careful work to produce the translation. It is a great honor that they completed this project to make our book available to Chinese-reading scientists.

Publication of this translation provides an occasion for its authors to reflect on how relevant our book still is. Since we originally published this book in 2005, individual-based modeling has become much more common and much more accepted as a necessary, important, and valid approach for both management and theoretical ecology. However, almost all the topics covered in the book remain important and very few parts seem clearly outdated. Readers can be confident that what they read here is still relevant.

There have been some very important advances in individual-based modeling since this book was written. One is the development of Uri Wilensky's NetLogo (http://ccl.northwestern.edu/netlogo) as a very powerful and popular software platform for IBMs. The use of NetLogo certainly does not eliminate the software issues we discuss in Chapter 8 but instead makes it much easier to follow our recommendations.

Another important advance is the widespread use of a standard format for describing and thinking about IBMs. This format, the "ODD protocol" (e. g., Grimm et al. 2010. The ODD protocol: a review and first update. *Ecological Modelling* 221: 2760–2768), integrates the conceptual framework of Chapter 5 with the model description recommendations of Chapter 10 into a standard that has proven very popular and powerful for thinking about, designing, and publishing IBMs. We strongly encourage individual-based modelers to learn the ODD protocol and use it from when they start thinking about a model's design to when they publish the model. We provide a template (a Word document, in English) for using ODD here: www.railsback-grimm-abm-book.com/downloads.html.

Pattern-oriented modeling, introduced in Chapter 3, has also become an important strategy for developing IBMs, testing them, and showing how well they represent individual behavior and the system dynamics that emerge from behavior. There are now numerous examples of how pattern-oriented modeling has been used to develop individual-based theory as we discuss in Chapter 4. We still believe that this kind of theory development is a critical yet largely unexplored and productive area of ecological research.

These three advances since the original publication of *Individual-based Modeling and Ecology* were our motivation for producing our textbook, *Agent-Based and Individual-Based Modeling* (www. railsback-grimm-abm-book.com), the second edition of which will be published in 2019. This textbook guides people like you through both the scientific and programming tasks of individual-based modeling. It teaches how to use the ODD protocol and pattern-oriented modeling to design, test, and document models, and how to program them in NetLogo. Reading *Individual-based Modeling and Ecology* and then working through the textbook should provide a very strong background in individual-based modeling for ecologists and other scientists.

Again, we thank Yue Lin and his colleagues very much for bringing this book to you.

Volker Grimm

Steven F. Railsback

November 2019

译者前言

凡事皆有缘由。我在读研期间，目睹了众多高年级的研究生不能按期毕业的情景，而在毕业之后因暂时申请不到科研项目而无法及时开展实验研究的情况也不在少数。处于"功利"的想法，我当时暗下决心要学会一门手艺，即使在没有经费支持时也能够做一些事情。当时实验室里既有做解析模型的，也有做基于个体模型的。源于自己数学知识的欠缺，我最终选择了后者。相比于解析模型平均场近似（mean-field approximation）的手段，基于个体的模型（individual-based model，IBM）更易于去考虑生物个体的变异、生物与生物之间以及生物与环境之间的关系，能在更大程度上再现自然系统。

一旦确定了选择之后，就开始大范围搜集有关 IBM 的材料。当时全面介绍 IBM 的书籍非常少。无意间发现有一本即将在普林斯顿大学出版社出版的著作，也就是我们翻译的这本《基于个体的生态学与建模》。当时在研究生同学间非常盛行的一种做法就是询问论文或著作的作者是否能提供电子版文档（学校购买的数据库非常有限）。我当时也是抱着极度渺茫的希望，给沃克尔·格里姆（Volker Grimm）教授发了一封类似的邮件。让我非常意外的是，很快我就收到了这本书正处在校样期的 PDF 文稿。二话不说，打印出来从头至尾读了好多遍。因此，这本书是我进入 IBM 领域的启蒙读物。十多年以后，我在德国莱比锡遇到沃克尔。聊到这段往事，沃克尔说他记得特别清楚：他把还未正式出版的著作的电子版给了一位中国学生；还说当他告诉出版社这个消息时，出版社的人大呼"不，这本书在中国的销量将为零！"实际上，我的案头就摆放着这本书。

随着年岁和阅历的增长，我意识到 IBM 不仅仅是针对生态建模的。有机体空间位置的信息对于理解生态学过程是如此的重要，以至于任何忽略这类信息的研究都显得有那么一些"虚无"。比如，随着森林长期动态监测样地在全世界的建立，基于个体的思想牢牢地贯穿于诸多研究种群统计学参数（出生率、存活率和生长率等）的工作当中，探究周围个体对目标个体乃至物种共存和生物多样性的影响。设想在类似这些研究中忽略空间位置的信息将会使人多么的"失望和气馁"。换言之，IBM 的理念已成为支撑生态学的基石之一。这也是我们为什么在这本书出版了 10 多年以后，还不遗余力地去翻译的一个重要原因。思想和理念是不会随着时间而衰减的！

另外一位译者林玥博士是沃克尔·格里姆教授的博士研究生，对 IBM 也是情有独钟。在我们决定合作翻译这本书的时候，林玥博士已经翻译完成了第 1~3 章以及第 11~12 章节的内容。艾得协措博士主译了第 4~6 章；第 7~10 章的第一稿由陈志艺、刘哲依和刘翰伦完成，王酉石博士与我校正了这一部分内容。在交叉校稿之后，由王酉石博士与我定稿。陈阳在文稿的格式等方面付出了很多。在此对所有参与这项工作的所有同事和学生表示感谢！

书中的错误在所难免（这其实是开脱自己的套词）。如我在《生态学导论——揭秘生态学模型》（2016，高等教育出版社，译者：储诚进和王酉石）的译后记中所言，权当将纰漏作为给自己的激励，提醒在将来的工作中更加努力和认真。

储诚进

2019 年 11 月 19 日

于中山大学康乐园

序言

　　每一个新的学科都有它的婴幼儿期：如同一个学习走路的孩子，新过程的第一步充满探索、不安，甚至不知道这一步会在哪里落脚——但同时，旁观者对这些试探性的步伐感到十分激动并兴致勃勃。基于个体的生态学模型已经度过了它婴幼儿期的第二个十年了。目前，计算机的飞跃发展，实现了对有大量个体的虚拟种群的模拟，从而导致人们对于基于个体模型（IBM）的兴趣日益高涨。同时，生态学家对自然界复杂性以及其如何基于个体的适应性和变异性而涌现的好奇心，也强烈驱动了 IBM 的发展。

　　早期的 IBM 倡导者认为，IBM 将科学家的关注点从种群转向个体，而这样的转变可能会带来新的视角并有潜力统一生态学理论框架。某种程度上确实如此，许多 IBM 已经描述了个体特性对种群动态和生态系统过程潜在的重要意义。即使在 IBM 模型发展的早期，基于个体的模型已经改变了我们对生态系统的看法。然而，我们同样在早期的发展中明白，关注点从种群转向个体，并不意味着能自动得到更好的、更加普遍的生态学理论或者是跳出解决生态学问题更有效率的对策。从分析建模的约束中跳出来的好处是：IBM 可以比传统生态学解析模型更加复杂，但因此 IBM 也更难发展、理解和交流。IBM 几乎没有可重复利用的模块。取而代之的是，许多人抓取了其中一部分来重复使用，并给予特定的假设，而这些假设并不与任何理论框架相联系。许多模型并没有解决普适性的理论问题，许多基于 IBM 的研究也被方法和计算的问题困住了脚步。

　　一些科学家尝试着开辟一条新的路径，去解决这些棘手的问题；当新的路径遇到意料之外的问题时，又重新使用熟悉的技术。这些问题能够引导基于个体的模型逐步成熟。然而，我们坚定地相信，这些问题是可以通过在其他科学领域出现的新技术来解决的，而不是放弃基于个体的模型。

　　撰写本书最初的目的是提供一个更加连贯、高效的基于个体的模型的构建指南。我们提供了优化模型复杂程度的方法和策略（面向模式的建模）并试图处理源自复杂 IBM 的各类问题，以期得到一个普适的、有理论基础的 IBM 研究框架。IBM 最根本的目的是使我们追求一个真正全新并与众不同的方法来开展生态学研究。基于个体的生态学旨在了解个体的适应性特征和系统层次的种群、群落、生态系统性能的相互关系。我们视基于个体的生态学为一个了解

（并非简化）复杂自然的窗口。

　　我们的另一个目标是用"复杂适应系统"（complex adaptive systems, CAS）的方法整合生态学研究。基于个体的生态学可以被看作是 CAS 的一个子集，这个子集试图去建立对所研究系统（由相互作用的适应性主体所组成）的一般性理解。CAS 的许多重要工作已经完全使用人工系统来开展，专注于甄别普适性的原则而非仿真自然。生态学家既可以从 CAS 学到很多，同时基于个体的生态学更倾向于专注生态学面临的诸多实际问题，因此也将为 CAS 的发展做出巨大贡献。

　　本书面向的是对基于个体的模型以及生态学感兴趣的人群，包括：学生（本科生和研究生）以及教师；使用或者考虑使用基于个体的方法的研究人员；想要了解他们的工作是如何支持基于个体的分析者的实验生态学家；希望使用 IBM 解决管理问题的自然资源管理者；关于 IBM 的研究计划和科学论文的评审者。

　　本书对其他科学领域的基于主体的模型的使用者同样有价值。即使我们的关注点在生态学，书中介绍的许多理论和技术也同样适用于解决一般性的科学问题：系统的动态如何涌现于个体的行为和特征。

　　这本书是专题著作和教科书的结合体，准确来讲，它是一本参考书。目前撰写一本单纯关于基于个体的模型的教材还言之尚早。相较于传统的基于计算和其他数学工具的理论生态学，基于个体的模型的程序和工具以教科书的形式展现，还太过经验化。传统的理论生态学的教材可以停留在理论和策略水平，但是不能让基于个体的生态学停留在此，我们必须囊括整个科学的活动范围，不仅仅提供对于理论和概念模型的新方法，还要提供如何开展实际工作的"引擎室"细节。即使我们不能提供建立和使用 IBM 的详细指导，我们还是很乐意去介绍如何应用 IBM 去解决实际问题。

　　第一部分关注建模过程和面向模式的建模。这些章节对所有的建模者都适用，因为这些章节中描述的建模策略并不局限于 IBM。第一部分的建模方法是引导生态学建模的起始。第二部分，我们开始专注于 IBM 和基于个体的生态学。我们在这部分回答了一些基础的问题，例如，基于个体的生态学的理论是什么？我们如何思考和描述 IBM？接着，在第 6 章，我们深挖了 IBM 的三个例子，以期让读者认识到我们已经了解了哪些内容。第三部分是"引擎室"，在这一部分我们提供了构建和使用 IBM 的详细指南：规划与设计细节、开发软件、分析以及发表结果。只有在我们找到方法可以很好地对基于个体的生态学进行研究时，才能使基于个体的生态学逐渐成熟。在第四部分，我们又回到了策略水平。第 11 章讨论了 IBM 和传统的解析模型的关系，以及这两种方法结合的好处。在书的最末，即第 12 章，提出了我们自己对于 IBM 和生态学的潜力和局限的看法，以及希望这一方法带领我们达成什么目的。书末的术语表总结了我们用到的一些术语。

最后，或许是一些无关紧要的话。首先，我们并不认为基于个体的生态学手段会取代那些针对传统生态学和生态建模的方法。相反，我们对基于个体的方法的介绍，展示了生态学家可利用的解决新一类问题的新的工具，是对我们目前如何研究生态学的有益补充。对采用解析模型研究种群水平问题的科学家而言，第2、3和11章会有一些参考意义，但是其他章节恐不能引起这些科学家的兴趣。

其次，我们最初的想法是，这本书也会收集和回顾很多研究基于个体水平的过程的方法，包括放牧、死亡和竞争等。这些方法确实在本书中有所描述，但仅仅是作为实例出现。因为我们在撰写时很快地意识到，类似的收集和回顾工作将会远远超出我们的时间预期。因此，我们准备寻找其他的方式，以期基于个体的生态学家群体可以合作来收集和共享理论和技术。

最后，我们有意规避进化生态学中的 IBM 研究：我们没有考虑过用模型来解决性状和种群演化的问题。原因之一是已经有著作系统地讨论了这个问题，同时考虑这一问题将会使本书篇幅过长且失去重点。还有一个更重要的理由，就是我们本身的兴趣在于解决现实系统中的问题，期望所构建的模型易于去检验。尽管进化生态学的问题是如此迷人且亟待基于个体的方法来解决，但相比于理解我们所保护的生态系统而言，其重要性和急迫性稍次。

致谢

在某种程度上，本书孕育于如下三个研究机构。首先是作者沃克尔·格里姆（Volker Grimm）所在的机构，是由克里斯蒂安·维塞尔（Christian Wissel）所领导的亥姆霍兹环境研究中心（UFZ）下属莱比锡–哈勒环境研究中心（Environmental Research Leipzig–Halle）的生态建模部门（ÖSA），克里斯蒂安·维塞尔是德国生态建模的"精神领袖"。本书诸多想法都是在 ÖSA 产生和成熟起来的。其次是北美电力行业公司和电力研究所（Electric Power Research Institute），作者史蒂文·雷尔斯巴克（Steven Railsback）最初进入 IBM 这个行当就是由北美电力行业公司的"鱼群补偿机制"（Compensation Mechanisms in Fish Populations，CompMech）项目所支持的。CompMech 是电力研究所组织的项目，杰克·马蒂斯（Jack Mattice）和道格·狄克逊（Doug Dixon）是该项目的管理者；许多 IBM 的先驱研究是由 CompMech 项目的基金支持的，并由橡树岭国家实验室（Oak Ridge National Laboratory）和一些大学工作的 IBM 精英开展的。第三个组织是 Swarm 开发小组（Swarm Development Group，SDG；www.swarm.org），一个致力于发展基于主体的模型的非营利性组织，以此模型作为了解复杂系统的工具。SDG 是源自克里斯·兰顿（Chris Langton）在圣塔菲研究所（Santa Fe Institute）创建的 Swarm 项目。目前 SDG 维护和更新基于主体的建模软件，为基于主体或基于个体的方法的软件开发者和科学家提供支持。本书中的许多观点直接受益于 SDG 小组成员间的讨论和 Swarm 软件本身。

作者沃克尔·格里姆感谢他的两位导师：克里斯蒂安·维塞尔（Christian Wissel），使作者思考建模是什么；导师雅努什·乌克曼斯基（Janusz Uchmański），使作者以个体为基础来思考问题。弗洛莱恩·杰尔奇（Florian Jeltsch）和索斯藤·威甘德（Thorsten Wiegand）高超的建模技巧直接导致本书"面向模式的建模"。特别感谢尤塔·伯杰（Uta Berger）、诺伯特·多尔恩多夫（Norbert Dorndorf）、洛伦兹·法泽（Lorenz Fahse）、汉诺·希尔登布兰特（Hanno Hildenbrandt）、克里斯蒂安·诺伊特（Christian Neuert）、克里斯汀·拉德马赫（Christine Rademacher）、汉斯·图尔克（Hans Thulke）和托马斯·佐米尔斯基（Tomasz Wyszomirski）的合作。

作者史蒂文·雷尔斯巴克感谢在他对基于个体的模型的尝试中所有帮助过他的人，包括：吉姆·安德森（Jim Anderson）、亚尔·伊斯克（Jarl Giske）、塔玛拉·格兰德（Tamara Grand）、盖尔·休斯（Geir Huse）、罗妮·蓝博森（Rollie Lamberson）、格伦·罗佩拉（Glen Ropella）、肯尼·罗斯（Kenny Rose），以及他在 ÖSA 的朋友们。尤其感谢使史蒂文坚信跨学科合作巨大威力的两位杰出的和高产的人：生态学家布雷特·哈维（Bret Harvey）和程序员史蒂夫·杰克逊（Steve Jackson）。史蒂文还要感谢亥姆霍兹环境研究中心在 2002 年为其提供的访问资助。

大量有经验的软件专业人员对第 8 章有着巨大的贡献，包括耐心地与我们讨论其中的思路和涉及的技术，以及审阅我们的稿件。我们尤其要感谢马库斯·丹尼尔斯（Marcus Daniels）、汉诺·希尔登布兰特、史蒂夫·杰克逊、菲尔·雷尔斯巴克（Phil Railsback）、里克·廖洛（Rick Riolo）和格伦·罗佩拉（Glen Ropella）的帮助。

第 10 章源自 2001 年一次有关如何发表基于主体建模作品的座谈会：Swarm-Fest（一个 Swarm 的年度使用者论坛）。讨论贡献者包括：加里·安（Gary An）、吉姆·安德森（Jim Anderson）、唐·德安吉利斯（Don DeAngelis）、道格·唐纳森（Doug Donalson）和罗杰·尼斯贝特（Roger Nisbet）。

我们由衷地感谢尤塔·伯杰和唐·德安吉利斯，他们花费了很多时间对多个章节提出了宝贵意见，他们在本书出版过程中给予的鼓励是无价的。

我们同样要感谢那些提供了审阅意见、专业评价、图片以及未发表的材料的同事：西尔克·鲍尔（Silke Bauer）、金杰·布思（Ginger Booth）、吉姆·鲍恩（Jim Bown）、戴维·科普（David Cope）、道格·唐纳森（Doug Donalson）、温妮·艾卡特（Winnie Eckardt）、洛伦兹·法泽（Lorenz Fahse）、格尔德·吉仁泽（Gerd Gigerenzer）、亚尔·伊斯克、约翰·格森·卡斯塔德（John Goss-Custard）、塔玛拉·格兰德（Tamara Grand）、布雷特·哈维、夏洛特·希梅利克（Charlotte Hemelrijk）、汉诺·希尔登布兰特、盖尔·休斯、安德里亚斯·胡特（Andreas Huth）、简·杰普森（Jane Jepsen）、弗雷德里克·诺尔顿（Frederick Knowlton）、斯蒂芬妮·克雷默·沙特（Stephanie Kramer-Schadt）、菲利普·拉瓦尔（Philippe Laval）、凯西·卢（Casey Lu）、迈克尔·缪勒（Michael Müller）、塔玛拉·蒙克米勒（Tamara Münkemüller）、克里斯·米隆（Chris Mullon）、玛丽·奥兰德（Mary Orland）、迈克尔·波特霍夫（Michael Potthoff）、克里斯汀·拉德马赫（Christine Rademacher）、比约恩·瑞尼金（Björn Reineking）、奥斯瓦德·施米茨（Oswald Schmitz）、埃斯彭·斯特兰（Espen Strand）、耶格·特夫斯（Jörg Tews）、卡琳·乌尔布里希（Karin Ulbrich）、埃格伯特·范·尼斯（Egbert van Nes）、乌特·维泽（Ute Visser）、吉迪恩·瓦塞尔贝格（Gideon Wasserberg）、索斯藤·威甘德（Thorsten Wiegand）、埃卡特·温克勒（Eckart Winkler）以及选修了罗妮·蓝博森在洪

堡州立大学（Humboldt State University）开设的数学 580 课程的学生。

最后，我们特别感谢那些激励我们并给予我们耐心使得本书面世的人：我们的父母、沃克尔的妻子露易丝（Louise）和女儿艾达（Edda），以及史蒂文的妻子玛格丽特（Margaret）。

目录

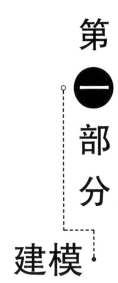

第一部分

建模

第 1 章 导　　论

生态学系统的特性是由所组成的个体的特性衍生而出的，这正是基于个体的方法的本质。

——Adam Łomnicki[①]，1992

1.1　为什么要创建基于个体的建模与生态学？

建模作为一种手段，力图更好地抓住系统的本质，从而解决一些系统层面的具体问题。通常在生态学研究中面对的是种群、群落和生态系统，但为何生态模型还要建立在个体的水平上呢？很显然，生物个体是组成生态学系统的基石。生物个体的行为及特性决定了它们所组成的系统的特性。但这个理由本身并不够充分。例如在物理学中，物质的特性由原子特性以及原子间相互作用的方式所决定，但大多数物理问题并不需要直接涉及原子就能被解决。

那么在生态学中又有何不同呢？答案就在于，生态学研究中的个体并不是原子，而是鲜活的有机体。生物体具有原子所不具有的特性——生物个体能够生长和发育，在生命周期中它们各方面都在不停地变化着；生物个体能够繁殖和死亡，相较于它们所属的系统，个体通常只存在很短的时间；生物个体出于对资源的需求而能够主动改善其所处环境；即使同种同龄的生物个体，它们之间也各不相同，因而每一个个体与其环境间的相互作用也是独一无二的。最重要的是，生物个体具有适应性（adaptive）：生物个体所做的一切——生长、发育、获取资源、繁殖、相互作用——都取决于其内在的和外在的环境因素。生物个体是自适应的，因为不同于原子，生物是有目标的，其也是生命活动的主旨：它们寻求适合度（fitness），致力于向后代传递它们的基因。作为演化的产物，生物体拥有很多特质使得它们能够以通过改变自身和改变环境的方式来

[①]　Adam Łomnicki：波兰生态学家，雅盖隆大学（Jagiellonian University）环境科学研究所教授，是最早将基于个体的方法引入种群生态学研究的学者之一，主要从事种群生态学与生态学模型研究。——译者注

提高适合度。

据我们所知，寻求适合度的适应性行为仅发生在个体水平上。例如，生物体并不会为使其种群持续性达到最大化而主动改变个体的适应性行为①。作为生态学家，我们对于种群水平的一些特性十分感兴趣，例如，持续性、弹性以及随时间和空间变化的种多度格局。但这其中任何一个种群水平的特性都不是生物个体特性的简单叠加，而是从具有适应性行为的生物个体之间以及生物个体与其所处环境间的相互作用中涌现（emerge）出来的。每个生物个体不但需要适应其所处的物理和生物环境，其本身同时也是其他个体所处生物环境的组成部分。而正是由于这种个体适应性行为所创造的循环因果链，才使得各种系统水平的涌现特性应运而生。

如果生物个体不具有适应性，或者是个体之间没有差异，或者所有的个体总在做同样的事情，那么生态学系统将变得更简单也更容易模拟。然而，这样的生态学系统所能维持的时间或许不会比个体寿命长多少，也会更缺乏弹性和独特的时空格局特性。试想一个种群由完全相同的个体所组成，每个个体有着相同的资源消耗速率，在相同时刻产生相同的后代。这种情形下的逻辑推理结果必然是（Uchmański and Grimm 1996）：种群将呈指数式增长直到所有资源消耗殆尽而最终灭绝。再试想一个鱼群，作为具有涌现特性的代表性系统（Huth and Wissel 1992，1994；Camazine et al. 2001；第6.2节），鱼群的群体行为特性是从每条鱼对其邻近个体行为的反应中涌现出来的。如果这个鱼群中的每条鱼都突然停止对其邻近个体的行为做出反应，那么整个鱼群将立即失去协同性，而这个鱼群作为一个系统也将不复存在。

既然生态学家们对于系统特性如此关心，而这些系统特性又是从个体的适应性行为中涌现出来的，那么显然对于生态学研究而言，最根本的一点便是理解涌现的系统特性与生物个体的适应性状之间的相互关系（Levin 1999）。而理解这种关系正是自始至终贯穿本书的主题：如何应用基于个体的模型（individual-based models，IBMs）来研究个体性状与系统动态间的关系。

我们能否真正理解系统特性的涌现呢？毕竟，生态系统是极其复杂的。甚至就连一个单种种群也是极其复杂的，因为它由大量自主的具有适应性行为的个体所组成。群落和生态系统则会更加的复杂。如果一个个体模型复杂到足以抓住自然系统的本质，那么这个个体模型是否如同真实的自然系统一样难以理解呢？如果我们选择了适当的研究方案，那么这个问题的答案便是否定的。在论及这个被称为"基于个体的生态学"的方案之前，让我们先看三个成功应

---

① 这里专指自然界其他生物的行为，人类的某些社会性行为不包括在内。——译者注

用了个体模型的研究示例。尽管这些示例（详见第 6 章）涉及完全不同的生态学系统和研究问题，但它们无一例外地都包含有共同的原理，而这些原理在基于个体的生态学中扮演着重要的角色。

1.2 个体性状与系统复杂性的联系：三个示例

1.2.1 林戴胜模型

林戴胜（*Phoeniculus purpureus*）是一种生活在非洲的社会性繁殖鸟类（du Plessis 1992）。在其社群生活领域内，只有主雄和主雌（alpha couple）才会繁殖。而次一等级的鸟，即"助手"，它们有两种获得首要地位的方法。它们或者等待直到自己的社群地位达到最高级，但这可能需要等待数年时间；或者就在社群领域边界之外进行侦察，寻找新的领域。而越界侦察活动是有风险的，因为越界活动时很容易被猛禽袭击捕食。那么问题来了：一只助手级别的鸟如何决定是否要进行越界侦察活动呢？我们当然无法询问鸟儿它们是怎么决定的，同时我们也没有足够的关于个体鸟及其决策的野外数据来得到这些问题的答案。

但是，有人对林戴胜社群大小的分布进行了长达数十年的野外调查（du Plessis1992）。那么我们便可以开发一个基于个体的模型，通过验证基于不同理论的模型在多大程度上能够再现野外观测到的社群大小分布，从而检验关于助手鸟决策行为的理论假说（Neuert et al. 1995）。这些理论体现了这些鸟类本身用于寻求适合度的内在机制。结果表明，一个考虑了年龄和社会地位的用于助手鸟做出决策的理论，可以让模型在种群水平上很好地再现社群大小分布（图 1.1），而其他那些假设了非适应性决策（如随机决策）的理论则不能再现社群大小分布。当能够反应足够真实的个体行为的理论被确定后，我们进而可以寻求如何解决种群水平的问题——例如，侦察距离对于种群空间连续性的重要意义。结果表明，即使有非常微弱的进行长距离侦察的倾向，都能够促使空间连续分布的涌现，而如果助手只在社群领域的临近地区寻求首领地位的话，就会导致种群在空间上的破碎化（第 6.3.1 节；图 6.5）。

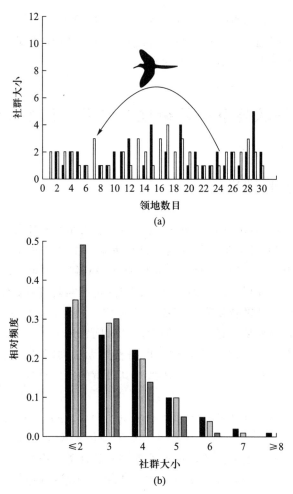

图 1.1　林戴胜个体模型中的个体决策和种群特征（Neuert et al. 1995）。（a）30 个线性排列的领域中的社群大小（黑：雄性；白：雌性）。次级个体决定是否进行长途侦察，找寻空缺的首领位置。（b）实际观测社群大小分布（黑色）和模型预测的社群大小分布（基于年龄和社会排名的侦察决定；浅灰色），以及与年龄和社会地位无关的侦察决策模型预测（深灰色）。（资料来源：重绘自 Neuert et al. 1995）

1.2.2　山毛榉森林模型

如果没有人类，欧洲中部的大部分地区都会被山毛榉（*Fagus silvatica*）林所覆盖。林业工作者和保护生物学家因而都热衷于建立森林保护区，从而恢复自然山毛榉林的时空动态，并改进营林手段，以期至少恢复一部分天然森林结构。但是这样的保育林该有多大呢？多久才能重建其天然的时空动态？哪些因素驱动了这些动态？表示森林保护区和森林管理区自然程度的可操作指标是什么？由于涉及很长的时间尺度，建模是解决这些问题的唯一方法。但是，我们如何才能构建一个足够简单实用同时又能够抓住必要的结构和过程的模型？

利用系统水平上所观察到的格局和模式能够帮助我们构建正确的模型。例如，原始老龄山毛榉林在不同的发育阶段会呈现出一种马赛克（斑块镶嵌）式的林分（Remmert 1991；Wissel 1992a）。因此，模型必须要在空间上有足够清晰的分辨率才能使马赛克格局涌现出来。另一种格局是发育阶段的垂直结构特征（Leibundgut 1993；Korpel 1995）。例如，"最佳阶段"的特点是封闭的林冠层并且几乎没有下层植被。因此，模型必须具有垂直的空间维度，以便使得垂直结构能够涌现出来（图 1.2）。在这个框架中，单株树木的行为可以用经验规则来描述，因为森林工作者十分清楚个体树木的生长率和死亡率是如何取决于本地环境的。同样，经验规则也可用于定义相邻空间单元中的个体间相互作用。

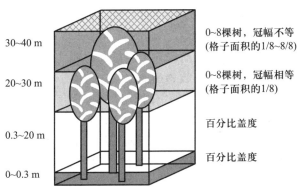

图 1.2　山毛榉森林模型 BEFORE 的垂直结构（Neuert 1999；Rademacher et al. 2001）。（资料来源：改绘自 Rademacher et al. 2001）

以上述方式构建的 BEFORE 模型（Neuert 1999；Neuert et al. 2001；Rademacher et al. 2001，2004；第 6.8.3 节）便再现了这种马赛克和垂直模式。该模型具有丰富且多样的结构和机制，从而产生了在模型设计之初并未考虑的诸多预测。其中包括冠层的年龄结构和空间特性，以及高龄且胸径较大的树的空间分布。所有这些预测都与观测结果相一致，从而大大提高了模型的可信度。基于多种模式来设计模型促进了模型结构的真实性。这种真实性还确保了通过增加模型规则从而能够跟踪木质残体，而这并非该模型的原本目标。而且，模型预测的森林中粗木质残体的数量和空间分布与天然林和旧森林保护区的观测结果相一致（Rademacher and Winter 2003）。此外，通过分析假想情景（例如没有因风所致的树木倒伏），可以发现风暴对于山毛榉森林的时空动态同时兼具异步（从大尺度上来讲）和同步（从局域尺度来讲）的影响。因此，这个模型可以被用来解决应用（保育和营林等）和理论方面的问题。

1.2.3 溪流鳟鱼模型

很多模型已被用来评估大坝和引水工程中河流变化对鱼群的影响。然而，栖息地选择建模作为此类应用中最常用的方法有很大的局限性（Garshelis 2000；Railsback et al. 2003）。为了替代栖息地选择的建模，已开发出基于河流鱼类个体的模型（例如 van Winkle et al. 1998）。此类基于个体的模型着眼于决定鱼类个体生存、成长和繁殖的重要过程，以及这些过程如何受到河流的影响。例如，我们所提到的这篇关于鳟鱼的文献表明，死亡风险和生长是栖息地变量（深度、速度、浊度等）和鱼类状态（特别是个体大小）的非线性函数，并且鳟鱼之间的竞争类似于一种基于个体大小的优势等级。河鱼通过迁移到不同的栖息地来迅速适应栖息地和竞争条件的变化，因此对这种适应性行为进行实际模拟是理解河流影响的关键。

然而，现有的觅食理论无法解释在差异巨大的环境条件下，鳟鱼选择栖息地时在生长和风险之间做出优异权衡的能力。在鱼类个体选择栖息地，从而使其最基本的适合度元素最大化，即在未来的时间里生存下去的可能性最大化的假说中发展了一个新的理论（Railsback et al. 1999）。这种生存概率考虑到了食物的摄入和被捕食的风险：如果食物摄入不足，个体将在未来的一段时间内饿死，若不考虑觅食的风险，则它将有被捕食的可能性。鳟鱼 IBM 模型可再现实际鳟鱼种群中的大量栖息地选择模式，从而验证了这个新的理论（Railsback and Harvey 2002）。

鳟鱼栖息地选择理论被验证的同时，也验证了 IBM 模型重现和解释种群水平复杂性的能力（Railsback et al. 2002）。研究发现，基于个体的模型能够重现许多在现实鳟鱼种群中发现的模式，包括自疏关系、幼鱼中密度依赖性死亡率高发的"关键时期"、幼鱼尺寸的密度依赖性，以及栖息地复杂性对种群年龄结构的影响。此外，对于这些模式背后的传统理论，基于个体的模型还提出了一些备选理论（第 6.4.2 节）。

在一个管理应用的例子中，基于鳟鱼个体的模型被用来预测河流浑浊度对种群的影响（Harvey and Railsback 2004）。个体水平的实验室研究表明，浑浊的水会同时降低鳟鱼的食物摄入和被捕食风险。然而，很难用经验来评估这两个个体水平的相互补偿作用对于种群水平的影响，而用基于个体的模型却可以很容易地预测：在大多数情况下，浑浊度对生长的负面影响超过了对抵御风险的正面影响。

1.3 基于个体的生态学

以上模型针对的是不同的系统和问题，并且这些模型在结构和复杂性上有很大的不同。然而，它们是有共同点的，即提供了一个构建个体适应性行为理论的一般方法，以及通过观察不同理论在一个基于个体的模型中能多大程度地重现现实系统水平的格局从而检验这些理论。模型关注的重点既可能是个体的自适应行为，如林戴胜和溪流鳟鱼的例子，也可能是系统水平的属性，如山毛榉林的例子，但是开发和使用这些基于个体的模型的一般方法都是相同的。

应用基于个体模型的一般方法是一种对生态学截然不同的思考方式。因此，我们冒险"杜撰"了一个新的术语：基于个体的生态学（individual-based ecology，IBE），来描述本书所阐述的用来对生态学系统进行研究和建模的方法。经典的理论生态学对生态学的实践仍有深刻的影响，但是往往忽视了个体及其适应性行为。相反，在基于个体的生态学中，较高的组织层次（种群、群落、生态系统）被视为复杂系统，其系统属性源自其较低水平组分的特性和相互作用。不同于传统的对于种群的考量——种群大小只与出生率和死亡率相关，基于个体的生态学以个体作为基本单元进行考量，个体的生长、繁殖和死亡都是适应性行为的结果。

通过基于个体的生态学，我们可以研究个体生存和生长受栖息地（以及其他个体）影响的过程，以及个体如何适应的过程，而不是仅仅观察实际不同类型栖息地上种群密度的变化。

以下是基于个体的生态学的重要特征。相比传统生态学而言，其中许多特征与跨学科的复杂性科学有更多的相似之处（例如，Auyang 1998；Axelrod 1997；Holland 1995，1998）：

（1）系统被认识和建模为独特个体的集合。系统的属性和动态源于个体与它们所处环境以及彼此之间的相互作用。

（2）基于个体的建模是基于个体的生态学的主要工具，因为它使得我们能够研究适应性行为和涌现特性之间的关系。

（3）基于个体的生态学（IBE）是依赖于生态学理论的。这些理论是个体行为的模型，有助于对系统动力学的理解。这些理论是从实验生态学和理论生态学发展而来，并通过假设-检验的方法进行评估了的。接受这些理论的标准是它们能多大程度地重现真实个体和系统。

（4）观察到的模式是用来检验理论、设计模型和开展研究的主要依据。这些模式可能是系统水平的抑或个体水平上的，这些模式是由个体与环境以及其他个体间的交互作用所产生的。

（5）所用模型是基于复杂性概念来构建的，如涌现、适应、适合度，而非由微分学概念构建。

（6）所用模型通过计算机仿真来实现。软件工程是实现和"解决"模型的主要技能，而不是微分学。

（7）野外和实验室研究对发展基于个体的生态学理论至关重要。这些研究不但提供了个体的行为模型，还指出了用于组织模型和检验理论的模式。

当然，我们并非谋求基于个体的生态学取代生态学的某个现有分支，如行为生态学或经典种群生态学。我们也没有断言基于个体的生态学是研究生态学的新的"正确"途径并且摒弃其他方法。相反，基于个体的生态学应用各种概念去解决问题，其中大多数的概念已是生态学和其他科学的基础，而这些尚待解决的问题又无法仅仅通过个体或种群的方法来解决。基于个体的生态学只不过是生态学家工具箱中的一个用来解决特定问题的新工具。我们在本书中开发的基于个体的生态学研究项目源于但有别于生态学中那些早期的基于个体的模型（例如 Huston et al. 1988）。这些差异反映了过去二十年来该领域所取得的经验，同时也表明了基于个体的方法潜在且真实存在的问题。理解基于个体的生态学处理这些问题的方法，关键在于深入理解这些问题以及它们未能被更早发现的原因。因此，在接下来的章节中，我们将综述基于个体的方法的发展，包括这个领域的研究先驱们所指明的研究纲领。我们将解释为何对基于个体的模型与其他同样考虑个体建模的方法进行明确区分是如此重要的原因。之后，我们将简要总结基于个体的建模的现状，并列举该方法所面临的最重要的挑战。应对这些挑战是本书的另一个主要关注点。

1.4 早期基于个体的模型及其研究

对个体行为进行建模，并检验其模型是否会重现真实系统水平的属性，这个想法顺理成章。因此，一旦计算机性能满足建模需求，各类基于个体的模型将层出不穷（例如 Newnham 1964；Kaiser 1974；Thompson et al. 1974；Myers 1976）。两个早期的模型非常有影响力，并对基于个体的建模做出了巨大的贡献：JABOWA 森林模型（Botkin et al. 1972）以及 DeAngelis 等（1980）开发的鱼群模型。JABOWA 模型的目的是模拟混交林的演替，从而预测树种组成。JABOWA 模型基于这样一种理念：局部的相互作用驱动森林动态。JABOWA 可能是迄今为止最成功的生态学模拟模型之一，促成了一系列相关模型的兴起（Liu and Ashton 1995；Shugart 1984；Botkin 1993）。JABOWA 成功的原因在于易参数化，并且其结果容易被检验（参阅第 6.7.5 节，了解更多关于 JABOWA 和其他基于个体的森林模型的详细信息）。

DeAngelis 等（1980）开发的鱼群模型是类似的一个成功范例。该模型能准确预测实验室的实验结果：在该实验中，初始种群大小分布的细微变化在生长周期结束时导致了完全不同的分布。而对初始条件敏感的原因是正反馈机制，包括非对称竞争和同类相食。和 JABOWA 一样，DeAngelis 等人的鱼群模型也促成了一系列鱼群模型的兴起（DeAngelis et al. 1990；van Winkle et al. 1993）。

而这两个具有影响力的模型均未被认为是基于个体模型开发的一部分。相反，人们基于务实的原因而选择了基于个体的方法：传统方法忽略了个体差异和局部相互作用，因此用传统的方法来解决这些问题是不可能的。JABOWA 和鱼群模型的务实动机，完全有别于基于个体的建模方法的另两位先驱——H. Kaiser 和 A. Łomnicki，他们两人的立场可称得上是"典范"（Grimm 1999）。他们明确地论证了经典生态建模范式的局限性，并设想了一种新的能带来全新见解的基于个体的模型。

Kaiser（1979）首先构造了经典的模型来解释某些特定现象，例如，沿湖岸线寻觅配偶的雄性蜻蜓数量几乎与在湖附近觅食的雄性数量无关。Kaiser 随之发现了这些经典模型的局限性："将系统的特性追溯至个体的行为"是不可能的；这些经典模型包含了一些参数，例如，湖岸线上雄性蜻蜓的到达率，而这个到达率没有直观的生物学意义，因为"雄蜻蜓们可不会观测到达率"；并且这个模型的参数只适用于反映某一特定环境下的观察结果，而没有办法将模型扩展应用于初始条件之外的情况。Kaiser 得出的结论是，经典模型并没有对决定种群动态的机制过程提供多少解释。相比之下，Kaiser 开发的那些基于个体的模型仅仅使用了简单的行为规则或生理机制，有现成的经验参数可供使用。因为个体有一定的行为方式，所以种群具有一定的属性。这一特性使得模型可以被审慎地扩展到那些尚未在野外观测到的情况中，如更长或更短的湖岸线以及其他的温度水平。

另一位先驱典范 A. Łomnicki（1978，1988）关注的问题是：为什么一些个体会离开最适宜的栖息地而扩散到相对较差的栖息地？经典的种群模型无法回答这些问题，因为在经典模型中，个体间均无差异。在经典理论的框架下，群体选择是解决扩散到相对较差栖息地问题的唯一方法：个体的次优行为是为了种群的利益。Łomnicki 认为，若是如此经典理论就与演化论中最基本的假设之一相矛盾：个体（或它们的基因）是自然选择的单位，而非个体集群。解决这一窘境的唯一方法是建立包含个体差异的模型。作为种群调节的核心机制，Łomnicki 假设资源分配是不平等的，当资源变得稀缺时，这种不平等就会加剧（第 6.5.1 节）。意外的是，Łomnicki 所用的演示资源分配不均的模型并没有把个体作为离散的实体来模拟，而是由两个耦合的差分方程组成。尽管 Łomnicki 的立场颇具代表性，他声称经典理论将生态学带入了一个"死胡同"，但他仍然使用了经典的建模方法。

无论是 Kaiser 的工作还是 Łomnicki 的工作，均未能对基于个体模型的早期发展产生较大影响。Kaiser 几乎没有受到关注，因为他的文章主要以德语发表。Łomnicki 坚持使用解析模型，并且他只关注资源分配和种群调控，研究方向太过狭窄，无法影响更多的建模者和生态学家。

Huston 等（1988）所著富有远见的文章"新的计算机模型统一了生态理论"，被广泛认为确立了基于个体的模型作为相对独立的学科领域地位。有趣的是，这篇文章并没有讨论 Kaiser 和 Łomnicki 的代表性观念；Kaiser 完全被忽略了，而 Łomnicki 只是被简单带过。而这篇文章的开头写道："基于个体的模型允许生态建模者研究那些很难或不可能使用（经典的）状态-变量法来解决的各种问题"（第 682 页）。这些问题包括了个体差异的重要性和个体间的相互作用。Huston 等人认为，基于个体的模型的主要潜力是"在传统生态过程的层次结构中整合了许多不同的层次"（第 682 页），因为所有的生态现象最终都可以追溯到生理学、个体生态学和个体行为。

在今天看来，令人赞叹的是所有这些先驱者们都清楚地看到了基于个体的模型在实用和"范式"方面的潜力（另请参阅 Hogeweg and Hesper（1990）富有远见卓识的文章）。另一方面，不能因为他们没有预见到基于个体的方法的所有挑战和局限性（如果是这样的话，这些问题就可以在早期被发现并解决）而指责他们。而其中的首要问题就是要将基于个体的模型与其他类型的模型明确地区分开来。

1.5 什么是基于个体的模型？

Kaiser（1979）以及 Huston 等（1988）将基于个体的模型定义为把个体描述为独立自主实体的模型，但他们并没有将基于个体的模型与经典模型明确地区分开来。第一篇且经常被引用的关于基于个体模型的文章——"生态学中基于个体的模型与方法"（DeAngelis and Gross 1992）中也没有清晰地描述什么是基于个体的模型。据此所认定的基于个体的模型范围，包括了从 Kaiser 和 Huston 等人定义的基于个体的模型，到处理独立单元分布而不是离散实体的解析模型，再到完全无须描述个体的元胞自动机。20 世纪 90 年代中期，"基于个体"一词变得如此模糊，以至于很难判断基于个体的模型是否确有能力统一生态学理论，并且克服传统建模方法的局限性。因此，Uchmański 和 Grimm（1996）提出了四条准则，以区分我们在本书中所提到的基于个体的模型，代表先驱者研究成果的基于个体的模型，以及其他或多或少"面向个体"以某种方式承认个体水平但仍然主要遵循经典模式的模型。这四条准则是：① 模型中明确体现个体生命周期复杂性的程度；② 是否明确体现个体所使用的资源动态；③ 是否用实数或整数来表示一个种群的大小；以及④ 在多大程度上考虑了同龄个体之间的差异。

　　生命周期在一个模型中的体现程度（准则①）是很重要的，因为大多数物种个体在它们的生命历程中都发生了显著的变化：它们在成长过程中往往需要更多且不同的资源；在不同的发育阶段，它们与所处环境中的不同生物和非生物元素相互作用；并且个体可以在生长发育过程中改变生活史特征，例如，当资源稀缺或竞争激烈时，生长或繁殖的速度相对缓慢。因此，基于个体的模型必须以某种方式考虑生长和发育；否则它们就忽视了"个体生态学"的本质特征（Uchmański and Grimm 1996）。

　　第二条准则涉及个体所利用的资源。简单假定持续的资源承载力模型不是完全基于个体的模型，因为它们忽略了个体和资源之间重要且常为局域的反馈关系。此外，环境承载能力（或称环境容纳量）是一个种群水平上的概念，通常用来描述种群生长的密度制约。这样的种群水平概念在个体水平上并没有什么意义：个体通常不知道它们所在种群的总体密度，但是却受到它们所处局部资源的影响。

　　第三条准则是显而易见的：个体是离散的，因此种群大小必然是一个整数。然而，有时候经典模型做到所谓"基于个体"，仅仅是通过将实际结果的数字四舍五入到整数。这些模型的种群动态过程仍然通过改变系数来进行精密微调，而在真实的种群中，个体通常只与局域且数量有限的其他个体进行互动，这种微调是不可能存在的。真正的基于个体的模型应建立在离散事件的数学基础之上，而非比率/速率。

　　第四条准则将基于个体的模型与使用了年龄、大小或状态分布的模型区分开来。在考虑状态分布的模型中，忽略了属于同一组（例如，年龄级）的个体间差异。然而事实上，即使是处于同一年龄或者同一大小级别的个体，也可能沿着不同的轨迹发展，以至于在经过一段时间之后，同一组内个体之间的差异甚至可媲美不同组的平均水平差异（Pfister and Stevens 2003）。忽略种群结构中的这种变异可能意味着忽略了决定种群动态的重要机制。

　　这一分类方案被描述为"在不同层次的细节上比较模型"（Bolker et al. 1997），但这并不是作者的本意（Uchmański and Grimm 1997）。作者的目标并不是将模型区分为真与假或有用与无用，而是提供必要的分类标准，以期回应基于个体的模型是否能带来一种全新的关于生态学系统及过程的观点（Uchmański and Grimm 1996）。除非将基于个体的模型与其他类型的模型——我们在这里称之为"面向个体的"模型——清晰地区分开来，否则这个问题是无法回答的。

当然，许多模型并不能满足这四条准则，但却提供了重要的理论见解。用来刻画具有年龄结构或阶段结构种群的矩阵模型，是确定内禀生长率以及确定指数增长种群的稳定年龄结构或阶段结构的强有力工具（Caswell 2001）。更复杂的分布模型成功地描述了实验室的浮游生物种群（Dieckmann and Metz 1986）以及鱼类群落的模式（Dieckmann et al. 2000）。捕食者-猎物系统模型——它将个体描述为具有局部相互作用但没有生命周期或差异性的离散单元，可以证明局部相互作用的稳定化效应及空间格局的涌现（de Roos et al. 1991；图1.3；另请参阅 Donalson and Nisbet 1999；第6.6.1节）。所有这些模型在一定程度上都考虑了个体，但也仍然涉及经典模型和经典理论的框架。有人会问：相比使用经典、高集成度的模型而言，包括个体的不连续性和局部相互作用，有何益处（Durrett and Levin 1994）？毕竟，在这些"面向个体"的模型中没有一个能让我们完全"将系统的特性追溯至个体动物的行为"（Kaiser 1979，116页）。

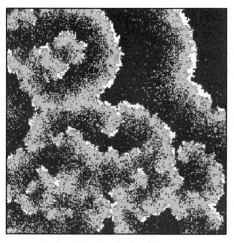

图1.3 捕食者-猎物系统模型产生的空间格局（de Roos et al. 1991）。模型空间由256×256个网格单元组成，每个网格单元状态包括空（黑色）、猎物（白色）、捕食者（灰色）或捕食成功的捕食者（深灰）。捕食者以及猎物个体仅仅是像素点，在相邻网格单元移动，如果恰好捕食者所在点有猎物则捕食成功。（资料来源：本图由 H. Hildenbrandt 所写程序产生）

如同经典的模型一样，面向个体的模型也是不可或缺、有用且高效的工具，但是它们确实应该从基于个体的模型中"分离"出来（Bolker et al. 1997）。经典的模型和理论将生态学系统描述的相对简洁并且以系统水平的状态变量进行刻画。假如我们要将生态学过程和系统涌现于自适应性个体的性状这种观念与经典体系相比较的话，那么这种分离就是必要的。

1.6 基于个体的方法：现状与挑战

基于个体的方法在生态学中已牢固确立。发表的相关论文数以百计，Grimm（1999）回顾了其中 50 个关于动物种群的基于个体的模型，这 50 篇模型论文均发表于 Huston 等（1988）文章之后的 10 年里。早期关于基于个体的模型的综述性文章（DeAngelis et al. 1990；DeAngelis et al. 1994；Hogeweg and Hesper 1990）为现有的模型提供了有用的总结，但 Grimm 关注的是基于个体模型的"统一生态理论"（Huston et al. 1988）这个愿景的完成度情况。这篇综述的结论让人警醒：尽管每个模型都目的明确而各尽其能，但是相较于预期，生态学似乎在基于个体的方法中收获甚微。得出这一结论的主要原因是很少有基于个体的模型能解决理论种群生态学中的普遍性问题，如持久性、恢复力或种群调节。同理，新的理论问题，如涌现（第 5 章）或自组织亦鲜被讨论；基于个体模型的应用似乎更多被实用动机所驱动。Grimm（1999）还得出结论，大多数基于个体的模型都是：① 因特定物种而开发，而不是为了得到一般化的结果；② 相当复杂，但是缺乏具体技术来应对这种复杂性；③ 非常精巧以至于无法在一篇文章中被完整描述，这使得模型与科学界的沟通不尽充分（值得注意的是，前文提到的 JABOWA 和 DeAngelis 等 1980 年的鱼群模型，作为极具影响力的基于个体的模型，它们都在一篇论文内被完整描述了）。

先驱们的设想，即基于个体的模型将会引发思考范式的转变并且统一生态理论，显然并没有顺利实现。基于个体的方法仍然存在着较好的前景（我们将在本书中详细展示），但是经十几年基于个体建模的经验表明，有两个密切相关的问题被低估了。首先是基于个体的模型的复杂性，"与其他模型的成本相比"（DeAngelis et al. 1990，585 页）其在理解、可测试性、数据需求和普适性（Murdoch et al. 1992）上"付出了沉重的代价"。其次基于个体的建模缺乏理论和概念框架，这导致了特设假设（*ad hoc* assumptions）的泛滥使用并阻碍了建模方法的发展（Hogeweg and Hesper 1990）。

由于基于个体的模型需要应对多实体、多空间尺度、异质性以及随机事件，所以它们必然比传统的易于数学分析的模型要复杂得多。如果用传统度量方法来衡量模型中变量、参数或规则的数量，那多数基于个体的模型都是非常复杂的。然而，即使是用传统方法衡量相对简单的基于个体的模型，但其在别的方面也可能是复杂的，譬如说在特定个体的数量上；个体间相互作用的数量、类型和顺序；模型中种群达到某一特定状态的方式等。这种复杂性，加之缺乏针对基于个体的模型的总体理论框架，导致对有效使用基于个体的模型产生了以下这些挑战（不要恐慌！本书会告诉大家如何应对这些挑战）。

开发

开发基于个体的模型是一项挑战，因为现实世界极其复杂且无法忽略这些复杂性。设计此类模型的结构和相关问题的解决方案比开发传统模型更耗时且更复杂，因为传统模型在表示现实方面更粗略。

分析和理解

模型越复杂，分析和理解就越困难。因此，许多理论家和建模者认为复杂性的增加不可避免地降低了对模型的理解力。基于个体的模型的批评者认为，理解复杂的模型与理解现实世界一样困难，因此这类模型几乎无用武之地。

交流

经典模型易于交流，因为它们是用数学的通用语言进行表达的。但是，基于个体的模型的基本特征决定了它不能用方程和参数来描述。到目前为止，我们缺乏一种通用且简明的语言来交流基于个体的模型。此外，许多基于个体的模型都太大，以至于无法在发表的文献中完整描述。因此，对科学界来说基于个体的模型通常不是完全开放和轻易获得的，这可能是对整个方法可信度最严重的威胁（Lorek and Sonnenschein 1999；Grimm 1999，2002；Ford 2000）。

数据需求

模型所描绘的实体、尺度和事件越多，所需的参数就越多。然而，在生态学中很难获得足够精确的参数值。因此，基于个体的模型被批评为"数据饥渴"——尤其是针对特定应用问题的模型。例如，空间显含的种群模型（多数都是基于个体的模型）的实用性就受到了质疑，因为永远无法获得足够的参数值（Beissinger and Westphal 1998）。

不确定性和误差传递

用于参数化基于个体的模型参数的数据可能是不确定的。因此，保持少量参数似乎更明智，因为许多不确定的参数组合在一起可能使系统水平的输出结果产生极高的不确定性。这种误差传递的潜在影响，能够使得基于个体的模型看起来完全无法解决应用问题，并且限制了模型的可检验性，然而有关这方面的研究还很有限。

普适性

使用种群大小作为状态变量的经典模型被认为是最普适的，因为它们忽略了真实物种和种群的几乎所有方面。随着囊括更多的细节（例如，增加年龄或阶段结构、空间、栖息地动态、扩散），模型就变得不那么普适。添加到模型的每个细节都使其更特化于某个特定种群。那么，当基于个体的模型非常地详细，它们又如何能够普适或产生一般化理论呢？甚至有人认为，使用基于个体的模型必然意味着要放弃普适生态理论的"圣杯"（Judson 1994）。

缺乏标准

经典理论生态学有一套特性明确的标准模型。这些标准模型为各种结构化的经典模型充当构建模块的作用。我们不再需要解释这些标准模型，甚至不需要解释使用这些模型的合理性。例如，如果一个模型是关于局部种群动态在不同斑块内的同步性，而局部动态由所谓的 Ricker 方程描述，那么这个假设就是公认且没有争议的。使用这种标准假设会使分析、沟通以及与其他类似的结构化模型比较变得更加容易。相反，大多数基于个体的模型都是从零开始构建的，使用的是不依赖于常见概念的特定假设，缺乏标准的、被广泛接受的构建模块，这使得基于个体的模型既低效又有争议。这也使模型的比较和理论的发展变得困难。如果两个基于个体的模型产生了不同的结果，那么当这两个模型有不同的结构且使用许多非标准的假设时，这些结果的差异就更难解释和理解了。

基于个体（或"基于主体"（agent-based），这个术语在生态学以外的领域使用）的方法在其他科学领域中的进展也受到许多类似的挑战。经最初的探索阶段（例如 Waldrop 1992；Arthur 1994；Axelrod 1984，1997）之后，其并没有像一些人所预料的那样飞速发展。我们发现即使对那些关注复杂性的科学家来说，基于主体的建模也并没有成为一种广泛的、变革性的工具（尽管有一些重要且令人兴奋的例外）。事实证明，建立和理解基于个体的模型并构建普适的理论框架是非常困难的。

1.7　结语与展望

基于个体的方法已不再新鲜，十多年来它已经被确立为一种特色鲜明的方法，并且已经吸引了生态学家们二十多年的关注。基于个体的模型可以解决那些无法用经典模型解决的问题。在为许多真实系统和假想系统创建 IBM 的过程中，我们已经了解了诸如局部相互作用、个体差异等的生态学意义。然而到目前为止我们从基于个体的模型中所取得的最重要的经验，却仅仅是理解了该方法面临的诸多挑战以及与经典生态学的基本差异。基于个体模型的巨大潜力远远未被发掘。为了在未来展现这一潜力，现在是时候制定我们在前一节中所罗列的挑战的应对策略了。

本书介绍了我们对基于个体生态学的相关研究，其中大部分涉及对于目前限制基于个体模型发展的问题该如何应对的策略。在这里所概述的这些策略都源于现有生态仿真建模中的理论和实践、复杂系统的分析以及软件工程。

面向模式的建模

"基于个体的模型"这个术语不仅包含了"个体"一词，还包含"模型"这个词。到目前为止，基于个体的模型的方法论研究过于关注个体和它们的重要性，而忽视了对建模的关注。最关键的建模问题也许是如何为基于个体的模型找到最佳的复杂性水平。借助不同层次生态学过程的多种模式（"面向模式的建模"）有助于更好地处理模型复杂性和参数化，并使模型易于检验并且具有普适性。

理论

在基于个体的生态学中，"理论"主要关注对解释系统水平过程有帮助的个体水平行为。这些理论也可以被称为"模型"或"假设"，但是涉及基于个体生态学的"理论"研究框架：建立一个描述个体行为的一般性理论框架。其依据就是：普适性在个体层面上应该比在总体水平上更容易实现，因为所有的个体都遵循同样的主旨：寻求适合度。个体必须不断地决定——从字面或更隐喻的意义上——下一步要做什么，而这些决定都是基于个体自身对外在世界建立的内在模型。似乎有理由相信许多类型的个体都有相似的内在模型和寻求适合度的特征；复杂性科学告诉我们，具有相同适应性特征的个体，它们独特的状态、经验和环境可以产生无限丰富的系统动态。总之，这些特征的耦合和可预测理论将成为理解生态学现象的关键。

设计理念

设计模型的每个元素都需要对变量、参数、函数关系等做出决策；如果这些决策不是特设的，那么它们就必须建立在一套完整规范的理念上。不幸的是，微分方程并没有为基于个体的模型提供一个可用的概念框架。但设计基于个体的模型的通用框架可以借鉴复杂适应系统（complex adaptive systems,

CAS；Waldrop 1992；Holland 1995，1998）这个新的学科领域。诸如涌现、适应和预测这样的概念可以为设计决策提供明确的基础，并减少对特设建模的需求。这些概念还提供了用于设计和描述基于个体的模型的通用术语。

软件设计和实现

软件开发是基于个体的生态学研究项目中不可或缺的主要部分，项目的成功依赖于经过良好设计和彻底测试的软件。计算机模型是基于个体的生态学研究的主要工具，和其他任何科学一样，项目进展的速度和品质高度依赖于工具的质量。基于个体的生态学的成功开发通常需要软件专家的经验，而这并非目前生态学家普遍接受的零星培训所能胜任。

仿真实验

我们只有设计和开展可控的模拟实验，才能对 IBM 有更好的理解和领悟。因此，分析基于个体的模型的艺术在于设计结果可被预测（至少部分结果）可被证伪的实验，并且将这类实验结合起来，使我们对生态学系统的关键结构和过程有一个全面的认识。在许多研究中，这种实验性的方法能够产生新的普适性见解。

交流

基于个体的生态学的复杂性和新颖性使科学交流变得更加重要，而且更具有挑战性。模型和软件都需要完整的文档，通常需要独立的论文来描述模型及其研究或应用。一个模型，或者任何一个科学的想法，如果它被全部或部分的同行记住，然后在今后的工作中使用它，那么它就是成功的。改进模型的"文化基因适合度"（memetic fitness）（Blackmore 1999）对于基于个体的模型以及基于个体的生态学的成功至关重要。

我们在未来的 10 年或 20 年里将会处于什么位置？我们设想基于个体的生态学研究会由跨学科的团队开展，这类团队精通模拟建模、复杂系统科学、软件工程，以及所涉及的有机体/系统的生物学和生态学知识。与其他类型的生态学类似，随着更多模型的设计和测试以及更多理论的开发，标准的基于个体的模型的建模应用、理论、软件和分析方法的成套工具将逐步被开发出来并逐步完善。这些工具将使我们能够快速构建模型，并对许多我们目前无法解释的生态学系统动态和复杂性进行分析。基于个体的生态学和更传统的方法将在许多方面继续相互促进（例如，参见第 11 章）。不过，基于个体的生态学仍将与众不同，因为它的目标不是简化生态复杂性，而是理解复杂性以及它是如何从个体的适应性特征中涌现的。

第 2 章　建模入门

建模作为一门学科，它（首先）依靠的是职业侦探般的直觉，而不是数学家的专业知识。

——Anthony Starfield and Andrew Bleloch，1986

2.1　引言

基于个体的建模，归根结底是建立模型。如果我们想要让基于个体的建模过程协调高效，就必须要理解什么是建模以及如何建模。因此，在本章中我们将介绍模型开发的基本法则，并向读者介绍一些从事建模工作的学者（特别是：Starfield et al. 1990；Starfield and Bleloch 1986；Haefner 1996），以便更多地了解建模原理。这些指导法则是本书余下部分的基础：后续章节将涉及本章所介绍的建模原理。

直观上，我们认为模型是真实系统的简化表达。但是，为什么我们要建立模型，这些模型都有什么共同点呢？这个答案至关重要，可对于我们建立具体模型又不太相关：建模的目的是解决问题或回答问题，而模型的共同特征就是它们都是在限定条件下开发的（Starfield et al. 1990）。一个模型或许可以解决一个科学问题，一个管理问题，或者仅仅是日常生活中的一个决策：但任何试图解决这些问题的努力都受限于有限的信息和有限的时间。我们永远不能把现实世界里能够影响一个问题的所有因素都考虑进去。我们不可能知晓一个问题的所有方面，即便我们知道了一切，我们也无法处理大量的信息。为了解决实际问题，除了"盲目试验"这种糟糕方法之外，简化模型是唯一可行的办法。

一个简单的现实例子就是，在超市中选择哪一个收银台进行结账，目的是尽量减少等待时间。我们通常会选择最短的队列，因为我们应用了一个非常简单的模型：队列的长度可以预测等待的时间。通常我们下意识地就会在模型中做出许多简化的假设，比如所有的顾客都需要占用相同的时间并且所有收银员的效率都是相同的。当然，这个模型过于简化了。我们可以观察一段时间，试着找出最高效的员工；我们可以看看所有队列中客户的购物车，以预测每个人结账所需要的时间；但是，收集所有这些额外的信息也需要花时间，这与我们节约时间的目标相冲突。此外，即使我们花时间收集这些信息，我们仍然无法确定是否选择了最快的队列。例如，我们怎么能知道哪些客户在结账时会非常慢？我们如何能预测哪个结账柜台会开放或关闭，或者哪个收银员会在我们排队等待的过程中去休息呢？

这个例子说明，建模就是在有限的条件下解决问题。我们很清楚我们使用的模型并非完美，但是面对信息和时间的限制，我们也清楚相比完全不使用任何模型——例如简单地选择进入第一个队伍等待，即使是一个简单的模型也可能会得到一个更好的解决方案。我们也了解到，一个更复杂的模型并不一定就能提供一个更好的解决方案从而减少等待时间。

如果我们的目的不一样，比如要尽可能减少所有顾客的等待时间，那么我们就会使用一个完全不同的排队系统模型，而解决这一问题的模型不能忽略顾客占用时间和员工效率的差异性，这与单一顾客模型具有根本性的区别。而正是这种差异性增加了所有客户的平均等待时间。多顾客模型预测，相比于每个员工前面都排一队客户的形式，如果所有客户排一个队然后挨个前往不同员工处的话会大大节省总体等待时间，而这种排队方法常见于银行和机场（现在纽约一家特别拥挤的超市也使用这个方法）。

这两种排队模型的结构差异源于它们各自有不同的目的。从这种差异中我们得到的经验是，一个模型不能简单地被看作是一个系统的表达，而是一个"有目的的表达"（Starfield et al. 1990）。模型的结构依赖于模型的目的，因为这个目的使我们决定了真实系统的哪些方面对模型是必要的，哪些方面可以被忽略或者仅仅粗略地描述。那么，这些对于基于个体的建模有什么意义呢？我们可以从排队结账示例中获知以下三点。

（1）仅有"写实性"是一个糟糕的建模指南

必须带着真实系统的难题或问题来建模，而不仅仅是为系统本身而建模。尚待解决的问题充当了一个过滤器的作用，只有那些被认为是理解这些问题关键的系统元素才能被保留。如果没有明确的问题，我们就没有办法过滤那些不需包含在模型中的部分，这通常会带来严重的后果。因为需要添加更多的细节，模型会变得过于复杂并且永远都不能构建完成。事实上，Mollison（1986）发现将"幼稚的写实性"作为指导方针的建模者经常会再三承诺他们的模型将"很快完成"。相对于那些高度集合的经典种群生态学模型来说，基于个体的模型显然更加"真实"，但并非简单地包含更多真实世界的细节。只有当我们认为个体行为是影响解决问题的关键过程时，基于个体的模型才更加真实。

（2）限制对于建模必不可少

有一种荒诞的说法，认为在我们拥有足够的数据和对系统的全面理解之前是无法开发模型的（Starfield 1997）。事实恰恰相反：我们的知识和了解总是不完善的，而这恰恰是我们开发模型的原因。即便我们缺乏相关的知识和相应的了解，但由于要解决特定的问题，所以模型是有其价值的。如果我们知道并理解了所有的事情，为什么还要创建模型和理论？诚然，当我们想要解决问题时，信息和理解的缺乏，或仅仅是时间的限制就很令人头疼。但是，正如 Starfield 等（1990 年）指出的那样，限制带来了清晰的思考，迫使我们去假设与问题相关的关键因素。基于个体模型的主要问题之一是，与传统模型相比它们受到技术限制的约束更少。相比解析模型，基于个体的模型可以包含更多的因素。因此，要改进基于个体的建模，必须认识到限制的重要作用，并且必须明确新的、有力的限制。这将是本书余下部分的一个主题，尤其是第 3 章。

（3）建模 "植根" 于我们的大脑中

建模并不是一种只被称自己为 "建模者" 的专家们所使用的特殊方法；我们每个人一直都在为我们做的每一个决定进行建模，因为每一个决定都会因缺乏信息和时间而受限。大多数情况下，我们没有意识到我们是在建模，但是我们一直在使用强大的建模方法来解决问题。这些启发探索的方法是一种解决精神问题的资源，在应对复杂系统时通常比逻辑推理更有效。

2.2　启发式建模

Starfield 等（1990）将 "启发式" 定义为 "经常（但并非总是）被证实是有用的合理方法或可信方式"（第 21 页），或简单地称为 "经验法则"。如果我们想要进行科学建模，包括基于个体的建模，那么了解这些强大的启发式方法是非常关键的，一旦理解了这种方法我们就能有意识地使用它们。在开发基于个体的模型时，以下启发式方法应当被作为检查清单中的项目；建模人员可以查看清单以确保他们使用了最有帮助的启发式方法。一旦运用了最有力的启发式方法，它将有助于驱除潜藏在许多基于个体的模型（Grimm 1999）背后的幼稚写实主义想法，因为启发式方法强化了模型的基本概念，把模型当作一个有目的、不完整的系统表现。

应当在建模的所有层级上对启发式方法进行检查：检查整个模型，检查模型的特定部分，例如，表达非生物环境及其动态、个体行为特征或生理过程的子模型。我们在这里描述的启发式方法是由 Starfield 等（1990）提出的，而且是最重要和最普遍的启发式方法。建模者可以根据自己的经验，在列表中添加自己的启发式方法。

（1）重新表述模型需要解决的问题

解决问题是关键，如管理问题。重新表述要解决的问题有助于确保建模者理解它。在科学中，我们通常会解决我们自己定义的问题，但是重新表述这个问题仍然是有价值的，因为它迫使我们明确：我们想要解决的问题到底是什么？好的科学需要好的问题，好的问题是清晰而明确的。如果问题不明确，我们的目标可能就会定得太高，试图同时理解太多的事情。特别是当我们处理复杂的系统时，就像在生态学中，用一种富有成效的方式重新表述一个问题并非微不足道，反而是具有决定性的。例如，"解释山毛榉森林的动态"是一个过于宽泛的问题，无法为模型结构提供指导。此模型可以具体地描述单株的树，或者植物-动物的相互作用，或者初级生产力等。将这个问题重新表述为"解释山毛榉森林的时空动态"是朝着正确方向迈出的一步，因为我们现在知道模型必须以某种方式包含空间结构。

（2）绘制一个建模对象系统的简单示意图

我们大多数人都不善于绘制详细的示意图，所以这个简单示意图是非常有用的。为了确保绘制的对象能够被看懂，我们会重点绘制最基本的东西。我们甚至可能会创作出夸张的漫画（Clark and Mangel 2000）。因此，在绘制系统对象和过程的简单示意图时，我们使用了大脑中强大的过滤器。这些视觉滤镜比语言文字更有效，这或许是因为人类的感知和想象力主要是视觉上的。"简单示意图"这个模糊的术语其实是指：示意图无需任何结构形式，尽管大胆地画出你大脑中所呈现的内容。简单的图表也很适合交流，特别是在模型开发的早期阶段。建模需要沟通，而简单的图表能有效地解释我们如何理解问题以及我们认为哪些系统元素是必要的。

（3）想象你自己身处系统内部

这种启发式方法对基于个体的模型是非常重要的。立足于系统内部，能防止我们将外部视角强加于系统的对象身上。例如，作为外部观察者，我们可能知道种群的大小或密度，但这些信息通常对种群中的个体来说是无法获得的。当想象我们是系统中的一个个体时，我们可以问：我周围发生了什么？什么影响了我？我影响了什么？

（4）试着找出基本变量

我们正在开发的模型将代表一个真实的系统，因此问题就出现了：哪些是体现系统的必要变量？例如，一些关于种群数量的问题，仅仅知道个体的数量就足够了，因此种群大小（或密度）是唯一必要的状态变量。然而，对于很多问题而言——包括我们在本书中所关注的——额外的变量是必要的。这些变量通常包括个体的位置、大小、年龄、性别和社会地位，等等。

（5）确定可简化的假设

建模的目的是找到一个可以用于解决问题的真实系统的简化表达。简化包括只使用少量的变量来描述系统。真实系统中那些没有由变量描述的方面都被假设是恒定不变的。我们知道这个假设并不是真的，但是我们假设这种简化并不会影响到我们解决问题。如果一个模型的初版变得过于复杂而无法发挥作用，我们必须进一步简化，例如，通过合并变量。

（6）使用"切片战术"

这是最强大的建模方法之一：如果我们不知道如何立即找到问题的答案，那么可以通过许多小步骤来逐渐逼近这个问题。当我们讨论的问题是基本变量的动态时，这个方法尤其有效。我们通常无法推导出长期动态，但是可以很容易地预测在接下来的一小段时间内会发生什么。只需对那些影响基本变量的重要过程进行简单记录，就能做出预测。因为我们只预测一个很短的时间间隔，所以通常可以假设变化是线性的。在某些事件导致的不连续变化下，例如一个干扰，我们可以指定事件发生的概率以及它将如何影响变量。在模拟模型中经常使用"切片战术"：时间被"切割"成足够短的小步长从而能够预测步长之间的变化。在空间模型中，空间也可以被切割成小块，如网格单元，因而空间过程可表达为临近单元格间的变化。将"切片战术"应用到建模过程本身也很有效，尤其是在模拟复杂系统时。并非一步到位地建立一个包含所有基本系统特征的完整模型，通常更好的方法是从一个有意极度简化的"零模型"开始（Haefner 1996）。在这之后，模型的复杂性可以一步一步地增加。

2.3　建模周期

以上描述的启发式建模方法很有用，但是作为建模的一般性指导还不够，因为它们不包括在开发和使用模型时所要执行的完整任务周期。建模是一个循环迭代的过程（Haefner 1996；Thulke et al. 1999），在此过程中，会有多个工作任务被重复地执行。现在，我们将详述这些任务和典型的"建模周期"（图2.1）。其中一些任务与上面描述的启发式方法几乎完全相同，大多数工作任务会在后面的章节中更详细地讨论。

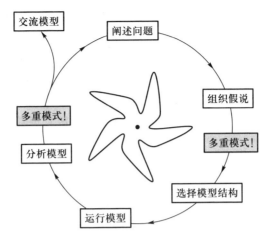

图 2.1 建模周期的六个工作任务。在选择模型结构和分析模型时，考虑模式尤为重要。

2.3.1 任务 1：阐述问题

这个任务对应的是"重新表述问题"的启发式方法。建模需要决定表现真实系统的哪些方面以及做到什么程度。如果没有清晰地阐述模型要解决的难题或问题，我们就无法做出这些决定。明确了这个问题，我们就可以考虑真实系统中每一个已知的元素和过程并决定它们是否对于解决这个难题或问题是至关重要的。

2.3.2 任务 2：为基本的过程和结构组织假说

某一个元素或过程对于解决建模问题是否是至关重要的？对于这一问题的答案都应当是一个或真或假的假说。建模是：建立一个带有合适假说的模型，然后检验这些假说在解释和预测所观测到的现象时是否有用和足够。但是这些假说从何而来？它们反映了我们对系统的初步理解，这实际上是初步的"概念模型"（DeAngelis and Mooij 2003）。如果没有一个概念模型（包含关于什么是重要的元素或过程的假说），我们就无法开启建模周期。这意味着如果我们"不知道"某个系统是如何工作的，就无法开发一个模型。

概念模型的假说是以语言（也经常是图形）的形式呈现的。这些假说主要基于两个来源：理论和经验。理论提供了一个框架，我们可以通过这个框架来理解系统。举例来说，如果我们的理论背景是生态系统理论，我们会把生态系统看作是一个包含营养物质和能量的层级系统，系统的动态由营养流和能量流来驱动。种群生态学家将关注种群的少数几个速率和调查时间序列。在本书中，我们同时聚焦在个体的适应性行为以及系统的特征属性或模式。

经验，关于系统假说的另一个来源，是由理论或我们使用这个系统的方式所决定的。理论约束了我们收集的野外数据和我们所做的实验；实证性研究也因此一直都受理论所约束（Fagerström 1987）。所以考虑那些只是使用系统的人（例如，自然资源管理者）或者仅仅是了解它们的人（例如，博物学家）的经验知识也是重要的。每一位博物学家或自然资源管理者所知道的信息要远远多于死板数据中所表达的。通常这种定性的知识都是隐性的，只有在建模者提出正确的问题时才会被表达出来。经验知识可以很容易地用"如果-那么"规则表达。例如，森林管理者观察到了山毛榉森林的林冠空隙是如何随着时间闭合的，他们可以制定出这一过程的经验规则：或者邻近的冠层树木会扩张来填补空白，或者下层的一棵年幼的树在林隙中生长以此填补空隙。我们可能无法预测在特定林隙中这两个过程哪一个会出现，但是经验丰富的管理人员可以预估出这两种不同结果出现的可能性。

组织系统的概念模型很耗时，特别是当系统很复杂时，并且在我们进行第三项任务之前，通常需要在任务一和任务二之间进行多次循环反复。或许在建模项目最初我们以一种未很好代表基本要素的假说阐述了问题。或者，在制定假说时，我们可能会意识到可以再次对这个问题进行重新表述，因为制定假说的过程会迫使我们更加深入透彻地思考该问题。

2.3.3 任务 3：选择尺度、状态变量、过程和参数

通过将假说转化为特定的模型结构以及描述模型实体动态行为的方程和规则，从而量化设定的假说。要做到这一点，首先我们必须选择描述系统状态的那些变量（从而定义模型结构）；那些导致状态变量变化的基本过程，以及这些模型基本过程（如方程式和规则）所使用的参数，这些参数定义了变量变化的时间、程度和变化速率（定义模型的动态）。

基于个体模型的基本构成是离散个体的集合，因为个体的离散性和适应性行为是最根本的。因此，我们必须选择描述个体状态的变量、描述个体行为的参数以及描述个体所处环境的变量和参数。当然，如果我们想要完整地描述一个个体及其环境，我们将不得不使用成千上万的变量。但是彻底地描述并不是我们的目的。相反，我们会问自己：一个个体的哪些特征对我们将要回答的问题而言是至关重要的？位置、年龄、大小和性别对于很多问题都是至关重要的，但并不是所有。重要的变量可能包括个体储存的能量、个体的社会等级、迄今为止的交配次数和走过的距离，等等。

大多数情况下，最初的变量列表看起来可能很吓人。每个额外增加的状态

变量都会让模型的开发、参数化、执行、分析和理解更困难——所以我们应该尽量控制变量列表长度。了解所涉及系统多样性的生物学家常常发觉，把这些多样性归结为一小部分变量尤其困难。在这一点上，一个很好的启发式方法就是把变量列表缩短到"心疼阈值"（the threshold of pain）附近，或者稍高一点。这个启发式方法是有用的，因为随着缩减变量，一旦感到"心疼"就意味着目前保留的所有变量都是绝对必要的。

除了使用变量的列表之外，绘制模型元素的简单示意图也是方法之一，比如简化的弗雷斯特图（Forrester diagrams）（例如，见 Haefner 1996），或"影响图"（influence diagrams）（图 2.2；Jeltsch et al . 1996；Brang et al. 2002），其中方块代表了结构元素或过程，箭头代表了影响："元素 A 对元素 B 有影响"。影响图对于组织假说过程也很有用，可以使初始模型版本简单且易于处理。

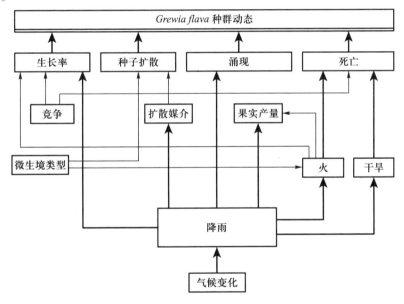

图 2.2　*Grewia flava* 空间显含的种群模型的影响图。该模型用于模拟喀拉哈里沙漠南部的一种木本植物即 *Grewia flava* 的种群动态。该图被用来决定模型结构（状态变量）和模型包含的过程。粗箭头表示种群参数和变量受年降雨量影响的过程。（资料来源：重绘自 Tews 2004）

变量代表了模型系统的结构，而方程和规则中使用的参数则代表了过程。参数是常量，它可以量化变量之间的关系。量化至一个常数的过程通常也是简化假设的过程。例如，当旅行者兑换货币时，比方说用美元兑换欧元，我们使用简单的模型：欧元 = a×美元，其中 a 是汇率（Starfield and Bleloch 1986）。假设 a 为常数实际上是简化了假设，但实际上汇率并不是常数而是依赖于难以预测的复杂动态变化过程。但是对于一个旅行者而言，为了用外币评估某物的价格，这种简化的假设是合理的，但同样的假设对于专业的外汇交易员来说就是不合理的。参数决定了我们描述过程的精细程度。在建模周期的后期，我们可能会决定改变描述的精细程度，可能是通过将几个模型过程整合为一个参数来简化，也可能是通过一个子模型（例如，产生动态参数值的方程和规则）替换一个常量参数来细化。

　　选择变量、参数以及它们的方程和规则，与模型的空间和时间尺度选择是不可分割的。"尺度"有两个方面：一是粒度（grain），我们要考虑最小的时间或空间单位；二是范围（extent），也就是模型所覆盖的时间跨度或面积范围（注意，生态学中的"大尺度"通常指的是大的范围，而最初在地理学上，如地图上"大尺度"指的是大分辨率或小粒度；Silbernagel 1997）。

　　近期生态学所取得的一项重大进步是理解了尺度是如何影响野外和模型研究结果的（Levin 1992）。生态学中的大多数空间模型都是基于网格的，因此它们的空间范围是整个网格的大小，它们的空间粒度是网格单元的大小。范围的选择取决于建模的空间过程和结构，例如，长距离扩散事件或不同水平生境斑块的嵌套。范围选择应该足够大，以避免显著的边缘效应，除非这些边缘效应的影响对于要解决的问题很重要。粒度由距离定义，其应该小于我们认为空间效应可以被忽略的距离。例如，一个领域内的动物个体的位置经常被忽略，因此网格单元的大小是由动物领域的平均大小来决定的（Jeltsch et al. 1997；Thulke et al. 1999）。另一方面，如果我们需要考虑领域大小的差异，那就必须选择一种比平均面积小得多的颗粒（图2.3）。对于植物和运动的非领域性动物而言，选择空间粒度的主要考虑因素是环境变化：在什么距离下环境条件会发生显著的变化？Laymonand 和 Reid（1986）、Bissonette（1997）、Mazerolle 和 Villard（1999）、Storch（2002）和 Trani（2002）提供了更多有关空间尺度的指导和例子。

　　类似的考虑也被用于确定模型的时间粒度和范围。粒度，或者时间步长，是我们忽略细节变化的时间跨度；因而我们只考虑整个时间步长里变量的净变化。一些描述动物的生理状态和行为动机的模型使用 15 分钟（Wolff 1994）或甚至仅仅 5 分钟（Reuter and Breckling 1999）的时间步长。其他典型的"自然"步长是天、季节或年。对于缓慢发展的系统来说，可能需要更大的时间步长：山毛榉森林结构的 BEFORE 模型使用 15 年作为步长（Neuert 1999；Rademacher et al. 2004；第 6.8.3 节）。

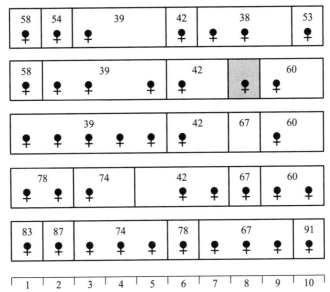

图 2.3　雄性壁虎（*Podarcis muralis*）领域在五年间（从上到下）的大小和分布（Hilden-brandt et al. 1995；Bender et al. 1996）。数字表示雄性个体编号，黑色符号表示在被雄性占据的领域内的雌性领域位置。当个体死亡时，临近的个体或未占有领域的壁虎（例如，在第三年的个体 67）接管空出的领域。在最底部显示了这些领域的网格。例如在 1 到 5 网格间，个体所占领域大小有所差异。灰色网格表示没有被雄性占据。（资料来源：重绘自 Hildenbrandt et al. 1995）

　　在任务 3 的最后，我们将初步决定模型的空间范围、时间范围和粒度，模型的变量和参数，以及用来描述任务 2 中所确定的那些过程的方程式和规则。在继续下一项任务之前，我们可能需要返回任务 2 甚至返回任务 1。在考虑变量、参数、尺度、方程式和规则时，我们可能会改变对所假设的过程和结构的看法，或者重新思考如何阐述问题。尽管如此，建模工作其实仍在继续向前推进着。

2.3.4　任务 4：建立模型

　　Starfield 等（1990）引用了工程师 Billy V. Koen 提出的一种启发式方法："在项目的某个时间点，停止设计"。停止这个设计并不意味着永久地停止，但是任何建模项目都会达到一个阶段，在此阶段模型的设计无法再改进，直到在计算机代码中实现模型。只有被建立和实现的模型，一个有它自己"生命"的"活生生的"实体（Lotka 1925），才能向我们展示这个模型的逻辑结果。一旦我们建立了一个模型并开始分析它的结果，建模周期过程就可以真正地开始循环运转起来：分析模型原假设的结果，发展新的假说，实现它们，产生新的结果，等等。

尽快进入这个建模周期是很重要的，特别是在处理复杂系统的时候。面对生态学系统的复杂性，在设计模型时我们可能会越来越感到困惑、不安和迷茫。因此，我们可能会怀疑设计，也可能会重新思考设计，如此往返多次。建模初学者通常会被这种方式困住，但他们必须清楚认识到开发一个模拟模型的真正原因，无论如何我们都不能仅仅通过推理来理解太复杂的问题。因此，打破这种心理障碍的一个重要的启发式方法是从一个或许荒谬的、非常简陋的模型开始，称为"零模型"（null model）（Haefner 1996）。零模型可能没有那些使我们迷惑的复杂性：我们可能会让所有个体都一样，让环境保持一成不变，让个体变得简单，等等。零模型的目的只是开始，然后进入建模循环。零模型比完整模型更容易分析。零模型可能非常简单，因此可以预测它的结果。先创造和分析一个比我们所期望的最终模型要简单得多的模型，是一个好的开始。这就是"切片战术"：不要在开发模型的时候步子迈得太大！

实现模型意味着设计和编写计算机软件。在我们能够做这一点之前，必须先决定模型过程出现的顺序，也就是"工作流程"。流程图对开发和可视化模型过程执行的顺序是非常有用的（Starfield et al. 1990；Haefner 1996）。然而，一个模拟模型中的事件顺序并不一定要由建模者指定，事件也可以由模型实体自己安排（基于事件的模拟；第 5.10 节）。

许多简单的生态模型都可以由初级程序员通过软件来实现（参见 Starfield 等 1990 年的例子）。但即使是简单的基于个体的模型也会面临特殊的软件方面的挑战。最重要的是软件必须允许建模者对一个模型的所有部分进行观察和开展实验：软件除了必须能执行模型外，还必须为模型提供一个虚拟实验室。我们必须能观察到个体在空间和时间上的行为和模式，以及其他对基于个体的模型来说独特的结果。第二个要注意的是，软件错误很难在基于个体的模型中检测到，而这对整个模型而言又非常重要。在第 8 章中，我们介绍了实现基于个体的模型的详细建议（参见 Haefner 1996；Ropella et al. 2002）。在这里，我们只是建议建模者，软件的质量和效率对于建模的质量和效率是至关重要的。如果没有一个有效的实现，模型就不能被有效地分析和校正且建模周期也将因此停止。

在任务 4 中要做的最后一件事是为所有的变量设定初始值，并对所有参数赋值。参数化是一件很重要的工作，特别是对于像基于个体的模型这样的复杂模型，我们将在第 9 章中详细讨论。

2.3.5　任务 5：分析、测试和修改模型

　　非建模者通常认为设计模型是建模中最困难的部分。然而，一些类型的模型总是可以快速地被表述和实现。真正的挑战是要建立一个能产生有意义的结果的模型。相较于设计和实现第一个版本的模型，即使是经验丰富的建模者也需要至少 10 倍多的时间来分析、测试和修改模型。

　　与设计模型一样，有许多有用的启发式方法可用于分析模型，特别是对于模拟模型。在第 9 章，我们将广泛讨论模拟模型的分析。这里我们只介绍分析模型的最一般的启发式方法：决定用什么衡量标准来对模型的不同版本进行排序。分析一个模型意味着比较不同的版本，因此我们需要一个比较的基准，即一种衡量标准，以此决定是否要改进模型。当然，基本的衡量标准也可以用来回答这个模型到底多有用。只有当模型捕捉到解决问题所需系统的基本要素时，模型才有用。但是怎么能确定它抓住了这些要素呢？我们得要知道模型是否可信。测试模型正是如此：评估我们可以将模型结果应用于实际系统和问题的信心。评估这种信心的唯一途径，是评估模型在相同的表现和相同的特性方面接近和达到真实系统的程度。我们会在下一章中解释"面向模式的建模"正是做出这种评估的规范途径。

　　分析和测试一个模型的目的是为了改进它。改进一个模型可能包括了通过排除不必要的元素来简化模型，当元素被描述得太粗糙（或太细微）时调整其精细度，修改过程或结构，使其更好地重现观察结果，使其更容易理解，以及使其更好地预测。因此，分析模型可以让工作回溯至任务 4、3 和 2；如果分析能提高我们对模型的理解程度，我们就能以更有效的方式重新表述原始问题，所以甚至可以回到任务 1。

　　但是，我们不可能永远停留在这个建模循环中。因此我们需要一个"停止规则"（Haefner 1996），这个规则定义了我们认为模型足够好的标准。Haefner（1996）建议在项目开始时就制定停止规则，因为这个规则会对模型设计有影响。例如，相对于模型预测精度不超过 5% 的标准差这样的目的，如果模型的目的只是预测总体趋势的话，那模型的设计就会有很大的不同。但是就像建模过程中的所有其他元素一样，这个停止规则在模型开发过程中也可能会改变。在现实世界中，最重要的停止规则可能就是时间和资源的约束：大多数建模项目停止只是因为研究经费枯竭。但是，即使这个看似微不足道的停止规则也会影响到模型设计：当我们知道我们只有两名研究人员工作两年的资源时，我们应该会拒绝明显过于复杂的无法在期限内完成的模型设计。

2.3.6 任务6：模型交流及其结果

当终于有了一个我们有信心的模型、并且模型解答了最初的难题或问题时，我们仍然没有完成任务。这本书是关于科学建模的，这意味着我们必须把模型和结果传达给同行，或者告诉那些将要使用我们模型的管理者。观察、实验、发现和见解——只有以交流的方式允许他人独立地重复出观察和实验结果并获得同样的见解时，所有的这些才算是科学。模型也是如此。然而，基于个体的模型很难进行交流，因为不能用一些公式和参数明确地描述它们。因此，除非找到一种方式能对基于个体的模型可以完全并明确地进行沟通，否则所有构建和分析模型的辛苦工作都不会对科学做出贡献。我们必须在一个项目的开始就做计划，将足够的资源投入到交流模型这个任务之中。在实践中，这可能意味着必须让模型更加简单——甚至提前停止模型设计和分析的周期，以便有足够的时间进行交流；我们使用某些特定的工具来实现并分析模型可以促进模型的交流，例如，广泛使用且提供视觉输出的软件平台。交流模型及其结果与开发和分析模型一样重要。因此，我们在第10章就这一问题进行了讨论。

2.4 总结和讨论

本章提供了对整个建模过程的介绍。该介绍有三个主要元素：对于模型是有目的的表达的基本认识，功能强大且用途广泛的模型设计中启发式的列表，以及被描述为6个任务的一般性建模周期。遵循这些通用法则，可以使基于个体的建模过程更加高效和有序。

许多基于个体的模型效率低下和缺乏条理，这不应归咎于模型的开发人员。这些问题体现了我们在培养生态学家、保护生物学家、自然资源管理者和生物学家时的严重不足。很少有大学提供像本章这样基础的建模课程。大多数关于理论生态学的教科书都侧重于模型本身，但没有提到建模的过程；将自己局限于解析模型，而不是模拟仿真模型。据我们所知，Starfield 等（1990），Starfield 和 Bleloch（1986），以及 Haefner（1996）的书是仅有的真正引入了建模过程的关于生物、生态学和自然资源管理的教科书，并且部分地或完全地（Haefner 1996）关注模拟仿真模型。计算机模拟仿真是科学家（包括生物学家）的一个非常强大的新工具（Casti 1998）。进行模拟仿真所需的建模和软件技能可能与微积分以及统计学同样重要，但却很少教授给生物学家。

本章中最重要的通用指导法则是：

- 建模是在限制条件下解决问题；
- 模型是有目的的表达；
- 建模包括了一些必须反复循环的步骤；
- 模型应该简化到心疼阈值，至少开始应该这样；
- 参数化、分析和交流模型与设计模型至少同等重要，尤其对模拟模型而言。

但是，这些法则真的适用于所有类型的模型吗？当科学家们谈到"模型"时，他们可能会指完全不同的东西，并且许多不同类别的模型已经被分类：技术和策略模型（Holling 1966；May 1973）；描述性、复杂系统和概念模型（Wissel 1989）；预测、解释性和说明性的模型（Casti 1998）；最简和综合的模型（Roughgarden et al. 1996），以及其他文献中列举出来的几个类别（参见第11.2 节）。所有这些模型类型之间的差异是由模型的不同目的所决定，但是并不能反应基本建模过程中的差异。

科学模型的主要目的是描述、解释（也称为理解）和预测。判断模型好坏的标准取决于模型的类型，而模型的类型是由模型的目的所决定的。提供良好解释的模型可能完全无法预测（达尔文的自然选择理论就是一个例子；Casti 1998）；能几乎完美预测的模型可能无法解释（例如，行星运动的托勒姆式模型；Casti 1998）；以及可以很好地解释和预测的模型，就像牛顿著名的 $F=ma$ 一样。然而，在所有这些不同模型背后的建模过程没有本质上的区别：它们都源自一个真实系统的特定问题，然后制定必要过程的假说，确定必要的变量和参数，并且——如果可能的话——执行和分析模型。同样地，经典的生态模型和基于个体的模型是不同的，不是因为它们来源于不同的建模过程，而是因为它们基于截然不同的假设，即到底真实系统中的哪些元素需要在模型中体现。

现在，如果每个开发基于个体的模型的人都遵循本章提供的通用法则，那么基于个体的模型是否会变得像它们所能达到的那样有效和有条理呢？并不一定。原因在于计算机模型与思维和数学模型相比没有那么严格的技术限制。即使我们努力限制基于个体的模型的复杂性，但与传统模型相比，它的设计仍然是复杂的。我们需要额外的指导方针以应对自下而上的模拟模型和基于个体的模型的复杂性。在下一章中，我们将介绍一个策略——面向模式的建模，它对本章中模型项目组织和模型设计的指导原则进行了补充。建模的实现、分析、测试和交流阶段对于模拟模型和基于个体的模型而言也更加困难。图 2.1 是本章描述的一般性建模周期的概述，该图也提供了关注这个循环每一部分的后续章节的路线图。

第 3 章　面向模式的建模

没有模式的变化是不科学的。

——Boris Zeide，1991

3.1　引言

复杂系统的模型如果有用武之地的话，那模型本身既不能太简单也不能太复杂。模型的复杂性会导致许多困难，但是过于简单的模型却不能解释太多东西。为了找到合适的复杂性，我们应依赖于简约性原则，或者"奥卡姆剃刀"：如果有两种模型解释某个现象，我们应该选更简单的那个。然而，我们必须小心地使用奥卡姆剃刀：只有当更简单的模型真正解释了这种现象时，才应该选择它！对于基于个体的模型而言，我们想要解释的现象是个体行为与生态学系统之间的相互关系。如果一个模型过于简单，例如，忽视个体或个体的差异性，就可能无法用此模型解释这种相互关系。阿尔伯特·爱因斯坦（Albert Einstein）曾有一句名言："所有事物都应该尽量简单，但不能过于简单"。对于建模者来说，爱因斯坦的这句话是对建模的精辟总结。

复杂模型造成的困难与解释复杂系统的需求之间的权衡，意味着像基于个体的模型这样自下而上的模型，模型的收益和复杂性之间的关系不再是单调和负相关（就像经典模型假定的那样），而是单峰式关系（图 3.1）。其有一个中等复杂度的区域，在此区域它的收益会很高。这一区域或许可以被称为"Medawar 区间"，因为 Peter Medawar 描述了相似的一种关系，即科学问题的困难程度和回报之间的关系（Loehle 1990）。但是，我们该如何设计模型，才能让它们落在 Medawar 区间内？我们如何才能找到恰当的细节——哪些决定真实生态学系统的方面应该被包含在模型中，哪些应该被忽略？

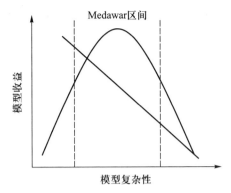

图 3.1　模型的收益与复杂性的关系。对于基于个体的模型（峰形曲线）来说，中等复杂的区间是收益最大化的地方，称为"Medawar 区间"（以 Peter Medawar 命名；Loehle 1990）。对于经典理论生态学的解析模型（直线）而言，只有非常简单的模型其收益才高，收益随着复杂性的不断增加而下降。这种复杂性与收益之间的负相关关系常常被错误地假设在基于个体的模型和其他自下而上的模拟模型上。

　　在找到让基于个体的模型的收益达到最大化的复杂性之前，我们必须要先弄清楚是什么决定了模型的收益。当我们在生态学中使用基于个体的模型时，我们在试图了解一些关于真实世界的东西，而不只是为了解计算机虚拟世界的属性。因此，确定模型结构的标准就是那些允许我们检验模型的标准，也就是理解基于个体的模型并将其与在现实世界中观察到的现象进行比较。因此，基于个体的模型的收益在很大程度上取决于它的可检验性（Grimm 1994）。为了开发处在 Medawar 区间的基于个体的模型，我们就应该思考如何能使模型以最有效的方式被检验。

　　基于个体模型的多种高效的可检验性方法在生态建模中远未被充分利用：设计模型使得其属性和动态能够与现实系统中观察到的模式相比较。如果基于个体的模型过于简单，那么它就不会体现现实模式；如果模型过于复杂，我们将无法理解模式是如何从中产生的。因此，模式为优化模型的复杂性提供了标准。这种在设计、测试和参数化模型时使用真实模式的建模方式称为"面向模式的建模"（pattern-oriented modeling，简称 POM；Grimm 1994；Grimm et al. 1996；Grimm and Berger 2003；Wiegand et al. 2003）。面向模式的建模不仅对基于个体的模型有用，对其他任何类型的建模都是有帮助的。

　　本章的主旨是，通过真实模式测试来决定模型的结构，这与第 2 章所提的基本准则并不冲突，即模型的结构是由其目的所决定的。无论我们想要用模型解决哪种科学或管理问题，模型的可信度和可检验性都是至关重要的。而且对于科学而言模式本身往往就是要解决的问题：一个模型或理论的目的通常是解释特定的模式。

事实上，科学研究中充满了"模式决定模型结构"的例子，不仅包括解析或模拟模型，还包括我们对诸如"重要系统是如何工作的"理解。有必要审视一些介绍性的教科书和历史记录来看看关于模式的科学发现，以及这些模式是如何被发现且应用在物理、化学、生物化学、遗传学和地球科学等领域的。例如，生物学家很熟悉沃森（Watson）和克里克（Crick）是如何发现DNA双螺旋结构的；对于模式（例如在特定的 X 射线照片中以及核酸和晶体的一般特性）的识别和解释对这一发现至关重要（Watson 1968）。我们越是明白模式是如何决定成功的理论和模型的结构，我们就越有可能成功地发现和使用模式。

在下面的章节中，我们将讨论模式对于建模的重要性，并详述第 2 章所讲的建模周期中面向模式的建模的 4 个主要任务。本书的后面，特别是第 6 章，将介绍和讲解大量面向模式的建模和使用模式的实例研究。

3.2 为什么要用模式？什么是模式？

模式是在随机变化之上的秩序的展现。模式的出现表明产生模式的特定机制的存在。体现系统特性的模式很可能就是系统最根本的基础过程和结构的指标；非必要的属性不太可能在系统中留下清晰的可识别的痕迹。因此，模式为一个系统的基本属性提供了信息，但是这些信息只能以"密码"的形式表现出来。面向模式建模的目的就是对这些信息进行"解码"（Wiegand et al. 2003）。

尝试去识别模式，然后解码它们，去揭示系统的本质属性，是任何科学，特别是自然科学的基本研究内容。物理学和其他自然科学提供了大量关于模式的例子来理解系统的本质：经典力学（开普勒定律）、量子力学（原子光谱）、宇宙学（红移现象）、分子遗传学（查戈夫法则）和古生物学（大灭绝和白垩纪含铱堆积岩）。

然而在生态学中，这种基本的基于模式的研究似乎并没有得到那么多的认可（但是也有例外，比如，Watt 1947；Levin 1992）。即便使用生态模型解决关于模式的问题时，面向模式的方法通常也没有被明确用作建模的策略，因此它的潜力还没有被充分地挖掘出来。著名的加拿大北美野兔和猞猁种群周期震荡提供了一个很有启发意义的例子。这些周期性的振荡当然是一种模式，但是用不同机制就可以轻而易举地重现这种周期模式（Czaran 1998）。因此，许多不同的模型都可以解释这个周期模式——这个模式本身并没有证明任何模型的能力，因此我们无法推断哪个模型最好地解释了周期振荡。然而最近有人也考虑了另一种类型的野兔-猞猁的周期变化：循环的周期是几乎恒定的，而峰值的振幅则是混乱变化的（Blasius et al. 1999）。只有一个包含有特定结构——由植物、野兔和猞猁组成的食物链——和之前被忽视的机制的模型才能重现出这第二种模式：在野兔数量低的情况下，猞猁可能会转向其他猎物（大概是松鼠）。当考虑两种模式后，我们剔除了许多备选模式，并且极大地增加了我们对野兔-猞猁周期振荡的理解。

这个例子尤其具有启发性，因为人们经常抱怨生态学中没有明显的模式。两个或多个看似较弱的模式（持续的周期和混沌的振幅）要比一个单一的强模式，更加能够揭示一个系统的本质。同时重现多个模式通常很困难，而重现一个模式则相对简单得多。多个模式往往源自系统不同的本质属性，因此应对多个模式便是一种更有效地识别模型是否获取系统全部本质的方法（并且拒绝那些不需要的模型；参见模型的"多标准评价法"；Reynolds and Ford 1999；Ford 2000）。

不幸的是，实验生态学家们常常使用没有模式的实验设计，因此往往对建模没有太大价值。野外和实验室实验通常使用析因设计，析因设计可以明确回答几个特定的问题，但是很少能提供系统响应的广泛模式，而广泛模式能够帮助构建和测试包含潜在过程的（基于个体的或其他的）模型。Suter（1996）提供了一个生态风险评估的例子：野外研究经常使用复制样本去比较受污染的地点与未受污染的地点的某些生态指标在统计上是否有差异。相反地，那些在生态指标如何随污染物浓度梯度的变化而变化中寻找模式的研究，则更可能有助于开发和测试模型（以及支持管理决策）。

3.3　面向模式建模的任务

"面向模式的建模"这个术语确实有些多余，因为建模就应该是面向模式的。但是，许多经典的生态模型并不是以模式为导向的，而是更加"随意"的：简单、不明确和不容易检验（Grimm 1994）。这种随意风格的模型在许多生态学教科书中都被提及，从而影响了生态学家对有用模型的结构的看法。"面向模式"一词是为了提醒我们：通过解码模式来确定一个系统的本质属性。面向模式的建模这个词与"循证医学"（evidence-based medicine）的目的是相似的，循证医学是医学中引入的一个术语，用来提醒医生，他们的诊治应该基于证据而不是基于传统和直觉等（Gigerenzer 2002）。

正如下面将要介绍的，面向模式的建模并不新颖。许多建模者都本能地使用着这种方法（比如 Jeltsch 1992；Jeltsch et al. 1992；Jeltsch and Wissel 1994；

Wood 1994；Ratz 1995；Johst and Brandl 1997；Lewellen and Vessey 1998；
Blasius et al. 1999；Casagrandi and Gatto 1999；Doak and Morris 1999；Bjørnstad
et al. 1999 Briggs et al. 2000；Claessen et al. 2000；Elliot at al. 2000；Turchin et
al. 2000；Ellner et al. 2001；Fromentin et al. 2001）。也有人试图将这种模式的
用法描述为一种通用策略（例如，Kendall et al. 1999；Turchin 2003），但多数
这类工作都是为了选择最合适的解析模型来重现种群的时间序列。相反，这里
展示的面向模式的建模包含了一般建模，特别是一些自下而上的模型，比如基
于个体的模型。DeAngelis 和 Mooij（2003）独立地开发出了一种与面向模式的
建模非常相似的建模概念，他们将其称之为"机制丰富"（mechanistically
rich）的建模。

　　正如我们在这里所讲的，面向模式的建模创新之处在于，它明确了模式的
使用，并且将模式的使用融合进了生态建模的一般方法之中。它的主要特点是
使用多种模式来开发和检验模型，从而确定生态学系统的基本要素。面向模式
的建模与第 2 章中描述的一般建模周期并无不同，但它增强了这个循环。图
2.1 指出了以下 4 个面向模式的建模任务与建模周期中的哪些阶段相对应。

3.3.1 识别多种模式

　　面向模式的建模的第一个任务是识别用于构造和检验模型的多重模式。最
重要的是设计的模型所要解释的模式。当一个模型被设计用来解释特定的模式
时，整个建模工程就更容易了，因为它有一个特定的目标来约束和指导模型的
设计和检验（Thulke et al. 1999）。然而，许多模型（包括许多基于个体的模
型）的设计目的，是为了解决一个已知的模式无法处理的问题。相反地，我
们可以设计一个基于个体的模型来预测一个种群对一些从未被观察到的环境变
化的反应：如果使用不同的收获方式，山毛榉森林的年龄结构会发生怎样的变
化？一个河鱼种群是如何应对水流的流量和波动变化呢？

　　确定用哪些模式来检验模型也是这个任务的一个非常重要的部分，这些用
来检验的模式对于模型的成功同样重要，就像确定模型所要解决的问题或模式
一样重要。我们对模型的信心取决于我们如何使用这些模式对模型进行检验。
用于预测系统对未被观测到的条件响应的模型，必须对其进行彻底的检验，以
增强对系统响应机制的信心。此外，用于测试的模式的多样性决定了模型中必
须包含哪些结构和过程。从相同的结构和过程中产生的模式可能会被一个简单
的基于个体的模型所成功重现，但是许多结构和过程中出现的各种模式只能通
过一个更复杂但结构上更符合现实的模型来重现。

　　在选择用于构建以及测试和参数化模型的模式时，不能只关注"强"模

式。强模式与随机的变化有着显著的不同，它似乎是潜在过程的强有力的指标。然而，正如野兔-猞猁种群动态的例子所示，一个单一的强模式可能不足以消除其他有竞争力的解释并确定最合适的模型结构。几个看似"微弱"的模式组合能够更有效地帮助我们寻求到好的模型设计（Railsback 2001b；Railsback and Harvey 2002）：每一种模式都有可能消除一个备选模型，因此多个模式的组合是筛选模型的有效方法。大量"弱"信息的威力是众所周知的。例如，如果我们只知道一个人的年龄，几乎是不可能确定他的身份的，但是当我们补充一些信息，诸如他的性别、职业、出生地点等，我们会迅速排除其他选择，并找到正确的人。在面向模式的建模后续任务中，我们把每个模式都当作一个检验，这样可以排除错误假设，从而确定基于个体的模型的某些部分应该被如何表达。各种简单或弱的模式可以提供一种快速而简单的方法来过滤无效的信息，并识别出有用的模型设计。

不但系统水平上的模式，更低水平的那些模式——个体行为和局部动态——在面向模式的建模中同样强大和必要。基于个体的模型可以很好地重现系统水平的模式，但是如果个体行为是不现实的，那么基于个体的模型就没有用处了。这种情况在基于个体的模型中很常见。一个很好的例子就是，一个非常简单的关于鲑鱼迁徙到大型河流水库系统的基于个体的模型。通过模型校准，这个基于个体的模型可以重现观察到的种群迁移的时间模式；然而，研究人员发现，校准过的鲑鱼的游泳速度要比真正的鲑鱼游得快得多。仅仅检验个体水平的模式就表明了这个基于个体的模型的结构是不合理的。与系统水平的模式一样，用于构建和测试模型的个体模式不应该被强加进模型中，而必须从个体和它们与环境之间的交互作用中涌现出来（第 5.2 节）。

识别多个模式的一个关键就是，模式需要与它们所产生的过程以及它们发生的尺度之间相互兼容。对模型的目标不重要的过程所产生的模式对模型检验而言也并无用处（或者，更糟的是，可能会分散建模者的注意力，并诱使他们为模型添加不必要的复杂性）。同样地，在空间或时间分辨率上与模型不兼容的模式也不会有用——我们无法通过以分钟和米为单位的个体相互作用模式来检验一个以天和千米为单位的模型。

下面将讨论如何使用模式，这将进一步帮助读者理解如何选择模式。选择模式，特别是用于检验基于个体的模型，往往是一个反复的过程，其中的新模式被选择用作来设计模型和检验模型的成效。

3.3.2　使用多重模式来设计基于个体的模型

在面向模式的建模中，我们使用模式和（或作为）模型所要解决的问题来指导设计模型结构、解决方案和过程。这是面向模式的建模的基本思想：我们决定使用一个模式来指导模型设计，因为我们相信该模式包含了相关的结构和过程的信息。为了揭示这些必要的信息，我们设计了模型结构、细节和过程，以使得观察到的模式能够从中涌现出来。模型必须包含用来表达模式的状态变量以及导致模式涌现的过程，并且必须使用相应的空间和时间尺度来检测模式。

模式可以通过向我们展示在基于个体的模型中需要什么类型的对象或实体，以及需要哪些状态变量来指导模型构建。例如，在设计基于个体的山毛榉森林模型 BEFORE 时（第 6.8.3 节），建模者发现了垂直结构（单层和多层林冠层）的模式，这是真实森林的特征。这一模式表明，该模型不仅要像早期的模型一样（Wissel 1992b）表现出自然山毛榉森林的水平结构，还应该要包括垂直结构（Neuert 1999；Rademacher et al . 2004）。因此，建模者设计了一个简单的垂直结构，其中树木按照高度被分成 4 类。这种设计并没有将山毛榉森林的垂直结构硬性加入模型中，但是能让建模者通过是否出现了典型的垂直结构来检验这个基于个体的模型。针对模式如何决定和约束模型结构这个方面，其他的例子还包括：

- 使用空间格局要求模型在空间上是显含的（比如，Levin 1992）。
- 种群年龄结构中的时间格局（包括稳定性）要求模型包含个体年龄的信息以及种群具有年龄结构。
- 生活史策略在生物或非生物环境中变化的模式要求基于个体的模型包含个体的生命周期（Uchmański and Grimm 1996）。
- 在海底栖息的生物中，幼虫在不同深度定殖的模式要求模型包含地形的变化（Grimm et al. 1999a）。
- 栖息地选择的模式取决于增长潜力和死亡风险，要求基于个体的模型要包含出生和死亡风险在空间和时间上的变化（Railsback and Harvey 2002）。

模式影响着对模型的空间和时间解析度的选择，因为模型的解析度必须与模式能被检测到的解析度以及导致模式行为的过程相一致。例如，用于解释鱼类集群的基于个体的模型（第 6.2.2 节）需要非常细致的空间和时间粒度，因为导致集群发生的过程非常迅速，并且就在几厘米的距离内。这个基于个体的模型的空间范围必须足够大，可以容纳当集群模式出现时整个鱼群和鱼群移动的距离。时间的范围也必须足够长，足以让集群模式完全涌现出来。而与此形成明显对比的山毛榉森林模型（第 6.8.3 节），则旨在解释时间跨度长且尺度大的森林动态格局，所以该模型设计包含了大空间范围、长时间步长（15年）和长时间跨度（对应于上千年甚至更长）。然而，这些相同的模式是由在很短范围内的个体树木之间的相互作用所引起的。这些模式决定了基于个体的模型需要相对细致的只有几米的空间粒度。

　　一旦确定了基于个体的模型的大致结构和设计方案，就可以用模式来确定需要表现哪些过程。当然，仅仅通过观察模式，我们并不知道是什么过程导致了这些模式的出现；然而，模式可以提供强有力的线索，帮助我们来决定需要在基于个体的模型中表现哪些过程，以及如何表现。我们可以检查所观察到的、希望模型能够解释或进行检验的模式，并用我们的判断（以及我们积累的关于实际系统的知识！）对导致模式的过程进行有效的猜测。例如，我们可以确定哪些环境变量或个体相互作用对模式有影响。个体或系统水平的哪些响应代表了模式特征？这些环境变量或相互作用又如何与反映模式的响应之间建立联系？

　　鲱鱼迁移的研究（第 6.2.3 节）提供了一个很好的例子，说明了模式是如何指向底层过程的。在这项研究中，基于个体的模型被设计成两部分来解释观察到的模式。第一部分，观察到一种突然变化的行为，即鲱鱼集群通常每年都在同一地点越冬，但是偶尔有几年，这个地点发生了变化。第二部分，过冬地点的变化通常发生在当有经验的年老的鱼在整个鱼群中所占的比例非常低时。考虑一个个体可观察到的生物环境的变化可为建模者（在下例中建模者已经很熟悉"鱼群只是简单地跟随它们的邻居"的理论；Huth and Wissel 1992）提供一种可能导致这种模式的过程——例如鱼群中经验较少的个体作为近邻可能导致了系统水平的响应，随即出现了一个新的移居地。

　　面向模式的建模的一个关键好处是其能告诉我们哪些内容不需要包括在基于个体的模型之中。基于个体的模型可能会苦于太多的变量和过程，而模式则提供了排除那些不必要的变量和过程的标准。如果重现我们感兴趣的模式时不需要某些变量或过程，那就可以忽略它们。而当我们将变量或过程加入基于个体的模型时，如果把解释模式作为过滤器，那么这个模型就会自然而然地变得简单，同时又不会太过于简单（Wiegand et al. 2003）。相反，只使用"真实性"作为模型结构的指导原则则无法提供排除多余变量和过程的标准。

　　面向模式的建模对于提出模型结构和过程是很有价值的，但是仅仅为模型的设计提出假设是不够的。我们想要检验这些假设，并且我们需要检验如何在一个基于个体的模型中表现过程；因此我们继续下一项任务。

3.3.3　在模型分析和检验中使用模式

　　正如我们在第 2 章中所讨论的，模型的检验和分析需要一种衡量标准，可以让我们用来比较不同的模型版本。到底什么样的标准，能够衡量基于个体的模型的"优度"（goodness），让我们用来比较不同版本并识别出最好的模型？

面向模式的建模就提供了这样一种衡量标准：可以通过评价模型重现真实系统中所观察到的模式的程度来评估不同的模型版本。

基于模式的检验和分析，可以通过识别不同版本的基于个体的模型，然后检查每个版本对模式的重现情况来进行。不同的版本可能会因为对一个重要的过程使用了不同的表达而有所不同。例如，个体基于不同的规则做出一些关键决定（参见下一章的"基于个体的生态学理论"），又或者不同版本的区别只是使用了不同的参数值，又甚至是不同版本的模型具有完全不同的模型结构。

此时，使用多种模式进行测试的优势非常明显。如果每个备选模型都能重现一些模式但是只有一个模型能够重现所有的模式，那么我们应该非常庆幸：我们不仅识别出了一个有用的模型，而且还找到了一种强大的方法来验证假想的模型。然而，如果没有一个模型版本能够很好地重现所有模式，那么我们必须得出结论，基于个体的模型并没有抓住所涉系统的基本特征。如果同时有几个候选模型重现了所有的模式，我们可以（如果我们需要的话）寻找新的、有能力证明其中一个模型有误的模式；这种对新模式的寻找可能需要对正在建模的系统进行额外的研究。

一旦找到一个充分重现所有观察到的模式的模型版本，我们就可以更详细地分析模型。这种分析（第9章的主题）解决了下面各类问题。模型的哪些过程和结构导致了模式？模型是否可以在简化的同时还能重现模式（第9.4.4节，第11.4.2节)？当然，我们还是必须针对模型想要解决的原始问题，可能还是要使用基于模式的方法。这类模型分析可以是非正式的，可以用模式检验（有时也用统计分析检验，如 Mangel 和 Hilborn 1997 描述的）来验证推理，从而排除不恰当的模型。

使用模式来检验和分析基于个体的模型对模型软件也有重要意义。从一开始，软件就需要为观察和比较模式提供有效的工具。因为人类主要通过视觉来感知世界，所以视觉模型的输出——图形界面——通常有助于模式的比较（Grimm 2002；Mullon et al. 2003；第9章和第10章）。

3.3.4　使用模式参数化模型

寻找合适的参数值几乎始终是生态建模中的一个难题。模型输出可能在数量和质量上都依赖于参数值，但是通常我们只有几个参数的精确值。对于其他参数，我们可以指定一个具有生物学意义的范围，而一些参数值则可能完全是未知的。如果太多的参数值无法确定的话，那么模型的输出就可能会不太准确，以至于模型无法进行检验，也无法用来回答最初提出的科学问题。

借助面向模式的建模，用多重模式可以间接地确定参数值（Wiegand et al.

2003，2004a，b）。这与传统的校准方法类似，通过调整参数值直到模型输出一些预期的行为。针对面向模式的建模，其校准的新颖之处在于，不仅一个，而是多个参数都可以同时由校准来确定，而这正是由模型的复杂性所决定的。对模型复杂性的传统观点认为，复杂只有缺点，但是如果模型是按照面向模式的方法构建的，那么它很可能具有结构上的现实意义，因此它的结构和内在机理可以被用来评估参数值。如果一个模型能够同时重现多个模式，那么参数值可以通过排除与观察到的模式不匹配的模型输出来估计。例如，Hanski（1994，1999；Wiegand et al. 2003）使用这种间接的参数化方法找到了集合种群的实际参数值。Hanski 的简约但结构上符合实际的集合种群模型（"关联函数模型"）包括了栖息地的位置和大小，以及斑块大小和局部灭绝风险之间的简单关系。这个关系的参数是通过将模型输出与实际斑块网络中的物种出现/缺失数据相拟合而确定的。类似地，Wiegand 等（1998）在棕熊的种群调查时间序列中使用了特定的模式（包括家庭结构的信息），以缩小模型种群统计特征参数的不确定性（这种面向模式的参数化在其他学科中被称为"逆向建模"（inverse modeling）；例如，Burnham and Anderson 1998）。在第 9 章中，我们将更加深入地讨论如何通过面向模式的方法间接实现模型的参数化。

3.4　讨论

在本章中，我们主要介绍了什么是面向模式的生态建模，为什么它很有用，以及如何在建模周期内使用它。模式可以指导我们设计模型的结构和解决方案，为测试和比较模型版本提供一种衡量标准，并且容许间接地决定参数的数值。尽管如此，这部分讨论并不能证明使用模式可以帮助我们找到使模型收益最大化的模型范围。为了达到这个目的，我们将在第 6 章中介绍几个研究案例，这些研究应用面向模式的方法构建出了非常成功的基于个体的模型。而成功的原因大部分是因为面向模式的基于个体的模型被证明是"结构现实的"（structurally realistic），这意味着它们准确地抓住了生态学系统的本质，从而可以重现可检验的、独立的并且可预测的系统属性，这些属性甚至在基于个体的模型开发和测试的过程中都未曾被刻意考虑。当这些独立的预测能够被产生和验证时，我们会更加相信模型捕捉到了隐藏在构建模型所需的模式下的系统属性（第 9.9 节）。

当然，面向模式的建模有它自身的局限性和不足。首先，必须谨慎地选择模式。最重要的是要确保指导模型设计和测试的模式本身是真实的。人类的思维一直倾向于感知模式，即使它们并不存在，这种现象常见于野外生物学和虚构的自然史中。这类被广泛接受的但在文献报道中甚至不怎么被证据所支持的模式（例如，"A 物种比 B 物种更喜欢 X 型栖息地"）时常出现。尤其常见的是，某些模式只是出现在特定情况下但却被认为是普遍的模式（基于个体的模型可能有助于消除这种误解）。DeAngelis 和 Mooij（2003）讨论了一个例子，在这个例子中，一个有缺陷的种群调查时间序列被用来参数化模型。另一方面，可能有一些模式虽然只是偶尔出现，但却是非常有用的。建模者必须仔细审阅检查文献，并且注意那些导致模式价值降低的因素，包括实验设计的人为因素或研究点的特定条件。

其次，我们永远不能幼稚地推断，认为模型中产生模式的机制也必定是实际系统中的机制。模型所产生的模式可能是正确的，而与此同时模型的机制却可能是完全错误的。最著名的例子就是托勒密的地心说模型（Ptolemaic model），它在假设行星绕着地球转的同时，很好地重现了行星在天空中运动的轨迹（Casti 1998）。在生态学中，类似的模式也能由多个模型来解释，例如种群周期振荡动态，MacArthur 和 Wilson（1967）的种-面积关系，以及单种群植物自疏轨迹的线性和斜率。显然，重现同一模式的几个不同的模型不可能全部都是正确的——它们中的大多数肯定只是部分正确甚至可能是完全错误的。

上述两个问题正是为什么我们值得去① 构建一个围绕特定且易于理解的模式或问题的基于个体的模型，以及② 使用面向模式的分析。从使用各种简单、易于描述和易于理解的模式开始，进而对基于个体的模型进行分析。我们应当注意寻找多种模式，并且一个模式接着一个模式地逐步使用它们，以增加我们对模型的信心。最高程度的信心来自成功的独立预测，这表明模型在结构上是可行的。但是，我们也必须记住，即使成功地验证了一个模型的独立预测，模型仍然只是一个模型，永远不能代表真实系统的所有方面。建模和模型本身同样具有诱惑性（Grimm 1994），一开始就成功的模型可能会带来风险，因为此种成功可能使建模者停止在真实系统和模型之间进行进一步的分析和比较（动物行为学家 Konrad Lorenz 建议，对科学家来说一个好的训练方法就是每天在早餐之前，都要抛弃一个自己偏爱的假说）。

在接下来的章节中，我们会广泛讨论面向模式的建模的第三个潜在局限性——基于个体的模型中的模式是否真的产生于模型的结构，或者是认为强加在模型之上的（即赋予个体产生模式的行为，从而使该模式成为模型的必然结果）？一个检验"模式是否被强加的"好办法是，用那些明显荒谬的行为来代替个体行为规则，看看是否还能产生这些模式。例如，可以用之前的山毛榉森林模型（第 6.8.3 节）进行测试，假设一棵幼龄的树在被完全遮蔽时就死亡，或者永远不会死亡而是永远地等待空隙的产生。如果森林模型用这些荒谬的规则仍然产生了与实际相符的模式，那么这些模式很可能就是被以某种程度硬性强加到模型结构中的。

　　面向模式的建模不是生态建模和自下而上建模（如基于个体的建模）的灵丹妙药。它也不是一个简单的按部就班的方法，而是一种适用于每个问题和模型的通用方法。不过，面向模式的建模显然能够帮助我们规避缺乏可检验性以及缺乏与实际系统关联性的"随意式"模型，以及过于复杂而难以理解的陷阱。同样，面向模式的建模可以帮助实验生态学家设计能与模型相结合的实验研究，从而提高我们对生态学机制的理解。毕竟，使用面向模式的建模就是简单遵循所有科学的一般研究方法：系统地探寻我们观察到的模式背后的机制。

第二部分

基于个体的生态学

第 4 章　基于个体的生态学理论

生态学家面临的最重要的挑战是如何将个体的行为和涌现的属性（如生产力和生态系统恢复力）与生理学过程联系在一起。

——Simon Levin，1999

4.1　引言

在第 1 章中，我们已经确定 IBM 模型的复杂性是其高效且合理应用的主要挑战。在第 2 章和第 3 章中，我们介绍了基本的建模过程和面向模式的建模方法，这两种方法能使建模者进入有较高回报的"Medawar 区间"（图 3.1）。然而，即便有这些方法，也不能在利用 IBM 时完全达到通用性。这里所谓的通用性是指不同的 IBM 模型在某些重要而普遍环节上的一致。如果没有通用性，不同的 IBM 模型在结构上就很难进行比较，并且单个 IBM 模型产生的结果不易被整合入我们的认知范围里。在任何学科中，模型间的通用性和一致性都是理论的关键。没有通用性就没有理论，而没有理论的 IBM 将失去通用性。

Grimm（1999）对早期不同的 50 个 IBM 模型进行了研究，他发现很难从单独的 IBM 模型来了解整个生态系统，也不能从中了解 IBM 模型的运行过程。其原因我们已经在第 2 章中讨论过了，即每一个模型的结构都是由该模型的目的所决定的。换句话说，如果不同的 IBM 模型具有不同的目的，那么它们之间就没有通用性。基于个体的建模过程就缺乏一个将不同的 IBM 模型关联起来进而得到一些通用知识的主线或者称之为理论框架。而这类理论框架可以减少重复建模的烦琐。

现在，我们可以利用已有 IBM 模型的优点和复杂适应系统（CAS，见第5.1 节）理论的新方法来为基于个体的生态学（IBE）或者基于个体的模型（IBM）建立新的方法。在本书中，我们构建理论框架以阐述个体适应性行为理论，并用 IBM 实现该理论，进而用系统水平的实际模式来检测它。其实这些理论更适合称为模型或者假设，但是在这里称它们为理论，一方面是为了强调其是 IBE 最基本的底层元素，即模拟个体行为来解释系统动态。另一方面，亦是因为这些已发展成熟的模型被重复利用进而解释更广泛的现象。这个概念还可以应用到其他的科学领域：例如，在电气工程中研究复杂回路，或在建筑工程中研究新的荷载对大型建筑物的影响时，首先需要创建一个较为简单的模型，即这些系统中的个体——晶体管、电阻器和钢梁——是怎样运转和相互作用的。在这里，我们用"理论"一词代表个体行为的模型，用"IBE 理论"代表所有与 IBE 相关的理论（包括通过 IBE 生成的生态学系统层次的理论）和创建这些理论的过程（后面我们还会用到"性状"这个术语，主要是指在 IBM 中个体的某些行为。理论就是一个特殊的"性状"）。

IBE 理论恰好可以解决在本章开篇格言中 Simon Levin 所提出的问题。在 IBE 中系统的特征涌现（emerging）自个体性状。因此，IBE 理论必须提供一个能够解释个体性状和系统行为之间关联性的方法。但我们不仅仅对特殊的个体性状能产生怎样的系统行为感兴趣，我们更想知道某些特殊的系统行为是由怎样的个体性状所产生的。传统的生态学理论没有解释如下所述的关联性：经典的种群生态学理论主要关注种群水平或群落水平的建模，行为生态学理论却通常关注个体水平而不怎么用这些个体行为去解释系统行为。因此，在 IBE 中我们需要创建一个新的理论将个体水平与更高水平联系起来。缺乏这样的理论是了解生态系统复杂性和应用 IBM 的一个巨大障碍。

在本章中，我们提出了如何利用个体性状来解释系统行为的过程。该过程的主要目的是找到个体之间或者个体与环境之间相互作用的理论，并由 IBM 实现该理论，进而产生种群水平的行为并对其进行测试。这些理论将对 IBM 在理论及应用方面的研究提供一种更为有效的工具。在本章的末尾，将介绍一个关于 IBE 理论开发的案例，它应用了我们所提倡的基于个体、面向模式的分析过程。本章所定义的术语将罗列在书末的术语表中。

4.2　IBE 理论的基础

本章所提出的理论方法是基于 Francis Bacon 的传统科学方法：提出假设，设计和实现实验来甄别最有效的假设，重复这个过程精炼假设和实验。Platt（1964）认为该过程对于推动科学发展至关重要。这个传统的科学方法曾被用来了解复杂系统中个体性状与系统行为之间的关系。Auyang（1998）提出了在这样的系统中发展理论的通用方法，称之为"综合微分析"（synthetic microanalysis）。此方法非常适用于生态学研究，包括为个体性状设计理论、在 IBM 中实现理论以及通过 IBM 所产生的模式与自然系统模式相比较来测试理论。该方法与生态学理论的其他方法有以下几点明显的不同（Auyang 1998）。

- 理论既不是整体论者（系统水平）也不是还原论者（个体水平）。我们认为不能只从系统水平来认知生态学系统，系统不是诸多个体的简单之和。系统具有一些与个体属性全然不同的性质，理论必须能够解释这些系统属性。

　　• 理论必须是多个层次的，能将个体性状和系统属性相连接。我们并不需要知道个体的所有行为，而只需要了解那些能够解释系统属性的个体行为。

　　• 在个体和系统水平的观察与实验是理论发展的基础。这样的经验科学对于发现驱动系统的现象和测试理论都尤为重要。

　　假说检验的方法在生态学理论中的价值是一个备受争议的话题。特别是以实验数据来修订假说：① 我们的数据往往是不确定的或是受理论先入为主的影响，而且② 在某些方面我们的理论都是错误的（Chitty 1996；Fagerström 1987；Turchin 2003 的第 1 章）。因此，我们的方法是利用大量的证据去评估各种备选理论，而不是以单一的数据去测试这些理论；也不是去证明这些理论是 "错误的"，而是去评估它们在解决一些特殊问题时的作用。

4.3　IBE 理论的目标

　　我们在此提出的创建 IBE 理论的过程旨在得出具有以下 4 个重要性质的理论：可测试性、通用性、各生态组织水平之间的整合性以及在应用生态学中的实用性。

4.3.1　可测试性

　　毫无疑问，"极简" 模型（Roughgarden et al. 1996；第 11.2 节）有助于我们设计概念和探索逻辑关系，进而了解生态学系统。但是有时生态学家更想探知真实的世界，而不只局限于我们思考世界的能力。因此，能够更加严格地测试模型是探究真实世界的关键。可测试的理论是指模型必须能够产生一些特定的预测，并且随着测试更加严格，预测依然能够被成功检验。将 IBM 用作虚拟的实验室来测试理论是 IBE 的一个重要优势。尽管传统的种群水平的生态模型都很难被检验，但是 IBM 在个体水平和种群水平都能产生一些可被监测的预测（Murdoch et al. 1992；DeAngelis and Mooij 2003）。与其他备选理论相比，本章中我们所提出的面向模式的过程可能是一个实践性较强且行之有效的方法，即它可以用来测试具有个体性状的模型，但一般在测试之前，已经用某些特定的数据集对 IBM 进行了校准。

4.3.2　通用性

直观来说，"通用"理论就是不依赖于特定的情境。物理学理论就是一个很好的例子，它主要是处理与历史和环境无关的物质和力。在生态学领域并不一定能够找到类似的通用性（Grimm 1999；Ghilarov 2001）。有机体不同于原子，生态学的"力"也不是物质和空间的最基本属性，而是在个体与个体之间、个体与其环境之间的相互作用中产生的。在生态学中，有价值的理论都是具有针对性的，所以在探寻通用性的同时需要了解这些通用性的不足。任何关于生态学系统的理论或表述都是针对特定系统的（Jax et al. 1998）：比如尺度、状态变量、干扰类型等（Levin 1992；Grimm and Wissel 1997）。

在种群和群落层面追求通用性理论经常会忽视对环境背景的探索。许多系统水平的生态学理论都不考虑环境因素——例如，不考虑时间和空间的尺度及变化。相反，因为 IBE 理论关注的是个体动态，即个体如何适应它们的环境，这是一个基于环境的问题，因此我们需要关注环境本身。

在 IBM 中为了建立个体与环境的关系，通常会假设 IBM 是针对某个特定的问题、而不具有通用性，尤其是当它们高度依赖于环境特有的数据的时候。早期的 IBM 具有很强的针对性，IBE 理论发展过程的主要目的就是确定个体行为的通用模型。该过程有助于我们找到一个能够适用于多个不同条件的理论，同时（同等重要的）亦能够描述这个理论适用于哪些条件，以及在哪些条件下该理论是不合适的。我们称可应用于多个特定环境条件下的 IBE 理论具有通用性。

由于 IBM 可以在不同的条件下对理论进行测试，所以据此研究涌现于个体性状的系统功能时会更为有效。此外，我们也更易去理解考虑了个体水平行为的复杂系统。几个世纪以来，天文学家都在努力地试图去理解看上去极其复杂的天体运动，但是当牛顿发现了天体间的万有引力定律之后，这一切都变得相对简单了（牛顿的万有引力定律就是一个很好的例子，它在个体水平进行了简化，但对于系统模拟却极其有用）。尽管有机体并没有天体那么简单，但是多数的有机体都有着相似的行为（取食、生长、迁移和繁殖等），所以我们可以预期并验证一些对不同物种和系统的 IBM 都有用的个体性状。然而我们期望个体水平理论具有通用性的一个重要原因是，在个体水平上模拟个体行为有一个非常坚实的基础理论——演化理论。有机体的基因演化理论是一个非常强大且具有共识的生物学概念，并可以直接应用到 IBE 理论中（我们将在第 5 章中介绍）。

4.3.3 不同水平的整合

传统上，生态学具有不同的组织水平：行为生态学关注的是个体行为，种群和群落生态学则关注更高的水平，而进化生态学更关注较长的时间尺度和进化适应性。生态学家认为这些水平并不是相互独立的：例如，种群水平动态受到个体行为和群落水平因子（如种间竞争）的共同影响。生态过程是进化的主要驱动力，反之进化亦能影响群落动态。IBE 最重要的一个方面同时也是它的理论基础是，它将生态学的各个水平联系在一起，形成了由 Huston 等（1988）提出的统一理论。在我们即将提到的理论发展过程中，自然史是发展和测试理论过程中的一个关键资源，测试和精简个体行为理论（属于行为生态学范畴），进而用于解释种群、群落和进化生态学中观察到的一些现象。

4.3.4 在应用生态学中的实用性

我们一致认为当理论发展与应用生态学密切相关时，生态学理论和环境管理是双赢的。已有研究证实，有效的理论能够更好地作用于生态系统的管理。但如果理论的发展进程并没有与现实世界的应用紧密联系，那么除了提供有助于理解现实生态系统的模型外（Suter 1981），理论发展的合理性则是值得怀疑的（比如，数学或者概念上的过度精炼）。理论发展脱离管理应用的另一个风险是诱导我们在自然界中寻找实例来验证其理论的正确性，而不是探求能够解释特定问题的最优理论。当我们将理论与管理应用紧密结合时，我们会迫使理论来解决特定的问题；探寻某个理论来解决特定问题的同时也是在探寻能够解决更多问题的通用理论。

IBE 理论试图在应用生态学和基础生态学方面均有所作为。在个体水平上我们很难发现应用生态学和理论生态学之间的差异，有机体常常表现出相同的自适应行为以应对自然和人类行为的影响。当然，有一些扰动类型是只限于人类行为的，如农药污染。但是，在 IBE 理论的发展过程中，我们无须对人类行为如何干扰个体和生态系统加以区分。

4.4 理论结构

在这里我们主要介绍 IBE 理论概念的一般结构。一个理论的要素包括原理、理论和测试（或证明）；我们在 IBE 中对这些元素概念进行了定义。

4.4.1　基本原理

原理是一个理论的核心假设。IBE 理论的一个基本原理是：发生于较高层次（种群、群落）的现象涌现于个体之间的相互作用和个体与环境之间的相互作用，而其作用又是由个体性状和环境属性所共同决定的。换句话说，IBE 理论是基于假设生态学系统的动态是通过以下方式进行有效建模的：① 建立能够作用于个体的环境属性；② 建立能够影响个体之间的相互作用以及个体与环境之间相互作用的个体性状；③ 在 IBM 中实现这些相互作用。

4.4.2　理论

在科学研究中，"理论" 和 "假设" 有很多不同的含义。在某些科学研究中，"假设" 经历数次测试直到其足以排除其他可能性，抑或是它们能够准确地做出独立预测，方能称之为 "理论"。在生态学中，"理论" 传统上仅应用于模型，却不曾关注它们是如何被测试的。在这里我们采用折中的方法将通过测试并有效作用于某些特定生境下的个体性状称之为 "理论"。

我们定义 IBE 中的理论为：描述个体行为的模型，该模型可用于解释特定生境中种群水平的现象，此处的生境包括有机和无机的环境类型，有时也包含个体本身的状态。

这个定义说明在 IBE 中我们的兴趣并不在于解释个体具体行为，而在于在 IBM 中模拟个体行为来解释种群动态。通常，IBE 理论是对现实个体行为的一种极简表示。

在本章中我们将重点放在那些在野外和实验室内均难以测试的理论上。许多对 IBM 至关重要的个体性状都可以从真实有机体的可控实验中得到并加以检验。比如，许多 IBM 应用诸如解释依赖于能量摄入和新陈代谢的个体增长速率模型；类似的模型更容易在实验室进行开发及参数化。然而，有些行为依赖于大范围的因素且更加复杂，因此难以用实际的实验进行模拟。自适应性行为模型是 IBM 的关键，但却很难用野外和实验室观察来建模和验证。

4.4.3　测试

对于任何科学领域而言，测试都是理论发展的必要环节，测试是我们不断地完善假设和确定其可信度的过程。在复杂科学中我们并不希望去证实理论是 "绝对正确的"，而是希望证明其通用性和实用性。在越来越严格的测试中，若某个理论比其他备选理论能更好地再现实际现象，则其理论的有效性也将随之提高。

以下两种实验在 IBE 中测试理论时尤为重要：基于真实有机体的实验和我们即将要讨论的面向模式的 IBM 分析。使用这两种实验的科学家可以采用强大的推理方法来设计和搭建实验以甄别不同的备选模型，然后进行进一步的精简和测试。

4.5 理论发展周期

因为我们的模型是基于个体行为的，所以在 IBE 中的理论发展和测试也是一个循环的过程，这与我们在第 2 章和第 3 章中所讲到的面向模式的模型发展过程几乎是相同的。这里，我们利用面向模式的建模过程来创建和测试 IBE 理论。该周期共有 6 个阶段，对应我们之前讲到的建模任务和面向模式的建模过程。当在 IBM 中实现时，将不同备选理论的发展周期进行比较以观察每个理论能否阐述基于个体和系统行为的实际模式（该周期在第 4.6 节中以案例的方式讲解）。

4.5.1 阶段 1：定义性状和感兴趣的生态学环境

所有研究的第一步应该是提出问题。在 IBE 理论的发展中，我们要解决的问题是需要为特定有机体的特定行为找到一个模型。即便我们想找到一个适用于大多数环境的"通用"理论，也必须明确该理论能被测试和应用的环境。

4.5.2 阶段 2：提出备选理论

在此阶段，研究人员设计或确立所关注的个体水平性状的潜在理论。该性状是关于在特定的环境中，个体在各个状态下如何进行选择的模型。这是一个基于个体的生态学家可以充分运用现有的自然史、个体生态学和行为生态学相关知识的阶段。提出的这些备选理论应该完全基于有机体的自然史或者是个体生态学（Hengeveld and Walter 1999；Walter and Hengeveld 2000），有时也可以基于现有的行为生态学理论（比如 Sutherland 1996）。然而，我们发现已有的个体水平实验或理论对 IBE 而言并不是"量身打造"的。多数现有的生态学论著都是描述性的，且许多研究的范围太过狭窄，从而无从得知他们所提出的潜在理论的通用性。IBM 中的个体常常都必须适应于各种情况，而现实中行为学的研究通常局限于处理少数情况。尽管现有知识对于提出和筛选潜在 IBE 理论而言不可或缺，但是理论方法的整合和修改（将会在第 5 章中讨论）也是必不可少的。

Platt（1964）认为当提出备选模型，然后使用实验设计来测试它们以确定哪个模型能够最好地预测自然观察到的模式时（另见 Hilborn and Mangel 1997），理论的发展是最迅速的。比较多个备选理论也有助于研究者避免过度依赖某个单一方法而导致其他方法无法介入的风险（Platt 1964）。针对特定个体性状的备选理论可以通过完全不同的方法来诠释。例如，备选性状可以从适合度最大化和近似于决策理论的简单的启发式方法中得到发展（见第 7.5 节）。另一方面，务必经常比对概念上相似但细节上却不同的备选理论。

4.5.3 阶段 3：确认测试模式

第 5 阶段提出的理论是在基于个体的模拟中通过分析其能在多大程度上解释一组测试模式来对其进行检验的。我们将在本阶段确认这些测试模式，因为它们的选择可能会影响 IBM 的设计和实现。由于测试模式是针对被测试理论的数据集，因此测试模式的确认是至关重要的一步。一个理论的有效性由其测试能力所限制，故测试模式的选择就决定了其区分不同备选理论的能力以及确立理论有效的环境范围。

测试模式是在一个 IBM 中涌现的行为模式，它依赖于被测试理论的个体性状。这些模式可以出现在个体水平或更高的水平上。测试模式的范围可以是非常简单的个体行为乃至在时间序列上的种群动态，或者是空间模式。定性的模式在理论发展的早期极为有用，因为在 IBM 完全被参数化和校对（第 4 阶段）之前定性模式能够用于测试理论。

4.5.4 阶段 4：在 IBM 中实现提出的理论

IBM 提供了一个能测试理论的虚拟生态学系统。当准备测试一个理论时，将其在 IBM 中以个体性状的方式实现。IBM 必须体现出个体性状对生物和环境反馈的过程，以及任何其他能够再现测试模式所必需的过程。

作为理论测试的平台，IBM 在许多方面都比自然系统更为优越，特别是在不同条件下测试同一理论的时候，从而进行完全可控且可重复的实验，并在不影响结果的前提下做出完整且精确的观测。此方法的最大弊端是将 IBM 的结果应用到现实生态系统的适用程度取决于 IBM 的设计和实现。这是一个先有鸡还是先有蛋的问题：理论在 IBM 中实现并测试，而 IBM 必须通过理论来创建。一个有瑕疵的 IBM 无可避免会对理论的有效性产生错误的结论。然而，这个问题可以通过每次只测试一个性状来避免。通过审慎而明智地选择"涌现"或"强加"的建模过程（见第 5 章）可以定制一个 IBM，使得被测试理论之外的任何事物都是保持不变且没有争议的。测试通过的理论即可成为 IBM 的一部分进而来测试其他的理论。

4.5.5　阶段 5：分析 IBM 来测试提出的理论

针对个体性状而提出的理论是通过其在 IBM 中能否产生测试模式来检验的。对每个测试模式来说，用 IBM 模拟相应的条件，进而由从 IBM 中所获得的观察来确定模式是否确实能够被再现（分析方法将在第 9 章中进一步讨论）。

分析 IBM 不仅仅是确定提出的理论能否成功地再现测试模式。正如在任何模型测试的活动中，考虑并记录测试的推断力（inferential power）——可区分备选理论的能力——也很重要。使用面向模式的方法，推断力的统计测量通常是不可行的（不过见 Hilborn and Mangel 1997）。相反，通过处理以下问题我们可以定性地评估推断力的强弱：

● 使用了多少测试模式，以及它们都具有怎样的通用性或特殊性？对辨别大多数通用理论来说，针对多种特定模式来测试提出的理论比针对通用模式的会更好。尽管这个概念起初会显得与直觉相悖，但是理解它确实是非常重要的。一个模式的通用性越好，则其被多种性状再现的可能性就越大。另一方面，一个能再现多种特殊模式的单一性状（如第 4.6 节的插图所示）极可能是一个有用且通用的理论。

● 是否有多个理论能够解释测试模式？如果是，那么该测试模式就不具备足够的推断力来区分这些理论。

● IBM 中再现的测试模式有多可靠？如果一个测试模式在自然界中是很常见的，但是在 IBM 中却只有在参数设置和输入变量值的范围较小时才能再现，那么这个测试结果就不能令人信服。

4.5.6　阶段 6：重复上述周期以精炼理论和测试

为了找到一个通用性高且有用的理论必须对理论演化和测试的过程进行重复和精炼。如果在 IBM 中没有一个被测试的理论能够成功再现测试模式，那么理论的发展周期则需回到第 1 阶段。如果数个既定理论通过了面向模式的分析，或此分析具有较低的推断力，那么就可以从第 3 步开始鉴别其他的测试模式并继续余下的过程。通常当一个理论在概念上没有问题时，则可通过多次重复测试以求概念尽可能地深化、翔实。用于鉴别的其他测试模式可能需要新的野外或实验室研究来支持，尤其是设计一些实验以筛选多个备选理论。总之，当多个通用理论解释一个个体性状时，通常测试针对的是某个限定范围的特定模式而非通用模式，这一点尤为重要。

4.6 实例：鳟鱼栖息地选择理论的发展

为了阐述 IBE 理论的发展过程，我们在此以鳟鱼栖息地选择理论的发展为例来进行说明。这里我们所用的河流鳟鱼 IBM 曾在第 1.2 节并将在第 6.4.2 节中描述。这个例子中重要的一点在第 4.3 节中也有提及——应用生态学对理论的发展尤为重要。实际的环境管理对模拟具体个体行为的需求催生更新颖、更有用的理论来解决重要的生态学问题。

John Goss-Custard，Richard Stillman 同合作者（Goss-Custard et al. 2001，2002，2003；Stillman et al. 2002，2003；West et al. 2002）也研究了相似的问题，即论证过冬的水鸟之间的相互干扰。在 20 世纪 80 年代，起初他们的项目是为了预测栖息地的丧失对鸟类冬季死亡率的影响。经过几年的研究之后，他们已经开发出了一个详细且测试良好的个体觅食行为模型。现在，Goss-Custard 等人可以修改该模型从而将其应用到某个新的物种和栖息地。该理论的发展过程及其与具体管理问题的关系与本章所述的鳟鱼模型的发展十分相似。

4.6.1 阶段 1：定义相关性状及其生态环境

鳟鱼 IBM 的设计主要是为了开展环境影响评估：比较水流和温度对于鳟鱼种群多度和产量的影响。其生态环境主要包括：① 驱动生长率和死亡风险的栖息地空间变异（以平方米为单位计量）；② 水流和温度随时间变化对生长率和死亡风险的影响；③ 鳟鱼之间对食物和繁殖栖息地的竞争。野外研究表明，不同栖息地之间的迁移是鳟鱼适应水流和温度变化的主要方式，因此栖息地的选择是 IBM 必须要呈现的一个极为重要的个体性状。

4.6.2 阶段 2：为栖息地选择准备备选理论

经验证和测试，以往的河流鱼类 IBM 和行为生态学的相关论著有助于鳟鱼栖息地模型的选择（Railsback et al. 1999）。鳟鱼模型中甚为重要的一个假设是生长潜力和死亡风险共同影响栖息地的选择。有两个已经验证的栖息地选择方法。其一是从最大适合度理论中推导出一个简化规则来权衡生长和死亡风险。这个规则就是通过栖息地的选择来最小化死亡风险与生长率之间的比值，从而达到适合度的最大化（Gilliam and Fraser 1987）。Leonardsson（1991）也提出了类似的规则。但是该方法与鳟鱼的 IBM 相悖，因为推导这些简化规则所需的假设与 IBM 的生态学背景严重不符。例如，这些规则仅用于幼年个体，且通常假设所有区域都提供正的生长率，然而在 IBM 中（自然环境下亦然）多数测试区域却呈现出鱼的重量不增反减的现象。这些规则也产生了与自然史基本认知不相符的结果——例如关于"鳟鱼若要追求更高的能量储备则需承担更大的死亡风险以得到更多食物"的预测。

其二是已经验证的栖息地选择理论："统一觅食理论"或者是基于状态的动态建模理论（Mangel and Clark 1986；Houston and McNamara 1999；Clark and Mangel 2000）。基于状态的方法是"适合度最大化"的轻度简化的模型，假设动物随着时间不断地选择它们的栖息地以求在随之而来的繁殖期后代数量最大化。对后代数量的期望与个体的生长率和能量储备积累有关，它同时也是对未来存活率的预期。未来存活率取决于食物的摄取（至少足以避免饥饿）、被捕食的风险以及其他风险。这个方法在概念上有很多优点，包括可适用于多数生态背景，不受限于一些特定的假设，并且更能代表动物所需要解决的实际问题（生存和繁殖）。

基于状态的方法中最重要的问题是，它假设在每个栖息地中生长率和死亡风险随时间是保持不变的，这与 IBM 的理念不符。为了保留基于状态的方法中的优点，同时又能使得栖息地的状态随着时间而发生变化，一个新的理论应运而生：假设动物能够预测未来一定时间范围内栖息地的环境条件，从而选择在此期间能使存活率最大化（对于幼年个体来说就是达到其具有繁殖能力的状态）的栖息地。这个方法被称为"基于状态的、可预测的"栖息地选择理论（Railsback et al. 1999；Railsback and Harvey 2002；第 7.5.3 节）。

为使基于状态的、可预测的栖息地选择模型在后续的测试中更加严谨和缜密，我们仍需测试两个额外的性状：假设鳟鱼选择栖息地是为了最大化其即时的生长率和存活概率。

4.6.3 阶段 3：确定测试模式

选择 6 种模式来测试鳟鱼栖息地选择的性状（Railsback and Harvey 2002）。这些模式选自已经发表的鳟鱼相关文献。每一个都相对比较简单（比如在第 3 章中讨论过的一个"弱"模式）且没有争议，但却可以对应已知栖息地中各种环境条件的改变。

（1）分级进食：在大小相同的鳟鱼中，由最具优势的个体占据最佳的进食点。当这个最具优势的个体离开后，具有次优势的个体继而占之。

（2）对水流流量的响应：当水流过急时，鳟鱼会游到河流边缘流速较缓的地方，待到水流流速减缓后又会回到之前的区域。

（3）对种间竞争的响应：当另一个个体较大的鳟鱼存在时，其他鳟鱼会转移栖息地，通常会迁移到流速更高的区域。

（4）对掠食性鱼类的响应：当出现个体较大的掠食性鱼类时，幼年鳟鱼会选择流速更高、水位更浅的水域作为新的栖息地。

（5）流速选择的季节性特点：鳟鱼根据季节性温度的变化来选择相应的水流流速的栖息地，温度越高它们选择的栖息地的水流流速会越高。

（6）对食物缺乏的响应：当食物缺乏时，鳟鱼就会转移到别的栖息地以获取更多食物，这通常是在饥饿来临之前。

重要的是我们要意识到再现这些模式的行为都被强制置入到该鳟鱼的模型之中（这是强加行为的一个典型案例，我们将在第 5.2 节中探讨），但是这样做并不能证明这些行为对栖息地选择的模型就是有用且通用的。反之，如果这些行为是涌现自某个栖息地选择理论，那么它们就为该理论提供了强有力的证据。

4.6.4　阶段 4：在 IBM 中实现栖息地选择理论

将 3 个备选栖息地选择理论——"基于状态的、可预测的""生长率最大化"和"存活率最大化"的性状——分别在鳟鱼 IBM 中实现，并设计能产生上述 6 种测试模式的环境。而在之后的重复模拟中仅需改变栖息地选择的性状。

4.6.5　阶段 5：分析 IBM 以测试理论

分析鳟鱼 IBM 以确定这 6 种测试模式是否都能在期望条件下再现，并且可分别在 3 个备选栖息地选择性状中重复该分析过程。分析结果（图 4.1）表明多个模式对于这 3 个性状都至关重要。由于"存活率最大化"的性状不可再现模式 1 和模式 3，因此将其从鳟鱼 IBM 中排除。"生长率最大化"和"基于状态的、可预测的"性状都能再现前 3 种模式，但模式 4 显示生长率最大化（或者其他性状忽略了死亡风险）不是特别有用。

模式	生长率最大化	存活率最大化	基于状态的、可预测的
分级进食	+		+
对水流流量的响应	+	+	+
对种间竞争的响应	+		+
对掠食性鱼类的响应		+	+
流速选择的季节性特点			+
对食物缺乏的响应			+

图 4.1　在鳟鱼 IBM 中，检测面向模式的栖息地选择理论。只有"基于状态的、可预测的"栖息地选择性状可重现所有的 6 个模式。

　　模式 5 和模式 6 的测试具有决定性的作用，因为"生长率最大化"或"存活率最大化"这两个性状中的任何一个都无法再现这两种模式。只有在考虑动物的状态在未来如何改变的性状中才能再现上述两种模式。当温度升高（或者这里是新陈代谢增加）或可用的食物减少时，个体当时的状态并不会改变，但是可以预测个体在未来饿死的风险将随之增加。最终，个体将承担更高的死亡风险作为代价，通过持续地改变栖息地以获取更多的食物来增加适合度。分析表明基于状态的、可预测的性状适用于 IBM 中的栖息地选择；同时也表明基于当时食物需求和死亡风险的传统觅食模型在现实环境中是不适用且不通用的。

4.6.6　阶段 6：重复以精炼理论及测试

　　在鳟鱼 IBM 的后续开发中，对栖息地选择理论进行的修订包括对与栖息地选择相关的行为活动的考虑。一般情况下鳟鱼的活动只有两种状态——觅食和躲藏。这两种状态分别对应不同的栖息地，并且在不同的条件下鳟鱼对于觅食时间（白天或夜晚）的喜好也是不同的。修订 IBM，使其能够体现不同栖息地条件下鳟鱼对觅食和躲藏两种状态的选择，因为这两种状态可能在水流和温度对鳟鱼的影响方面起着关键作用（例如，在某些情况下适合隐藏活动的栖息地会限制种群数量，而并非适合觅食的栖息地）。这些方面的改变需要对此前的理论进行修订。

　　对基于状态的、可预测的理论进行修订，加入了不同栖息地条件下活动状态的选择。依据修正后的理论，再逐个对潜在的栖息地单元进行鳟鱼 4 种状态的组合（白天觅食和夜晚觅食、白天躲藏和夜晚躲藏）检测，然后选出最好的活动状态和栖息地的组合。

在 IBM 中测试经过修订的理论以发现其不足之处：成年的鳟鱼已经停止生长，它们对食物的追求仅达到不被饿死的程度即可，转而会将尽可能多的时间用于躲藏以避免被捕食。该模型的预测结果与野外研究相矛盾，野外研究中发现，在食物充沛的情况下成年鳟鱼的体型会持续增长（这个问题此前没有出现是因为当时的 IBM 假设鳟鱼通常在白天觅食，这样既可以不被饿死也能够产生符合实际的生长率）。

对理论进行进一步的修改，添加了一个能够体现成年个体的适合度是如何随着它们体型的持续增长而增加的功能。当然，这个修改源自 IBM 重现野外个体实际生长的需要（这是一个观察到的关键模式），而其在进化理论中同样具有坚实的基础。该功能总结了大体型个体在适合度上的诸多优势，包括在争夺食物和配偶时具有更强的竞争力、更高的生殖能力以及对自己的卵有更好的保护能力等。在 IBM 中修订栖息地和活动选择理论，并进行小范围的矫正，以期得到合理的生长率和存活率。选择用 8 种测试模式来验证已经修订的理论。这些测试模式反映了觅食频率会随着白天和夜晚的环境及竞争因素的不同而发生变化。这些测试模式主要来自 Metcalfe 等 （1999） 独立完成的可控实验。最终修订完成的栖息地和活动选择理论使得这 8 种测试模式在鳟鱼 IBM 中都能够成功再现。

该理论的发展充分应用了大量现有的野外生态实验结果，反之也为野外研究确立了一个新的课题。选择栖息地和活动的行为可以模拟成基于状态的、可预测的过程，但这需要野外实验的证据和解释。通过对鳟鱼进行可控实验以精简理论（或许还需要结合模拟）。同时，这些野外实验也可以测试与之相关的备选理论，例如鱼类可以通过预测未来的环境和生长率来选择栖息地。

4.7 总结和讨论

生态系统行为、种群行为与有机体个体性状、个体环境特征之间的关系被公认为是生态学的关键问题。然而，生态学（就像其他复杂学科一样）不但缺乏一个关于如何从个体性状产生系统属性的既定理论，而且还缺乏如何构建和发展该理论的过程。本章主要讲述的是本书的核心问题：个体性状如何产生系统层面的属性。

幸运的是，其他研究复杂性科学的科学家已经创建了一些适用于 IBE 理论的方法。他们的方法中有一个非常关键的优点，即开发新理论的方法是基于传统的科学方法。在可控实验中测试备选理论，然后继续修正、再测试以使其更加严谨。利用 IBM 和面向模式的分析方法就能在合理的成本条件下遵循理论开发的周期。

我们根据以下 3 点提出了一种创建 IBE 理论的方法：① 最基本的原则是系统层面属性如何产生于个体间相互作用、个体与环境间相互作用的性状以及个体环境的特点之中；② 理论是有关个体行为的模型，而个体行为的模型能够预测系统水平的行为；③ 使用实验数据来验证理论的通用性和适用性。这种创建理论的方法提供了 4 个要点。第一是可测试性，面向模式的分析方法使得全面地测试理论变得可行。第二是通用性，这种方法有利于创建适用于多种条件下的个体性状理论。更重要的是，它记录了通用理论如何被认知的过程；除非理论在大量的条件下进行测试，否则就不能认为该理论是通用理论。这个理论开发的过程可以记录理论适用或不适用的环境及其相应的范围。第三是该过程同时也整合了多个生态层面，因为它可以利用自然史和行为生态学构建有助于理解种群和群落水平行为的个体模型。第四是这个过程用于设计适用于现实生态管理问题的理论。事实上，我们认为（在鳟鱼模型的栖息地选择理论的开发过程中也说明过），正是因为需要将理论应用于实际的生态管理问题才迫使我们去面对现实，进而推动理论本身的发展。

到目前为止，应用 IBM 的生态学家都很少开发出如在本章中介绍的可重复利用的理论（Grimm 1999）。任何学科的科学家在研究个体适应性的复杂系统时都会有类似的情形（如经济学、微生物学、社会学）；整个学科都只是在学习怎样研究这些复杂系统。我们将在第 6 章介绍 IBM 研究案例，其目的之一就是鉴别已被发现并证明在某些情况下可用的个体性状模型。

随着 IBE 的发展，理论工具箱将逐渐趋于成熟。越来越多的科学家尝试去发现个体性状与系统行为之间的联系，他们将鉴别理论并建立理论应用的环境。鉴别通用理论对高效开发某些特殊物种和环境的模型极为有用。在第 4.6 节中提到的"基于状态的、可预测的"方法就是一个实例，它改编自其他基于状态的动态模型。这个方法的大体思路是个体做出决策以最大化其对未来存活率和繁殖率的预期，该方法可以应用于除栖息地选择以外的诸多性状。其他的通用理论毫无疑问也适用于许多性状和有机体。实际上，第 5 章的大多数内容旨在介绍 IBE 理论发展的相关概念。一旦生态学家开始重视，那么有关 IBE 理论的诸多问题就都将更容易解决。有些通用理论使得与更多特殊性状和环境相关的理论鉴别更为简单，我们可以通过现有理论为更多管理应用提供更完善的 IBM。

我们为什么对生态学家能够成功创建可用的且通用的 IBM 理论如此乐观？我们在此提出的理论方法卓有成效，原因如下：第一，它放弃了不受环境约束的通用性概念，更着眼于发现适用不同环境的理论；第二，我们试图理解生态系统的本质，即适应性个体的涌现属性。IBM 有助于我们发现涌现的系统属性的相关理论，且不会因为过于复杂而使我们一筹莫展。最后，也是最为关键的，面向模式的分析过程能够使得 IBE 理论相对易于测试。IBM 各种条件下对备选理论进行测试和比较的能力使其能够通过科学的方法和强大的推理来切实地推动我们的科学研究，而这恰恰是其他许多生态学方法所欠缺的。

第5章 设计基于个体模型的概念框架

在描述复杂方法时，我们首先要指出一个经济体制的 6 个特征……它们是当前将传统数学应用于经济学所面临的困难：散布的相互作用……不存在全球控制者……经济系统按层级组织……持续的适应……经济中总会产生新奇的事物……远离均衡的动态……

由于上述困难，经济学家通常所采用的研究线性、固定点和微分方程系统等数学工具无法充分地解释所有的问题。

——W. Brian Arthur，Steven Durlauf and David A. Lane，1997

5.1 引言

第 2 章和第 3 章中介绍的建模指南以及第 4 章所描述的理论发展过程，都是关注基于个体建模的策略层面的，即它们对于设计 IBM 以解决具体问题以及诠释关于个体性状如何影响系统动态的理论开发提供了有效的策略。然而，现在我们要转而了解如何才能实际设计一个 IBM，即我们怎样才能在 IBM 中实现这些过程呢？

此时，多数领域的建模者都会转而关注现有的概念框架：比如那些众所周知且被广泛应用的经典概念，它们提供了解决问题的思路，进而构建模型框架并演绎结果。经典的生态学模型都有着无争议的微分学框架。通过提供一些科学家们所熟悉的框架、专业术语和符号，微分学仍是一种有效的描述模型的语言——若干相关公式和说明就能将大多数的经典模型完全表述清楚。

然而，基于个体的模型却缺乏这样的概念框架，从而导致一些非常严重的后果。首先，没有既定概念作为基础，IBM 在本质上就比微分方程模型存在更多的争议。不能以既有的专业术语和概念来描述模型，使得 IBM 看似更难于表达且太过特殊，甚至使人对其可靠性产生怀疑。事实上，IBM 模型看似过于特殊的特点一直是它备受争议的焦点（例如 Hogeweg and Hesper 1990）。其次，由于建模者在设计 IBM 时并没有意识到需要考虑哪些问题，更不必说针对相应的问题而采用更适宜的方法了。这导致许多 IBM 模型不能充分发挥它们应有的潜力。一个健全的概念框架是建模最基本的工具：它使我们避免在每次建模时都从一个新的模型开始,并为通用性技术和理论的发展奠定基础。

幸运的是,可用一个新的方法来描述由适应性个体所组成的系统,即复杂适应系统(complex adaptive system,CAS)。研究 CAS 的科学家尝试运用基于个体(或者"基于主体")的计算机模拟为工具,来研究适应性个体系统的动态过程(注意,CAS 中的"适应"是指构成系统的实体而不是系统本身,因为在系统层面还没有明确的适合度的概念;见 Sommer 1996)。虽然 CAS 中的很多开创性工作都诞生于完全抽象的系统,以及与生态学完全无关的学科之中,但是我们仍然可以认为 IBE 是 CAS 的一个子集。

无论是作为观察这个世界的全新视角还是作为 IBE 的背景知识,综合理解 CAS 对生态学家来说都是大有裨益的。加之经济学家 Brian Arthur 的一些开创性工作,Axelrod(1997),Holland(1995,1998),Kauffman(1995)和 Waldrop(1992)的通俗易懂的著作,以及 Auyang(1998)的稍微不那么容易读懂但却有益的工作,都极其有助于理解 CAS 和它的一般性概念。过去十年,关于 CAS 的文献如雨后春笋般涌现,并孕育出了大量的著作和刊物,如《人工生命、复杂性和涌现》(*Artificial Life,Complexity,Emergence*)和《人工社会和社会模拟》(*Journal of Artificial Societies and Social Simulation*)。本章中所介绍的概念皆出自 CAS,进而应用于生态学中(Railsback 2001a)。这里我们不会去大量深入地解读 CAS 的文献,而是探寻一些模拟适应性个体系统的通用概念和思路。我们希望这种在 IBM 理论框架方面的初步探索能够推动 CAS 和 IBE 的发展。

生态学和 CAS 是密切相关的。毕竟,生态学家研究复杂系统已经数十载了。CAS 的许多核心概念同样也是生态和进化的核心要素。例如,适应性、适合度、相互作用以及感知等概念同时也是我们理解有机体和种群的基础。生态学家在不参考 CAS 的情况下也能知晓这些概念与 IBM 及 IBE 的关联(例如,Tyler and Rose 1994;Giske et al. 1998)。CAS 对于生态学最特殊的价值是它清晰地描述了个体与种群之间如何相互影响,即便在此过程中需要采用全新的概念方法。

本章的目的之一是介绍一个标准的建模概念列表,并能用于 IBM 的创建和交流,正如同微积分为经典模型提供模型设计策略的标准一样。此外,更进一步的目的是通过 IBM 的案例和设计指导,来展示如何应用这些概念去思考 IBM。作为一个概念框架,我们在这里提出的许多概念将有助于诸多建模工作,包括如下所示:

• 设计 IBM。思考如何用更明智的方法去处理每个概念才能有助于建模者识别并做出重要的设计决策。

• 发展理论。建模概念为我们提供在 IBE 中开发理论(第 4 章)的框架。

尤其是有关涌现、适应性性状和适合度的概念对于设计关于个体性状如何解释系统行为的理论至关重要。

- 描述 IBM。由于 IBM 的基本特征不易用数学公式来表达，于是概念为其提供了用以表达的术语，这将使 IBM 与其他模型的交流更加清晰和便捷。
- 对 IBM 进行分类和评估。我们可以用建模概念作为辅助工具来审视基于 IBM 的工作，比如基金申请书或者项目结题报告。并不是所有的 IBM 都需要明确这些概念，但是这些概念有助于使审核具体化和规范化。

在以下的 10 节内容中我们将分别讨论 10 个概念。我们首先描述概念并解释其重要性。之后将对与概念相关的特殊模型的设计决策提供指导：在 IBM 的设计中如何应用这些概念？在本章的末尾我们提供了 IBM 的概念设计清单：一份与本章提到的 10 个概念相关的模型设计问题的清单。这个清单为思考和记录 IBM 的基本特征提供了简明的指导。

5.2 涌现

在 IBM 的设计中最具决定性的步骤之一，是确定系统的哪些行为是涌现自个体的适应性性状。

在一些生态学和 CAS 的文献中，涌现和适应性用于进化过程：新的基因类型的涌现是自然选择和基因适应性的结果。在本书中我们不讨论进化或基因过程（见序言中的解释）。然而，这些术语极其适用于个体的生命周期。为了响应内部和外部的条件，有机体持续调整它们的行为和状态，作为生态学家的我们所关注的正是由个体适应性行为所涌现的种群动态。

在 IBM 的术语中，性状（trait）是一个由建模者为个体的某些行为而指定的算法（或模型、或理论；参见第 4 章）。适应性性状（adaptive trait，在第5.3.1 节中有更完整的解释）是一种对个体的环境或其内在状态的变化做出决策或响应的性状，是为了提高个体的最终适合度而创建的。个体行为是在模拟过程中个体的实际行为，是个体性状及其经验的结果。

5.2.1 涌现和强加的系统行为

从事 CAS 的科学家热衷于讨论涌现的确切定义，但是在 IBM 中只要有一般性的定义即可。涌现发生于系统层面：系统行为可能会随着个体间的相互作用而由个体的性状所涌现。在许多 IBM 中，个体与环境亦如个体与个体之间都存在着相互作用，因此系统行为在某种程度上可由模拟的环境所涌现：相同的个体处于不同的环境中时涌现不同的系统行为。涌现的系统行为不受系统状态变量动态的约束（比如多度的波动）。涌现行为也包括系统内的个体行为模式：个体在系统中的行为属于集体行为，而不属于单个个体的行为（比如鸟群或鱼群，见第6.2节）；这些模式是整个系统的属性。

并不是IBM中所有的系统行为都是涌现行为。通常，我们用3条准则来判断系统水平的属性是否属于涌现行为：

- 涌现属性并不是简单的个体属性之和。
- 涌现属性相较于个体属性属于不同的类型（比如，个体的空间分布是一种系统属性，而不是系统中个体的属性）。
- 涌现属性不能只通过观察个体而被轻易地预测。

涌现属性不能由个体性状所轻易预测并不意味着涌现行为是神秘或难以理解的，或者总是令人惊叹和出乎意料的。事实上，IBE的主要目的之一就是去理解那些最基本、最常见的生态学系统属性是如何由个体的性状所涌现的。理解涌现现象是IBE公开声明的目标："如果我们期望模拟模型有用，那么必须同时解释那些明显的和不明显的模式，不能仅仅关注'涌现'的模式而忽略那些不明显的模式；不明显模式的出现意味着模拟模型的失败"（Di Paolo et al. 2000，第504页）。

CAS的研究表明，在IBM中通过内在机制的简单模拟即可极其容易地产生有趣且真实的涌现行为（例如 Axelrod 1997；Holland 1998）。Camazine 等（2001）列举了许多有关在生物学系统中涌现（或称"自组织"）结构和行为的经典案例。Camazine 等的著作尤其可贵之处在于它详实地记录了复杂结构如何涌现自个体行为的整个研究过程（Camazine 等人在讨论用于理解涌现的技术时将IBM置于"蒙特卡洛模型"的范畴之中）。

能从个体性状中直接预测或由个体性状所牢牢约束的系统属性，相比于涌现系统行为而言是强加的内置行为。下面用两个例子来说明涌现行为与强加的内置行为之间的区别以及它们在IBM中所代表的意义。

例1：个体的死亡风险。首先假设在一个IBM中个体的死亡风险是恒定的，所有个体在每个时间步长内的死亡率是固定的，即它们具有相同的死亡风险。再假设在另一个IBM中个体的死亡风险因个体行为的不同而各不相同，如个体决定觅食或隐藏、选择怎样的栖息地等。在第一个IBM中种群的死亡率（每个时间步长内死亡个体数的平均值）是强加进去的（imposed）：它很容易通过个体死亡风险的常数来预测。而在第二个IBM中种群的死亡率涌现（emerge）自影响风险选择的个体特征及栖息地本身的因素（不同的环境类型存在对应的死亡风险）；也就是说种群的死亡率不能直接从模型的参数和规则中预测出来。

　　例 2：鲑鱼的逆流迁移。当成年鲑鱼准备产卵时，它们会从海洋逆流迁移，通常会选择在它们出生的溪流中产卵。然而，也有一些鲑鱼会"迷路"进入不是它们出生地的其他溪流。我们如何设计 IBM 来表现这种迁移以及"迷路"进入非出生地溪流的概率？一种方法是强制赋予每条鲑鱼都具有能使它们逆流迁移的性状，这种性状使它们在遇到河流交汇处的时候能够进行准确判断以返回它们的出生地溪流（图 5.1）。同时，强制赋予每条鲑鱼在河流交汇处做出错误选择的概率；通过调整这些概率来促使模型再现我们所观察到的结果。

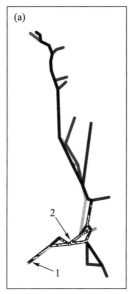

图 5.1　在一个未公开发表的 IBM 中，美国加利福尼亚州萨克拉门托河盆地成年鲑鱼向上游迁移的涌现行为。模型中鲑鱼依据其是否处在它们出生地溪流的下游来决定如何迁移。在迁移的早期（a），鲑鱼（白点表示）通过旧金山金门大桥从海洋进入盆地（1）。几周之后（b），鲑鱼到达它们的出生地，即凯西克保护区下面的萨克拉门托河上游（4）。还包括了鲑鱼在萨克拉门托-圣华金三角地区的复杂水域网络中的多路径迁移（2）以及误入其他河流如菲泽河（3）。

　　另一个方法是，逆流迁移的行为可以从鲑鱼导航的机制中涌现出来。对鲑鱼的研究已经确定了其逆流迁移时用于导航的主要机制：鲑鱼如果在有它们出生地溪流气味的水域中，那么就会继续游向上游；若闻不到它们的出生地河流气味，鲑鱼则会向下游游动（图 5.1）。该机制在 IBM 中通过两个简单的规则即可实现：

　　（1）每条鲑鱼周期性地（例如每天一次）感知其是否处在含有来自它们出生地溪流的河流之中。若能感觉到，鲑鱼则向上游游动；反之，则会向下游游动。

（2）当鲑鱼到达一个交汇处时，它会随机地决定游入哪条支流，其对每条支流的选择概率与各条支流的流量成正比。

因此，鲑鱼逆流迁移的模式是由该导航系统的性状和模拟的河流网络结构所共同决定的。

5.2.2 涌现行为与内置行为的比较

当我们决定模拟一个由适应性个体性状所涌现的某些特殊行为时，实际上是选择了行为的一种机理性表现。不是简单地将该行为表现出来，而是模拟在个体层面上导致这些行为的潜在机制。就像一些常见的机理模拟方法一样，将IBM 的某个行为模拟为涌现行为，在获得了更好的说服力和通用性等优点的同时，也会使得模型更加复杂。

当然，以涌现模拟系统行为时，最主要的问题是要找到能够使系统行为涌现的个体性状。这个问题在第 4 章讨论过：找到一个能从个体性状解释系统行为涌现的理论。因此当我们选择以涌现模拟一个系统行为时，通常最重要的工作是必须找到或开发一个确切的理论。有时候涌现方法也需要一些更复杂的性状：个体必须进行复杂的计算或对大量的选择进行评估。于是，测试、分析和解释IBM（第 9 章）的挑战将随着涌现行为数量的增多而增大。

此外，我们通常会期望对系统有更多的了解。模拟涌现时我们需要通晓能够驱动个体行为和系统的真实机制。当模型成功产生能代表这些机制的简单性状时，IBM 不再仅仅是重现观察到的行为，而是有助于解释系统是如何工作的。回到上述模拟死亡率的例子，显然只有第二个 IBM 对于理解死亡率是有用的，例如栖息地、种群密度或行为等因素对死亡率的影响。第二点同样重要但不太明显的是，如果想要了解个体如何适应死亡风险，那么我们同样必须使用第二个 IBM。在死亡率恒定的情况下我们无法通过 IBM 来研究个体行为是如何避免死亡风险的。

模拟涌现行为能使 IBM 具有更好的通用性。成熟且基于过程的机制模型应该具有在大范围条件下通用的优点，而不仅限于预定参数下的应用（Kaiser 1979；DeAngelis and Mooij 2003）。在此前鲑鱼迁移的实例中，选择性的涌现行为模型是一个非常通用的模型：因为没有必要为每条鲑鱼都模拟其回到出生地的过程。相反，鱼类只能凭借各个溪流的具体情况来找到返回出生地的办法，除此之外再无其他信息；溪流网络的流量或连接是可以改变的，并且在鲑鱼的性状不发生改变的情况下可以重新模拟迁移过程。事实上，机制性的个体性状能够产生实际的涌现行为，而无须像设计性状般设计涌现行为；我们将在第 6.2.2 节和第 6.8.3 节中举例介绍 IBM 如何产生如此无法预测却又符合现实的涌现行为。

选择涌现或内置一个系统行为类似于经验研究：我们只需要再现真实系统中的行为，而不需要具体的表示出驱动系统动态的机制。因此，当不需要了解系统行为的机制时，我们就可以采用上述简洁易懂的方法来获取预期的结果，即再现真实系统的行为。

当我们通过赋予个体非适应性性状来内置某些系统行为时，模型设计的首要问题就变为这样的性状是否适用于所有可能的条件。这个问题也是所有实证模型所共有的问题：模型能否在无法预测的条件下运行？这是个相当严重的问题，因为其行为只是偶然出现，所以很容易在实证模型中被忽视，但有时后果却不堪设想。例如，模拟领地性动物的 IBM 经常会假设个体总是保持一块固定的领地。这个假设就排除了动物使用偶尔能产生高适合度的非领地行为的可能：如在高风险事件频发期间，动物可能会放弃它们的领地转而寻求避难所。如果 IBM 中含有触发此类偶然事件的条件，那么按照此前的假设就可以预测大多数动物都将死于此次事件，但在现实中动物会果断放弃自己的领地转而去其他区域求生。如果我们将观察到的行为内置于 IBM 中，那么就需要格外谨慎地确保内置行为适用于所有的模拟条件。

当然，在某些层面上必须内置 IBM 的过程——否则系统行为将不得不从亚原子的基本属性（超出本书的范围）中涌现出来。当我们在 IBM 中模拟涌现时，我们必须表现个体行为是如何决定系统行为的，以及更低层面的过程是如何决定个体行为的；这些更底层的过程必须按照我们的经验内置于模型当中。

5.2.3　涌现的设计指导

IBM 最基本的设计决策之一是判断模拟结果是涌现自适应性个体性状还是内置的。IBM 最高层面的结果基本都是源自涌现的，这符合我们给出的定义：在本书中我们所检验的所有 IBM 都包括通过个体与个体之间以及个体与环境之间的相互作用来影响系统行为的过程。但是大多数 IBM 也会有由模型规则所内置的中间结果：若假设死亡风险为定值，则死亡率的结果就是内置的；又如假设亲代繁育子代的数量不受亲代状态的影响，则其繁殖率是内置的；再者，若个体的扩散距离是在同一个分布中随机抽取的，则扩散速率是内置的。那么，我们要如何决定哪些结果应该被内置，而哪些结果又不应该被内置呢？

首先，如果 IBM 的目的是解释某个特殊的系统行为是如何由个体性状所引起的，那么该系统行为就应该涌现自个体水平的适应性机制。事实上，关于模型的目的我们尤其需要谨慎：当我们声称一个重要结果是由个体性状所涌现的时候，反对者总会去怀疑该结果可能是被建模者巧妙内置的。

其次，我们应用涌现机制的目的是为了让 IBM 更通用且更易于在各种环境和条件下使用。其实在大多数 IBM 中的大部分系统行为都是由一个或数个关键的个体性状所涌现的。用机制性方法表现这些性状有助于确保在广泛的条件下个体的决策是符合实际的。当我们应用导致内置的中间结果的性状时，我们必须确保内置的中间结果适用于 IBM 中所有可能发生的情况。

对于其他的中间系统行为，通常最好是限制其涌现性。完全缺乏涌现性的 IBM 是不切实际且枯燥乏味的，但如果有过多的涌现行为，那么将给 IBM 的分析和研究带来巨大的困难。因此，如果 IBM 只关注一个或少数几个最重要且具代表性的系统涌现行为，那么其可能会更有用。

5.3 适应性性状和行为

如何设计 IBM 使其系统行为涌现自个体的适应性性状？这大概就是贯穿本书乃至 IBE 所设法解决的最重要的问题。

5.3.1 什么是适应性性状

有机体通常会通过各种机制对它们自身及其所处环境的变化做出响应。据推测，是进化提供了这些机制，因为它们提高了个体的适合度——通常能够提高个体成功繁殖和将基因遗传给后代的能力。我们用适应性性状（adaptive traits）这一术语来表示 IBM 中个体以提高其潜在适合度为目的选择行为的决策法则（Zhivotovsky et al. 1996）。适应性性状并不是简单地指示个体应该采取的行为；它赋予个体一个能够针对具体环境做出相应决策的程序。适应性性状产生适应性行为，当个体做决策时该行为随个体所处的环境或状态的变化而变化。

实际上在 IBM 中适应性性状往往被设计用于模拟真实生物的行为，这些行为可能是有遗传基础的，也可能是通过学习而获得的。当然，并不是个体所有的特征或行为都是适应性的，并且"适应性"也不等同于"最优"（optimal）。有机体有的特征只是简单地限制进化历程并不能假设其能提高适合度；而且有机体有限的感知、预测和计算能力意味着它们的决策不可能真的是最佳选择。在设计适应性性状时，我们的目标应该是找到能够提供实际的适应性能力的性状，而不必假设个体对所有的问题都能找到最优解。

有机体通过各种适应性行为来对不同时间尺度下的变化做出响应。以下是一些能够在 IBM 中用来解释系统行为的适应性机制：

- 在很短的时间范围内，动物可能选择如觅食、休息或隐藏等行为。这些选择可能受如饥饿、饱腹感或恐惧等短期因素的驱使。

- 迁徙性动物通过迁移来适应环境的改变。迁移能使可获得的食物量及死亡风险随着时间和空间的变化而改变，抑或是为某些特殊行为（如交配）寻找适宜的栖息地。

- 植物和动物都能在生理机能和生活史中表现出可塑性。植物会选择投入多少资源在叶片、枝干、根系、繁殖器官或防御性化学物质上。同样地，动物也会决定分配多少能量来贮存、保证成长、活动消耗或繁育后代上。举一个生活史适应的例子，即个体决定繁殖的时机：许多有机体会通过延迟繁殖来获得更高的繁殖力，但同时也增加了繁殖前的死亡风险。表型和生活史状态的变化可以理解为是由部分的遗传限制和部分的考虑个体状态（大小或能量储备）以及环境条件下的适应性决策所决定的（Thorpe et al. 1998）。

- 学习是一种适应性的过程，它所占的时间范围小到片刻，大到有机体的整个生命周期。有机体可能非常迅速地调整它们的行为以响应强烈的信号（如出现新的捕食者），也可能从迟缓或微弱的信号（如猎物多度的长期或"噪声的"趋势）中缓慢学习。

在真实的有机体种群中，性状可能因个体而不同：学习性性状可由于个体的不同经验而产生差异，而遗传性性状可因基因的多态性而有所不同。频度依赖的适合度——当由遗传性状决定的潜在适合度依赖于此性状的频度以及同一行为的其他性状的频度时——是进化稳定对策框架内所讨论的议题（Maynard and Smith 1989）。进化稳定对策原则上是可以在 IBM 中来进行研究的，但这样做需要我们去模拟基于遗传的性状，本书将不去讨论（然而，第 6.9 节中我们讨论了利用人工演化对 IBM 进行"校准"，同时具有性状多态性）。我们所考虑的适应性性状代表平均的潜在多态性性状。然而，我们要提醒读者，观察到的行为多样化并不一定意味着性状的多样化：即使我们在 IBM 中使用简单的性状，在状态或环境中个体间看似微小的差异依然可能会产生各不相同的行为，以至于看上去是不同的策略。

5.3.2　基于适应性性状来模拟行为的优点

在 IBM 中使用适应性性状意味着模拟个体在试图（直接或间接的，正如我们后面将要讨论的）提高未来生育成功率上的决策。以追求适合度（fitness-seeking）作为 IBM 的基本设计理念有以下几个优点。第一个优点，也是最为重要的，适应性概念使进化理论成为 IBM 框架的基础。个体通过性状来提高适合度的假说是生物学中争议最少且最有力的概念。

第二个优点是模型能够反应真实的生物学过程。如果个体性状的演化主要是为了提高适合度，则以此基础创建的个体行为模型将更加真实。以动态、状态变量方法（dynamic，state-variable approach）来创建行为模型的相关文献为之提供了许多很好的案例。这个方法（比如 Clark and Mangel 2000；Houston and McNamara 1999）假设个体所做的每个决策都是为了提高其适合度，这里适合度被定义为将来的生殖产量（或者是与此相似或相关的变量）。Clark 和 Mangel（2000）认为这种基于适合度的方法比行为生态学上那些抽象的方法能产生更通用且更真实的结果。

第三个优点是它通过个体生态学常识和有机体的自然史来设计性状。尽管存在大量的观测和实验数据，但如何将这些数据应用于行为模型却经常不甚清晰。我们可以通过 IBM 适应性性状框架来利用这些信息。例如，我们观察到的个体应对各类事件（如捕食者的出现、食物获取量的变化、来自其他个体的竞争、极端天气等）所采取的行为，这些现象似乎对模型无用，但是将它们带入适应性行为框架里，比如思考这些行为对未来个体繁育成功率的影响，就可能会有助于找到描述这些行为的一般性模型。

5.3.3 直接或间接追求适合度的适应性性状

适应性性状是以提高适合度为最终目标的，但有机体日常所做的所有决策都是为了最大化未来繁育成功率吗？显然不是：有机体的决策常常受限于它们的形态和感官、先天或后天习得行为的范围及其认知能力。这些限制条件可以由 IBM 中使用的性状来表现。此外，建模者可能不需要数据或不必清晰地模拟决策是如何影响适合度的。因此，IBM 可以直接或间接地模拟适合度的概念。

在直接模拟方面，所涉性状明确地模拟了不同行为下的适合度结果，进而用特定的适合度测度（将在第 5.4 节中讨论）以及决策过程来筛选所需要的性状。案例包括：

- 觅食行为。大量关于最优觅食行为的文献均假定生物在各个栖息地的觅食行为，如觅食所消耗的时间，是为了使得某些适合度测度最优。
- 栖息地选择。许多模型都假设动物会在诸如生长或存活等影响适合度的变量间进行权衡，而这种权衡正是其选择占领新栖息地或离开当前栖息地的依据。
- 生活史状态的变化。例如，Grand（1999）构建了一个鲑鱼何时以最大化其生存概率的方式进入下一个生活史状态的模型。

尽管许多 IBM 采用了上述直接追求适合度的方法，但是却没有明确地表现出来。例如，在个体做出决策以提高生长的模型中，生长率即代表了适合度（第 5.4 节）。

间接追求适合度的适应性性状在 IBM 中同样非常普遍。通常，间接方法被用于模拟真实有机体的一些特殊行为，以及假设其对适合度有间接的帮助，但很难与适合度发生直接联系。间接模拟的方法常遵循一些简单的准则而无须评估备选性状。以下是一些具体的实例：

●　在第 5.2 节中介绍的鲑鱼迁移模型，鲑鱼为了繁殖而遵循一些规则，而这些规则使得它们向自己的出生地迁徙；这里假设鲑鱼在自己出生地繁殖的成功率最高。

●　"鸟群"（boids）及与之相关的鱼群模型（第 6.2.1~6.2.3 节）。这些模型中个体采用的简单移动规则并不直接作用于适合度。然而，这些规则在实际的鱼类和鸟类中产生了集群的行为。假设鱼类及鸟类的集群行为有助于提高个体的适合度，如减少个体被捕食的风险。

●　使用概率或决策规则来再现真实的个体决策行为。类似的实例包括在第 6.4.1 和第 6.8.3 节将要介绍到的猞猁扩散和山毛榉森林 IBM。

●　Camazine 等（2001）所研究的实例。这些研究发现了能解释真实生物学系统中诸多涌现现象的个体性状。相反，这些性状可视为简单的个体决策规则，能产生系统层面的复杂现象，类似于昆虫精密的巢穴结构。从这些简单性状涌现出来的结构可提高个体的适合度。

5.3.4　适应性性状和行为的设计指南

对于适应性性状和行为，我们建议建模者思考并记录适应性在他们的 IBM 个体性状中的作用。在设计性状时，考虑个体行为如何影响适合度的不同组分（比如存活的可能性，能量积累等将在第 5.4 节中讨论）以及性状如何演化或学习以提高适合度等。思考模拟个体的各个性状如何影响潜在的适合度将有助于保证模型是基于真实的生物学过程的。

在 IBM 中何时应用适应性性状是显而易见的：利用适应性性状产生涌现行为。当建模者判断特定系统行为是涌现而非预先设定和内置的，则其需求就变为寻找导致涌现行为的适应性个体性状。无论怎样，判定一个特定性状是否应该被模拟为直接或间接追求适合度的性状应该更有意义。

一般而言，直接模拟时需要可作用于直接影响存活、生长以及繁殖等适合度关键要素的性状。其以概念上清晰有力的方式模拟适合度各因素间权衡决策：如在行为 A（提高生长率和繁殖力但降低存活概率）和行为 B（降低生长率但提高存活概率）中做出权衡。正如我们将在第 5.4 节中讨论的，直接模拟的方法采用合适的手段将适合度中的各个要素（如存活率、生长率等）统一成一个综合性的指标：潜在适合度。这使得其他备选行为可以通过它们对潜在适合度的影响来进行比较。当然，这会使得建模更为复杂。

间接模拟方法更适用于设计能够重现间接影响（或许是重要影响）适合度的性状。这个方法不涉及计算或评估复杂的多个决策选择。

如何更好地模拟适应性性状并不总是那么显而易见。本章接下来的内容将会介绍针对适应性性状设计的其他概念，并在第 7.5 节中具体介绍个体决策建模。在第 4 章中所介绍的 IBE 理论开发和测试循环是检验、比较和改进模拟个体行为性状的基本方法。

5.4 适合度

在本节中我们将探究直接模拟方法中最关键的细节之一：模拟个体如何评估不同决策选择所导致的适合度结果。不同于其他生态学模型，IBM 非常适用于直接模拟个体适合度；本节内容旨在帮助建模者充分利用这一优点。

5.4.1 模拟适应性性状的适合度概念

"适合度"一词广被使用，因此我们首先需要明确适合度在本书中的含义。个体适合度是指个体将基因成功传递给后代。因此，适合度是个体终其一生所做决定的共同结果，并且只有个体完成繁殖进而确定后代具备成功生存的能力后才能对其进行评估。自然选择理论允许我们假设个体先天或后天具有的用以做重要决策的性状通常会提高个体最终的适合度。因此，许多个体性状可被模拟为提高个体期望适合度（expected fitness）以及可提高个体将基因遗传给后代的成功率的行为。期望适合度是当前个体对未来适合度的预估。适合度测度（fitness measure）是一个特殊的、高度简化且不完整的期望适合度模型，用于适应性性状研究。换言之，当 IBM 假设个体以提高它们对未来繁殖成功率的期望为目标时，适合度测度是个体用以评估繁殖成功率的内部模型（internal model）。一个常见案例：假设有机体每次所做的决策是为了提高其生长率，则其生长率即为适合度测度。这个方法假设适合度将随着生长率的提高而增长，因此生长率是一个合适的期望适合度模型。

适合度是未来将要发生的事，理解这一点很重要：个体决策的适合度结果可能发生在做出决策后的遥远将来。因此，期望适合度同样是一个未来概念，适合度测度被认为是对某个决策在未来产生结果的预测（我们将在第 5.5 节中介绍预测）。

在 IBM 中个体期望适合度依赖于某些事件：如个体至少存活至完成繁殖行为，至少成长到足以繁殖的体型等。我们将这些事件称为适合度要素（fitness elements），可以认为这是为了提高适合度而必须要实现的目标。这些目标的实现通常随着一些被个体决策所影响的重要过程而变化。适合度要素和影响它们的重要过程如图 5.2 所示。驱动过程是被环境条件严重影响的过程，环境条件决定了个体状态。能量摄入是一个驱动诸多适合度要素的重要过程，因此将能量摄入（或生长）当作适合度测度显然是顺理成章的。

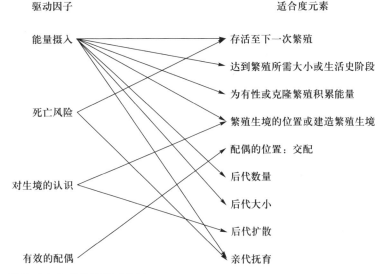

图 5.2　部分适合度元素及驱动因子。

5.4.2　适合度测度的完整性和直接性

诸多适合度测度被用于 IBM 以及与之相关的模型。这些适合度测度在如下两个方面有所不同：完整性和直接性。一个完整且直接的适合度测度可模拟备选决策对个体所有适合度要素的影响，准确预测每个决策使个体成功将基因遗传给后代的概率。高度完整且直接的适合度测度指标在生物学上是不现实的，但是如果适合度测度的完整性和直接性过低，那么会导致所模拟的个体适应能力非常差。

适合度测度指标的完整性体现了适合度要素及驱动过程的数量。一个适合度测度应该只考虑一个要素，例如，在未来某个时期存活的可能性，并且只考虑一个影响存活的过程，如被捕食的风险。另一方面，动态变量建模（dynamic state variable modeling）文献中（Mangel and Clark 1988；Clark and Mangel 2000；Houston and McNamara 1999）包含了后代中雌性的数量期望、达到繁殖的存活率期望、繁殖所需的能量储备以及后代数量等适合度指标；这些要素每一个都被死亡风险和能量摄取所驱动。Railsback 等（1999）为了模拟栖息地选择所提出的适合度测度考虑了两个适合度要素：未来存活率（future survival）和繁殖所要求的体型大小（attainment of reproductive size）。能量摄入驱动繁殖所要求的体型大小，而未来存活率则受能量摄入（由饥饿决定存活率）和其他死亡风险（如被捕食）的共同影响。

适合度测度的直接性是指其如何明确地反映一个决策选择的未来适合度结果。一个高度直接的适合度指标可预测个体将基因遗传给后代的成功率。与之相比，很多 IBM（以及行为生态学中的相关工作）试图用非常间接的适合度测度来模拟适合度期望。其导致的结果是缺乏能很好体现个体决策对适合度实际影响的内部模型。间接适合度测度似乎具有一个共同的特点，其假设个体所做的决策是为了达到能量摄入或生长率的最大化。尽管能量摄入是许多适合度要素的重要驱动力（图 5.2），但是未来适合度却不是生长率的简单线性函数。例如：

• 存活率部分依赖于能量摄入，因为能量摄入必须足以避免个体因饥饿而死亡。然而能量摄入对存活率可能非常重要（当个体在饥饿状态）也有可能影响很小（当个体拥有较高的能量储备或代谢缓慢，抑或是其他风险高于因饥饿带来的风险）。

• 达到繁殖所需的体型大小或生命阶段同样依赖于能量摄入，但当达到适宜体型或阶段后，生长率相较于其他适合度要素的重要性可能会变弱。

• 获取能量来进行繁殖（例如繁殖期迁徙或性腺发育）只在进入繁殖阶段时才变得重要，在其他非繁殖期则不然。

如果忽略这些非线性因素，并假设个体做出决策使能量摄入最大化，那么在模型中就很难考虑如下情形：诸如当饥饿即将来临、或体型较小、抑或是新陈代谢较高时更注重能量摄入的行为；当能量储备充裕、达到成年体型、新陈代谢较缓或死亡率较高时忽视生长率的行为。用更直接的适合度测度指标可轻易再现以上行为——如模拟存活和繁殖状态如何与生长率成非线性关系（Railsback and Harvey 2002）。

5.4.3 适合度测度指标案例

人们开发了两种不太复杂的方法来探索足以产生符合实际行为的适合度测

度指标。第一种方法，行为生态学家通过数学推导来简化涉及生长率和存活率权衡决策所产生的期望适合度。例如，Gilliam 和 Fraser（1987）得出的结论为：如果幼年鱼通过死亡风险与生长率之比最小化的方法来选择备选栖息地斑块，则其期望适合度最大；Leonardsson（1991）亦推导出类似的结论。起初，这些适合度测度指标可能对 IBM 中模拟决策极其有效，但是仔细检查后可能会发现存在着严重问题。这个问题就在于其中所需要的假设：这些为使推导易于分析而假设的必要条件是不切实际且与 IBM 不兼容的。"死亡风险比生长率"的适合度指标需要 Gilliam 和 Fraser 做出如下假设：所有栖息地斑块都能提供正的生长率，同时种群处于稳定状态且内禀繁殖率和死亡率是固定的。这种假设不仅与 IBM 相悖，而且与 IBE 中种群动态是涌现而非内置的基本假设相左。

方法二是构建适合度测度指标来具体体现一种或数种适合度元素及其如何依赖于驱动过程，并对其简化使得在运算上有效且在生物学上同样可信。我们将在第 7.5.3 节中介绍一种构建适合度测度指标的方法，此方法可以很好地再现真实的行为，同时还简单可行（见第 6.4.2 节 IBM 鳟鱼实例）。该方法借鉴了动态状态变量模型（Houston and McNamara 1999；Clark and Mangel 2000）的概念，并假设有机体通过对未来条件的简单预测来粗略评估每个决策的适合度结果。这个方法可以用于开发适合度测度指标，而该适合度指标可对那些重要且已被清晰定义的适合度要素进行直接评估，诸如存活至未来某个时间点的可能性或对后代数量的期望等，并能够很方便地探讨这些要素如何依赖于包括死亡风险和能量摄入等过程。

5.4.4　适合度测度指标的设计指南

设计适合度测度指标主要考虑两个因素：指标的完整性和直接性。此外还需要考虑：是否应该用不同的适合度指标来表示个体状态的改变。

在设计适合度指标时，需要时刻牢记它们本身就是模型这一点。一些在 IBM 中已相当完善的适合度指标需要我们去精细地假设和计算：个体能够预测未来的生存条件，个体能够评估各种可能性，并能够综合考虑各种环境变量和状态活动因素及其之间的复杂权衡关系。当我们应用这种适合度指标时，我们当然不会认为有机体能做出上述所有的计算；我们只是假定有机体先天具备或后天习得这些行为能被该适合度指标很好地模拟出来。

5.4.4.1　完整性

选择适合度测度指标中的哪些元素和驱动过程需要仔细考虑。如果忽略了重要的元素或过程，那么做决策的性状将过于简单从而无法再现实际行为。但若元素过多则会使适合度指标难于计算以致不符合实际情况。下面这些问题能够帮助我们应该选择怎样的适合度元素和驱动过程。

首先，哪些适合度元素对于所构建的 IBM 是重要的？模型是否是用于解释存活、生长和交配的模式？如果是，那么考虑这些元素对适合度指标就非常重要。如果试图用 IBM 来解释繁殖模式，并且设计的适合度指标是为了弄清楚影响繁殖率的决策（例如，生长和繁殖间能量的分配），则繁殖率作为要素应纳入适合度指标中。如果设计 IBM 是用来研究栖息地破碎化对种群动态的影响，那么适合度指标应该考虑栖息地连通性对于个体寻找配偶及交配生境的影响。此外，如果 IBM 的目的是为了解释与适合度不是特别相关的问题时（如栖息地选择或植物演替等模式），则建模者会问：哪些适合度要素对于解释基于适合度的决策是重要的？对于大多数的物种和系统而言，存活以达到满足未来繁殖需求的体型大小和能量储备，可能是众多适合度要素的基础，也是大多数基于适合度的决策中最为重要的。

其次，哪些驱动过程受基于适合度的决策的直接影响？其决策是否改变了个体的能量摄入、死亡风险和寻找配偶的能力等？再者，对于模拟真实的系统，哪些环境和生物过程对所选的适合度元素最为重要？

最后，假设个体能感知或"认知"哪些驱动过程（第5.7节）？适合度测度不是研究环境如何影响个体，而是强调个体所处环境如何影响其适合度的。因此，若个体没有察觉到这些变化或过程，则其不应纳入适合度测度中。例如，假设某个有机体是通过考虑死亡风险如何影响其期望适合度而做出决策的，那么哪些风险应该被纳入适合度测度里呢？假设大多数有机体能意识到其目前的能量状况，那么它们可能会"知道"自己挨饿的风险。同样，许多动物表现出本能的认知，使其能够意识到什么样的环境会使它们陷入被捕食的高风险，因此假设其"懂得"被捕食的风险也是合理的。另一方面，假定有机体能意识到它们只有很小的机会去适应（先天或后天的）来自如人类或是捕食者的风险是不符合现实的。种群密度通常对模拟个体的适合度没有帮助，因为个体不易意识到它们的种群密度。

5.4.4.2 直接性

设计适合度测度的第二个主要步骤是明确模拟驱动过程对已选适合度要素的影响。一旦建模者确定了将纳入适合度测度的适合度要素和驱动过程，问题就变为如何将这两者联系起来：期望适合度如何依赖于如能量摄入和死亡风险这样的驱动过程？这里非常关键的一点是，我们利用 IBM 的优势来更确切且更直接地模拟决策对期望适合度的影响。通过简单的、非线性的方法来表现能量摄入和死亡风险等过程对未来适合度的影响将是 IBM 成功的关键。

有机体的自然史、生理学、能量学模型以及概率论等方面的知识有助于模拟适合度要素与驱动过程之间的关系。其关系本质上是非线性的，主要是因为生理学设置了如最大生长率或最大繁育率等。期望适合度既受限于如体型大小、能量储备、生活史阶段等当前状态，亦受限于驱动过程。适合度指标需要纳入必要的非线性关系，但这个关系必须简单至能够通过模型描述出来。动态状态变量模型（例如 Mangel and Clark 1988；Clark and Mangel 2000；Houston and McNamara 1999）应用了类似的方法，并提供了许多有用的实例研究。

为了强调生物学的真实性并有助于指导模型设计，需要适合度测度具有特定的清晰的生物学意义。例如存活至未来 n 天的可能性期望，以及下一个繁殖期的后代数量预期。

对许多 IBM 来说，另一个重要考虑是设计在无法提供高适合度的情况下个体仍能做出不错选择的适合度测度。当 IBM 在某些模拟条件不能为有机体提供高适合度时，能使个体确定最不利的选择，从而尽力存活到条件发生改善。例如，可以假设当生长率为负时期望适合度是零（如动态状态变量模型文献通常所做的假设）。当这个假设起作用时，由于没有能使生长率为正的条件，则个体在短期内将不能做出良好的决策，因为所有选择将导致相同的期望适合度：零。相反，如果期望适合度被模拟为随着条件不断恶化而逐渐减小至趋近于零（Railsback et al. 1999），那么个体就总能确定最不利的选择。

最后一个与直接性有关的重要考虑是选择适当的方法来模拟预测：为了评估期望适合度，个体必须能够预测驱动过程和适合度要素未来将如何变化。这个问题将在第 5.5 节中讨论。

5.4.4.3　适合度测度的改变

个体随着生活史阶段的发展或状态的改变，不同适合度要素间的相对重要性也可能随之变化。因此，个体生命周期的不同阶段应该有与之相适应的适合度测度。在早期生命阶段，最适宜的适合度指标可能只考虑存活率和生长率以满足下一个生命阶段的需求；当到达繁殖期时，生长率可能变得不再重要，而要考虑涉及繁殖数量的适合度测度。Thorpe 等（1998）提出了一个模型，这个模型是关于鲑鱼的适合度测度如何随其整个生活史周期的演变而发生改变。Bull 等（1996）构建了一个模型，且得到了野外实验的支持。在他们的模型中，越冬的鱼类用存活率作为适合度测度直到冬季结束（在此期间它们大部分时间处于冬眠状态）。IBM 适合度指标的设计需要考虑适合度指标是否以及如何随着个体生活史阶段或其他因素的改变而改变。

5.5 预测

前面章节中模拟适合度和适应性都是高度依赖于"适合度是一种未来现象"的概念，故当需要根据适合度做出一个决策而此决策将对适合度产生影响时，则对其进行预测是不可或缺的。在 IBM 中模拟预测是如此的令人振奋。预测本身即是一个模拟：有机体通过内部模型进行预测。因此，我们试图通过模拟真实的有机体所采用的内部模型，从而在 IBM 中实现预测。因此，我们必须以个体的视角来观察和考虑问题，它是我们在第二章中介绍的基本建模方法之一。

5.5.1 对预测进行模拟的重要性

预测的概念在生态学建模中罕有讨论，但是许多 IBM 都包括各种形式的预测和对人工复杂适应系统的研究，它们表明预测能力的高低是模拟个体行为的关键。例如，Holland（1998）认为在西洋跳棋或国际象棋等游戏中，数字代理人（digital agents）的棋艺高低与其对预测棋子未来走向可能产生的结果的能力有关。即便是不同决策对未来结果的预测能力尚不成熟，其仍能带来巨大的适合度优势，因此我们必须假设即使是最简单的有机体也会具有一定的预测能力（见 Levin 1999 的 175 页）。事实上，Zhivotovsky 等（1996）认为对未来环境条件的预测是有机体适应性能力的关键。在只考虑行为即时结果的条件下我们试图最大化存活的可能性：我们可以通过"锁上门躲到床底下"（locking the door and hiding under the bed）来简单地最大化我们的即时生存概率。直觉上，显然躲避并不是可持续的行为——迟早我们需要从床底下出来去工作以求报酬从而为食物买单，否则我们就会因饥饿而死亡。通过考虑行为在未来的结果就会明白觅食的重要性而不能一直躲藏，因为我们知道如果继续躲藏下去，饥饿将成为我们最大的威胁（事实上，饥饿是一种类似预测的生理学机制：它提醒动物们，在能量储备发生急剧下降前，未来适合度要求它们进食）。

Holland（1995）讨论了个体如何通过内部模型来对其行为的结果进行预测。根据 Holland 的研究，"隐性"（tacit）的内部模型基于简单的隐含（implicit）预测设定特定的行为。这些隐含的预测往往都非常简单，甚至不被认为是一种预测。Holland 提供了一个细菌的案例。细菌总是游向糖分浓度更高的方向，这是受"糖分浓度越高意味着更多食物"的隐含预测所引导。在个体用其所掌握的对所处栖息地以及自身的信息来评估备选决策的过程中，更为明显（explicit）的是"显性"（overt）内部模型。

尽管"隐性"预测模型常见于 IBM，但是很少有建模者意识到这一点。例如，在许多模型中（比如，Clark and Rose 1997；van Winkle et al. 1998），如果动物觉察到潜在适合度在持续降低，则它们将迁移至其他栖息地。用这种方法来模拟栖息地选择，假设动物隐含地预测到：① 如果其潜在适合度持续下降，则其他地域的条件可能优于当前（故，潜在适合度会随着迁移而改善）；② 如果适合度没有持续下降，那么其他地域的条件未必优于当前（故，它们没有理由迁移）。

我们在第 5.3 节中讨论的追求适合度的性状方法，需要模拟个体对驱动适合度要素的过程变量进行预测。例如，生长率会影响诸多适合度要素，因此多数适合度测度指标必须包括对未来生长率的预测，进而又可能需要对控制生长率的生态学及生理学过程开展预测。所有这些预测听上去令人瞠目结舌，但以我们的些许经验来看即便是简单的显性预测模型也能在 IBM 中产生有效和合理的行为。

5.5.2　对预测进行模拟的方法

Levin（1999；111 页到 195 页）讨论了关于有机体模拟预测的若干问题：从众多繁杂的信息中提取重要数据来代表有机体所拥有的信息（见第 5.7 节），并且了解在获取更多信息时成本与利益间的权衡。很少有研究去关注哪些预测模型在模拟以适合度为导向的适应性方面是具有生物学意义的。动态状态变量建模的专著（Houston and McNamara 1999；Clark and Mangel 2000）通过假定影响适合度的条件（栖息地、竞争等）为定值来避免这个问题。然而，只有少数 IBM 较为合适地解决了预测的问题。

Huse 和 Giske（1998；见第 6.9.1 节）构建了一个关于鱼类迁移的模型，其允许鱼类能在某种程度上根据预测的季节性条件来进行迁移决策：假设鱼类知道目前所处的日期信息，并具有因遗传而来的先天认知使得它们能根据日期来预测环境条件。在他们的模型中，预测性状是人为设置的，因此我们无从知晓鱼类用来预测的模型算法，如从即日起的温度空间分布。但是，他们的研究很好地展示了在 IBM 中预测对于适应性行为的重要性。

Railsback 和 Harvey（2002；见第 6.4.2 节）对鳟鱼栖息地选择模型的研究表明，预测未来栖息地选择的简单模型也能够产生真实且有效的行为。在鳟鱼评估其适合度指标的模型中，所使用的对鳟鱼在未来数月内栖息地及竞争的条件预测与当前的条件完全相同。但将该方法用于更长时间尺度时（长于一个季度）产生了不真实的适应性行为；这并不意外，因为这个预测方法在如此长的时间范围内是不甚准确的。

Stephens 等（2002a）开发了用于土拨鼠扩散性状的适合度指标，它估测了"终生适合度"，实质上是对每种决策下的后代数量（以及幸存的近亲）的预测。这个预测是基于会影响年龄和性别概率的诸多事件的（例如个体获得领地内支配地位，若干个未来周期内的死亡数以及新生后代数量等）。在模型中，Stephens 等简单地假设个体"知晓"这些概率，而这些概率值是由建模者从野外数据中获取的。

记忆可用作模拟预测的基础。IBM 可以假设个体能保留最近状态的记忆，并通过最近的状态条件来推断未来状态。尽管我们知道在 IBM 中没有应用并测试这些方法的先例，但此类方法已然被提出且看似颇有前景。比如，Hirvonen 等（1999）展示了在模拟个体觅食活动时在其对猎物的选择过程中记忆的重要性。一个显而易见的问题是使用与预测时间尺度相一致的记忆时间尺度：过去两天天气情况的记忆可能对预测第二天的天气有用，但是对于预测下一个月的天气情况则几乎没有参考价值。

环境线索似乎是某些物种用来预测变化的重要依据，而且很容易被纳入 IBM。昼长和气温的变化被很多物种用来预测天气及其他条件的季节性变化。因此，Huse 和 Giske（1998，上文中提及）假设鱼类知道日期是合理的。Antonsson 和 Gudjonsson（2002）给出了一个通过环境线索来进行预测的更为复杂的实例。他们通过野外实验提出幼年鳟鱼从河流迁徙到海洋之前以河流的温度变化为依据来预测彼时海洋的温度条件。因此，IBM 假设个体能够预测在时间和空间上间隔较远的事件，而这种假设并不荒谬。

5.5.3 预测的设计指南

正如 Holland（1995）所指出的，某些类型的预测常见于个体行为模型，尽管建模者自己可能并没有意识到该方法具有可预测性。尤其是在隐性预测中，暗含在算法中的预测性状并不易见。隐性预测可能非常适用于 IBM。我们关于预测的第一个建议是建模者需要知道他们何时该使用隐性预测，并仔细记录这些隐性预测。一旦所有的隐性假设都被记录在案，IBM 的开发者和用户就能更好地理解和判断预测性状的适用性。

显性预测（overt prediction）在使用追求适合度的性状来模拟适应性决策时是不可或缺的。在这个方法中，个体所做的决策是为了达到预期的未来适合度。目前在 IBE 中几乎没有任何经验可以指导如何模拟在显性预测中个体将要面临的处境。能有效预测决策结果的能力是一个巨大的适合度优势，因此我们希望真实有机体的许多适应性性状能通过假设其具有精妙的预测能力来模拟。我们在此不打算大量阅览与人类认知相关的心理学模型和预测的文献。但是阅读这些专著可能会有益于生态学家寻找到具有可替代性及创新性的预测模型。

最合适的模拟预测的方法取决于将被预测的变量以及变量的不确定性。天气的季节性变化每年都基本一致，因此对多数有机体来说假设相对准确的季节性天气预测能力或许是合理的。但是，很多适合度指标是有必要对其不确定性进行预测的——例如，与其他个体的竞争。假设个体能很准确地预测此类不确定变量实际上是不合理的。相比而言，"拇指规则"[①] 可能更加合适（但并不是必需的）。相似的，对于不同时间范围的预测宜用不同的方法：适用于短期的方法应用于长期预测可能会非常不准确。

鉴于缺乏相关领域的研究和经验，我们倾向于从一个非常简单的预测模型开始，对它进行测试，进而依据需求增加预测的复杂性，从而再现所研究个体或系统的实际行为。这个设计过程应该从测试真实的有机体行为开始，并应遵循第 4 章中介绍的 IBE 理论开发周期。

5.6 相互作用

IBM 与其他种群模型一个不同之处在于 IBM 能够显含地模拟个体之间的相互作用。这里的相互作用是指在 IBM 中个体与个体之间是如何相互沟通或相互影响的。IBM 假设个体之间相互"了解"且懂得信息如何在种群内传播，从而来模拟真实的生态学系统。

相互作用是 CAS（复杂适应系统）的一个关键概念。事实上，CAS 先驱（尤指经济学领域）所关注的经典建模方法中的首要问题之一便是假设个体完全掌握了驱动它们决策的知识。这些先驱们已然意识到在真实系统中信息的传递是通过局部或不确定的相互作用来进行的（Waldrop 1992）。此后，相互作用及其对系统行为的影响成为 CAS 研究的主题（例如 Nowak and Sigmund 1998；Axelrod et al. 2001；Cohen et al. 2001；Gmytrasiewicz and Durfee 2001）。

5.6.1 模拟相互作用的方法

我们在这里介绍模拟相互作用的三种常用方法。这些方法各有优缺点，在

[①] 拇指规则（rule of thumb），即"经验法则"。——译者注

某些条件下它们都能很好地模拟相互作用。

5.6.1.1 直接相互作用

直接相互作用包括明确的个体间信息交换或相互影响。交流食物所在的位置、争夺资源或统治地位以及掠食都属于直接相互作用。直接相互作用可以是全局性的（所有个体都对群体有所影响）也可以是局部性的（个体只对相邻个体产生相互作用）。除非种群非常小，否则全局性的直接相互作用不太现实。直接相互作用要求个体之间能相互联系或传递信号，因此假设个体能远距离地与其他大量个体相互作用是不合理的。

在 IBM 中相互作用通常被认为是局部的而非全局的，尤其在植物生态学中（例如 Huston et al. 1988）。局部性的直接相互作用在时间和空间尺度上与真实个体的相互作用类似。Camazine 等（2001）在第 20 章中提出了一个非常好的 IBM 模型来解释由于黄蜂个体之间的直接竞争所产生的等级模式，相似的模型我们在第 6.2.4 节中也有所讨论。

5.6.1.2 介导式相互作用

个体间间接相互作用常被模拟为通过某些资源来介导和调节。与直接相互作用不同，个体通过产生或消耗共同资源来对其他个体产生间接影响（如果个体间相互作用是竞争，那么直接和介导式相互作用分别对应干涉和利用性竞争的概念）。现实世界中的直接且局部的相互作用通常被模拟为介导式相互作用。例如，竞争食物的真实机制可能是动物个体之间大量短暂的直接争斗；但是从较大的时间尺度来说，这些竞争的平均结果可以被很好地模拟为对食物资源的间接竞争。

Camazine 等（2001）对多个群居昆虫系统进行了研究，发现个体之间通过信息素及筑巢材料等资源为媒介进行介导式的局部影响。行军蚁通过产生和追踪信息素进行交流；白蚁将分泌的信息素香味染在土壤颗粒上，刺激临近的白蚁如法炮制，从而导致土丘的形成；工蚁通过捡起、放下石粒将材料传递给临近的工蚁进而构筑巢穴。介导式相互作用可以是局部的也可以是全局的。上述案例都是局部相互作用，但是在有些模型中（特别是不考虑空间结构的模型）可能所有的个体都在争夺相同的资源（例如 Uchmański 1999，2000a，b；Grimm and Uchmański 2002）。

5.6.1.3 相互作用域

模拟直接局部相互作用的第二个方法是假设每个个体都被其他个体所建立的相互作用域所影响。这个方式与 Anyang（1998）所探讨的"独立的个体近似"（independent-individual approximation）方法类似，类比于投资者与股市之间的相互作用。尽管股市价格是由众多个体投资者间的诸多相互作用所决定的，但是单个投资者的行为仍可通过假设投资者与整个市场之间的相互作用来模拟。相互作用域的方法可应用于以下情况：① 个体根据邻近个体对其累积或平均影响做出决策，或② 相互作用域为短期内发生的大量相互作用提供了很好的近似。

　　一些基于相互作用域的 IBM 取得了很好的效果。用于模拟植物个体间的资源竞争的"邻域"法（Berger and Hildenbrandt 2000；见第 6.7.3 节）假设每个植物根茎都有一个圆形的"邻域"。这个区域的半径及影响力随着植物的体型增大而增加，且每个个体的生长率和存活率都会受到所有相邻个体邻域共同的影响。Huth 和 Wissel（1992；见第 6.2.2 节）在鱼群 IBM 模型中测试了模拟相互作用的其他方法。他们发现相比假设每条鱼任选一个相邻个体进行相互作用而言，假设每条鱼与所有相邻个体所产生的平均行为（如成队列游弋）进行相互作用能产生更加真实的结果。

　　相互作用域一定不能与某些解析模型中使用的"平均场近似"（mean-field approximation）相混淆。平均场理论是源于物理学并假定任一个体都能感觉到来自其他所有个体的平均影响。这类近似有助于我们获取模型的解析解，从而避免对个体水平相互作用的描述（Bolker and Pacala 1997；Dieckmann et al. 2000）。而在相互作用域中，仍是模拟个体，但其与其他个体之间的局部相互作用是采用相邻个体对其所产生影响的平均值来近似描述的。

5.6.2　相互作用设计指南

　　个体之间的相互作用是 IBM 的关键，因此如何模拟相互作用就显得尤为重要。IBM 最重要的优势之一是它能模拟局部的直接相互作用，而正是这类相互作用控制着生态学系统中个体、物质及信息的动态。然而，在某些 IBM 中，直接相互作用也可能发生在看起来不合适的尺度上。例如，植物对于土壤养分的直接竞争可以在相邻的植物间缓慢发生，尽管个体在地表看似相距较远，但是植物根部却是相邻并相互竞争的。总之，整合性的方法如介导式相互作用和相互作用域等通常用于无须表现直接相互作用的情况。

　　下面关于如何模拟真实系统问题的答案将有助于决定选择何种相互作用方法：

- 交流或相互作用的实际机制是什么？是资源介导的吗？
- 明确模拟个体之间的相互作用对 IBM 的目标是否重要？IBM 的系统行为是否涌现自直接相互作用？如果是，则可能采用直接相互作用；如果不是，则用介导式相互作用或相互作用域为更佳。

• 真实的相互作用发生在怎样的时间和空间范围内？这些尺度如何与 IBM 的单位相比较？如果真实的相互作用发生在与 IBM 相比而言更短的时间尺度或更小的空间尺度内，则直接相互作用方法将是无效的。

• 如果介导式相互作用或相互作用域是合适的，则实际相互作用在模型的时间尺度和空间尺度内的平均影响是什么？在更大的时间或空间尺度上，如何更好地体现实际相互作用？

5.7 感知

很难想象一个极其有用的 IBM 没有假设个体能感知其所处的环境或其他个体的情况。这些信息与个体如何适应环境息息相关，而感知即是真实的有机体获取其环境信息的途径。在所有假设个体拥有某些关于环境认知的 IBM 里面，都至少包括了个体感知什么以及如何感知这两个方面。这里我们定义"感知"为个体所感知到的具体细节。许多时候，我们考虑的是个体获取信息及其对周围环境的认知等一般性的能力。

5.7.1 模拟个体如何感知

个体所拥有信息的数量和准确性是其对周围环境适应和响应能力的重要影响因素，因为真实有机体感知和"理解"周围世界的能力是有限的。因此，设计 IBM 时需要考虑个体如何很好地获取针对适应性性状所必需的信息。在设计 IBM 时与感知相关的主要问题包括：

• 个体对于死亡风险及其变化有哪些认知？例如，动物是否知道什么样的栖息地被捕食的风险较高或捕食者何时会在附近出没？

• 个体对于资源的可利用性以及资源随空间的变化了解多少？能感知何种距离范围内以及何种类型的资源？

• 个体对于自身有什么了解？假设有机体了解它们自身的能量储备和疾病状态是否合理？

设计 IBM 如何解决上述类型的感知问题时需要注意三个方面。第一，个体拥有哪些类型的信息？描述其环境及相邻个体的状态是否对模拟个体本身有帮助？第二，个体拥有的各类信息的数量？例如相对距离、相邻个体数量等。第三，信息的准确性如何？个体对已知变量是否具有完全准确的数值？或这些数值中是否包含不确定性成分？或系统性的偏差？

表现感知或信息采集过程的一种方法就是模拟（至少是粗略地模拟）真实的感知机制。通常是以布尔型"是-否"的方式来简化感知的模拟过程：个体是否检测到了某些信息。Camazine 等（2001）构建的群居昆虫的模型就是使用布尔方法来判断个体是否收到来自其他个体的信息素。在第 5.2 节中探讨的鲑鱼迁移模型通过假设鲑鱼是否能检测到来自它们出生地水域的气味来实现对感知的模拟。鲑鱼和群居昆虫模型对感知的模拟是基于真实动物的行为的。牛鹂鸟模型（Harper et al. 2002）中模拟鸟类如何在飞行时获得相关栖息地信息的方法同样是真实鸟类感知的实例。对感知机制的模拟允许将 IBM 中每个个体的认知与个体经验密切联系在一起。

模拟感知最常用的方法是假设个体"知道"某些信息：假设个体能够获取描述其环境、自身以及相邻个体的信息。环境和相邻个体的信息通常受限于特定的空间范围。例如，处在一个单元格中的个体可能"了解"相邻单元格中食物的可用性及竞争个体的密度。这种假设个体知道特定、有限的信息的方法通常是合理的，因为与模型中的时间尺度相比，实际感知的过程常常发生在很短的时间范围内，尤其是对于动物而言。关于熊的 IBM 模型可能会假设一只熊会花费"一天"的时间在一个单元格中，但实际上熊可能会消耗部分时间去探索并感知附近区域的状况。因此，没有必要假设所有的熊都会消耗一天的时间去探索，而只是简单假设通过一天的时间它们收集了关于相邻区域足够的信息来"了解"此区域的状况。

随机化技术（见第 5.8 节）可被用以模拟感知信息中的不确定性，甚至可以模拟不确定性随着环境和个体状态的变化而如何变化。随机化技术亦可用于模拟不完整或错误的信息对有机体适应性过程的影响，而真实有机体必须不断应对这些影响。

5.7.2 感知的设计指南

如何模拟感知和信息收集可能是所有 IBM 所面临的共同问题。其中一个关键的设计问题是：基于真实机理去显含地模拟感知，还是只需假设个体了解哪些信息。如果感知过程本身是导致 IBM 中模式和行为的重要原因，则基于真实机理去表现感知是必要的。Camazine 等（2001）在研究昆虫之间的通信和相互作用模型中就有这类案例。如果感知过程与 IBM 其他部分是在相同的空间和时间尺度上被模拟的，那么基于真实机理去模拟感知同样也是非常有用的，例如 Harper 等（2002）的牛鹂鸟的模型。

如果是基于真实机理去模拟感知的话，那么我们在模型中所模拟的有机体也正是按照这些机理去实现各自行为的。建模者可以搜索如个体在多大的范围内能检测到怎样的信息，以及这些信息的准确性等；再有这些信息随着个体状态和环境的变化将如何改变。其中，Spencer（2002）所构建的海龟-捕食者模型即是其中一个很好的案例研究。此研究显示海龟能够觉察到什么气味是来自本地生物而不是外来捕食者——这是解释外来捕食者对海龟种群影响的一个关键的机制。植物生态学最令人着迷的新兴领域之一是发现植物可以感知（并积极适应）如光照水平（Schmitt et al. 1995）、是否有昆虫袭击以及是哪种昆虫等（Schultz and Appel 2004）。IBM 对于理解这些机制如何影响种群动态和生存具有巨大的价值。

然而，通常最好避免对感知的详细描述，取而代之的是简单假设个体了解何种空间范围内的哪些变量。所模拟的真实个体的感知能力应与 IBM 的空间及时间尺度相匹配。

最重要的是，对于在一个模拟时间步（time step）内个体能感知的距离要有一个合理的假设：低估这个距离将严重甚至不切实际地限制个体的适应能力。例如，当模拟动物的迁移时，建模者会不假思索地假设个体只能感知与它们当前单元相邻网格内的状况。然而，现实中动物在一个时间尺度内能够探索更大的范围，相比临近的网格区域它们会考虑更多潜在的目的地。例如，对溪流中的鱼通常以一到几平方米为单位进行建模，而鱼每天可能探索至数十米乃至数百米远，因此以一天为模拟时间步的鱼类 IBM 中可以大胆假设鱼类可获知多个单元的状况（Railsback et al. 1999）。确定个体的感知距离是 IBM 设计中最为重要的考虑因素之一。

5.8　随机性

这里的"随机性"（stochasticity）是指用随机数和概率来表示 IBM 中的过程（"随机"数基本都是伪随机的；见第 8.7.3 节）。与本章提及的其他概念不同，随机性广泛用于其他类型的生态学模型。这里我们要解决的基本问题是在 IBM 中哪些过程应被模拟为随机过程。

对 IBM 的最大误解之一是认为它们本质上就是随机模型。生态学著作中经常将变异（variability）和随机性相混淆，即假设个体水平的变异是随机的。因此有的生态学家就误认为所有的 IBM 都严重依赖于随机过程。Camazine 等（2001）将 IBM 归类为"蒙特卡洛模型"；Law 等（2003）将 IBM 等同于随机过程，同时认为出生和死亡等事件以及个体之间的差异都是随机的。与之相反，在没有考虑随机过程的 IBM 中，个体间的状态和行为也可以彼此不同。实际上，使用 IBM 的主要原因之一就是它可以解释确定性过程是如何产生变异的（Huston et al. 1988）。在本节中，我们将提供一个框架来确定 IBM 中哪些是随机性过程，哪些是确定性过程。

5.8.1　随机性和有意忽略

Glen Ropella 曾经说过，"随机性是将未知考虑进模型的一种方式"。将某个过程表示为随机过程意味着我们确实不了解这个过程或者我们选择忽略不必要的细节。举个例子，"BEFORE"模型模拟森林树冠斑块如何被填充的过程（见第 6.8.3 节）。如果我们已知一个斑块周围所有树木的空间分布及其年龄、树冠性状等信息，我们基本上可以很有把握地预测出是周边树木的树冠生长填充了这个斑块，还是某株幼苗在此成长为大树填补了该斑块。然而，通常我们不会拥有这些具体的信息（对此我们一无所知）；并且即便是我们知道了这些信息，但我们只需要某些特定结果而无须表示所有的细节（忽略某些细节）。我们可用随机过程来模拟冠层郁闭，如假定斑块被邻近树冠覆盖的概率为0.7，被幼苗填充的概率为 0.3。则模拟中生成的随机数可用来决定每个空斑块分别是如何被填充的：随机数取自均匀分布的 0 到 1 之间，如果这个数小于0.7，则斑块由相邻个体的树冠填充，否则则由幼苗填充。当然，为了使这种随机方法行之有效，我们需要一些经验知识来确定各概率值。

建模者选择将一个过程表示为随机过程主要有两个原因。第一，因为对所需模拟过程的机制认知尚浅。这需要某种经验模型，同时如果模型的过程是高度可变的，那么选择随机模型就可能更合适。第二，即便我们对某个过程理解得很透彻，但它并不重要却仍需要大量不必要的工作来进行机制性模拟。当模拟机制性过程所需的精力和计算成本与此过程的重要性不相符时，转而用随机过程来表现将更为合适。

5.8.2　在 IBM 中应用随机性

本节中我们将讨论随机性在 IBM 中的三种常见应用，以及对应的替代方案。随机性与备选的替代模型分别对应于经验方法与机制性方法。

5.8.2.1　输入及驱动变量中的变异

随机性可包含在模型的输入变量中，尤其是针对天气等环境变量。例如，Clark 和 Rose（1997）随机地综合了水流和温度的时间序列构建了鱼类种群的IBM。第二个随机性引发变异性的常见用法是在模拟伊始设定个体的初始状态。建模者可以指明个体状态变量的统计分布，随后 IBM 以此分布为基础将状态变量值随机分配至初始个体。例如，每个个体的初始重量可以从对数正态分布中随机抽取，而其均值和方差是输入变量。这种随机产生变量输入的方法允许建模者（通过使用不同的伪随机数序列）重复模拟过程，这样就能检测出输入变异对于模型结果的影响。

相比于上述在输入中通过随机性引入变异，其替代方案就是忽略变异。可将天气情况设为固定值或用月平均值来代表，而不是将天气变量随机整合再输入。第二种替代方法是使用观察值而不是随机模型来代表输入的变异。例如，将观测到的天气以时间序列输入。利用观测数据的优势是它包括很多自然模式，诸如趋势、自相关、周期性或稀有事件等，而这些自然模式是不能由简单的随机模型来表示的，但可能对模拟结果很重要。不同时间序列的观测值可用于重复模拟。当然，这类时间序列的数据通常并不多见。

5.8.2.2 再现实际行为

许多 IBM 用随机过程来重现实际行为，而这些行为是通过概率的方式来描述的。在第 6.4.1 节中介绍的猞猁模型中，猞猁对于迁移到相邻栖息地斑块的选择是一个随机概率过程，迁移到各斑块的概率依赖于各栖息地斑块的条件。而重现实际猞猁迁移模式就依赖于这些概率。此外，也可通过马尔可夫过程和随机游走模型（Turchin 1998）来重现观察到的实际行为。

用随机方法再现实际行为是一种模拟个体性状的经验方法。这些方法属于在第 5.4 节中介绍的间接方法：建模者假设模型中的个体如果使用随机过程来再现实际行为模式，那么个体的适合度将会增加。因此，对应的替代方案是去模拟实际行为的内在机制。

随机方法的优点是其经验模拟。如果某行为的随机模型被实际观测所验证，那么在观测的条件范围内随机模型就可能被认为是可靠的。同样，如果有足够的观测值，随机模型将比机理性模型更易于开发。然而，与一般的经验方法一样，随机模型存在着推断方面的不足：用于重现一组状况的随机参数可能并不适用于外推至其他状况。同时，随机方法并不能解释模型中的行为。

即便在自然界中观察到的过程能很好地通过随机模型来描述，但是这个过程未必就是随机的，理解这一点很重要。建模者可能急于假定可变过程必须是随机的，尽管高度确定性的过程能很好地产生与随机模型相似的可变行为，但是该过程是确定性的；而将其模拟为随机过程将严重限制 IBM 再现重要动态的能力。Tikhonov 等（2001）提出了一个鱼群迁移的简单机理性模型，结合动态的栖息地条件得到了符合随机模型及混沌模型的结果。即便是为了再现看起来是随机性的行为，模拟机理性的性状而非随机性状可能是一个可行的替代方案。

5.8.2.3 模拟复杂的底层过程

IBM 通常需要模拟一些对结果有影响但是又不那么重要的过程。建模者首先需要考虑直接忽略这些过程是否可行；若不是，这些过程则可被模拟为随机过程。模拟个体的死亡率就是一个非常常见的例子。在许多模型中，死亡率是一个与个体状态或栖息地有关的确定性函数，但实际上个体在任意时间段上的死亡都是随机的（随机抽取一个数，如果这个数大于死亡风险，则该个体将死亡）。在这类 IBM 中，建模者虽然认为个体的死亡概率需要被显含地模拟为机理性过程，但是要明确地模拟实际的死亡事件又过于复杂，故用随机数来替代。

将底层过程表现为随机性的另一个方法是对其进行机理性建模。还是死亡率的例子，随机地表示死亡事件的替代方法是清晰地模拟每个个体死亡的过程。在捕食行为中，需要模拟捕食者所在的位置、其如何捕猎及其他个体遭到袭击的原因。在这个例子中，我们发现将死亡事件模拟为随机过程是非常有用且合适的。

5.8.3 随机性设计指南

在决定如何使用随机性时，首先要考虑的问题是这些过程是否确实应被模拟为可变的。有时变异是必须要考虑的，但是过多的可变性可能会使 IBM 难以理解。例如，太多的随机输入可能使得难以分析那些我们所关注的适应性个体性状。正如我们将在第 9 章中介绍的，探索 IBM 的模型动态如何随着变异的添加或移除而发生改变通常甚为有用。

如果确实需要 IBM 的某些过程产生可变的结果，那么这种变异可由确定性过程或者随机性过程产生；而包含有随机成分的确定性过程非常适合于这类模拟。虽然随机过程对重现实际行为同样有帮助，但是建模者必须意识到其自身固有的经验方法的局限性：推理的不确定性和对行为解释（而不仅仅是描述）的无力。

随机过程可用作适应性性状的一部分：若概率被合理模拟，则一系列的随机决策能够产生增加个体适合度的行为。然而，具有较强随机成分的性状可能会导致个体行为不能快速适应条件的改变。如果一个适应性性状是随机的，那么检验这个性状能否产生实际行为就显得尤为重要（在第 7.4 节中我们将更详细地介绍如何应用概率规则）。

5.9 集群

众多有机体形成集群（collective），集群能对个体适合度产生强烈影响并具有与个体不同的行为和动态。比较常见的例子有鱼群、鸟群、狼群及郊狼群、有社会等级的鸟群、土拨鼠群以及树林——这些例子的 IBM 都将在第 6 章中进行介绍。Camazine 等（2001；见本书第 8 章）描述了一个极其引人注目的案例，即变形虫在具有子实体的黏菌中聚集。Auyang（1998）用"集群"来称呼此类聚集。根据 Auyang 的定义，集群的特点包括：集群内的个体之间有着很强的相互作用，当外部相互作用较弱时内部凝聚力则较强，并且集群拥有不依赖于个体而能被理解的特性和过程。在生态学系统中集群的另一个特点是集群存在的时间相较于组成集群的个体存活时间可能更长亦可能更短。集群可以看作是介于个体和种群之间的另一个层次。

5.9.1 描述集群

在 IBM 中我们必须要考虑集群，因为它会强烈影响到环境和个体行为。例如，大型的动物集群如兽群和畜群等，被假设为能降低个体被捕食的风险，但同时也减少了个体的食物获取量。而对于合作捕猎的捕食者来说，猎物的集群也增加了它们可能获取的食物。属于一个集群里的个体的行为与单独个体的行为可能有所不同，因此所模拟的个体在或不在集群中所需要的性状可能是截然不同的。

通常有三种方法来模拟集群，而这三类方法在集群行为涌现于个体性状的程度上存在着差异。

5.9.1.1 集群涌现于个体性状

在第 6.2.2 节和第 6.2.3 节中将要介绍的鱼群模型和 Camazine 等（2001）构建的黏液菌以及昆虫模型中，均是将集群模拟为涌现于相对简单的个体性状。IBM 为个体指定性状，而这些性状影响了个体行为进而构成集群：鱼群模型中设定规则使它们靠近相邻个体并与之成列，其所形成的集群涌现行为与实际鱼群非常相似。开发这些模型主要是为了解释集群是怎样形成的，当然还需要体现集群如何涌现于个体。这个方法还有其他的优点，比如，如果可以得到能解释集群行为且相对简单的个体性状，那么：① 源自个体性状的集群涌现是符合生物学现实的；② 模型可能非常通用，在多种条件下可以再现较为广泛的集群行为；③ 此方法易于实现。

模拟集群完全涌现于个体性状至少有两点潜在的限制。第一，当然，并不是所有的集群都像鱼群或黏液菌那样可由简单的个体性状所产生。显然，如类似鸟类和哺乳动物等这些社会集群都涌现于非常复杂的个体行为，这些行为部分是先天遗传的、部分为后天习得的。模拟这些行为非常困难，通常建模的目的仅限于解释此类集群是如何形成的。

第二个限制是其常常需要清晰地表示集群的某些特性，这就要求将其模拟为一个特定的实体，而不是仅作为一个涌现现象而存在。思考鱼群的死亡率："风险稀释"——当个体处于一个较大的集群中时这个个体被捕食的风险降低——这被认为是在鱼类进化中导致它们形成鱼群的一个原因。为了模拟鱼群对于鱼类种群死亡率的影响，我们必须在 IBM 中表示个体被捕食的概率与其所在集群规模的关系。这就要求将鱼群模拟成一个特殊的实体：这是了解集群规模的唯一方法。然而，个体对其所处集群的规模一无所知——它们只能感知与其最近的相邻个体。

5.9.1.2　源自个体性状的集群

通过对个体赋予性状同样可以模拟集群，这些性状被强制用于模拟系统再现集群的真实行为。当个体被赋予性状时，即是告诉它们：它们属于集群并使它们具有保持集群及集群功能的行为。当我们不想深究导致集群形成及行为的个体性状时，可以采用该方法：主要用于关注集群形成之外的其他问题，或源自个体性状的集群过于复杂而难以模拟。此类模型有助于我们理解集群行为的结果，而非起因。

这个方法能够克服在模拟集群涌现于个体性状时的第一个限制，却仍无法克服第二个限制。即便我们强制个体组成集群，我们仍然需要明确地表示集群本身。

5.9.1.3　集群的明确模拟

在这个方法中，集群在模型中被视为明确的实体，具有自己的状态变量和特征。郊狼（见第 6.3.3 节）和云雀（见第 6.6.3 节）的 IBM 是其中的经典案例：这些模型中同时含有动物个体和集群——如郊狼群、云雀群——并且个体和集群的性状在每个模拟时间步内被同步更新。在这些所研究的物种中，某些事物对个体而言显得至关重要——如具有社会等级的群体中所发生的繁殖事件等——只能从集群的层面进行理解；但模拟涌现于个体性状的复杂集群行为将极为困难。建模者实际上只是为集群创建性状。

显含地表示集群并不意味着要忽视个体。相反，包含有集群的 IBM 也能表现个体行为如何影响集群以及集群的状态又将如何影响个体及其行为。即便集群是模拟一开始就设定好的，其关键状态和行为同样能涌现于个体的适应性性状。例如，我们在第 6.3 节中所讨论的 IBM 研究了个体和集群（社会群体）的相互作用如何决定了种群的动态。个体做出决策——尤其是扩散时——影响社会群体的形成和维持，但是这些个体的选择部分依赖于群体的状态。种群的持续性和稳定性又依赖于群体的形成和维持。唯有通过模拟个体和集群以及个体、集群及种群等三个层面之间的联系方能对种群有更深入的了解。

5.9.2 集群设计指南

许多建模者都会遇到一个相同的问题，即是否以及怎样在 IBM 中表示集群。当然，如果 IBM 的目的是为了弄清楚集群是如何产生的，则不应该在模型中强制考虑集群行为，而应重点表示能涌现集群的个体性状。

也有许多 IBM 并不是为了解释集群而是为了研究与物种相关的其他问题，而此物种的个体构成了某种类型的集群。我们究竟该如何决定集群是否需要以及怎样在 IBM 中实现？首先，集群的出现及其行为是否对个体有较强的影响？个体的状态和行为是否依赖于它们所处的集群以及集群的状态？如果答案是肯定的，那么 IBM 就需要考虑集群。其次，集群是否具有某些行为对个体有着强烈的影响，若不明确表示集群，则个体的行为无法被预测？若答案是肯定的，则可能有必要将集群明确表示为独立的实体，具有自己的状态变量和性状。

当需要在 IBM 中将集群明确地表示为某种类型的实体时，它可以由集群水平的性状和涌现于其个体行为的特性相结合来表示。当集群的某些关键属性——如规模、趋于灭绝或分裂时出现新集群的时间等——皆涌现于个体行为时，此 IBM 仍然能将种群水平的现象和个体联系在一起。

那么，我们该如何设计集群的性状？我们可以采用与设计个体性状相同的方法：通过相关文献和观测来提出备选性状，之后在 IBM 中测试备选性状，看哪一个能再现实际种群水平的模式。但是，个体性状与集群性状在理论上有一个非常大的差异：虽然设计个体性状时适合度要求是一个极为有用的方法，但是我们不能将它作为设计集群性状的基础。集群将适合度转移到个体，但是我们不能假定集群自身在寻求"适合度"——即集群具有性状能够最大化其自身的增长率、持续时间或繁殖率。此时，我们就需要依靠经验信息来设计集群的性状。因此，集群通常被赋予某些性状，而这些性状能在模拟系统中直接产生在真实系统中所观察到的行为。

5.10　调度

在经典的与时间相关的模型中，时间要么被视为连续的，即过程以微分方程来表示；要么被视为离散的，即过程以差分方程来表示。在 IBM 中，实际上我们无须去特别假设时间是连续的（几乎没有任何 IBM 使用这个假设）还是离散的（尽管多数 IBM 使用此假设）。取而代之的是我们必须考虑并设计最实用的方式来表示时间。

5.10.1　调度：设计时间模型

IBM 中事件发生的顺序和所消耗的时间是不同的。在 IBM 中通常假设事件是同时发生的，即所有事件都在每个模拟时间步内一起发生。如植物 IBM 可能假设以"天"为模拟时间步，并模拟全天的能量产生、生长及放牧对它的损害，在每个模拟时间步内它们都同时发生。单位模拟时间步内所有的过程在模型中均被表示为离散事件，即离散地在状态间跳跃。而在模型实际执行时，我们必须给出事件在模拟中被执行的顺序：计算机无法同时完成多个任务，实际上我们也不能这么去做。事件被执行的顺序会严重影响到模型的结果，因为前面事件的结果可能会影响到后面事件的模拟。植物每天的能量生产会影响到对当天生长率的估计，而放牧损害会影响能量生产。因此，如果改变事件的执行顺序，IBM 可能会产生不同的结果。

调度（scheduling）是一个在时间尺度上准确表示模型事件的建模概念。对于大多数 IBM 来说，调度是关于事件发生的确切顺序以及事件的执行如何与模拟时间相联系的问题。在许多 IBM 中，所有模拟事件都是按照预先确定的顺序在每个模拟时间步中发生的，且每个模拟时间步都对应一个特定的时间长度（如一天，一小时等）。然而，对于某些模型，事件的执行并非是预先确定的，并且可能需要一个程序来表示由模型里的实体决定发生什么样的事件以及事件发生的时间。

活动（action）的概念对于定义和理解调度非常有用：活动是调度的基石。一个活动一般由三部分组成。第一部分确定模型实体，第二部分确定由活动执行的实体方法（特殊的性状或者算法）。当一个活动被执行时，模型将遍历所有实体并对各实体分别执行相应的方法。活动的第三部分指定了实体的执行顺序。以下是一些有关活动的实例：

- 对 IBM 天气模拟器进行调度以执行用于更新当前温度的方法。在这个活动中,只有一个模型实体:天气模拟器。所需要执行的方法就是更新气温。由于此活动仅作用于一个实体,故无须指定执行顺序。

● 对 IBM 中所有栖息地单元进行调度从而更新其所生产的食物量。此活动列表的模型实体是所有栖息地单元的列表,而其执行的方法为单元中的食物生产。假设食物生产在每个单元中都是独立的,则单元更新的执行顺序并不重要;活动就可以直接依次遍历单元列表。

● 调度 IBM 中动物的移动和觅食。在这种情况下,如果动物移动以寻找良好的觅食地点并争夺食物,那么如何将移动及觅食定义为活动就变得非常有趣和重要。这些事件可以只用一个活动来模拟,其中动物逐个执行先移动再觅食的方法。或者用两个活动来模拟:首先,动物逐个执行移动,之后在第二个活动中,动物逐个执行觅食。活动设计的不同会产生不同的结果。此时,活动的第三部分——执行顺序——开始变得重要。如果活动是从体型最大到体型最小的动物依次执行,则代表了基于体型大小的优势等级;若以随机顺序执行活动则意味着没有考虑等级(第 6.5.3 节中举例说明了这两种调度方法如何影响 IBM)。

在活动被定义之后,必须对其进行调度:将活动置于执行序列的预期位置上等待被执行(或放置于一个循环中;图 5.3)。从这个角度来看,设计 IBM 的调度被视为在活动中应该组合哪些模型实体和哪些方法的一个决策,以及决定各个活动间如何相互协调。

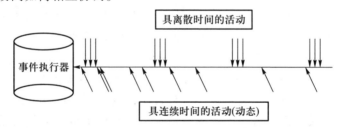

图 5.3 以时间轴来比喻调度过程。水平方向的箭头代表时间,随着时间步从右向左流动,活动的执行顺序为从左至右。以规律的时间调度的活动发生于均匀分布的区间上,每个区间代表一个模拟时间步。在该例子中,每个时间步内有三项活动被调度,由垂直的箭头表示。由斜箭头表示的动态活动可在任何时间点上被调度,即该斜箭头可置于时间轴上的任意位置。随着模拟的进行,事件沿着时间轴从右往左逐个被执行。

调度可被视为是活动的一个层次:活动(例如,上述三个例子中的任何一个)可将其自身视为出现于较高层次活动的模型实体。一个 IBM 可用三个活动对所有个体执行三个基本性状:迁移、觅食和死亡("死亡"模拟了每个模拟时间步内个体是存活还是死亡)。更高层次的活动被称为"动物活动",可拥有一个实体列表——动物的迁移、觅食和死亡活动——以及它们的执行顺序。那么，"动物活动"与栖息地更新活动以及结果输出活动可被纳入最高层次的活动（此方法正是基于主体的模型平台组织模型及其软件的方法；见第 8 章）。

模型开始执行后，活动并非是固定不变的。在模型执行时从调度列表中添加或删除活动是可能的，而且这样做将会非常实用。

5.10.2　模拟时间和并发的替代方法

在之前的讨论中，我们知道调度主要涉及三个方面。第一，我们必须决定如何在 IBM 中表示时间：事件是并发于离散的模拟时间步内，还是离散事件发生在连续的时间上，或两者皆有。第二，若我们设计模型并定义所有事件（包括假设在各模拟时间步内同时发生的事件），我们必须决定所有重现于模型中的事件应当如何整合到指定活动中。第三，我们要确定并发事件实际的执行顺序。

5.10.2.1　离散时间与连续时间：模拟时间步与动态调度

设计 IBM 的第一个重大决策是对调度类型的选择（两种都选或任选其一）。大多数 IBM 仅使用了离散时间。离散调度通过简单、常见的方法来模拟时间以降低模型的复杂程度，类似于用网格来表示空间。这种方法使建模者避免明确每个事件实际发生的时间，而是假定所有事件都在每个模拟时间步内发生一次。时间步也无须恒定。例如，我们可以用不同的模拟时间步来代表白天和黑夜。

当模拟时间步被用于调度时，时间以"块"为单位，忽略事件在时间步内的时间关系（见第 2.3 节中时间和空间尺度选择的讨论）。然而，某些生态学过程用动态调度（是连续时间的一种表示方式）来表示会更符合现实：每个事件都有其确切的执行时间。当活动被模拟实体本身所创建，而不是预先确定或恒定的，此时的调度即为动态调度。

行为互动看起来是动态调度的必然结果。在一个包含许多小型栖息地斑块的空间竞争模型中，每个斑块能满足一个或多个个体共存，而这取决于个体体型的大小。优势度竞争（dominance contest）决定了入侵者能否占领斑块；如果能，那么哪个物种将会被排除掉。如果一个个体运动至已有其他个体的斑块上，则竞争将被动态调度。若竞争导致个体迁入到已被其他个体占领的斑块，那么在动态调度上就应该增添额外的竞争活动来表示这个过程。每次初始迁移都将导致链条式的竞争和迁移，同时来自多个链条的竞争将在调度执行上交错在一起。

5.10.2.2　活动的设计

开发 IBM 时，建模者需识别模型实体的各种活动。这些活动不但包括能够产生有机体行为的性状，还包括诸如更新栖息地和产生输出等"高级"活动。如何整合模型实体的所有性状及行为（activities）从而形成调度活动（action）是 IBM 设计的主要工作，它能对结果产生直接的影响。通常设计活动的第一部分——活动所影响的模型实体列表——是非常直接明了的。一个模拟时间步内的活动（time-step actions）通常会发生在所有相同类型的实体上：例如所有的栖息地单元或所有的个体。而动态调度活动（dynamically scheduled action）可能只发生在一个实体上：如一个个体。然而，设计活动的第二部分——活动会执行哪些实体性状和行为——常常都不那么直观。

活动设计中最有趣也是最麻烦的部分是决定个体的多个性状应该集中于同一个活动当中，还是应该分别在不同的活动中执行。若为前者，那么第一个个体将首先逐个执行这些性状，之后第二个个体再逐个执行所有性状，依此类推。若为后者，则所有个体执行第一个性状，然后所有个体执行第二个性状，依次进行。显然，这两种活动设计可能会产生截然不同的结果。

事实上，对于 IBM 及其他自下而上的模型来说，同步与非同步更新是一个众所周知的设计难题（Ruxton 1996；Ruxton and Saravia 1998；Schönfisch and de Roos 1999），这关系到如何设计活动。在同步更新中，模型状态只在所有的个体都执行完毕后在每个模拟时间步内更新一次。这是通过让所有的个体感知其周围环境（包括其他个体的状态），进而通过个体对临时环境状态所做出的改变来实现的。只有当所有个体都执行过它们的性状后，使最终的临时环境状态变为新的环境状态，才能完成环境状态的同步。例如，当模拟觅食时，一个活动告诉所有个体在没有更新可获取食物量的情况下执行其觅食性状。之后第二个活动更新可获取的食物量。而在非同步更新中，模型状态在各个体进食之后被更新：进食和更新食物状态合并于同一个活动当中，因此每个个体决定自己将消耗多少食物，然后从余下的可获取的食物量中减去其消耗的食物。实现非同步更新有多种方法（比如 Cornforth et al. 2002）。

非同步更新假定一次只有一个个体在执行活动（当一个个体完成进食并减去消耗掉的食物量后，下一个个体重复相同的操作；依次进行）。然而，当我们意识到这是一种模拟并发活动的方法时，将这种方法视为是表示优先等级的手段会更为合理。个体执行其活动的顺序反映了它们对资源更新的优先等级：首位的个体可使用所有的资源，末位的个体只能使用剩余的资源（见第6.5.3 节中的蜘蛛社会群体模型）。同步更新更适于表现一个个体的活动对其他个体几乎没有影响的情况，或者个体之间没有优劣等级的情况。在同步更新中，个体执行活动的顺序对它们可利用的资源几乎没有影响。

5.10.2.3　并发活动（concurrent action）的调度

调度的第三个主要问题是决定如何调度在各个模拟时间步内并发的活动，即这些活动被执行的顺序。在多数情况下，并发活动是与固定调度相联系在一起的，也就是说在每个模拟时间步内，活动发生的顺序是一致的。建模者指定每个模拟时间步所有活动的执行顺序，这对于模型设计来说非常重要。

相比于固定调度，随机调度可避免人为主观地确定活动的发生顺序。此种随机化可发生于任意层次：

● 底层（low-level action）活动（例如，涉及模型中的基本实体如栖息地单元或个体行为的活动）可随机化实体被执行的顺序。

● 一个活动可含有 IBM 中诸多个体的多个性状，而每个个体的这些性状执行的顺序可被随机化。换言之，在一个模拟时间步内个体间的性状执行顺序会有所不同。

● 更高层次（higher-level action）的活动可以包括一组实体（如多个个体）数个底层的活动，在每一个模拟时间步内活动被执行的顺序是随机的。执行底层活动的顺序在模拟时间步间有所不同，但在同一时间步内的执行顺序是固定的。

一般而言，随机调度用于表示实际发生但无法预测顺序的某些事件，或建模者用其避免固定的活动执行顺序。例如，表示死亡类型的多个活动（一种活动表示一种死亡类型）可被随机执行，因为① 没有证据表明任何一种死亡类型在一个模拟时间步内优于其他类型，② 采用固定顺序执行会使不同死亡类型的发生频率出现偏差。许多研究表明如何随机化活动的执行顺序会对模型的结果产生重要的影响（比如，Huberman and Glance 1993；Nowak et al. 1994；Cornforth et al. 2002）。

5.10.3　调度的设计指南

建模者必须考虑并说明在 IBM 中如何对时间进行模拟，如同我们必须思考如何模拟空间一样。对于大多数 IBM 来说，调度的首要问题是如何对每个模拟时间步内并发的活动分组并排序。在离散数学及通信系统领域有大量关于如何模拟离散事件的文献。读者可以参考 Banks（2000）和 Fishman（2001）的相关研究。针对离散事件和基于个体的模拟而设计的软件平台（第 8.4 节）专门内置了相应的调度工具，并提供了备选的调度设计方案。以下是大多数 IBM 开发者需要明确考虑的问题。

5.10.3.1 离散时间或连续时间

哪些活动在时间上是离散的？哪些活动在时间上是连续的，因此可用动态调度来准确模拟其执行的时间？固定的模拟时间步提供了一种通用且简单的方法来表示各类并发的过程。实际上，几乎所有发生在连续时间上的过程（如生长过程）都适合用固定的时间步来表示。

动态调度常用于模拟特定个体如何在指定的时间内执行活动。动态调度通常适用于模拟活动发生的时间快于模型的模拟时间步，且模型的结果高度依赖于活动的执行顺序。当应用动态调度时，理解模拟结果的驱动因素成为设计模型软件和分析模型时非常重要的问题：在理解结果是如何产生的时候，我们必须要收集和分析活动是如何被执行的数据。

5.10.3.2 活动的设计和调度

如何将 IBM 中的过程组织成为一个活动？个体和其他模型实体的哪些活动或性状可以放到一起以便一同被执行？活动应该按什么顺序来执行，尤其是针对那些被假定为在每个模拟时间步内并发的活动？对这些问题我们还没有明确或一般性的答案，只有一些常识性的指导原则。下面这些考虑是合适的：

- 执行"能更新驱动变量及个体必须适应的环境条件的活动"。
- 执行"影响个体适应性性状的活动"。
- 执行"影响个体的环境或其他个体的活动，如觅食、能量摄入、生长或死亡"。
- 执行"个体影响环境的活动，如消耗食物等资源"。
- 执行"通过图像显示或文件输出的方式呈现模型状态的活动"。

然而，上述组织方式的细节尤为重要。当不确定哪种调度最为合适时，最好的方式就是尝试替代方案并观察其所带来的影响。

5.11 观察

观察是指在 IBM 中收集我们检验模型和使用模型所需的信息（需要说明的是，我们在这里探讨的是观察 IBM 中发生了什么，而不是将野外观察结果拿来与 IBM 的结果进行比较）。从软件设计的角度来说（见第 8.3.3 节），观察是为了输出模型的结果来检验模型本身以及开展所涉的各类分析。

观察对于简单模型来说是微不足道的，因为这些模型通常只产生一种类型的结果。例如，洛特卡-沃尔泰勒（Lottka-Volterra）捕食者-猎物种群模型只产生猎物种群和捕食者种群随时间变化动态的数据。当然，也有 IBM 能产生多种类型的结果：不仅是种群大小，还有个体的空间分布模式，以及每个个体的状态（如体型大小、身体状况、位置和行为等）。我们测试和分析 IBM 以及从 IBM 中学习的能力依赖于 IBM 的观察结果。在许多情况下，没有必要也不可能输出所有的观察结果。有时候，我们需要创建特定的软件来观察 IBM 的某些结果。

由于 IBM 能产生多种类型的结果，所以我们必须要思考并设计观察模拟结果的方法。与其说这是一个典型的模拟工作，还不如说它更类似于一个野外研究的设计工作。我们可能需要考虑研究中包括观察的精度和频度等具体问题，并且需要同时在个体和种群两个层面开展观察。生态学家非常清楚该如何观察一个系统来加深我们对它的认识。IBM 如此，自然系统亦是如此。

观察 IBM 至少有三个不同的视角。每个视角都赋予建模者对模拟结果不同的认识，从而可应用于不同类型的测试和分析。第一个视角通常用于计算机模拟，是一个全局视角。使用 IBM 而非直接研究自然系统的一个主要优点是，在 IBM 中我们能通过观察得到所需的信息，没有错误和不确定性。我们可以输出任意时间和空间范围内的种群状态、个体和栖息地的空间分布和个体行为等信息。

第二个视角是基于模型中的个体。我们能以个体的视角获取个体所经历的各个方面：个体感知自身、栖息地、相邻个体和竞争者的信息。这个视角有助于我们理解个体的行为。

第三个视角被称为"虚拟生态学家"，即 IBM 中假想的观察者，它具有跟现实生态系统中真实观察者相似的局限性（Berger et al. 1999；Grimm et al. 1999；Tyre et al. 2001）。一个"虚拟生态学家"模拟了从 IBM 收集信息和观察的过程，这些观察可类比于现实生态系统中真实生态学家的观察，也可类比于来自相同 IBM 的全局视角（上述的第一类视角）的观察。该视角的其中一个应用是为了认识误差和不确定性对数据收集的影响。Tyre 等人利用虚拟生态学家对 IBM 的栖息地进行二次采样以获知个体的存在，像现实研究系统中生态学家可能只在若干个栖息地中采样而无法对全部栖息地进行采样一样。第二个应用是从 IBM 中产生观察，从而与通过以已知误差的方法在现实生态系统中所收集的观察相比较。Nott（1998）开发 IBM 以研究鸣鸟种群动态如何受栖息地波动的影响。通过直升机调查，获取用于测试 IBM 的野外数据，即交配季节鸣叫的雄鸟数量。但这些野外数据不足以代表整个种群规模，因为① 这种采集方法只对部分栖息地进行了采样，② 只统计了交配期雄鸟的数量，而不是整个种群，③ 若栖息地环境条件不适于交配则雄鸟不会鸣叫。当处于交配期的雄鸟鸣叫时，Nott 通过模拟直升机调查来开展栖息地的二次采样。之后将"虚拟生态学家"的观察与实际调查数据进行比较从而对 IBM 进行测试和检测。

这里只对观察进行了简单的介绍，在第 9 章中将重点介绍不同类型的观察在模型分析中的应用。此外，在第 8 章中我们将介绍实现观察的软件工具。

5.12 总结和结论

本章主要介绍了设计、描述和理解 IBM 的十个通用概念。这些概念主要来自与复杂适应系统（CAS）相关的文献；在这些文献中，研究者试图寻找理解相互作用系统及适应性个体的方法。我们希望这些概念能演变为一个通用的理论框架，其用途与经典模型中的微分方程类似：提供一个一致的对模型进行思考的方式，提供一系列问题作为模型的设计指南，提供一种有效的方法来描述模型并与模型互动。这些概念远不及微积分那般清晰和整齐，这是意料之中的。因为 IBM 主要处理复杂的问题，与基于微分方程的模型相比有着很大的不同。

本章探讨的许多问题涉及如何对 IBM 中各部分进行机理化的处理。在现实中，有机体的一切都是来自它们的基因、神经元和环境之间的相互作用。模拟诸如此类的底层的涌现等现象是不现实的也是没有必要的。本书的目的就是开发一个通用方法以处理个体行为和系统动态是如何从更底层的性状涌现而来的。因此，我们不能够明确指出哪些动态应该是涌现的哪些应该是被预先置入的，适合度测度指标该如何细化，究竟什么过程应被定义为随机的等。然而，我们希望搭建一个框架来帮助建模者在研究系统和模式时能找到处理相应问题的最优解决方法。

我们也希望这些概念能够促使建模者在处理模型设计问题时能不断地思考他们正在建模的真实有机体和系统。IBM 的一个巨大优势是我们可以通过实际的生物学知识来解答许多建模问题。生态学家所了解的真实自然状态（与生态学家试图解决的问题一起）是决定 IBM 采用何种方法的主要依据，而不是以数学的可处理性和数据拟合为主要考虑来设计 IBM。

以下概念列表是本章所介绍的概念框架的总结。我们认为使用此列表至少会有三个方面的好处。第一，它有助于组织 IBM 的设计过程并使其过程更高效。对列表中每一个概念的思考有利于建模者在较短的时间内产生更好的 IBM 设计。列表中的每一项都是模型设计中需要思考的问题。这个列表应该能帮助建模者尽早且清晰地识别和思考这些重要的设计决策。

第二，这些概念为在建模者间交流模型提供了通用的术语和框架。记录列表中每个问题是怎么被回答的是描述 IBM 诸多重要特征的有效方式。这一点非常重要，因为以传统方式（多数是公式列表和参数值列表）来描述模型并不能抓住 IBM 的本质。

第三，对 IBM 提出建议或评价时都可以将此列表作为评估依据。评审专家可以通过阅读列表中的概念是如何被处理的来评估建模者对 IBM 的理解。建模者是否明确地处理了关键的概念？处理关键概念的方法是否合理？列表本身并不能决定一个 IBM（或 IBM 设计方案）的优劣，但是它提供了一个框架以评估 IBM 的设计是否能解决它所想要解决的问题。

5.13 设计列表

涌现

（1）IBM 的哪些过程被模拟为涌现于个体的适应性性状？设计 IBM 来解释的系统水平上的现象是涌现于个体性状，还是在模型中强制置入的？

适应性

（2）个体需要怎样的适应性性状来提高其潜在适合度，从而对它们自身或环境的变化做出响应？

（3）哪些适应性性状被模拟为直接追求适合度的性状，进而使个体做出明确的决策以提高它们将基因遗传给后代的预期成功率？

（4）哪些适应性性状被模拟为间接追求适合度的性状，使得个体决策能间接地有助于达到基因成功遗传的目的？

适合度

（5）对于被模拟为直接追求适合度的性状，用于评估备选方案的适合度测度应具备怎样的完整性？适合度测度是个体的内部模型，它描述了期望适合度如何依赖于备选方案。在存活到繁殖阶段、达到繁殖的体型大小或生命阶段、性腺产生等潜在适合度要素中，哪个要素需要被包含在适合度测度中？适合度测度的完整性是否与 IBM 的目标相一致？

（6）适合度测度是否清晰？哪些变量和机制被用来表示个体决策对未来适合度的影响？这些变量和机制的选择是否与 IBM 的目的以及被模拟系统的生物学相一致？适合度测度是否具有明确的生物学意义？当所有的备选方案都不够好时，适合度测度是否允许个体做出一个恰当的选择？

（7）在模拟决策的适合度结果时，如何考虑个体的当前状态？

（8）适合度测度是否应该随生命阶段、季节或其他的条件发生改变？

预测

（9）在评估决策的未来适合度结果时，个体如何预测它们将要经历的状态（内部及外部的环境条件）？预测方法在保证生物学上真实的同时是否能产生符合实际的行为？预测方法是否适用于模拟适合度需求的时间尺度？个体预测是否考虑记忆、经验或环境线索的信息？

（10）IBM中包含哪些隐性的预测？这些隐性预测中暗含了哪些假设？

相互作用

（11）个体之间有怎样的相互作用？个体是否与其他个体发生直接相互作用？（与所有其他的个体还是仅与相邻个体？）抑或是介导式的相互作用，如竞争共享资源？个体是否与相邻个体通过作用域来相互作用？

（12）相互作用是基于怎样的真实机制的，在什么样的空间和时间尺度上施加影响？

感知

（13）哪些变量（描述其环境及其自身）被假定为能被个体感知或"知晓"并被应用到其适应性决策中？

（14）哪些感知机制被清晰地模拟？IBM是否表现了真实的感知过程？

（15）如果感知没有被清晰模拟，那么个体如何知晓各感知变量的假设？个体感知每个变量的确定性及准确性如何？以及是否需要考虑距离的影响？

随机性

（16）随机过程是模拟输入变量还是驱动变量的变异？使用随机性比使用观测值更好？假设输入变量和驱动变量存在变异是否是必需的？

（17）哪些性状使用随机过程来再现实际有机体的行为？这个方法是否被明确识别并应用为经验模型？

（18）通过随机过程表示的底层过程的变异如何？这些变异对于IBM是否重要？

集群

（19）IBM中是否有集群？集群是IBM中个体的集合（鸟群、社会性群体、植物群体）。因为个体的状态和行为依赖于（a）个体是否在集群中，如果是，则依赖于（b）集群的状态。

（20）如何表示集群？集群是因个体行为涌现而产生的，还是个体被预先赋予了能形成集群的性状？抑或是集群被表示为具有自身变量和性状的实体？

调度

（21）IBM 中如何模拟时间：用离散时间还是连续时间，或两者皆有？若是两者皆有，针对相较于模型时间尺度更快发生的事件是否应用了动态调度，且该动态调度是否高度依赖于执行顺序？

（22）哪些过程或事件被组织成并发执行的活动？这些活动是否同步或非同步更新？

（23）被模拟为并发的活动是如何执行的？哪些活动为固定调度？其执行顺序是怎样的？是否有活动是随机执行的？决定这些调度的根据是什么？

观察

（24）为了测试 IBM 并实现建模的目标，需要观察什么类型的结果？

（25）从什么视角得到观察结果：全局视角、个体视角还是虚拟生态学家视角？

第6章 实 例 研 究

计算机能将我们的假设和信息中的含义准确无误地在模型中展现出来。这要求我们必须审视这些含义是否成立以及合理与否。

——Daniel B. Botkin，1977

6.1 引言

在前面的章节中我们介绍了如何开发 IBM 及发展 IBE 的概念和策略，本章我们将介绍真正的 IBM。随着近些年大量 IBM 被开发出来，我们能够轻易地从中选出相关案例以阐述我们对 IBE 应用的想法和经验。本章将介绍已开发并投入使用的 IBM 实例，它们同样也为我们展示了 IBM 未来的发展方向（表6.1）。这些 IBM 实例涵盖了多个生态学系统及诸多科学问题，但是我们这里并不是要列出所有的 IBM 案例研究。从方法论的角度评估 IBM 的文献包括：Huston et al. 1988；Hogeweg and Hesper 1990；Breckling and Mathes 1991；DeAngelis and Gross 1992；Ford and Sorrensen 1992；DeAngelis et al. 1994；Judson 1994；Breckling and Reuter 1996；Grimm 1999；Grimm et al. 1999；Uchmański 2003。其他评价 IBM 的综述包括：DeAngelis et al. 1990；Shugart et al. 1992；van Winkle et al. 1993；Dunning et al. 1995；Liu and Ashton 1995；Czárán 1998；Kreft et al. 2000；Wyszomirski et al. 1999；Werner et al. 2001；Huse et al. 2002a。

本章我们侧重生态学学科：阐述 IBM 所针对的各类问题及与之相关的各种答案。但同时我们也探讨了很多方法论上的问题。这些实例对我们在第2至第5章中所铺陈的面向模型的 IBE 框架、理论发展以及建模的概念等进行了很好的展示。然而，到目前为止还没有一个实例能为整个 IBE 框架提供全面的研究方案，因为在这些模型被创建的时候本书所提倡的 IBE 框架尚不存在。然而幸运的是，我们的 IBE 理论和概念框架中大多数元素或多或少地都存在于这些案例之中。我们将指出每个案例研究如何展示（至少部分展示）建模周期，或展示如何应用模式以指导 IBM 的设计和分析，抑或是展示如何开发 IBE 理论及应用。而所有这些实例为我们前面章节中所讨论的议题提供了绝佳的注脚。

表 6.1　本章介绍的 IBM 一览表

章节	生态学问题	关键文献
	群体和社会行为	
6.2.1	"boids" 行为	Reynolds 1987
6.2.2	真实鱼群的行为	Huth 1992；Huch and Wissel 1992
6.2.3	鱼群的方向性运动	Huse et al. 2002
6.2.4	灵长类等级优势行为	Hemelrijk 1999
	社会性动物的种群动态	
6.3.1	合作繁殖鸟类的群体规模和空间动态	Neuert et al. 1995
6.3.2	高山土拨鼠的群体规模和种群持续性	Dorndort 1999；Grimm et al. 2003
6.3.3	犬科动物的群体规模和种群动态	Pitt et al. 2003
	运动：扩散和生境选择	
6.4.1	猞猁的扩散	Schadt et al. 2002
6.4.2	鳟鱼的生境选择	Railsback and Harvey 2002
6.4.3	空间显含的种群模型与扩散	Ruckelshaus et al. 1997；Mooij and DeAngelis 1999
	假想种群的调节	
6.5.1	不均等资源分化的种群调节	Lomnicki 1978
6.5.2	调节和个体变异	Uchmański 1999, 2000a, b；Grimm and Uchmański 2002
6.5.3	蜘蛛种群的竞争	Ulbrich et al. 1996；Ulbrich and Henschel 1999
	与经典模型的比较	
6.6.1	捕食者-猎物模型：解析模型与基于个体的模型	Donalson and Nisbet 1999
6.6.2	种群增长的逻辑斯蒂方程：解析模型与基于个体的模型	Law et al. 2003
6.6.3	云雀模型中的时间尺度划分	Fahse et al. 1998

续表

章节	生态学问题	关键文献
植物种群和群落动态		
6.7.1	固定半径的植物 IBMs	综述
6.7.2	影响域植物 IBMs	综述
6.7.3	邻域植物 IBMs	Berger and Hildenbrandt 2000, 2003; Bauer et al. 2002
6.7.4	基于网格的植物 IBMs	综述;Winkler and Stöcklin 2002
6.7.5	基于个体的森林模型	综述
群落和生态系统结构		
6.8.1	具性状调节的群落模型	Schmitz 2000
6.8.2	植物群落中的多度分布	Pachepsky et al. 2001
6.8.3	自然山毛榉森林的时空动态	Neuert 1999;Rademacher et al. 2004
人工演化性状		
6.9.1	海洋鱼群的水平运动	Huse and Giske 1998
6.9.2	海洋鱼群的垂直运动	Strand et al. 2002
6.9.3	海洋鱼群垂直运动的 Hedonic 建模	Giske et al. 2003

一个特别重要的目标是如何使用第 5 章所介绍的概念(涌现、适应性、适合度等;第 5.13 节中"设计列表")来描述和评估 IBM。这些概念为描述并思考 IBM 的诸多基本特征提供了严格且明晰的手段,而简单的罗列公式并不一定能做到这一点。这些概念有助于我们比较不同 IBM 的基本特征,从而使我们能综合从中学到的知识来进一步认识和理解 IBM。尽管本章的目的并不是要批判这些模型,但概念设计列表确实有助于我们来鉴别其中的不足。特别是,它能帮助我们识别未被提及或不合理的假设,并给出针对关键个体行为模型的备选性状。因此,在以下某些实例研究的末尾我们将对应概念设计列表,运用第 5 章的概念和术语来描述并比对 IBM。在后面介绍的 IBM 中我们将直接应用这些概念和术语。

我们不准备详细描述每一个 IBM 案例,而是注重于模型所要解决的问题、建模策略和模型的结构,以及出现于前面章节中与模型元素相关的问题。在接下来的第 6.2~6.9 节中,每节我们将介绍一个与生态学相关的 IBM;我们会对其中一些模型进行详细介绍,而其他的模型则仅被简略地提及。这些实例研究大致对应着生态学不同的组织层次。

6.2　群体与社会行为

第一类模型并不属于典型的生态学研究范围，它所研究的时间尺度大于个体的生命周期。这些模型主要是处理行为问题（如 Camazine et al. 2001 所提出的 IBM）。我们在此处介绍这些模型是因为它们非常清晰地展示了基于个体建模的诸多重要问题，包括置入还是涌现的行为，建模的一般性法则，以及用于发展理论的假说检验方法。当然，弄清楚如何模拟行为甚为重要，因为 IBE 最基本的理念即是种群动态涌现于个体行为（见第 4 章）。本节的模型是关于鸟群和鱼群行为以及灵长类动物的社会结构。

鱼群是一个集群的实例（第 5.9 节）。许多动物形成这样的集群或更大的群体（如鸟群、牧群、蜂群以及鱼群等），它们的移动或行为都如一个独立的实体一般（Krause and Ruxton 2002）。显然，这些集群是个体行为的结果，但是具体是如何实现的？可能性之一是集群通过某些主要个体来组织和实现。例如，鱼群几乎成直线游动，于是我们可以假设所有的鱼都跟随着一个或几个领导者，或者它们都是被相同的环境因素所引导，抑或是每条鱼都懂得鱼群是如何移动以及如何调整自己的行为以使群体发生预期的迁移。这些方法假设群体由某个或某些领导者组织，或追寻某种环境条件（Camazine et al. 2001），或群体的行为取决于个体的行为。然而，事实证明无论是领导者还是环境因素都无法解释群体的存在和行为。假设群体行为完全依赖于个体行为也是不合实际的，因为它需要满足某些与现实相悖的假定。事实上，个体只了解相邻个体的体型、位置及移动速度，而对于群体的规模或群体的动向则一无所知。

鱼群或类似的集群实为自组织系统（见 Camazine et al. 2001 等人所著的第 11 章）。其属性与行为涌现于个体的行为却非直接源自个体行为。对每个个体而言，它们并不关心也不懂得群体的属性，而只关心自身以及相邻个体的状态。但是，群体却是实实在在涌现自个体的行为的。另一方面，个体与群体行为之间的关系并不是单方面的，而是相互的。个体行为导致了群体的涌现，而群体决定了邻近个体的结构。个体行为和系统属性之间的相互关系决定了生态学系统的结构和动态；尽管在生态学中这种关系通常难以被识别和理解，皆因生态学系统非常复杂而多样。故模拟自组织的集群是检测我们在第 2 章到第 5 章中所提出的生态学系统建模方法的良好平台。

6.2.1 Reynolds 的 Boids 模型

Reynolds 的"Boids"模型（1987）是描述涌现行为极为常用的工具（互联网上有很多已经实现了的 Boids 模型），例如，它的算法被用于产生好莱坞电影中栩栩如生的牧群、畜群以及其他的特效。Boids 模型是众多基于主体模型中的典型实例，它并未特意去表现某个特定的系统，其目的只是证明鸟群和鱼群的集群能从简单的个体行为规则中涌现出来。Reynolds 采用尽可能简单的模型来重现集群行为。模型以符合生物学的假设为基础，这些假设既反映了集群的一般属性（彼此碰撞是极为罕见的；在大多数时间里，相邻个体的移动方向及速率几乎相同），也描述了个体的属性（见第 2 章中的描述："想象将自己置身于系统"）。

在 Boids 模型中，个体（boids）在二维空间内遵循以下三个一般性规则来进行移动（Reynolds 1987）：

(1) 避免与相邻个体及环境障碍物相撞（"避免撞击"）；

(2) 尽量与相邻个体保持相同的速度（"速度一致"）；

(3) 尽量与相邻个体保持较近的距离（"向中心聚集"）。

这些规则在生物学上是合理的：其一，它们针对的是个体行为而非集群行为；其二，它们仅涉及个体的局域环境（只有邻近的、易被感知的相邻个体会对目标个体的行为产生影响）。

为了实现这三条规则，需要做出更多的假设（相关实例见 Huse et al. 2002b）。在 Boids 模型中，需要明确个体如何决定哪些个体是自己的邻体进而去感知和响应；是否所有相邻个体都具有相同的影响或相邻个体的影响是否与距离有关；速度的匹配及向中心聚集是如何被实现的；三条规则之间的重要性和优先级如何（例如，通过参数设定每个规则在确定 boids 方向和速度上的相对"强度"）；以及对 boids 的速度和加速度有什么限制。

Boids 模型完美地展现了涌现和自组织行为，对激发我们去思考复杂适应系统不可或缺（Waldrop 1992）。然而，从科学研究的角度来说，Boids 模型并不尽如人意。在该模型中，只有一组个体行为的理论或建模规则在发生作用，而没有对多个备选理论进行比较以得出最优选择（第 4 章）。没有给出真实的集群来验证模型输出的"质量"好坏（第 3 章以及第 9.4.1 节）。模型只提供了逻辑上的可能性（"真实的集群可能确如 Boids 般运行"），却没有足够的证据表明 Boids 真实模拟了现实集群的行为。最后，实现 Boids 的三条一般性规则的假设及参数值是什么？例如，我们可以定义 Boids 的邻域大到足以使个体能够得知整个集群的中心，但这种假设是不合实际的。Reynolds（1987）指出在这种极端邻域情况下，集群行为变得与实际不符；那么，如何将 Boids 的感知范围与真实个体的感知范围联系在一起？

　　所有这些不足不是因为 Boids 模型考虑不周，而是 Boids 模型意在展示一个概念框架，而非表现一个特定的自然系统。Boids 是目前所有 IBM 中最具影响力的模型之一，因为它清楚地表明了复杂的系统行为会如何涌现于简单且真实的相互作用个体性状。但是在 IBE 中，展示只是我们了解真实世界的第一步——Huth 和 Wissel（1992，1993，1994；Huth 1992）的鱼群模型正是我们的下一个实例。他们的鱼群模型是一个开创性的工作，其考虑了 IBM 设计、面向模式建模以及 IBE 理论发展的诸多要素。

6.2.2　Huth-Wissel 的鱼群模型

　　Huth-Wissel IBM 鱼群行为模型在 Camazine 等人的论著（2001；第 11 章）中作为生物系统的自组织案例进行了详细的描述及讨论。这里，我们重点关注建模概念、模型技术以及模型的分析方法等。

　　构建该模型的动因始于对大量鱼群的理论和观测/实验文献的调查（Huth 1992）。此项调查主要有两个目的：其一是甄选出能产生集群的鱼类个体行为的备选理论，其二是确定能在 IBM 中测试这些理论的模式。Huth 和 Wissel 假设个体只能感知有限的邻域。正如之前的模型（Aoki 1982），一条鱼所能感知的范围被划分为三个圆形区域，分别用半径 r_1，r_2 和 r_3 来表示。如果一条鱼在它的排斥范围内感知到另一条鱼——即它到这个个体的距离小于 r_1——则这条鱼将调转 90 度以避免与侵入个体发生碰撞；鱼类个体间平行游动的平面区域是（$r_1<r<r_2$）；并在吸引区（$r_2<r<r_3$）范围内感知到其他个体。这三条规则等同于 Boids 的三条通用规则：避免相撞，速度一致，向中心聚集。然而，Huth-Wissel 模型的行为准则（与 Boids 模型不同）是随机的：即一条鱼在单位模拟时间步内的转向角度及速度的重新选择都是随机抽取自一个正态分布，这个正态分布的均值依据该三条准则来计算。因为个体在游动过程中的随机性程度未知，所以正态分布的标准差是模型的参数之一，其参数值必须通过检测其对群体属性的影响来修正。

　　Huth 和 Wissel 甄别了真实鱼群的几种模式，将其作为比较鱼类行为模型的标准（currencies）。该标准通过极化（p）和最近邻体距离（NND）来表示（图 6.1）。极化是指单个个体移动的方向与整个群体平均移动方向之间的平均偏离角度（Huth and Wissel 1992）；若所有个体以完全相同的方向移动，则 p 是 $0°$；随着个体的移动方向变异越大，则 p 越接近于 $90°$。在真实鱼群中观察所得的这个角度一般在 $10°\sim20°$。NND 的值反映了整个群体的紧凑性，为一个个体与其相邻个体间的平均距离。在实际鱼群中，NND 通常约为个体体长的一到两陪。除了这些定量的标准外，Huth 和 Wissel 还通过图形方式观察鱼类模型（如图 6.1），通过图形可直观判断 IBM 是否产生了与真实的鱼群相似的行为。

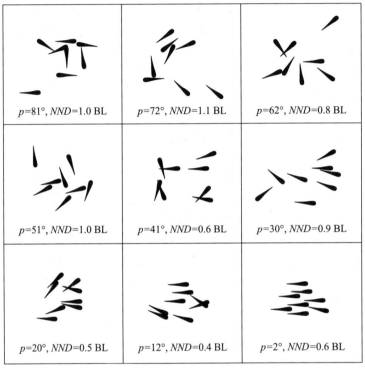

图 6.1　在 Huth-Wissel 鱼群模型中两类"标准"的可视化，即极化（p）和最近邻体距离（NND）。其中，BL 代表个体长度。（资料来源：Huth 1992）

　　通过开展类似于 IBE 理论发展周期（第 4 章）的模拟，Huth 和 Wissel 比较了群体行为的两种理论。理论一假设个体只对一个相邻个体做出响应（最近的相邻个体，或是正前方的鱼；Aoki 1982）；理论二假设个体对所有相邻个体的平均方向和速度做出响应。这两个理论很难通过实际的鱼群实验来进行验证；但是 Huth 和 Wissel 通过比较在 IBM 中实现这两个理论后所得到的结果，发现理论二在各方面都要优于理论一（图 6.2 中的第 10 和第 11 的模型版本）。

　　在第二组实验中，Huth 和 Wissel 通过使用类似于第 9 章所介绍的方法检测了模拟结果的敏感性和稳健性。第一，IBM 通过对所有参数在较大范围内的改变来分析参数值不确定性的稳健性。大多数参数在较大的变化范围内对群体属性的影响都不大。第二，用更复杂的假设替代简单而特殊的假设来检验模型结构不确定性的稳健性。例如，简单假设：个体反应随着与邻近个体间的距离

r 会发生突然改变；复杂假设：在避免相撞、平行移动和吸引之间平稳过渡。
结果表明包含简单假设的模型表现更好（图 6.2）。

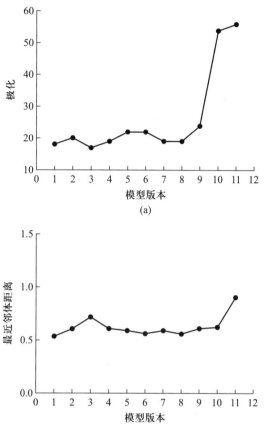

(a)

(b)

图 6.2　Huth-Wissel 模型 11 个不同版本的极化（p）（a）和最近邻体距离（NND）（b）比
较。$p = 0$ 表示所有的鱼朝同一个方向游动。（资料来源：Huth 1992）

　　通过这些模拟实验我们得到一条非常重要的经验，即应该敢于从非常简单
或特殊的个体适应性性状来构建 IBM——只要后面我们有适当的模式和数据来
对其进行检验。Huth 和 Wissel 对其理论的展示极具说服力，即个体以感知相
邻个体来引导自己的方向，是一个简单却很稳健的鱼群模型，并且他们否定了
"单个邻体"理论作为备选方案的可能。

　　然而，检验理论本身仍然是一个复杂的拟合过程：对理论进行调试直到
IBM 能产生与实际相符的结果。除了拟合观察到的一些模式之外，Huth 和
Wissel 如何为我们提供更有用的信息？首先是通过对大量文献的阅读来了解群
体性鱼类如何感知邻体和邻体间的相互作用（Camazine et al. 2001 做了总结），
这些是诸多 IBM 假设的生理学基础。实际的鱼类之间确实是以不同的方式

（避免相撞、平行移动和吸引）对应不同的距离来进行相互感知进而相互作用的。其次，通过寻找独立预测来进一步验证和强化模型，因独立预测提供了额外的证据以证明模型在结构上确实是符合实际的（第3章；第9.9节）。如果一个模型能再现模型设计及参数化过程中未被使用的其他模式，我们则可以更加确信模型包含了真实系统的基本结构。Huth（1992）基于对真实鱼群的观察做出了如下的独立预测：

- *NND*和集群规模之间的关系。集群规模越大*NND*就越小。
- 集群的形状。集群通常为椭圆形；如鲱鱼群体在移动方向的长度、宽度、高度的比例一般为3∶3.1∶1。
- 个体在集群中的位置偏好。个体在整个集群中并未对某个位置有所偏好。
- 处于领导地位的时间。个体处于集群领先位置的时间都极为短暂。
- 个体与距离为第一、第二和第三的相邻个体之间的距离。例如鲱鱼与相邻个体之间的距离比例是1∶1.2∶1.4。
- *NND*与每条鱼平均体积之间的关系。
- 与邻体的相对位置，通过邻体的移动方向与水平及垂直坐标之间的角度来量化。
- 亚群体。亚群体内个体行为具有较强的相关性，而亚群体间个体行为只有微弱的相关性。

对于这些独立预测中的大多数而言，IBM模拟的结果同实际观测是相匹配的（Huth 1992）。而对于其他的一些预测而言，可能存在数据解释上的问题或者观察仅限于某个特定物种的某次特定实验，因此我们不能确定观测到的行为是否具有一般性。总之，IBM的独立预测和主要预测以及大量描述真实鱼群行为的工作使得Huth-Wissel模型获得了巨大的成功——尽管它极其简单——却很好地模拟了能产生真实鱼群的个体行为。还需注意的是，大多数独立预测都涉及了我们在第3章中所说的"弱模式"。这些模式本身并不醒目，每一个模式都可能被多个模型设计所重现。面向模式建模的重点在于试图同时再现所有的这些弱模式，其实这是一种最为有效的寻找最佳模型结构和理论的方式。另一个经验是，在系统中不同部分发现的弱模式往往是相互关联的：一旦我们为关键的适应性性状找到了一个合适的理论时，许多模式也将随之产生，因为这些模式都源自同一个性状。

Huth-Wissel模型案例表明IBM模型的成功不过多依赖于模型构建本身，而在于对模型的分析。因为该IBM模型（相比Boids）是基于真实系统的，所以建模者可以提出多个备选理论，然后用实际模式对它们进行检测。通过模拟分析，Huth和Wissel能够改进他们的理论，并为模型的通用性和适用性给出强有力的证据。接下来我们探讨采用 Boids 理论和 Huth－Wissel 模型来解决实际的生态管理问题。

6.2.3 Huse 等的 CluBoids 模型

在第 4 章中我们提到 IBE 理论开发过程的一个优势：一旦某个适应性性状在 IBM 中通过了严格检验，它就可以成为 IBE 工具的一部分，并可作为其他 IBM 的组成部分来解决其他问题或研究不同的系统。在此，我们将介绍一个如何使用在 Boids 和 Huth－Wissel 模型中创建的模块来解决鱼群相关问题的案例。

该模型是有关挪威鲱鱼群体的春季产卵事件（Huse et al. 2002），它们常年在同一个地点越冬。然而，在过去的 50 年中鱼群有三次意外地更改了越冬地点。根据"跟随迁徙假说"（adopted-migrant hypothesis），幼体通过第一次与群体中的其他成年个体一起迁移到排卵和越冬的地点之后，在随后数年将往返于这些地点排卵或越冬（McQuinn 1997）。三次越冬地点的突然改变有一个共同的特点：它们都发生在成年个体极少而幼年个体较多的年份。因此，Huse 等人假设在这几年中，群体内成年个体的比例过低以至于它们不能将群体带领至之前的越冬地点。群体偶然找到了新的越冬地点来替代，并在之后几年返回此新的地点越冬。

为了检验这个假设，需要一个成熟的鱼群模型。Huse 等人决定利用 Boids 模型来模拟鱼群，因为 Boids 模型为大家所熟知（事实上，Huse 等人所开发的模型仅仅是诸多 Boids 衍生模型中的一个）并且较为简单。Huse 等人称此模型为"CluBoids"（鲱鱼属于鲱种）。为了检验"跟随迁徙假说"：当有经验的迁移个体相对多度较低时，越冬地点将随之发生改变，Huse 等人对 Boids 模型进行了修改，使得小部分的鲱鱼（代表经验丰富的成年鲱鱼）被指定游向同一个确定的方向，而余下的鲱鱼（代表幼年个体）呈现正常的群体行为而无特定游动方向。之后便可观察到整个群体对"有方向"鲱鱼的追随取决于此类鱼在整个鱼群中所占的比重（图 8.1 显示了用来控制和观察行为的图形界面）。

分别对个体数量为 150、300 和 450 的群体进行了分析。为了标准化模拟的初始条件，模型持续执行直到类似于现实鱼群中的圆形群体出现。此时，群体将不向任何方向移动。然后，随机选择一定数量的鱼，使其停止遵守 Boids 行为规则，并直接向一个指定位置移动。观察发现，其余的鱼依然遵守 Boids 的模型规则。只有当整个群体跟随已被定向的个体时，此行为才被认为是群体响应。在大多数情况下，群体或者整体响应或者完全不响应。重复模拟实验，同时改变指定方向的鱼在群体中所占的比例（图 6.3）。

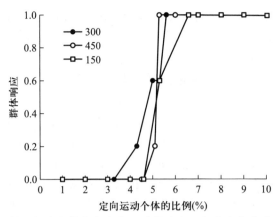

图 6.3　CluBoids 群体对部分个体有方向的运动的响应。每个点代表着 5 次实验的最终结果。在实验中，假定一定比例（x 轴所表示的）的 CluBoids 个体是有向运动的。y 轴表示 CluBoids 群体跟随已被定向个体的比例。（资料来源：Huse et al. 2002）

　　CluBoids 群体对已定向个体的响应表明存在着一个阈值：当少于 3% 的鱼游向指定的方向时，鱼群并无响应；当大于 7% 的鱼游向指定的方向时，鱼群即会响应。这个阈值对三个群体大小皆适用。进一步的模拟实验显示此阈值会随着模型参数（特别是决定鱼对邻体的感知能力及鱼游动速度的参数）的不同而有所变化，但是具有阈值的响应对于参数变化是稳健的，即无论参数如何变化，总存在一个类似的阈值。

　　我们从 CluBoids 模型学到了什么？它是否只是一个类似 Boids 的模型？与 Boids 不同，CluBoids 解决了一个特定的系统中的具体问题，因此它为我们提供了从生态学上理解该系统的可能。Huse 等（2002）发现：当有经验的个体与无经验个体间的比值非常小时，鲱鱼倾向于改变越冬地点。首次循环显示将鲱鱼群体迁移行为的理论嵌入 IBM 中是可行的，并且认为更深入的研究能够更进一步地证实这个理论。在个体层面上，可以通过采用一个稍微复杂且更符合现实群体行为的模型来强化分析，比如 Huth-Wissel 模型。环境因素同样可嵌入 IBM 中。首先，可以检验是否因环境变化导致鲱鱼改变越冬地点（Corten 1999 未解决的一个问题）。其次，环境条件可能影响群体行为；特别是，如果鲱鱼在黑暗中迁移，那么由视觉驱动的群体行为将受到影响。在系统层面上，进一步的研究可以着手于测试有经验的迁移者"掌舵"整个鲱鱼群体的理论：在 IBM 中由"掌舵"者驱动的群体是否具有一些独有的特征？是否能在现实鲱鱼群体中观测到？

　　从这个实例中我们发现，对一般的 IBE 来说，并不需要从零开始：基于已有的理论/模型来构建新的 IBM 即可。在挪威鲱鱼的研究中应用现有理论至关重要，因为收集单条鱼乃至整个鱼群的数据是极为困难的（许多其他类型的生态学系统具有类似情况）。因此，从零开始创建整个鱼群的 IBM 几无可能，故 Huse 等人才意识到应用现有 IBE 理论的重要性。我们希望在将来能看到更多与鱼群理论类似的构建模块的出现。

6.2.4 Hemelrijk 的 DomWorld 模型

彼此"匿名"是鱼群的一个显著特征：个体只对邻体的出现和活动做出反应，而这无关乎邻体的身份信息；在大多数情况下相邻个体的身份是未知的。相比之下，生活在社交群体中意味着其成员彼此相识或者至少知道其他个体的社会地位。因此，模拟社交行为比模拟群体行为更为复杂，因为个体用于决策的内部模型更为复杂。我们在此简单介绍 Hemelrijk 所开发的灵长类社交群体 IBM。模型主要研究社会性的一个重要特性——等级制，即个体在社会等级上可能是不同的，而这种不同决定了它们可获取的资源量。物种之间，或者社会群体之间的等级划分是不同的，因此 Vehrencamp（1983）使用术语："专制"（despotic）和"平等"（egalitarian）来区分有等级和无等级的社会。猕猴常被用作研究社会等级的对象，因为有些猕猴群体是专制的而有些是平等的。Thierry（1985，1990）认为猕猴群体中专制和平等之间的差异是由于专制群体具有更高强度的攻击性和裙带关系。Hemelrijk（1999）的研究对 Thierry 的假设进行了简化：专制社会性群体和平等社会性群体之间的差异可能只是由于不同强度的攻击性。

Hemelrijk 建模的基本原理与 Huth 和 Wissel 的鱼群建模原理是一致的："群体层面的相互作用模式来自个体与环境间的相互作用。个体通过相互作用来改变彼此，进而改变它们的社会环境。反之，社会结构的发展反馈于个体及其相互作用等（Hemelrijk 1999，361 页）"。因此，Hemelrijk 假设：① 社会结构不是强制的——直接来源于个体性状——而是涌现于描述个体间如何相互作用的简单性状；② 看似由不同机制产生的社会结构的若干独立方面，实际上都是源自相同的一套性状（正如在 Huth-Wissel 模型中用相同的性状来解释鱼群的许多不同特征）。

Hogeweg 和 Hesper（1979，1983）的 IBM 模型对 Hemelrijk 设计"Dom-World"（Dominance World）模型影响非常大。在 Hemelrijk 模型中，个体所处的世界被架构为环状，即没有边界。所有个体不论性别都有 120 度的视角，并且能意识到距离自身 50 个空间单位（见参数 $MaxView$）内的其他个体。个体通过一套规则移动并与其他个体相互作用。个体活动的调度是不同步的：一个个体被"激活"（其移动和相互作用的活动都被执行），进而更新"世界"状态，然后下一个个体才会被激活。每个个体都从均匀分布中抽取"等待时间"

来决定个体被激活的顺序。个体按照"等待时间"的升序依次被激活；但是，如果附近发生了优势度竞争（dominance contest）（将在之后介绍）则相关个体会很快被再次激活。

　　每个个体都按照以下的规则进行活动。个体之间如何相互作用取决于它们之间的距离。

　　•如果其他个体感知到与当前个体过于接近（在"私人空间"范围内），则当前被激活的个体就要根据以下规则决定是否要进行优势度竞争，它可能会输也可能会赢。赢得比赛的个体朝对手方向前进一个空间单位，然后随机向左或向右转向 45 度以避免与同一个个体再次相遇。输了的个体选择逃跑。

　　•如果当前被激活的个体感知到其他较近个体（但在"私人空间"范围之外），则当前个体继续保持其之前的移动。

　　•如果当前个体感知到的某其他相邻个体相距较远（在 *MaxView* 范围内），则当前个体向该个体移动。

　　•如果当前个体在 *MaxView* 范围内找不到其他个体，则其就向左或向右旋转 90 度寻找其他个体。

　　此模型的核心是优势度竞争。每个个体都有一个变量（即 *Dom*）来代表其优势程度，即赢得比赛的能力。根据上述规则，当被激活个体必须决定是否与处在自己"私人空间"范围内的其他个体进行优势度竞争时，它还要遵守以下的附加规则：

　　•被激活个体首先执行相互作用的内在模拟（internal simulation）来预测优势度竞争可能的结果：被激活个体已知自身的 *Dom* 值及潜在对手的 *Dom* 值，然后根据公式

$$\left(\frac{Dom_i}{Dom_i + Dom_j} \right)$$

来计算相对优势度值，这里 *i* 和 *j* 分别表示被激活个体和它的竞争对手。这个相对优势度值就被认为是被激活个体能赢得比赛的概率。之后产生一个随机数，如果这个随机数小于获胜概率，则被激活个体自认为能赢得比赛，进而开始优势度竞争。

　　•真实比赛的结果由类似于上述模拟个体的方式来决定，但是会产生一个新的随机数。这个随机数和赢得比赛的期望概率之间的比值决定了最终的结果，因此被激活个体也有可能会输掉比赛。

　　•对包括灵长类动物在内的许多动物物种所进行的实验结果表明输与赢所带来的影响是一个自我强化的过程（"胜利者"和"失败者"）。因此，优胜者的 *Dom* 值就会增加，而失败者的 *Dom* 值将会减少：

$$Dom_{i,new} = Dom_i + \left(\omega_i - \frac{Dom_i}{Dom_i + Dom_j}\right) StepDom$$

$$Dom_{j,new} = Dom_j + \left(\omega_i - \frac{Dom_i}{Dom_i + Dom_j}\right) StepDom$$

如果被激活个体胜出，则 $\omega_i = 1.0$；如果对手胜出，则 $\omega_i = 0.0$。

参数 *StepDom* 代表了攻击强度："在专制社会中等级间的差异比平等社会的等级差异要大，较高的 *StepDom* 值意味着 *Dom* 值的变化较大，表明一对一的相互作用可能会强烈影响着冲突的结果。相反，较低的 *StepDom* 值意味着较小的影响"（Hemelrijk 1999，363 页）。在模拟中，"激进"物种和"温和"物种由 *StepDom* 值来区分：用 0.8 和 1.0 来代表激进雌性物种和激进雄性物种；0.1 和 0.2 代表温和雌性物种及温和雄性物种。雄性的数值偏高反映了它们较强的战斗力。模拟初始，同种性别的所有个体具有相同的 *Dom* 值。

相比于使用代表温和物种的 *StepDom*，使用代表激进物种的 *StepDom* 值进行模拟产生了更宽的 *Dom* 值分布（图 6.4）。这个结果表明攻击强度本身就能解释 IBM 中平等和专制社会的等级现象：当 *StepDom* 值较高时，优胜者和失败者的社会等级分化就更大。一个与直觉相悖的结果是激进物种的不同性别之间等级重叠程度高于温和物种，因此在激进物种中雄性的数量少于雌性（特别是在图 6.4b 中最终是雌性物种处于主导地位）。

DomWorld 模型最有趣的特征是它所预测的涌现模式与实际的专制猕猴种群与平等猕猴种群中所观察到的模式高度相似：激进物种模拟结果表示竞争者之间的等级差别较大，空间关联较小，导致较少的优势度竞争和较多的与等级相关的行为。由于这些模式并未用于开发或参数化模型，因此可将其视作独立预测，这表明该模型确实抓住了真实系统的关键结构和过程。DomWorld 模型产生的部分其他模式也能被实际观察到的模式所印证。

DomWorld 模型的实例表明，不仅仅是生态学，其他专注于行为的学科——如动物行为学、行为生态学、社会生物学等，都有可能从 IBE 中得到一些新的启发。行为生态学通常侧重于单一、孤立的性状，此方法可能无法解释群体水平的涌现行为（这些行为是一个或多个相互作用的个体性状所产生的结果）。DomWorld IBM 及 Hemelrijk 依据类似于我们介绍的 IBE 框架对其所进行的分析都显示出复杂的系统水平的现象（如等级）是如何源自简单的个体性状的。更多关于 DomWorld 模型及相关模型的内容见 Hemelrijk（2000a，b；2002）。

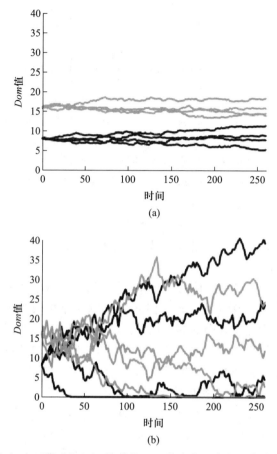

图 6.4 "温和"(a) 和"激进"(b) 物种的 *Dom* 值变化（灰色线条代表雄鱼，黑色线条代表雌鱼）。（资料来源：Hemelrijk 1999）

6.2.5 总结和经验

从这些处理群体和社会行为的 IBM 案例中我们能学到些什么呢？第一，这些 IBM 显示 IBE 框架是研究有关个体行为理论的强有力手段，尤其是对于那些能产生系统水平模式的行为。相比实验室和野外研究，即便是极为简单的 IBM 也能为测试和验证备选的行为理论提供更好的平台。当然，如果能将实验室或野外观测所得的模式与基于个体的模拟相结合，来开发及测试有关个体性状的理论，此时 IBE 框架的优势会体现得淋漓尽致。

值得注意的是，我们在本节介绍的四个 IBM 并非针对特定的物种或生态环境。相反，它们或多或少具有一定的普适性。Boids 模型大致能代表各种鸟群，却也被生态学家和电影动画师用于模拟鱼群、蝙蝠群以及牛羚群；CluBiods 模型的创建本是为了观察鲱鱼群体，但是它却包含了一些非鲱鱼群体所特有的细节；Huth-Wissel IBM 是鱼群行为的通用模型，并使用了其他的模式来测试该模型；尽管 DomWorld 本用于再现猕猴种群中专制群体和平等群体间的差异，但是它并未包含特定物种及状态的元素。

因此，这些 IBM 清晰地表明 IBM 的普适性取决于其被设计用以再现模式的通用性。鱼群和鸟群行为以及基于优势度的社会等级都是能在不同物种中看到的常见现象。当然，不同物种和不同情况下这些现象仍具有差异，但是这里介绍的 IBM 所关注的是通用性而非特殊性。另一方面，这些 IBM 也并非通用到无法进行测试和检验：它们的"出发点"（Grimm 1994）是模型能否再现模式，而非有关假设是否可被检验的逻辑问题。

另外，从这些模型中我们还可以体会到 IBE 理论开发框架的强大：Dom-World 模型固然经典，但是与 Huth-Wissel 模型相比缺乏说服力，因为 IBE 理论开发框架并不适用于 DomWorld 模型（至少在 Hemelrijk 1999 中是这样的）。Huth 和 Wissel 对各种备选理论和参数的测试为我们提供了非常重要的见解和认识。在 DomWorld 模型中，模型各部分的相对重要性仍不明确，并且我们也不确定其结论会因参数值和模型设计的改变产生怎样的变化。尽管模拟优势度相互作用的方法令人叹服，但却过于特殊。虽然 Hemelrijk 很好地解决了其提出的科学问题，无须对社会性动物优势度相互作用的备选理论进行比较，但相关的分析使我们更加渴望了解如何改善 IBM 以及如何表示真实的猕猴社群（参考后面适合度部分的内容）。当然，DomWorld 是此类模型的鼻祖，我们期望更多模型能从中受益。

这些案例研究还涉及了另一个重要问题，即 IBM 与科学界的沟通与交流。衡量一个模型是否可信、是否成功的重要指标是它是否能产生"后代"：其他研究者是否能重现此模型以及是否能通过修改此模型来解决他们所要研究的问题？Boids 在此方面尤为成功，我们可从互联网上检索到诸多该模型的"后代"。Huth-Wissel 模型同样获得了成功，被 Reuter 和 Breckling（1994），Inada 和 Kawachi（2002），以及 Kunz 和 Hemelrijk（2003；Parrish et al. 2002 的群体模型综述）等人重复并改进。由于 Huth 和 Wissel（1992）对该模型进行了完整且清晰的描述，使得其他研究者可以重复该模型。DomWorld 模型就像生态学中大多数 IBM 模型一样，过于复杂且无法在一般的刊物文章中进行充分详细的描写。在第 10 章中我们会继续讨论如何解决这种沟通上的问题。

最后，我们将第 5 章中介绍过的概念设计列表应用到本节所涉及的四个模型当中。此概念设计列表旨在为描述 IBM 的关键特征提供一个框架，特别是那些有别于经典模型且无法很好地应用公式进行描述的特征。这里我们仅将此列表应用于各个 IBM 的关键组分，而非对模型的完整描述。

涌现

四个模型皆体现出 IBM 最为普遍的一个特性，即我们所研究的系统水平的属性涌现于个体的决策性状（decision-making）。这四个模型均体现出这一点，是因为每个模型只关注一种特定类型的系统行为，除能产生当前所研究的系统水平行为的个体行为外，不包含其他的个体行为。

Boids 模型是经典的涌现实例。其中鸟群的系统行为满足第 5.2 节所述的涌现标准：鸟类集群行为是系统水平的行为，并不是单个个体属性的简单加和，且集群行为（空间模式）与个体属性（个体不具有空间模式，只能有空间位置）分属不同的类型。最重要的是，虽然我们可能试图通过对个体进行导向的三条规则来预测集群行为，但是许多集群行为的特征是无法仅仅通过个体水平的规则来进行预测的。事实上，集群涌现行为依赖于 Boids 数量、空间特征及 Boids 的性状。同样的结论也适用于 Huth 和 Wissel 的鱼群模型。

CluBoids 模型允许建模者强制置入某些个体的关键行为，即建模者规定某些个体直接移动至指定的位置。但是，无论整个群体是否追随已被指定方向的个体，我们所研究的系统水平上的行为仍具有涌现属性。

DomWorld 是专门为系统水平行为（社会等级模式）涌现于个体决策和相互作用而设计的模型。DomWorld 模型内置了一条规则：若某些个体周围发生了优势度竞争，则这些个体与其相邻个体间可能会发生更加频繁的相互作用（见以下的时间排序部分）。检验此规则对结果会产生何种程度的影响将非常有意义，如 Hemelrijk（2000a，b）中记录的"合作"的涌现。

适应性性状

本节所介绍的三个群体模型都是适应性性状的优秀案例，它们被模拟为符合追求间接适合度要求的性状。根据第 5.3 节的定义，这些 IBM 的"适应性性状"是个体用以决定移动方向和移动速度的规则。这些规则构成了适应性性状本身。个体迁移规则显然不符合直接追求适合度要求的，因为直接追求适合度是指个体在做出决策时所考虑的是基因能遗传到后代的概率。而此处的适应性性状旨在解释和再现我们所观察到的实际行为，即形成集群。群体的形成过程广泛存在于诸多动物中，因此我们假定这些行为对于个体适合度有利（例如，降低被捕食的风险或者指引方向以顺利抵达越冬和产卵的区域）。通过对个体形成群体的方式进行建模，可使我们再现具有间接适合度效益的实际行为。

在 DomWorld 模型中，个体的关键适应性行为——决定是否与其他个体进行优势度竞争——被假定为能够提高个体的优势度。虽然模型的创建者并未显含假设个体所做的决策是为了增加其优势度，但其却提供了一个更为恰当的潜在假设，即拥有更大优势度的个体具有更高的期望适合度。因此，这样的适应性性状可被认为是符合直接追求适合度要求的。

适合度

用于 DomWorld 模型的适合度概念一定程度上是符合直接追求适合度要求的。依据第 5 章的概念设计框架，在 DomWorld 模型中个体对其适合度指标的判断取决于它们对其在未来优势度竞争中输赢的预期。因此，个体对是否开始一个优势度竞争的决策仅依赖于其对比赛胜负的预期。

对于一个极简约的模型来说，该假设在解释社会等级形成时非常有帮助，但是仍需要我们去考虑可能会遇到的关乎适合度的其他假设。首先，个体对是否能赢得比赛的期望，并不是衡量个体的 *Dom* 变量将如何因比赛结果而发生改变的直接标准。*Dom* 值的变化同时也依赖于两个竞争对手之间 *Dom* 值的差异——若某个体击败更具优势的对手，则其 *Dom* 值将得到更大幅度的提升。这种关系提出了另一个度量适合度的方式：比赛中个体 *Dom* 期望值的变化。除非个体期望 *Dom* 值超过某个阈值，否则它们应该尽量避免竞争。更进一步讲，如果个体所期望的适合度——将自身基因传递给后代的可能性——与个体优势度并不是线性函数，又将如何？或许只有具有顶级优势的个体才能进行繁殖——若 DomWorld 假设个体做出决策时将考虑此类非线性情况，则 DomWorld 模型的结果又会产生怎样的不同（或者，若 *Dom* 与繁殖潜力间的关系是涌现于个体之间的相互作用，那么结果又会是怎样）？如果进一步发展 DomWorld 模型以解释特定物种的社会结构时，对各种适合度测度指标的比较将会非常有趣。

预测

Boids 和鱼群模型都不包含预测：因为在这两个模型中个体只能依据其当前环境做出决策。相较而言，DomWorld 模型是少数几个包含预测的 IBM 之一：个体在决定是否要开始一个优势度竞争时，首先对比赛的可能结果进行预测。假设个体拥有与"真实"竞赛完全匹配的内部模型，并以此模型进行预测——当然，内部模型和实际竞争中都存在各种随机因素（之后介绍），因此预测结果有时可能会有误。

相互作用

相互作用是群体模型及 DomWorld 模型中非常重要的一个概念。DomWorld

模型的一个关键特征是个体优势度竞争中的直接相互作用。而在 Boids，CluBoids 以及 Huth-Wissel 的鱼群模型中个体之间是通过与邻体产生的 "域" 来相互作用的。其中 Boids 模型是一个重要的案例，它阐述了系统水平的模式如何涌现于个体间在局域尺度上的相互作用。Huth 和 Wissel 用他们的 IBM 来测试众多有关相互作用的理论，并证实 "域" 理论相较于假定个体只与其邻体发生相互作用的理论更为优越。

感知

群体 IBM 假定个体能调整自己的移动速度和方向以求与其相邻个体保持一致，并避开障碍物（在 Boids 模型中）。因此，这些模型中必须假设个体在一定的感知范围内能检测并识别与之相邻的个体。同时也必须假设个体 "了解" 每个相邻个体的运动方向和速率以及障碍物的位置。在 DomWorld 模型中除了要假设个体在一定的范围内能识别相邻个体外，还需准确无误地检测到其 *Dom* 值，并以此来决定是否启动优势度竞争。

本节所介绍的模型均未明确模拟感知过程，只是简单假设个体能准确无误地 "了解" 到相邻个体的特征。然而，其他研究（见 Camazine et al. 2001 的介绍）已对鱼类群体模型的有效性进行了很好的完善，这些研究阐明了真实鱼类在不同距离感知彼此的生理学机制；同时表明 Huth 和 Wissel 关于鱼群感知彼此的假设是非常合理的。事实上，Huth 和 Wissel（1994）指出只要简单地改变代表感知能力的参数，即可使该模型再现不同鱼类的群体特征。

随机性

Boids 与鱼类群体模型提供了一个关于随机性的有趣对比。Huth 和 Wissel 的鱼群模型在鱼类做出关于运动方向的决策中包含了随机成分，或许是为了表示鱼类不可能完美地决定及执行 "最优" 的运动决策。相反，Boids 和 CluBoids 模型中不包括随机成分，但个体间在速度上仍存在较大的差异。将随机 "噪声" 引入运动决策中，仍然是一个尚未解决的重要问题。

DomWorld 模型在两个方面包含了随机性成分：个体用以预测竞争结果的内部模型，以及用于描述 "真实" 竞争的模型。"真实" 竞争中的随机性用来代表一些重要的因素，而这些因素（a）可能会导致更优势的个体输掉比赛，（b）无法被预测或没有必要去显含地对其进行模拟。目前尚不清楚在内部模型中用于预测竞争结果的随机性所试图代表的内容。这种随机性可能用以表示个体在感知潜在对手 *Dom* 值的能力上具有不确定性（或者对自身 *Dom* 值认知的不确定性）；然而，在预测中使用随机数所产生的误差，与当 *Dom* 值已知时个体在预测竞争结果中所产生的误差非常相似。这是一个特别有趣的问题，预测"输赢"和"真实"竞争结果的高度随机性无疑将对 DomWorld 系统行为产生强烈的影响。

DomWorld 模型中个体在决定移动方向时也包含了随机性。毫无疑问，引入这些随机性是为了表示个体移动时在合理范围内的不确定性，以避免为了模拟真实动物的移动而添加一些复杂的其他变量。

本节所介绍的所有模型都能够阐述 IBM 中最为通用的随机性应用模式：被应用于初始化个体的某些状态变量（例如，位置、方向或速度等）。在 DomWorld 模型中，有意未对个体的初始 *Dom* 值进行随机化；这样做是为了确保社会等级仅涌现于个体间的相互作用。

集群

Boids 以及 Huth 和 Wissel 的鱼群 IBM 是解释集群是如何涌现自个体适应性性状的典型案例（此外，Camazine et al. 2001 介绍了其他一些例子）。无疑，集群是群体：它们以独立的实体单位存在于模型当中，有着较强的内部相互作用和耦合，也有着独立于个体性状的集群特征（例如，集群大小、密度和形状等）。

CluBoids 是表示集群的另一种较为少见的案例：在 IBM 中设计涌现的集群以解决现实生态管理中的问题。设计 CluBoids 不是为了解释鱼类集群的形成，而是为了了解群体的涌现对鲱鱼迁移的影响。虽然本节所涉及的其他 IBM 中都包含有集群，但是只有 CluBoids 模型是利用涌现集群来解决其他的问题。

调度

鸟群和鱼群模型都表明了时间调度的重要性。本节的这些模型都利用离散的时间步来模拟连续的过程。因此模拟的结果依赖于在每个模拟时间步内个体的决策及移动的顺序。例如，在 CluBoids 模型中，所有的个体都要执行同一个动作：首先每个个体对其相邻个体进行检查，计算出相邻个体移动的速度和方向，然后该个体发生移动；下一个个体在做移动决策时要考虑之前相邻个体所发生的移动（非同步更新，见第 5.10 节）。继而，当所有的个体都完成移动后，将呈现出全新的场景以表示模型更新后的状态。为了能够重复这些 IBM，设计者详细而准确地描述了模型的调度细节（但实际上并非所有的模型设计者都履行了这一步骤）。

DomWorld 模型使用了较为少见的调度方法（尽管此模型的设计者没有给出调度细节），因为其中的优势度竞争是离散事件，并不是一个连续的过程。模型定义了每个个体的一系列动作，即检测相邻个体、移动、决策是否开始优势度竞争、若选择开始则执行竞争。然而，这些行为的具体执行顺序是随机的。调度亦以某种方式随之发生改变：如果一个个体的相邻个体发生了优势度竞争（优势度竞争可能会增加此个体与另一个体相遇的可能性），则此个体随后将要执行的活动顺序可能会随之发生改变。

观察

Boids，CluBoids 和 Huth-Wissel 模型中的一个重要特征是个体位置和移动的空间模式。因此，通过图像来呈现空间模式尤为重要。然而 DomWorld 模型中我们所感兴趣的是个体 *Dom* 值的分布，通过输出文件可对其进行观测。因此，DomWorld 不需要输出图像。但是，空间过程对 DomWorld 甚为关键，若能轻易地观察到个体的具体位置，那么我们就能够更为直观地去理解和测试模型。

6.3　社会性动物的种群动态

在之前的章节中我们一直没有探讨种群统计学过程（如出生、死亡、迁入和迁出）。现在我们将关注具有完整种群动态的 IBM，即个体行为除了繁殖与死亡，还有在局域种群之间的迁移，从而使种群的统计学参数（demographics）亦随着时间更迭而发生改变。这些变化包括一些引人注目的现象，如种群的突然爆发、循环、灭绝、拓殖和空间模式的形成等。但是为什么用 IBM 而不是直接用表达种群动态的传统模型来模拟这些现象呢？原因是当出现以下情况时传统的种群模型将难以适用：① 缺少长期定点观测数据来拟合传统模型所需的参数；② 如果个体水平上的行为非常复杂并且非常重要，以至于传统模型的假设——特别是种群的统计学参数保持不变或仅依赖于种群密度——明显不合理。

具有等级制度的动物群体与以上两种情况中的后者相符（通常情况下也与前者相符），故传统模型在模拟此类种群时几乎没有什么用处。群体生活中的动物通常会存在一些行为对种群动态有着强烈的影响。显然，此类种群的个体互不相同，它们在局域范围内相互作用，并以复杂的决策来决定其行为，而 IBM 似乎在本质上就适于研究此类种群动态。本节将要介绍的三个种群均表现出社会性的特点，且其种群动态是由个体行为所决定的。

6.3.1　Neuert 及其他人所创建的林戴胜模型

这个 IBM 主要是研究林戴胜（*Phoeniculus purpureus*）种群行为对其动态的

影响。该种群是一种具有领地属性的群居鸟类，具有繁殖抑制和合作繁育后代的特点（du Plessis 1992；Stacey and Koenig 1990）。此模型主要解决了两个问题。第一，为了找到空置领地从而成为此领地最优个体并进行繁殖，亚优势个体将如何决策是否应该进行一次侦查突袭行动（scouting foray）？在此行动中，亚优势个体被捕食的风险明显提高，但同时也有一定概率找到空置领地并成为最优个体。第二，空间种群动态将如何依赖于此类个体的侦查行为？IBM 方法擅于将个体行为与种群动态相关联。实际上，我们在第 1.2 节中就使用了该模型作为实例来解释 IBM 如何帮助我们理解种群动态是怎样涌现于个体性状的。

在 Neuert 等（1995）创建的 IBM 中，个体的鸟具有性别、年龄、活动领地及其在领地内的社会等级等特征。空间被分为 30 个线性排列的领地（表现为一个狭长的河岸林），以月为模拟时间步。在当前领地内，个体以固定概率死亡，只有最优个体才能进行繁殖，繁殖后存活的幼体被分配到社会等级最末的位置（雌性和雄性分别对应不同的等级）。若领地内一个个体死亡，则所有低于死亡个体的鸟类都提升一个等级。因为只有最优个体才能进行繁殖，所以亚优势个体有着极为强烈的动机成为最优个体，它们可通过以下三种途径来实现：① 等待，直到高于自己等级的所有个体均达到最优位置并死亡。这种策略在小群体中尤为常见（只有三、四只鸟的群体）；② 占领相邻领地空置的最优位置（这里的"空置"是指该领地内最优个体死亡并且此领地内没有相同性别的亚优势个体）；③ 采取侦查行动探寻较远区域的空置领地。采用前两种方法成为最优个体的鸟类只能等待，但在第三种方法中则需要做出是否进行侦查行动的决策。

如何对这样的适应性行为进行建模——即决定是否开始侦查行动——这显然是 IBM 能否成功的关键。为了构建这种行为的理论，Neuert 等人使用了启发式的建模方法（modelling heuristic）：想象自己在这个系统内部（见第 2.2节）。如果你是处于亚优势位置的林戴胜，你会掌握哪些信息以及如何利用这些信息来决定是否进行侦查行动？Neuert 等人假定林戴胜知道其年龄和等级，并因此使用"越老、等级越低的个体，越趋于采取侦查行动"的简单决策。这种启发式建模与"无效理论"形成鲜明对比，主要区别体现为后者采取侦查行动的概率是固定的，与个体的年龄和等级无关，或者是完全随机的。如图1.1 所示，只有启发式建模才能再现 du Plessis（1992）长期野外观测的群体大小分布模式。

IBM 为侦查突袭行为提供了进一步分析的可能。例如，模型可做出独立的理论预测并对其进行测试：为具有一维空间领地的河岸林设计模型并对其参数化。野外观察资料同样也适用于二维空间（如草原）模型，而处于二维空间的群体规模显然更大（du Plessis 1992）。针对侦查突袭行为的简单启发式建模理论是否能解释仅由空间结构不同而产生的群体规模差异？还是需要将其他额外因素，如捕食压力或可用食物资源等添加到该 IBM 中？类似的，正如我们在第 6.3.4 节中所讨论的，是否应该提出更多复杂的备选模型，并由最初的启发式理论对其进行测试？最终，此理论关于个体感知的假设也应该被检验：如鸟类是否真的了解自身及其他个体的年龄和等级？若鸟类知道的比预期更多或更少，则理论和模型动态又会发生怎样的变化？当决定是否采取侦查行为时，若鸟类能够感知并响应捕食风险，种群动态又会发生怎样的变化？

以上的这些潜在分析非常有趣，且表明一旦某个 IBM 完成了，就可以通过它来开展无数的实验研究。当然，它需要大量额外的信息，尤其是野外观察到的模式来排除备选理论（见第 3.3.3 节），并且在某些情况下可能会使 IBM 变得更加复杂。针对侦查突袭决策的启发式建模理论至少可以再现实际群体规模的分布，因此基于此的 IBM 被认为足以解决该模型项目的第二个生态学问题：了解空间种群动态如何依赖于侦查突袭行为。第二个问题无须定量预测，但需要了解个体水平行为与种群水平行为之间的关系。虽然探讨侦查突袭行为对个体鸟类的适合度至关重要，但它对种群的分布及持续性是否同样重要呢？

IBM 最强大、最令人兴奋的一个特点是能相对容易地回答"行为 X 的结果是什么？"在虚拟种群中，我们可以简单地不考虑行为 X——对真实有机体是无法如此操作的（见第 9.4.5 节）。Neuert 等人通过关闭林戴胜的侦查突袭行为来检测其所带来的影响，结果显示在没有侦查突袭行为的情况下鸟类只能扩散到附近的领地。带来的后果就是领地丧失了空间上的连续性，例如，种群因未被占领的空斑块而破碎化（图 6.5a）。进一步研究表明即便是最小的侦查突袭概率也能在较长时间内维持种群在空间分布上的连续性（图 6.5b）。为了理解这个结果，只考虑单个隔离的群体：此类群体的平均寿命非常有限——它将在 10 年内灭绝。采取侦查突袭的鸟占领了局域群体灭绝后所留下来的空置领地，并且如果有至少 15 个领地能通过侦查突袭的鸟而相连接，那么整个种群方能持续更长时间。因此，林戴胜种群是具有局域灭绝和反复拓殖的集合种群的经典案例（Hanski 1999）。

模拟实验显示个体行为对集合种群的维持至关重要。如果没有长距离的侵入行为，个体拓殖将过于局域化，同时拓殖速率也将迟滞于局域群体灭绝后空置领地的产生速率。从图 6.5 中很容易看到这种影响更多的是在质量上而非数量上：即便是具有极少数的"空间关联者"，如能够占领较远距离领地的鸟类，也足以产生连续且耦合并具有长期持续性的种群。

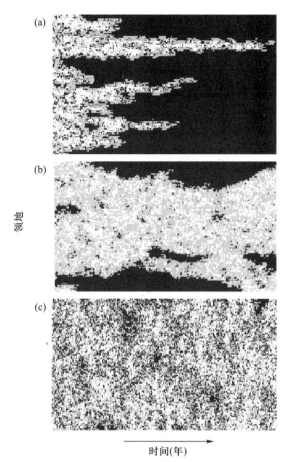

图 6.5　在 Neuert 等（1995）林戴胜模型中空间分布对扩散行为的依赖。每列 100 个像素点，每个点代表一个领地：黑色的点表示空置的领地，越亮的点表示越高的被占概率。（a）无长距离的侦查突袭行为，此时种群呈斑块化分布，最终灭绝。（b）长距离的侦查突袭概率是全模型中的 2%，种群规模尽管缩小了但斑块化并不严重。（c）全模型：种群维持了其初始的空间特征。（资料来源：H. Hildenbrandt）

　　从林戴胜的实例我们总结了 IBE 的几个一般性经验。第一，这个案例是关于应用 IBM 来研究种群动态如何涌现于个体性状的基本生态学问题（Levin 1999）。我们用 IBM 来测试有关个体性状的理论，再使用这个已经被验证了的理论来理解种群动态。第二，即便是没有连续时间上的野外数据来拟合模型，也能开发出结构上与现实种群相符的模型。IBM 并非基于种群调查的时间序列信息，而是基于我们所拥有的种群空间结构（以每个群体领地为空间单位）、个体性状（基于侦查突袭决策的行为）以及亚种群结构（群体规模分布）等信息。

　　最终，这个实例阐述了建模周期（见第 2.3 节）的一个关键要点：懂得何时停止优化及测试模型并开始应用它来解决实际问题，这一点非常重要。有很多方法可以进一步测试并改进该 IBM，以便更好理解鸟类如何决定是否突袭空置领地，却同时容易使模型深陷寻找"最好"和"最符合现实"个体行为的泥潭。而在本实例中，建模者发现简单的启发式建模理论就可以很好地解决相关的问题，并且充分利用了手头上的各种资源，之后针对现有模式验证当前理论，最终将其应用于解决种群水平上的科学问题。

6.3.2 Dorndorf 等的土拨鼠模型

高原土拨鼠（*Marmota marmota*）是一类群居并拥有自己领地的哺乳动物。该物种最惊人的行为是约半年的冬眠期。针对土拨鼠的长期野外研究（15 年）主要是为了解决行为生态学方面的问题，特别是探讨它们群居生活的原因（Arnold and Dittami 1997；Frey-Roos 1998）。然而，这项研究的野外数据尤为丰富（687 只土拨鼠被标记，98 只被无线电跟踪以观察它们的扩散过程），于是 Dorndorf（1999；Grimm et al. 2003）决定创建一个基于个体的种群模型（Stephens et al.［2002a，b］利用相同的数据独立开发了类似于该 IBM 的模型，但是其所研究的问题不同）。

该模型想要回答的主要问题是群居生活如何影响种群的存活率，例如，能够以较高的概率（如 99%）存活较长的时间（如 100 年）。观察发现群居生活更适用于漫长而寒冷的冬季：与生活在高原地区的土拨鼠相比，独居的土拨鼠选择在环境条件更加温和的地区生活。因此，群居在某种程度上是为了抵抗恶劣的环境。在模型中，环境的优劣用冬季的长短来度量，因为较长的冬季增加了因个体热量储备不足以维持到春季来临的风险。IBM 从具有特定均值和方差的正态分布中随机抽取冬季的长度来表示环境的变化。

虽然土拨鼠模型在空间结构和个体行为方面更为复杂，但土拨鼠 IBM 与林戴胜模型非常相似。土拨鼠有性别、年龄、生活阶段（成年、一年、幼年）、等级（最优势或亚优势）以及生活的领地等状态变量。由于亚优势个体能感知 500 米以外领地中的空置最优位置，因此假定半径 500 米之内的个体属于同一群体。亚优势个体不需要进行长距离的扩散就有可能占领空置的最优位置（长距离的扩散会使其面临高风险）。整个种群由若干群体组成，群体之间通过能进行长距离扩散的个体连接在一起。

土拨鼠经常在当前领地生活很多年，但是它们的繁殖会受领地中最优个体的抑制。离开当前领地与林戴胜的侦查行为相对应，不同点在于在土拨鼠模型中迁移出来的个体不能再回到原领地：它们只能占领其他领地的最优位置，或在下一个冬季来临的时候死亡，因为它们无法在冬季独自存活下来。这些扩散个体或者是发现了空置的最优位置，或者尝试驱逐现有的最优个体。在最优位置的变化中有 15% 是因为最优个体被成功驱逐，而非最优个体的死亡。

土拨鼠与林戴胜 IBM 间最重要的区别在于决定个体是否要离开当前领地的性状。土拨鼠野外数据非常丰富，使得建模者能够为此性状开发一个经验的随机模型。从野外数据估算出具有特定年龄的个体离开本土领地的概率。例如，2 岁个体离开的概率是 21%，而 5 岁个体离开的概率是 99%，因此假定 2 岁个体的扩散概率是 0.21，以此类推。此外，群居的好处（林戴胜模型未考虑这一点）也可以从这些野外数据中获取。例如，通过逻辑斯蒂回归（logistic regression）确定最优个体在冬季死亡的概率 P，如下：

$$P = [1 + \exp(6.82 - 0.286A - 0.028WS + 0.395SUBY)]^{-1} \qquad (6.1)$$

其中 A 是最优个体的年龄，WS 是冬季长度，$SUBY$ 是该群体中处于冬眠状态的亚优势（包括 1 岁个体）个体的数量。可用类似的公式描述 1 岁的个体和幼年个体。这个公式表示最优个体冬季的死亡风险随着冬季长度和个体年龄的增加而增大；随着该群体中个体数的增加而减少，这体现了群居对存活率的促进作用。冬眠期间热量的产生和消耗之间的平衡会随着个体数量的增加而得到改善。

一旦以此公式创建土拨鼠 IBM 后，即可应用此模型来解释群居如何影响种群的持续性等问题。随机种群动态理论预测，若"统计噪声"（即由于统计过程中的随机变化，例如出生、死亡、迁入和迁出所导致的种群数量的改变）占主导地位，则平均灭绝时间就会随着栖息地容量的增加而呈现出指数增长（Lande 1993；Wissel et al. 1994；图 6.6a）。然而，如果环境变化对于种群规模有强烈的影响，则平均灭绝时间随着栖息地容量增加而增大的速率将会明显下降（图 6.6a）。

在土拨鼠 IBM 中，群居缓解了环境变化对种群规模的影响，因此种群动态几乎只受统计噪声的影响。基于 IBM 所显示的平均灭绝时间和栖息地容量之间的关系，种群"察觉"不到冬季的严寒和冬季长度的变异（图 6.6b）。进一步模拟还显示群居对种群存活率的积极影响能一定程度上缓冲环境变化所带来的消极影响：如果从个体冬季死亡率公式中删去群体规模的影响，那么灭绝时间和栖息地容量之间的关系就会更多地受到环境变化的影响（图 6.6b）。高原土拨鼠种群的高持续性依赖于个体在冬季的群居行为。

与林戴胜模型一样，土拨鼠模型的验证标准是重现在现实中观察到的群体规模大小分布模式（图 6.7）。另一个对模型可信度的验证是观察模拟时间序列是否落在实际观察到的时间序列变化范围内。由于群居的缓冲效应，无论是在野外观测还是在模拟的时间序列中，冬季长度与种群规模之间的相关性均比较微弱。

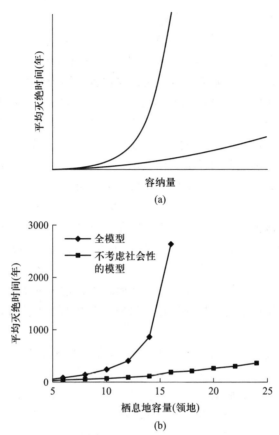

图 6.6 小种群灭绝时间（表示种群持续性的指标之一）与栖息地容量之间的关系。（a）如果种群受种群统计噪声而非环境噪声（靠上的曲线）的影响，理论预测种群持续性会呈现指数增长模式；如果环境噪声的影响很大，栖息地容量对种群持续的正效应将会减少很多（靠下的曲线）。（b）Dorndorf（1999）和 Grimm 等（2003）的土拨鼠模型结果。在全模型当中，群居通过方程 6.1 影响其冬季的存活率；当不考虑这个过程时，随栖息地容量的增加种群的持续时间增加并不明显。（资料来源：Grimm et al. 2003）

从土拨鼠的例子中我们发现可以将 IBM 应用于保护生物学和种群的生存力分析（population viability analysis，PVA，由 Soulé 在 1986 年提出）。有人认为简单的模型最适于 PVA，因为包含更多细节和复杂的模型可能存在误差传递从而导致太多的不确定性（Beissinger and Westphal 1998）。然而，简单模型（例如有固定出生率和死亡率的矩阵模型）无法体现群居行为对种群续存的关键影响，而这种影响在时间和空间上均是变化的。因为此类影响对于诸多物种都很重要，所以 IBM 是保护生物学研究的重要工具（Burgman et al. 1993；Bart 1995；Matsinos et al. 2000）。

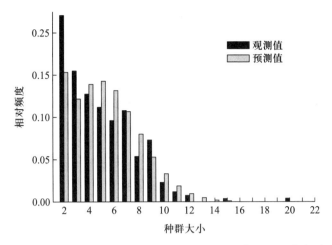

图 6.7　实际观察到的和 IBM 预测（超过 500 次模拟的平均值）的土拨鼠种群大小分布比较。（资料来源：Grimm et al. 2003）

　　第二个经验是我们不能把"涌现"和"不稳定"等同起来。在土拨鼠 IBM 中种群动态涌现自个体行为，而冬季群居行为对种群增长有正反馈：群居的土拨鼠数量越多其存活率越大，进而使得种群数量得以增加。通常认为涌现，尤其是具有正反馈的涌现，会使模型变得不可预测甚至出现混沌现象，事实也确实如此。然而，在本模型中当存在正反馈时的种群比没有正反馈时的种群具有更高的可持续性。

6.3.3　Pitt 等的犬科动物模型

　　现在我们来讨论第三类群居动物，它们具有领地和繁殖抑制等级，即犬科动物（狼和郊狼）。Vucetich 和 Creel（1999）以及 Pitt 等（2003）认为具有固定种群统计学参数的解析或矩阵模型不足以支撑这类物种的管理工作（无论是保护还是抑制种群）。Pitt 等（2003）所开发的郊狼 IBM，其通用性足以适用于其他的犬科动物。我们介绍这个模型是因为它出色地表明了 IBM 能够相对简单地应用于实际种群，即便是对那些有着复杂社会行为的动物，亦同样适用。事实上，该 IBM 极为简单。设计此模型旨在帮助管理决策，但本节我们所探讨的并不涉及特定的问题；重点是为了突出强调该模型代表了真实郊狼种群的基本特征。同时这个实例还展示了针对 IBM 的软件平台如何有效且明确地描述模型，并如何更简易地实现模型。

　　与林戴胜和土拨鼠 IBM 类似，郊狼模型通过性别、年龄、社会等级（最优势、亚优势、最劣势）及其所属的群体（组）来描述个体的特征。该模型所考虑的是个体所属的组而不是领地，因此该模型并非空间明晰的。假设有100 个组，但由于每组中郊狼的数量（也就是"组规模"）会随着时间而变化，故种群大小也在发生着变化。

与本节所介绍的其他 IBM 类似，郊狼 IBM 中最重要的规则是针对那些离开当前组的个体及死亡个体。年龄处于一岁半到两岁之间的郊狼具有一定的概率离开它们所属的组（无论是主动还是被动），这个概率与组规模的平方呈正比，意味着组规模会影响到个体的扩散行为。年龄为两岁或两岁以上的郊狼则不会离开其所属的组。离开的郊狼会进入一个"临时"的池中。成年个体的死亡率被假设为年龄的非线性函数，而幼年个体有着固定的死亡率。"临时"池中个体的死亡率随着池中个体总数的增加而增大。同时假设个体产生的平均后代数随着组规模的增加而减小。所有这些规则及相关的参数值均来源于大量的野外观测。

Pitt 等人的模型通过一个基于主体的模型即 Swarm 软件来实现，这个软件不仅为 IBM 的实现提供了工具，而且利用此软件能以标准的方式来组织和描述 IBM（见第 8.4.3 节）。Swarm 模型的基本组织结构是：一个"swarm"，它是对象列表和对象所执行的活动（或行为；见第 5.9 节）的时间调度列表。Swarm 模型的标准组织方式和术语有助于高效且明确地描述模型，这在向科学界介绍模型时甚为重要（第 10 章）。以下是 Pitt 等人描述的活动调度列表。此模型以一个月为一个模拟时间步，每个模拟时间步内各项活动分别执行一次。

组活动（所有的组都需执行）：

• 检查雄性最优个体及雌性最优个体是否存在。

• 如果雌雄两类最优个体都存在，且若正处于 4 月，则会进行繁殖：产生幼体并添加到组里。虽然产生后代的个体数是随机的，但受限于组的规模。

• 检查是否有最优个体被取代：

—若正处于 12 月，且同组中存在一个竞争者（即同组中有另一个同性别的成年个体），则雄性和雌性最优郊狼均有被取代的风险。

—取代概率是一个随机函数，其概率随最优个体的年龄增加而增大。

—如果发生了取代行为，那么原最优个体被放入"临时"池中，获胜者成为新的最优个体。

• 根据每个个体的年龄和所属组的规模来更新该组中每个个体的扩散概率。

• 如果没有成年个体，则强制让年龄小于两个月的幼体死亡。

组成员活动（组中所有郊狼个体都要执行）：

• 如果年龄达到两个月，则离开巢穴。

• 如果年龄达到六个月，则从幼体变为亚优势个体。

• 更新基于年龄的死亡率，决定是否发生死亡。

• 如果是年龄小于两岁的亚优势个体，根据扩散概率决定是否要离开所属的组。

临时郊狼活动（不属于任何组的个体要执行）：

- 根据"临时"池中的个体数来更新每个个体的死亡率。
- 决定是否发生死亡。

组内最优个体更新的活动（没有最优个体的组要执行）：

- 如果组中有合适性别的亚优势个体，则年龄最大的亚优势个体成为新的最优个体。
- 否则，从临时个体中选择一个合适性别的个体成为最优个体。
- 如果没有合适的临时个体，那么从其他组中选择一个亚优势个体成为最优个体。

以这样的方式来描述模型甚为清晰、简洁，且无歧义。林戴胜和土拨鼠模型也采用了类似的模型规则（"如果……则……"），但是很难从中提取出规则和活动调度，因为各模型是按照其独有的方式进行描述的。

从这样的描述中我们也发现郊狼 IBM 在概念上亦极为简易：组与个体均使用简单的规则来执行简单的活动。"复杂性"更多的是体现在实施和分析 IBM 上，而非其假设（林戴胜和土拨鼠模型中也是如此）。在某些方面，IBM 在概念上都比解析模型要简单：任何人都能理解和探讨郊狼 IBM 的假设，而微分方程模型则可能包含难以直观理解的部分，不易与日常观察到的现实联系在一起，甚至如果没有较强的数学背景根本就理解不了模型。

Pitt 等人检测了五个输出变量来验证他们的模型：平均组大小（种群大小）、临时个体比例、（平均）后代存活率、（平均）产仔数以及雌性繁殖比例。这些变量一起组成了郊狼种群的"指纹"。在没有对 IBM 参数进行详细校准的情况下，这些变量与来自多个真实郊狼种群的相应参数进行了比对。我们发现虽然模型非常简单，但是预测结果与观测结果却惊人地吻合（表 6.2）。此外，简单的敏感度分析表明，即便参数存在不确定性，但这种预测依然相对稳健。这些分析表明此模型非常有效，足以用来解决众多种群管理方面的问题。

表 6.2 Pitt 等 （2003） IBM 的 5 个输出变量的比较。表中数值是从文献中提取出来的

输出变量	模型结果	文献值	
		平均值	范围
种群大小	525	500	420～560
临时个体比例	0.26	0.26	0.13～0.58
后代存活率	0.41	0.41	0.32～0.73
产仔数	4.1	4.6	3.2～7.0
雌性繁殖比例	0.43	0.44	0.33～0.7

Pitt 等（2003）在总结该 IBM 时提到，令人意外的是临时郊狼对于种群动态有着非常重要的缓冲作用：当种群数量增加时，临时个体的密度依赖的死亡率会有效抑制种群规模的增长；而临时个体去占领没有最优个体组中的最优位置又会使潜在繁殖率得到维持。鉴于此，一个空间明晰的模型正被开发出来，其中包含了食物供给的空间变化等其他因素（与 F. Knowlton 的个人通信），预期会使 IBM 应用于更多的管理问题。

6.3.4   总结和经验

大家肯定注意到林戴胜、土拨鼠及郊狼 IBM 都非常相似。它们都有类似的基本模型结构：其个体均属于较小的社会群体，群体内包含等级，且群体间通过个体扩散相连在一起。在每一个模型中，个体的关键适应性性状是它们为了繁殖而离开所属的群体并扩散到其他地方的规则。甚至于个体的状态变量列表亦甚为相似：即性别、年龄、最优势状态和群体。

为什么这三个模型如此相似，却分别解决了不同的动物群体和生态学问题？因为它们均反映了第 2 章和第 3 章所介绍的主要观点：通过明确关注特定系统和研究问题，并使用能够获取系统本质的特定模式来指导模型设计；基于此，我们所开发的 IBM 可以只包含系统中最不可或缺的结构和过程。例如，社会等级对于三个 IBM 来说都是非常重要的，但它们均不包含优势度竞争，而优势度竞争是 DomWorld 模型的核心（第 6.2.4 节）。因为本节 IBM 关注的问题是等级所带来的结果，而不是像 DomWorld 模型那样研究引起等级的原因，所以本节只假设模型中存在着等级。

我们之所以要选取这三个模型是因为它们都展现了 IBM 和 IBE 的优势及不足。最重要的是，如果没有 IBM，我们很难了解这些系统的重要特征和行为。集合种群的空间耦合、缓解严酷环境的能力，以及种群的内部结构（例如，群体规模、临时个体比例）——所有这些种群特性皆涌现于个体的适应性行为。同时它们与许多经典模型不同，这些 IBM 的有效性并非通过与调查数据相比拟来实现，而是将模型的各种结果与实际种群的结构模式相比较来进行验证。且这些模型不仅提供了理论上的认识，它们也足以解决许多应用问题。与认为 IBM 通常较为"复杂"的观点相反，这三个 IBM 在概念上都很简单：个体行为规则少而简，且比经典模型更加直观。复杂性源于个体间的相互作用，从而产生诸多输出结果——包括组的规模分布、个体行为、空间模式等——而不仅仅只有物种多度的信息。但是这种复杂性又不妨碍对 IBM 的测试和分析。

前面提到的不足不是诟病某个特定的模型，而是表明 IBE 其实还处于发展的早期。尽管我们在本节中探讨的三个 IBM（以及其他许多关于社会性动物的模型，例如 Lankester et al. 1991；Verboom et al. 1991；Letcher et al. 1998；Schiegg et al. 2002）在诸多方面很是相似，但它们均为从零开始设计，有自己的描述方式，且使用的术语普遍不甚完整，甚至各自在不同的软件平台中实现（见第 8.4 节）。林戴胜使用 Pascal 语言实现，土拨鼠模型使用 C++实现，而郊狼模型则是通过 Swarm 来实现的。导致的结果就是我们很难完整地对它们进行理解、比较或是重现。生态学家在实现 IBE 的过程中最重要的任务之一便是采用通用的建模概念和术语（见第 5 章），且共享软件平台使得模型设计更为简易和明晰（第 8 章）。

这三个 IBM 帮助我们看到 IBE 理论开发框架（见第 4 章）的潜在优势。本节所有的 IBM 均使用了同一个理论，即个体如何决定是否离开当前群体，从而去其他领地寻找可能成为最优个体的机会。只有在林戴胜模型中测试了备选理论；其他的两个模型则是使用了经验规则。三个模型探讨了同一个问题，这个问题也是在群居性物种和领地性物种中普遍存在的问题：个体应该留在当前群体还是应该离开？若为前者，潜在适合度的利与弊是可预见的；若是后者，则这种利弊就变得不可预测。显然，我们在第 5.4 节所探讨的以适合度要求为导向的理论可为扩散决策提供理论基础，并且这些理论可以通过本节所介绍的 IBM 及野外观测数据来进行测试。虽然我们几乎不可能找到一个能适用于所有情况的理论，但是我们可以将各种备选理论添加到 IBE 的理论工具箱中（见第 4 章）。

本节模型所阐述的最后一点是 IBM 将如何有利于将行为生态学和种群生态学整合在一起。显然，行为性状是种群动态涌现的关键。然而，林戴胜 IBM 还结合了实际种群群体规模结构的观测数据，来测试和比较行为性状的备选理论。因此，IBM 不仅可以来探讨行为的种群结果，还为测试各种行为理论提供了丰富的环境。

现在，我们基于概念设计检测列表，以更规范化的方式来描述和比较这三类 IBM。

涌现

在这三个模型中，群体特性（如每个群体中的个体数、群体的灭绝和重建等）和种群特性（总多度、种群的持续性）均涌现于扩散性状。然而，这些 IBM 也阐述了如何通过个体行为规则来强制置入系统层次的行为。例如，在土拨鼠 IBM 中，建模者假设 2 岁的个体有 21%的扩散概率，因此我们肯定 IBM 能预测出 2 岁的土拨鼠将以 21%的概率扩散。同理，可以通过个体性状强行设置某类个体（比如，不能扩散的林戴胜）的死亡率为固定的。

适应性性状和行为

林戴胜 IBM 和其他两个 IBM 在决定是否迁移的适应性性状上具有重要而微妙的差别。在土拨鼠和郊狼 IBM 中，扩散行为根据经验来建模，以在现实动物种群中观察获得的扩散概率作为随机规则。性状让个体产生我们所观察到的行为。这意味着只要被模拟的种群使用经验概率，那么 IBM 就应该能很好地模拟出扩散行为；但同时也意味着不能用这些 IBM 来研究引起扩散行为的原因，只能用它们来研究由扩散行为所导致的结果。

林戴胜的扩散性状仅部分随机：个体的扩散概率随着其年龄及其与当前群体中最优位置间的距离增大而增加。林戴胜的这个性状只有在基于适合度的决策（在下一段讨论）时才有意义：随着个体年龄的增加，或者它们未能成功接近等级顶端时，它们在死亡之前能够繁殖的可能性越来越低，故扩散逐渐成为更好的选择。因此，我们可以将林戴胜的扩散性状看作是符合直接追求适合度要求的。因为林戴胜模型至少使用了部分的机理性性状，因此可以用此 IBM 来研究引起扩散行为的原因。

适合度

适合度的概念只在林戴胜模型中有体现：林戴胜决定以怎样的频率采取侦查突袭行为。模型作者并未清晰地阐明此性状的适合度基础，但我们可以进行如下简单的推理。此性状重点关注两个适合度元素。其一是存活到能够进行繁殖，这是该性状假设"随着鸟的年龄增加，其扩散的可能性就随之增大"的依据。当鸟的年龄越来越大，它们能存活至繁殖的可能性就越来越低，所以它们采取扩散行为的概率也就逐渐增大。其二是达到能够繁殖的社会等级：由于繁殖受到抑制，故林戴胜中等级越低的个体在其所属的群体中繁殖的概率也就越小。这个元素也是该性状假设"鸟的等级越低其扩散概率越大"的基础。林戴胜的扩散性状是一个间接追求适合度指标。尽管此模型明确地考虑了生存和社会状态如何影响潜在的适合度，但是性状中并没有包含年龄及社会等级对个体繁殖概率的直接影响。

将扩散性状视作是以适合度为导向的，无疑表明某些方法可以更完整、更直接地估计（可以利用经验信息以及理论）个体所期望的最优状态及繁殖情况；适合度将如何依赖于个体当前的年龄、社会等级，或其他关于群体及所处栖息地的特征，以及为了寻找新的领地所采取的侦查频率等（Stephens et al. 2002a 实际上已经为土拨鼠创建了一个符合直接追求适合度要求的扩散性状）。在最完整的（也是最复杂的）情况下，此性状的适合度指标可能会考虑亲属选择：个体可以通过提高与其具有亲缘关系个体的存活率，以求将自己更多的基因遗传给后代。如果林戴胜个体能够继续留在其所属的群体中，那么它们就可能帮助养育最优配偶的后代（与此个体有亲缘关系）；所以说亲属选择可能是个体潜在适合度的重要组成部分。当然，测试这些更完整和更直接的适合度指标需要实际观察获取的个体及群体行为模式，但通过模拟实验能够区分各备选指标分别适用于哪些情况。

预测

本节所介绍的三个 IBM 几乎都没有明确的预测。由于它们都依赖于经验性状，所以没有明确的预测也就不足为奇了。然而，它们都使用了一个微妙的隐性预测作为扩散的基础：扩散依赖于个体为了增加繁殖概率而采取的侦查行为或离开当前群体。

相互作用

这三个模型都使用了相同类型的相互作用，即社会等级。社会等级属于间接相互作用：最优个体通过抑制其他个体的繁殖力来产生相互作用。这里的优势地位并未如 DomWorld 模型中一样被模拟为直接相互作用。相反，在具有社会等级的 IBM 模型中优势地位被视作最优个体所产生的相互作用域：最优个体阻止本群体中其他个体的繁殖。蕴含在这个相互作用域假设后的真实机制是什么呢？尽管真正决定并维持社会等级以及抑制繁殖的机制尚不明确，但是此类相互作用在较短的时间尺度内已被广泛地观察到（研究此内容是设计 Dom-World 模型的目的），并被认为是引起社会等级的原因。

土拨鼠个体的越冬生存也被模拟为冬眠群体内个体间的相互作用域：群体中的土拨鼠越多，个体的存活概率就越大。此处的相互作用机制非常清楚：一起休眠的个体越多，单个个体所消耗的能量就越少。

土拨鼠 IBM 中亦存在直接相互作用：亚优势土拨鼠能够驱逐其他领地的最优个体，是一对一的竞争。对于真实的土拨鼠，这种对最优位置的竞争可能包含攻击性的相互作用，而在 IBM 中则将其简单地描述为随机事件。

郊狼 IBM 有几种颇为有趣的相互作用域。第一，当年轻郊狼所属的当前组规模越大其离开当前组的概率就越大，这样的假设可以被认为是具有社会相互作用或竞争的体现，意味着组规模越大就越不利于年轻个体生存（或更可能是驱逐年轻个体）。第二个相互作用域是成年个体对幼体强大的影响：如果所有成年个体都离开当前组或死亡，则假设所有的幼体均将死亡。显然，这个相互作用的机制是亲代养育：不足两个月的幼体完全依赖于成年个体而生存。第三，临时成年个体的死亡率依赖于总的临时个体数，临时池中的成员数增多，则单个成员的死亡风险将发生改变。Pitt 等人提出，该相互作用的机制是：临时个体① 竞争有限资源，② 当其相遇时有可能发生争斗。密度越大发生争斗的可能性就越高。

感知

三个 IBM 表示感知亦甚为相似——即个体了解哪些信息以及它们将如何获取这些信息。假定林戴胜个体"了解"自身的年龄及其在当前群组中的等级；附近领地的最优位置是否空置；以及在侦查突袭过程中哪些领地的最优位置为空。在土拨鼠 IBM 中，假定个体知道自身的年龄和状态（是否是最优个体）；500 米范围内是否有空置领地；以及在扩散过程中，它们所经过的哪个领地为空置。同样，郊狼 IBM 假设个体知道自身的年龄和社会等级以及它们当前组的大小。另一方面，郊狼个体有以自然月为单位来感知时间的性状。然而，所有这些 IBM 均未清晰地表述感知机制，只是简单地假设个体"了解"这些变量。

随机性

这三个 IBM 最明显的特点是它们在个体性状中（以及郊狼模型中组的性状上）广泛使用了随机过程。许多关键性状都被模拟为部分随机：是否由随机数决定特定行为的执行，而行为执行的概率取决于个体特性或其环境特征。典型的案例包括① 林戴胜个体决定是否要进行侦查突袭行为是随机过程，其发生的概率取决于个体的年龄和等级；② 郊狼组能产生的幼体数量是其组规模的随机函数；③ 土拨鼠是否要离开它们的群体是其年龄的随机函数；④ 所有 IBM 中个体的死亡率均为随机事件，其概率取决于其年龄和社会状态等变量。

使用这些随机过程是因为它们是重现实际概率最简单的方式。但是为什么要使用随机过程而不直接将这些概率强制置入模型当中？例如，为什么要假定 2 岁的土拨鼠有 21% 的扩散概率，而不直接选择 21% 的个体进行扩散？为什么每年所产生的郊狼幼体数量不是组规模的确定性函数，而是随机性函数呢？

尽管作者并未明确随机化这些性状的原因，但有如下几个可能。首先，类似繁殖、扩散和死亡之类的事件是以个体性状的形式出现的，而不是由模型来控制的（土拨鼠个体自己决定是否扩散，而不是被选择扩散）。其次，随机过程可以使性状有一定的变化范围，而无须通过特定的机制去产生这些变异。在土拨鼠 IBM 中，使种群统计学过程包含这些变异尤为重要，因为模型的目的之一就是检测种群统计学变异和环境变异对种群可持续性的影响。

土拨鼠 IBM 展示了另一个常用的随机性：模拟环境变化。驱动环境变化的主要因素——冬季长度，是从观测数据的统计分布中随机抽取的。这里不直接使用历史记录的冬季长度有两个原因：随机方法允许模拟过程持续时间比使用历史记录的数据时间更长，并且允许使用不同但与现实相符的冬季长度序列来进行重复模拟。

集群

本节 IBM 所涉及的社会群体显然是集群的典型案例，但是这些集群不同于第 6.2 节内鱼群及鸟群 IBM 中的集群。这里的集群——包括林戴胜鸟群、土拨鼠群体和郊狼组——都被明确表示为模型中的实体。这些集群有着自己的状态变量：如位置、集群成员数等。

郊狼模型是集群的典型实例，因为其中几个过程涉及了集群性状，而不仅仅是个体性状。亚优势个体能取代本组中的最优个体，却没有个体性状适用于此过程；相反，组（pack）包含了最优个体何时被取代的规则。同样，临时个体能取代组内最优个体，不是因为临时个体拥有能完成此行为的性状，而是"组"选择了临时个体作为本组的最优个体。同时还假设"组"能够感知一些信息：例如决定是否发生繁殖，组已知自然月时间以及本组中是否有最优雌性和雄性个体。为了确定其最优个体是否被取代以及如何被取代，组必须知道该组是否具备符合条件的亚优势个体以及哪一个是年龄最大的亚优势个体；同时也要知道哪个临时个体具有成为最优个体的最大潜力；除此之外（若本组没有可用的亚优势个体以及没有可用的临时个体时）还需了解哪些组拥有可用的亚优势个体来填充本组空置的最优位置。另外，若组感知到该组已不再有成年个体，则判定该组内所有幼体死亡。显然，犬科动物组是由个体构成的，只有个体具有感知的能力和行为；但模型中组的性状假设合乎情理。此 IBM 隐含地做了如下的假设：组内和组之间的相互作用在时间尺度上比其以月为单位的模拟时间步要短得多，其产生的行为能很好地代表组自身的特征。对于此 IBM 所要解决的问题而言，没有必要明确描述引起这些组特征的相互作用。Pitt 等（2003）也并没有试图去解释这些组性状所代表的真实机制和个体行为，但他们仍强有力地证明了这些组性状能再现在真实郊狼种群中所观测到的重要行为。

调度

本节中三个 IBM 模拟的时间都是常规的离散时间步——林戴胜和郊狼以月为单位，土拨鼠以年为单位。然而，我们从已发表的文章中得知，只有郊狼 IBM 描述了模型中活动的调度信息。从第 6.3.4 节的描述中我们可以看到如下的活动执行列表：首先是每个组，之后是每个组成员，再次是每个临时个体，最后为缺少最优个体的组。即便如此，这个模型的调度亦不尽完整：因为我们不知道执行这些活动时组和个体的顺序。

观察

三个 IBM 最主要的输出是组内种群动态和整个种群的动态,这些可以通过观察比如每组中的个体数等变量。然而,组规模和种群可持续性的空间格局对于测试并了解林戴胜和土拨鼠模型动态是非常重要的中间结果。通常情况下,当空间格局很重要时,提供图形观察工具是不可或缺的,林戴胜和土拨鼠模型正好实现了这一点。

6.4 迁移:扩散和栖息地选择

前面所述具有社会等级制度的物种都拥有一个关键行为,即扩散。由个体决定应该离开还是留下?迁移对于几乎所有的物种来说都是一个关键的适应性行为。个体可通过移动以寻找一个更适合繁殖和生存的领地来提高其适合度;即便是固着生物也至少在生命周期的某个阶段能够移动。即便个体对其运动缺乏掌控,但是它们的扩散性状(迁移机制、扩散时机)通常都包括适应性的个体行为以及适应性进化的遗传性状。

这里我们主要区分两类运动:扩散和生境选择。其中,扩散通常被认为是一次性迁移到新的永久性居住地。例如种子从亲本植株中扩散,或动物个体从其当前所属领地离开以探索属于自己的领地。栖息地选择是具移动能力的个体不断选择并占领新的位置的过程。在这个过程中,受诸如天气、食物的产生和消耗、竞争者和捕食者,以及扩散个体自身体型和生活史状态等影响,个体适合度将随着时间和空间的变化而有所不同,故个体为了提高其适合度而持续进行迁移。

当考虑个体的迁移时,传统的种群生态学将重点放在系统水平上的迁移结果上,例如集合种群中栖息地斑块之间的扩散及拓殖率。扩散通常不是涌现于个体的适应性行为,而是通过一个固定的扩散速率或者通过经验运动模型(如各种"随机游走"模型)拟合数据来表示(Turchin 1998)。如此"强制"处理扩散的主要原因有以下几点:

(1)多时间尺度:迁移可能只需要几天、几个小时甚至只是几分钟,但是经典的种群理论中种群统计学参数的变化通常需要数个世代的时间。

(2)数据需求:我们没有足够的数据来模拟个体迁移过程的具体细节。

(3)复杂性:若需考虑个体行为的所有细节,又该如何理解生态学系统水平上的特性?因此必须要进行简化。

（4）通用性：即便在某些情况下我们能够理解个体的迁移及其影响，但这类研究针对性很强，难以从中获得普适性的结论。

而这些问题也正是我们使用 IBM 的原因。本节所介绍的实例表明我们可以通过 IBM 来解决这些问题：通过栖息地变异和个体行为之间的相互作用来解释迁移及其种群水平的结果，从而创建有用的、甚至非常通用的模型。

6.4.1　Schadt 等人的猞猁扩散模型

本案例展示了在数据匮乏的情况下，如何创建基于个体的扩散模型，以及如何参数化该模型并应用于真实的生态管理。这里研究的是欧亚猞猁（*Lynx lynx*）。20 世纪上半叶，由于猞猁的栖息地受到严重毁坏并发生破碎化，猞猁在斯洛伐克喀尔巴阡山脉（Slovakian Carpathians）以西的中欧地区完全消失（Breitenmoser et al. 2000）。然而，在 20 世纪下半叶，由于人们对土地开采和大型食肉动物的观点发生变化，使得欧洲几个国家的猞猁种群都有了缓慢的恢复。在德国，Bavarian 森林就有自然迁入的猞猁，Harz 森林也重新引入了猞猁（Wölfl et al. 2001），但是在其他地区引入猞猁一直存在争议（Schadt 2002；Schadt et al. 2002a，b）。人们所关心的问题是：在德国重建猞猁种群是否可行？为了回答这个问题，我们需要知道猞猁栖息地的位置，栖息地斑块之间的连接情况，以及在德国猞猁局域种群和集合种群的生存力情况。

Schadt 和同事们发表了一系列的研究论文试图回答这些问题。首先，通过开发栖息地模型来评估德国的生境状况是否适合猞猁（Schadt et al. 2002b）。该模型区分了繁殖栖息地、扩散栖息地、基质栖息地（matrix habitat；通常指"不友好的"、不适宜某种生物生存的栖息地）和屏障。共确定了 59 个平均面积大于 100 km² 的繁殖栖息地，其中 11 个栖息地的面积大于 1000 km²。将这些栖息地看作是扩散个体的"源"，然后创建了一个扩散模型（Kramer-Schadt et al. 2004；Revilla et al. 2004）并模拟猞猁以这些栖息地为源头开始扩散。猞猁个体在模型生境中持续扩散直至到达其他繁殖栖息地。最后将栖息地模型和扩散模型组合成一个种群动态模型，以此模型来预测种群在不同栖息地上的生存能力和拓殖能力，进而判断是否应该引入猞猁（Schadt 2002）。

这里我们只关注扩散模型。该模型在概念上非常简单：猞猁扩散的空间模式以及猞猁在各繁殖栖息地之间的成功扩散率，均涌现自栖息地类型的空间分布和个体的扩散适应性性状。这里无须考虑诸如繁殖乃至个体间相互作用等行为。实际上，扩散规则是该 IBM 中唯一的个体性状。个体需要决定① 在每一个以天为单位的模拟时间步内的扩散距离（s，经过的大小为 1 km² 的网格单元数），以及② 下一步要移向哪个网格单元。

通过从概率分布 $P(s)$ 中随机抽取 s 的值来决定个体每天移动的距离：

$$P(s) = \Phi \left(1 - \frac{s-1}{s_{max}-1} \right)^x$$

其中：s_{max} 是每天移动的最大步数，Φ 是标准化因子，指数 x 决定了概率分布的形状，较小的 x 值对应于线性分布（即个体每天移动很多的步数和移动很少的步数有相似的概率），而较大的 x 值意味着"每天移动步数较少"的概率更大。为了重现在实际猞猁种群中移动距离的日常变化，故将次规则设为随机的。

扩散性状的第二部分主要是对比猞猁如何选择下一个网格单元的两个理论。这两个理论都是部分随机的，但不同于最简单的"随机游走"模型，其假定了个体对特定的栖息地类型有着不同的偏好。网格单元的栖息地被简单地分为三种类型：扩散型（与猞猁目前所在单元格的类型类似）、屏障型（有猞猁无法逾越的城市区域或者是水流区域）、基质型（除上所述区域外的其他区域，通常是农业用地）。两个理论均假设猞猁能感知包括其当前网格单元在内的九个网格单元的栖息地类型。

根据"依赖于栖息地的游走"（habitat dependent walk，HDW）理论，与基质型栖息地相比，猞猁更喜欢扩散型栖息地。其个体迁移到邻近任何一个扩散型栖息地的概率均相同，迁移到基质型栖息地的概率则较低，迁移到屏障型栖息地的概率为零。参数 P_{matrix} 控制着个体进入扩散型栖息地和基质型栖息地的相对概率；此参数是可变的，因此进入基质型栖息地的概率变化范围：从零到等于进入扩散型栖息地的概率。

在另一个"依赖于相关栖息地的游走"（correlated habitat dependent walk，CHDW）理论中，包含了在一天内维持相同移动方向的相关因子 P_C。P_C 是将要移向的网格单元与前一次移动的方向保持相同的概率；否则，随机选择其移动方向（但在迁移方向上，停留在扩散型栖息地对选择网格单元的影响要大于相关因子的影响）。这个理论假设猞猁通过向扩散型栖息地移动来保持一贯的移动方向：猞猁预测，当其处于理想的栖息地时，只要沿着相同的方向移动就很有可能保证其仍处于理想的栖息地内。

扩散性状还包含代表猞猁空间记忆的组分：若猞猁在基质型栖息地内连续移动了 P_{maxmat} 步，则假设它能够返回到最后离开的扩散型栖息地斑块内。如果没有这个规则，那么被基质型栖息地围绕的猞猁就很难再找到一个扩散型栖息地。这个规则也可以被认为是默认预测：如果一个猞猁在非理想的基质型栖息地上移动很多步后，其预测若按原路返回而不再继续随机游走，将更有可能找到理想的扩散型栖息地。参数 P_{maxmat} 可被解释为猞猁的记忆能力，当猞猁探索至基质型栖息地后可凭借其记忆能力返回到原扩散型栖息地。一般 P_{maxmat} 赋值为 9 个网格单元，但已有研究检验过 40 个网格单元的情况。

　　为什么猞猁 IBM 的扩散性状中包含随机成分而不是假设个体能自动迁移至"最优"网格单元？像我们之前所介绍的 IBM 一样，作者并未详细陈述使用随机扩散的原因，但我们可以做出一些猜测。原因之一是猞猁常常会遇到同等优质的栖息地：如果九个单元中的六个是扩散型栖息地，但是对这六个栖息地的选择又没有其他依据，因此必须进行随机选择。原因之二是需要通过随机性来表示猞猁在感知处于不同方向上栖息地类型时的不确定性：一只游走到未知生境类型的猞猁可能会进入更糟的栖息地，因为它不知道在相反方向会有更好的栖息地。最后一个原因是扩散性状中的随机性还能反映栖息地分类上的不确定性。一个 1 km² 的栖息地可能被归类（通过遥感和地理学模型来分类；Schadt et al. 2002b）为基质型（"不友好"型栖息地），但是其中仍有许多生境适于猞猁生存，例如，可能是吸引獐鹿的草甸，也可能是一处水源。

　　扩散性状的概念基础涉及另一个有趣的问题：个体的移动至少有一部分原因是为了提高其适合度，那么该性状是否是直接以适合度为导向的？抑或是间接以适合度为导向的，模型的设计只是为了重现实际观察所得的扩散行为？尽管扩散性状某些部分的设计与适合度要求不甚相关（个体偏好于扩散型栖息地，因为相较于基质型和屏障型栖息地，扩散型栖息地具有更低的风险和更多的食物；当个体"受困于"基质型栖息地时仍可以返回原先的扩散型栖息地），而在设计此性状时主要考虑的是能使模型重现实际的扩散行为。实际上，对栖息地的分类，如"扩散型"和"基质型"的划分也是基于实际观察的：Kramer-Schadt 等（2004）定义扩散型栖息地是猞猁所偏好的栖息地类型，而基质型栖息地是猞猁要避开的栖息地类型。

　　扩散性状包括了两个备选理论，它们均依赖于几个关键的参数。为了比较这两个理论并校准各个参数，研究人员收集了瑞士侏罗山脉（Jura Mountains）6 只猞猁扩散的遥感数据（图 6.8）。模型中猞猁被释放的地点与实际的释放地点完全一致，追踪观察的时长亦与实际的观察时长完全相同。

　　乍一看，仅用来自 6 个个体的遥感数据（共 303 个位置观测值）来参数化该景观尺度的模型似乎是毫无希望的。但是，Kramer-Schadt 等（2004）通过面向模式的方法，识别数据中的多个模式并用这些模式来"筛选"模型（第 9.8 节）。以下四个模式中没有一个是特别"强健"的，例如，能区别多个备选模型的结构并参数化模型；但是，如果将它们综合在一起便能减少模型结构和参数中的不确定性。通过了筛选的模式和标准为：

　　● 栖息地偏好：至少 81% 的迁移发生于扩散型栖息地。

　　● 平均每天的移动距离：在 IBM 中个体平均每天移动距离的范围必须是真实猞猁每天移动的范围（平均值±SD：41.7±26.5 km/天）。

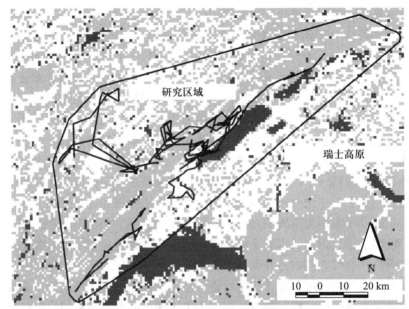

图 6.8 瑞士侏罗山脉 6 只猞猁的扩散路径。最长的观察时间达到 20 天。浅灰色网格为扩散型栖息地，深灰色代表屏障型栖息地。（资料来源：Schadt 2002）

●被避开的区域：如真实猞猁一样要避开侏罗山脉和阿尔卑斯山之间的人口稠密地区。

●每天的移动距离分布：每天移动距离的概率统计分布必须与指定容差范围内的现实观察所得分布相匹配。

所有参数的变化范围都很大，这导致 HDW 模型有 840 个参数化过程、CHDW 模型有 8400 个参数化过程。对于每一个参数化，模型需要重复 100 次以得到平均预测结果，并与上文所列的模式相比较。对于 HDW 模型，符合上述四个模式的百分比分别为：76%、58%、45% 和 26%。但所有的参数化中只有 11% 同时符合所有标准，而在 CHDW 模型中这个比例则稍高一些，为 18%。

有趣的是这些参数化过程仅降低了 P_{matrix} 的"良好"范围，而模型结果对该范围最为敏感。另一个有趣的结果是在"良好"的参数组合中，S_{max} 与 x 相关，产生高概率的短距离迁移和低概率的远距离迁移。这可能符合 Breitenmoser 等（2000）所观察到的扩散型猞猁的行为：它们会在一个猎物旁边停留长达一周的时间，随后迁移至较远的距离。

Kramer-Schadt 等（2004）还通过比较模型的结果和经验数据对 IBM 进行了进一步的分析。在"良好"的参数组合中，S_{max} 的值（每天 28~62 km）符合伊比利亚猞猁（Revilla et al. 2004）和波兰欧亚猞猁（Jedrzejewski et al. 2002）的观察数据。同样，P_{maxmat} 被限定在 5 个网格单元内（SD±4），这符合伊比利亚猞猁的观测数据（Revilla et al. 2004）。

尽管这些验证分析都不是特别有说服力，但综合这些验证可证实该 IBM 能重现实际猞猁的扩散行为。同时，分析表明这两个扩散理论在重现观察到的模式方面没有明显差异。CHDW 模型并未显著优于 HDW 模型，因此我们可以推测栖息地依赖是描述猞猁迁移的重要因素；针对移动方向的相关假定（P_c）也与数据相吻合（无须解释这点）。在该模型的后续应用中，两个理论都有被采纳（事实上，是使用了 CHDW 的规则；但当 P_c 等于零时，CHDW 等同于HDW）。当扩散模型应用于德国的生境时，Kramer-Schadt 等（2004）从定义为"良好"的参数组合中随机抽取了 100 个组合。

猞猁 IBM 模型带给我们最重要的经验是通过使用两种常见类型的数据，有助于探讨大尺度的扩散问题。这两种数据类型分别是：粗糙但空间覆盖度高的遥感数据（对栖息地而言），以及在相对较短的时间周期内对较少数个体高精度的跟踪数据。跟踪数据使我们能够测试 IBM 个体的扩散性状，然后基于遥感数据将该性状应用于大尺度空间范围内个体的迁移。即便栖息地数据相对粗糙（在空间分辨率上来说是粗糙的，但是在栖息地变量的数量和分辨率方面并不粗糙：在猞猁 IBM 栖息地模型中，土地使用这个变量对应有 7 个值），但如 Schadt 等人那样使用这些数据，我们便能去模拟栖息地空间模式对扩散的影响。

6.4.2　Railsback 等人的鳟鱼模型中的栖息地选择理论

Railsback 和 Harvey（2001，2002）的鳟鱼 IBM 旨在预测鳟鱼种群（或有多个鳟鱼物种的群落）对河流管理的响应：若我们改变河流的流量、温度或浊度，或其河道形状，抑或是食物产量，鳟鱼种群将发生怎样的变化？大量的文献和观测表明栖息地选择是生活在河流的鱼类适应环境改变的主要方式。即便是很小范围内的水域栖息地仍具有很高的异质性，鱼类能迅速发现并迁移到一个更好的栖息地。因此，在鳟鱼 IBM 中，种群动态涌现于个体的性状，而这些性状用于在多样化且动态变化的环境中选择栖息地。

因此，该模型设计最主要的问题是找到鳟鱼如何根据日复一日的环境变化来对栖息地进行选择的良好性状（Railsback et al. 1999）。研究（见 Railsback 和 Harvey 在 2002 年的综述）表明鳟鱼进行栖息地选择是为了响应食物摄入和死亡风险的变化；而食物摄入和死亡风险又受到下列因素的影响：① 栖息地变量（河流深度、水流速度、水温、浊度、捕食者的类型和密度以及用来进食和隐藏的庇护所——所有这些因素都受到河流管理的影响）；② 竞争条件（较大的鱼在栖息地内会排斥较小的鱼）；③ 个体状态（体型大小、能量储存以及生活史阶段等）。鱼类栖息地的选择经常基于经验来建模，并假定最常用的栖息地类型能提供最多的利益。然而，多数经验方法都存在一个共同的问题（Garshelis 2000；Railsback et al. 2003），即几乎不可能创建一个涵盖所有栖息地环境、竞争和个体状态的经验模型。因此，Railsback 等（1999）转而采用理论研究的方法。

在行为生态学中对鳟鱼及其他鲑科鱼的栖息地选择有着非常多的研究。Railsback 等人采用以直接追求适合度为导向的方法：假设个体能感知当前区域附近栖息地的适合度利益，然后在其中选择能提供最大适合度利益的栖息地。随之而来的问题就是寻找适合度指标，即个体用以评估栖息地适合度利益的内部模型。之前的研究中所使用的适合度指标显然不能满足该 IBM 的需求：假定个体最大化其种群增长率而忽略风险对于栖息地选择的重要性。将增长率和风险都考虑在内的方法是假设个体最小化风险与增长率之比，但该方法的假设与 IBM 明显相悖，尤其是假设所有的栖息地都提供正增长这一点（Gilliam and Fraser 1987）。因此，Railsback 等（1999）创建了将在本书第 7.4.3 中介绍的"基于状态预测"的方法来度量适合度。总之，该 IBM 假设个体通过以下步骤选择在未来的某个时间范围内，在饥饿和被捕食状态下都能提供最高存活率的栖息地：

- 确认潜在的备选目的地，这些备选栖息地网格单元均在规定的距离范围内（一般是鱼体长的 200 倍），在这个方位内鳟鱼能感知其生长条件和风险。
- 能准确感知其潜在目的地网格单元的生长及风险。
- 对于每个潜在目的地，明确预测其在未来时间内（已证实 90 天是一个较好的时间范围）除饥饿之外遭遇其他风险的概率。该预测基于简单有效却明显是错误的假设，即假定当前的死亡风险在指定的未来时间范围内保持不变。
- 对于每个潜在目的地，明确预测在指定的未来时间范围内，鱼类将遭受饥饿的概率。该预测假定（此假设同样是错误的但却有效）当前的增长率在指定的未来时间范围内保持不变。首先，鱼类预测其自身"条件"——在未来时间范围结束时，其能达到的体重与具有相同体长的健康鱼进行对比；这个预测依赖于增长率（可能是负值），以及此鱼目前的体长和身体状况。综合鱼的初始条件和其所预测的最终条件得到在未来时间范围内的饥饿风险。
- 如果是幼年鱼，还需预测在每个潜在目的地，在指定的时间范围内能否达到进行繁殖的条件，即与实际繁殖成熟条件之间的差距。繁殖成熟度被定义为鱼产卵所需的最小体长，因此在适合度指标中按照下列方法来定义：假设在生长率保持不变的情况下，在指定的未来时间范围结束时，鱼的体长与繁殖成熟时体长的比例。

● 对于每个潜在目的地，计算其整体的适合度指标（称之为"期望繁殖成熟度"，EM）：将非饥饿生存风险下的期望存活率与饥饿风险下的期望存活率相乘，再乘以与实际繁殖成熟条件之间的差距。最后个体移向具有最高 EM 值的网格单元。

这个栖息地选择理论是基于 IBM 的各子模型的，这些子模型代表了个体生长和各种死亡风险是如何依赖于栖息地、竞争和个体状态的。

该模型有一个重要的假设，即鱼类能够感知距自身体长 200 倍的空间范围内栖息地的风险状况，这是基于文献报道的：在远小于 IBM 模型中日时间步的尺度上，鱼类能够全面探索并熟悉其周围的栖息地环境。

鳟鱼通过竞争食物和避难所来进行相互作用。IBM 假设在每个栖息地网格单元中鳟鱼均存在基于体型大小的等级；此假设与野外观察相一致，即这种等级制度（有时观察到的是基于领地的等级制度，但有时不是）确实存在且通过鱼类间激烈的相互作用得以维持。由于这些相互作用发生在比 IBM 模拟时间步更短的尺度上，所以在 IBM 中用相互作用域来表示：同一网格单元中个体所能利用的食物和避难所会随着较大个体的消耗而减少。

在 IBM 中基于体型大小的等级通过调度来维持。每一个时间步内，栖息地网格单元会根据当前水流的深度、速度、温度和浊度来更新（栖息地其他变量设为常数）。之后每条鱼执行其栖息地选择性状。但此栖息地选择是按照鱼体型由大到小的顺序来执行的，一旦食物和避难所被前面的鱼选中，随后较小的鱼便不能再选择这些食物和避难所（这是一种异步更新）。在随后的活动调度中每条鱼被依次执行生长、死亡和繁殖过程。

为了验证和展示鳟鱼 IBM 的栖息地选择理论，特别是它能产生各种复杂并与现实相符的涌现行为的潜力，Railsback 和 Harvey（2002）将第 4.6 节所描述的过程按照 IBE 理论发展的框架进行了重新组织。分析结果显示，诸多实际的种群动态均能涌现于 IBM 的栖息地选择理论（Railsback et al. 2002）；并且随后该 IBM 已被用于各类河流管理和理论研究中。

从鳟鱼 IBM 得到的最大的经验，是我们可以为最重要的个体适应性性状（包括栖息地选择）找到通用的理论。基于适合度要求的适应性性状是动物行为经验模型的重要备选方案：因为一旦完成开发并通过测试，它们就可被应用于其他地方。Goss-Custard 等（2001，2002，2003，2004），Stillman 等（2002，2003）以及 West 等（2002）在水鸟的冬季死亡模型中也得出了类似经验。他们的研究与鳟鱼模型在模型开发历史、方法和结果上有很多相似之处（第 4.6 节）。

鳟鱼 IBM 是阐释本书第 4.3 节所讨论的 IBE 理论框架某些目标的极佳案例，尽管其他生态学方法也广泛用于研究栖息地选择问题。在 IBM 中实现各种栖息地选择理论（第 4.6 节）能产生许多可被检测的预测，同时也证实许多被广泛使用的理论（动物选择栖息地是为了最大化生长率，或使风险和生长之比最小化）是不符合实际的。通过模拟不同的鱼类群落和栖息地，IBM 使理论的通用性测试变得非常简单。鳟鱼 IBM 同时适用于探讨生态学的理论问题和解决实际的管理问题。实际上，这个 IBM 就是为了说明如何去解决应用问题，并迫使我们去面对传统理论的不足。

最后，鳟鱼 IBM 为我们如何确定模型结构提供了另外一个示例。在第 3 章我们强调了如何使用模式来限制模型的复杂性。在鳟鱼的例子里面，为了解释实际观察所得的栖息地选择模式，所设计的 IBM 比之前的 IBM 具有更为丰富的结构（例如，Clark and Rose 1997；van Winkle et al. 1998）。例如，许多种群动态 IBM 都将死亡率设计得极为简单，通常它只是年龄和社会状态的简单函数（如第 6.3 节所介绍的 IBM），而不考虑引起死亡的实际因素。然而，鳟鱼 IBM 需要解释小尺度上的栖息地选择，这种栖息地选择部分依赖于因栖息地和个体特征不同而产生差异的死亡率。体型较大的鳟鱼容易被陆地掠食者捕食，原因之一是它们躲在平静且水深较浅的栖息地，极易被发觉；而体型较小的鳟鱼更容易被大体型鳟鱼捕食，但其可以利用浅层栖息地来避免这种风险。为了再现栖息地选择如何随鱼类体型大小而变化的关键模式，需要 IBM 描述这两种类型的捕食风险以及这些风险将如何随水流深度和速度而变化。

6.4.3 空间明晰种群模型中的成功扩散

"空间明晰的种群模型"（spatially explicit population model，SEPM）已经与旨在"包含真实生境中栖息地复杂性"的种群模型密切结合在一起（Dunning et al. 1995）。SEPM 经常被用于野生动物管理，尤其是那些需要特殊生境的动物。其管理往往涉及栖息地改变对种群存活率的影响，因此模型必须描绘出栖息地及其对被管理物种的影响。SEPM 通常是基于个体的模型，但并非总是如此。在第 6.4.1 节中探讨的猞猁扩散模型成为 Schadt（2002）SEPM 的一部分，其他实例还有 Franklin 等（2000；猫头鹰）、Letcher 等（1998；啄木鸟）、Liu 等（1995；麻雀）、McKelvey 等（1993；猫头鹰）、Turner 等（1994；野牛和麋鹿）以及 Wiegand 等（2003；熊）。Topping 等（2003a）创建了一个通用的 SEPM（ALMaSS），被广泛应用于诸如田鼠、云雀、獐鹿、甲壳虫、獾和蜘蛛等（参见 Topping and Jepsen 2002）。

大多数 SEPM 将空间表示为一个具有单元边界和密度（即单元大小）的单元网络，其与所研究的物种、时间尺度及所需解决的科学问题相关。栖息地复杂性通常通过将网格单元归类为数种离散类型来表示，类似于猞猁模型。大多数 SEPM 假设栖息地在时间尺度上是静态的，但在模型中是可以考虑随时间变化的情况。关于栖息地的数据通常是通过地理信息系统（GIS）分析遥感数据获得，但是模拟的生境可用于研究相关的理论问题（With 1997；Wiegand et al. 1999）。基于个体的 SEPM 通常相对比较简单，主要取决于重现实际行为的随机性状。SEPM 很少直接以追求适合度为导向，有时甚至缺乏 IBM 的一些基本特性，例如，资源动态、个体间的相互作用，或者个体状态变量的变化（如大小、能量贮存）。

扩散是许多 SEPM 的关键，尤其是"扩散成功"这个问题：有多少个体能在它们死亡之前成功地从其出生领地扩散至并占据其他新的领地？关于 SEPM 与更简单模型在不确定性方面的比较，一直以来广为争议的方面就是"扩散成功"。Ruckelshaus 等（1997）分析了一个非常简单的假想的 SEPM，该模型模拟了扩散个体（在网格生境中随机移动）能在死亡前找到合适栖息地的比例。他们研究了死亡参数（每个移动步中死亡的概率）的误差（死亡率分别被高估 2%、8%、16%、24% 和 32%）对"扩散成功"的影响。结果发现能否成功扩散对死亡率的变化极其敏感，即便是死亡率只有 2% 的变化，扩散成功率也会急剧下降。这种极端的敏感性使 SEPM 的可信度和可用性遭到了严重的质疑。但因在现实中很难去观察或量化扩散死亡率，故无法对该结果进行验证。而更简单的解析模型的倡导者们发现他们对 IBM 的担忧得到了证实，甚至 IBM 的用户（包括我们自己）都同样惊诧于这个结果。

当 Mooij 和 DeAngelis（1999）试图重复 Ruckelshaus 等（1997）的模型及其结果时，他们并没有发现扩散成功对死亡率变异的高度敏感性。在原作者的帮助下（见 Ruckelshaus et al. 1999），Mooij 和 DeAngelis 发现 Ruckelshaus 等实际上模拟的是每步存活率（存活概率等于 1 减去死亡率）2%~32% 的误差。这个存活概率变化范围相当于 665%~10635% 的死亡概率误差（例如，若日存活率从 0.999 降至 0.979，减小 2%，则月存活率就从 97% 减小到了 53%）。当 Mooij 和 DeAngelis 模拟 2%~32% 的死亡概率误差时，他们发现扩散成功对死亡概率并不那么敏感，同时也证实 SEPM 的敏感性比更简单的模型要低。

紧接着，Mooij 和 DeAngelis（2003）在存在参数不确定的情况下，比较了简单 SEPM 和更简单的无空间结构模型的扩散成功。针对如下三个模型，基于较少的实际观测数据，他们估计了参数的不确定性：① 一个不包括时间和空间结构的模型；② 一个包括时间但不包括空间结构的模型；③ 一个应用了假想的空间数据的 SEPM。后面模型所拥有的参数都比前一个多，同时也比前一个模型使用了更多的观测信息来拟合参数。该分析发现，参数的不确定性并未随着模型复杂度的增加而提高，事实上 SEPM 具有最低的参数不确定性。Mooij 和 DeAngelis 认为，空间数据所提供的信息能够弥补额外参数所带来的不确定性。

这个故事有趣的一点是生态学家是否愿意接受 Ruckelshaus 等（1997）令人惊讶并极具争议的研究结果，直到 Mooij 和 DeAngelis 试图重复他们的模型和结果。类似的误解对于整个生态学以及管理者（他们要依此做出艰难的决策）的伤害都非常巨大；如果 IBM 以及相应的软件更透明，沟通更彻底，可能就不会发生这样的事情。我们将在第 10 章中关注 IBM 的沟通和交流问题，使得它能更易被理解和重复。

还应该提及的是 Ruckelshaus 等人的基本结论——即 SEPM 的结果可能对扩散死亡非常敏感——未必是错误的。扩散是许多空间分布和集合种群的关键过程，扩散所涉及的时间和风险的微小变化都有可能会影响整个种群的持续或消亡。这是一个可用 IBE 来解决的生态学问题。我们时刻要记住研究扩散成功的目的是为了试图了解栖息地丧失和生境破碎化对种群生存力的影响。不使用栖息地空间信息（这种空间信息数据通常很容易获取）来解决此类问题看起来是不可行的。

6.4.4 总结和经验

迁移——无论是偶尔的长距离扩散还是常规的栖息地选择——是一类会对种群动态产生剧烈影响的重要个体行为（Lima and Zollner 1996；Turchin 1998）。在生态学和生态管理中，迁移对了解栖息地变化如何影响种群动态来说至关重要。相比于其他的种群统计学参数，迁移更难观察和量化：为了量化迁移，我们不但要对个体计数，还必须识别每个个体并追踪其位置。此外，当我们研究迁移时假设个体不受栖息地影响是不合适的，因为有机体与栖息地之间的关系往往错综复杂。

那么我们该如何模拟个体迁移呢？传统上，SEPM 依赖于用随机性状来产生实际观察到的行为。这个方法需要栖息地重要特征的空间数据（通常栖息地被简单地分为"合适的"和"不合适的"）；一些简单的模型可能只包含关于个体如何在栖息地之间迁移的直观假设；并且至少有部分观察模式可以用来参数化和验证模型。以这种方式创建的 IBM 相对简单且易于参数化（至少在概念上是这样，但实际操作过程可能会比较烦琐），并且其在理解栖息地和种群动态关系方面必然比非空间模型更加有用。

然而，在人们根深蒂固的观念里，生态模型始终是"数字驱动"的（Hengeveld and Walter 1999），使得 SEPM（以及更为一般性的 IBM）备受争议。理论生态学侧重于数量——多度、生物量、生产力、营养流和能量流、多样性指数等——以至于当我们考虑模型时就会想到要去预测某些状态变量的精确值。当我们创建和参数化模型时，想到的只是基于数据去拟合参数，并自然而然地以为 IBM 是需要大量数据的（Ruckelshaus et al. 1997；Beissinger and Westphal 1998）。

为了避免陷入"数字驱动"的争议当中，方法之一是专注于预测和理解模式，而不仅仅是数字，正如本书中所倡导的。一旦模型能再现一组模式，且能成功预测其他的独立模式，则可认为在模拟复杂系统方面我们已经做得足够优秀了：至少在某种程度上抓住了所涉系统的属性和动态。我们将在第 9.3 节使用数据拟合参数，并在需要时进行定量预测，以解决我们建模中遇到的问题。即便如此，最好将预测视为相对而非绝对的（Burgman and Possingham 2000；Grimm et al. 2004），例如，对不同管理方案进行排序（Turner et al. 1995）。若该排序不受模型结构和参数的影响（见第 9.7 节），我们就可以据此排序进行管理决策（或许模型和分析结果显示系统非常敏感且不可预测，但这同样也是建模的一个重要结果）。

鳟鱼 IBM 展示了如何避免"数字驱动"建模局限的第二种方法：除了基于数据之外，充分利用那些测试过的理论和生物学知识。我们可以把 IBM 从"基于数据的"变为"基于知识的"。对于许多物种，我们已经掌握了丰富的信息甚至有现成的关于栖息地如何影响个体行为的模型；将这些已有信息与简单的假设相结合，去表示个体之间如何相互作用及其如何进行决策以提高潜在适合度，这样的结合通常能产生常见的迁移模式和其他重要的行为。第 5 章所介绍的 IBM 设计理念能帮助创建此类模型。

涌现

我们不能将迁移和栖息地选择视为一个物种的内在性状（一个极端），也不能将其视作完全随机的（另一个极端）。而应将迁移视为至少具有以下四个过程的涌现属性（Railsback et al. 2003）：① 栖息地影响个体适合度的机制，② 可用的栖息地类型及其空间分布，③ 个体间相互作用及竞争的方式，以及④ 种群多度和结构。任何一个或多个过程的信息都有助于解释迁移的行为。

适应性

对许多物种而言，扩散和栖息地选择对适合度非常重要。这里面有两层意思。第一，自然选择使有机体所拥有的扩散行为不太可能如模型中假设的那么简单。第二，直接以追求适合度为导向的性状能有效地表示迁移。

适合度

若想了解个体选择或避开某类栖息地的原因，那么理解图 5.2 中所描述的栖息地如何影响适合度元素则尤为重要。例如，个体的存活概率和达到繁殖状态的概率如何依赖于它们所处的栖息地？即便是最简单的机理性模型，如栖息地对能量获取和死亡风险等过程的影响，也可以有效指示期望适合度。

预测

假设个体能够预测栖息地时间动态变化的依据是什么？在评估备选栖息地的适合度利益时，个体是否考虑了未来的季节性变化，或因资源消耗和竞争增加而带来的改变？个体是否可以预测到选择不同栖息地的结果（死亡、生长和繁殖等）？

相互作用

对食物和其他资源的竞争，往往受领地和等级调控，这种竞争是一种可能会影响到迁移决策的相互作用。

感知

模拟迁移时一个最重要的假设是个体对可用备选栖息地信息"了解"的程度，这个假设应该取决于 IBM 的空间和时间尺度以及个体的可移动性。尤为重要的是需要表示出个体如何探索栖息地或感知等级：许多动物对远距离的事物、捕食者或栖息地类型有着显著的感知能力。

随机性

迁移决策中随机性的比例取决于 IBM 的空间和时间尺度，以及个体的感知能力。鳟鱼 IBM 和猞猁 IBM 提供了很好的比较。在猞猁 IBM 中，个体在较大网格（1 km）上迅速移动（有时每天移动很多步），而模拟的猞猁只能感知其邻近网格单元中的个体。因此，假设猞猁探索和选择备选栖息地的能力较弱也是合理的。此外，网格被划分为三种类型，猞猁经常是在能产生同等利益的网格之间选择。因此，假定猞猁迁移性状具有较高的随机性也顺理成章。而在鳟鱼模型中，个体是在短距离（它们可在几秒或几分钟内穿越）和长时间尺度（1 天）上进行选择；真实的鳟鱼确实是在不断地探索其周围环境。因此，如果假设鳟鱼的迁移是随机的，可能会极大地低估了它们真实的迁移能力。而假设其能感知和选择最佳网格单元则更为合理。

6.5　假想种群的调节

到目前为止，本章所探讨的模型均旨在了解真实有机体的行为，但是 IBM 的能力还远不止于此。在本节及下一节内容中我们将创建更多基于经典生态学理论的 IBM，而不再针对某特定的生态学系统。基于 IBM，解决经典种群模型的核心问题，即种群调节：种群规模增大或减小的内在机制是什么？个体差异及引起个体差异的资源分配模式对于种群调节有多重要？是否能像经典模型一样忽略个体间差异？若不能忽略个体间差异，则其是否是影响种群动态的一个重要因素？最重要的是，具有个体差异的 IBM 是否能产生与经典模型相同的结果，或者它们是否会使我们对经典模型产生怀疑？

为了与经典模型进行比较，IBM 需要包含经典模型中的某些设计要素，主要包括：所模拟的物种是假想的，且不针对特定的物种；不考虑空间因素，因此个体之间的相互作用（资源竞争）是全局而非局部的；不考虑与其他物种的营养级关系；除资源之外的环境因素均被假设为保持不变。

6.5.1　Lomnicki 的不均等资源划分模型

Adam Lomnicki（1978，波兰生态学家；见第 1.4 节）是第一个研究个体差异对种群调节重要性的工作的人，他集中讨论了不均等资源划分的问题。在个体数为 N 的种群中，如果个体排序是 $x = 1$，2，……，N，那么第 x 个个体所摄入的食物量 $y(x)$ 被假定为：

$$y(x) = a\left(1 - \frac{a}{V}\right)^x \tag{6.2}$$

参数 a 为个体最大食物摄入量，V 是总的食物量，假定 $V > a$。此公式描述了不同等级个体间不均等的食物划分。同时，当食物量不足时这种资源划分的不等性会增加。模型中假定每个模拟时间步内（1 代）食物的生产量是恒定的。

假设个体之间不均等的资源划分依赖于可用的食物量，这是经典的分摊式竞争（scramble competition）和掠夺式竞争（contest competition）概念的重要发展（Begon et al. 1990）。在传统模型里面，将竞争类型（分为两种：分摊式竞争或食物均等划分，以及掠夺式竞争或食物不均等划分）强制纳入系统，使其作为系统的内部属性之一。但在 Lomnicki 的模型中，随着食物量减少，竞争类型从分摊式竞争转化为竞争强度越来越激烈的掠夺式竞争。

　　尽管其所描述的食物划分中包含了离散个体的概念，但他并未对个体行为进行建模。取而代之，只是计算了那些摄入足量食物以满足繁殖需求的个体总数 N（用两个耦合的差分方程来表示），以及整个种群所消耗的食物量。

　　该模型的主要结果是不均等资源划分有利于稳定种群动态：食物量和种群规模最终都达到了平衡状态。然而，Lomnicki 的主要结论是不均等资源划分提供了与适合度概念相一致的个体迁出解释：在当前栖息地未能获得足够资源的个体若选择迁出则仍然有繁殖的机会，但是这需要迁出个体承担相应的风险。

　　Lomnicki 模型使得人们重新思考种群调节及其对其他过程（例如，迁出）的重要影响。然而，由于 Adam Lomnicki 选择了经典的差分方程作为框架来进行模拟，所以该模型无法完成我们希望在 IBM 中实现的事情：从更底层来观察种群动态或将模型与真实种群相关联。同时，该模型也不能解决如下问题：种群结构随时间推移如何变化？公式 6.2 是否能合理描述资源划分？促使种群稳定的内在机制是什么？当可用食物量较低时，部分个体对食物的垄断使得并非所有个体都同时处于饥饿状态，但为什么这个机制会有利于种群的稳定？

6.5.2　Uchmański 的种群调节和个体差异模型

　　Janusz Uchmański 同样来自波兰，同样是基于个体建模的先驱。他的研究受到 Lomnicki 模型的启发，但是 Uchmański 试图寻找引起资源划分不均等的原因并为其寻找实际证据，而非如公式 6.2 那般简单。个体间的竞争是"对称"的（个体的资源所得与其体型大小呈正比）还是"非对称"的（体型较大的个体与较小体型的个体相比，具有更大的获取资源的优势）（Weiner 1990）？在研究此问题时，Uchmański（1985）收集了个体的体重和体型分布数据作为竞争模式的间接指标，即假设对称竞争会导致一定的均衡体重和体型分布；而非对称竞争则会导致体重和体型分布的偏斜，在这种情况下大多数个体体型较小，只有少数个体体型较大。当资源水平较低或者种群密度较大时，个体体重和大小分布将趋于偏斜，这表明在资源稀缺的状态下竞争将更不对称。或许该模式的普适性比 Uchmański 所假设的模式（Latto 1992）更低，但是这种情况在许多物种和环境条件中都是存在的。

　　之后，Uchmański 创建 IBM 进一步探索资源划分和竞争模式对种群调节的影响（Uchmański 1985，1999，2000a，b）。这些模型是探讨模式会如何影响模型设计（见第 3 章）的典型案例。Uchmański 主要关注于资源划分对个体体重分布和种群调节的影响，因此与 Lomnicki 不同，他必须要构建一个能产生有机体体重分布的 IBM。在模型里，个体被表示为具有体重和年龄的离散实体。该模型中的种群世代不重叠。每个个体的初始体重 w_0 抽取自正态分布，其均值和方差均在指定范围内变化。所有个体均按以下简化的能量平衡（生物能量学）公式生长（Reiss 1989）：

$$\frac{dw(t)}{dt} = a_1 w^{b_1}(t) - a_2 w^{b_2}(t) \tag{6.3}$$

公式中第一项为同化（即食物摄入）速率，第二项为呼吸速率。在食物量 V 可变的情况下，参数 b_1、a_2 和 b_2 保持恒定，但控制同化速率的系数 a_1 可随 V 和初始体重 w_0 发生变化，如下所述。

在每个世代结束的时候，只有达到体重阈值的个体才能进行繁殖。与 Lomnicki 模型假设产生的食物量恒定类似，该模型假设繁殖个体产生的后代数与其最终体重呈正比。不同于公式 6.3 所示的那样，Uchmański 假定每个世代内的资源水平 V 保持不变。因此，他能直接计算每个个体最终的体重 w_{end}：

$$w_{end} = \left(\frac{a_1}{a_2}\right)^{\frac{1}{b_1-b_2}}$$

其中，初始体重 w_0 通过影响同化速率 a_1 隐含在上面的公式里。Uchmański（1999）通过比较不同的 a_1 子模型来观察不均等资源划分对种群调节的影响：

$$a_1 = a_1(w_0, \ V)$$

在假定个体无差异的"零模型"中（比如有相同的 w_0 值，因此所有个体食物摄入都是一样的），个体规模呈指数增长，种群最终会因资源过度消耗而灭绝。虽然随机死亡率能产生种群多度的循环，但循环的振幅会逐渐增加，至三四个循环后种群还是会灭绝。只有通过引入能量摄入方面的个体差异才能使物种长时间持续下去。Uchmański 对多个 a_1 子模型（Uchmański 1999，2000a，b）进行了测试，尽管在有些子模型中灭绝时间很长，但所有的子模型都产生了很宽的且不断增长的多度振荡，最终导致物种灭绝。

Uchmański 的 IBM 没有证实 Lomnicki 所发现的不均等资源划分会导致种群调节趋于平衡的结果。Uchmański 的模型并未产生平衡态，反而有强烈的振荡，使得每个周期中物种都存在灭绝的风险。另一方面，与 Lomnicki 的发现不同，其种群维持时间和个体初始体重差异之间的关系并非单调线性的，而是个体之间初始体重的中度程度的差异会使得种群维持时间最长。

Uchmański 模型促使人们去研究个体差异对种群调节的潜在影响和重要意义。但是，每个世代内资源量恒定的假设是一个严重的不足，该假设会导致种群调节只能发生在世代之间。实际上，资源枯竭可能发生在小于一个世代的时间范围内，而每个世代内的调节可能会产生不同的动态。因此，Grimm 和 Uchmański（2002）构建了一个与 Uchmański 模型基础版本相同的 IBM，不同之处在于在该 IBM 中个体生长、资源消耗和种群调节都发生在短于一个世代的时间步内。下面列出这两个模型一些主要的不同：

• 每个模拟时间步内，个体的同化速率会受到最大摄入量的限制，并随可获取食物总量的减小而降低。当可获取食物量较高时，所有个体都接近其最大同化速率，但是随着食物的减少，小个体同化速率降低得比大个体要更快。

• 食物产量、个体生长和可获取食物都按原始模型进行计算，但是时间步要短于一个世代。

• 引入饥饿作为世代内的调控机制。当个体的体重下降到其先前最大体重的指定百分比时，则认为它将死于饥饿，并在下一个时间步开始前从种群中移除。

该模型产生了每个世代的个体体重分布，其随个体多度和可获取食物量的变化而变化。若初始食物量较高而多度较低，则所有个体均迅速生长并繁殖（图 6.9a）。若初始食物量较低，则个体体重分布较宽，因为体型较小的个体可获取的食物较少，所以生长速率小于体型较大的个体（图 6.9b）。当初始食物量和多度都很高时则会产生非常有趣的结果：开始时食物量迅速下降，导致许多体型较小的个体因饥饿而死亡（图 6.9c）；同时这种死亡大幅降低了食物消耗，从而使那些存活下来的个体即初始体重占优的个体得以继续生长。

当在更多世代中观察这个 IBM 的种群动态时，我们观察到了比早期 Uchmański 模型更为丰富的结果。当食物产量和对饥饿的脆弱性都相对较低时（个体重量降至先前最大值的 15%，即死亡），模型表现出与 Uchmański 原始模型类似的发散振荡（图 6.10a）。饥饿仅在多度达到峰值时起作用。如果食物产量增倍（图 6.10b），则振荡幅度变小，因此种群维持的时间较长。若饥饿脆弱性更高（只要个体重量降至先前最大值的 5%，即死亡），则种群被限定在较窄的范围内并持续较长时间（图 6.10c）。最后，如果个体重量的初始差异有所减小，那么消耗的食物量就会增加，每一代都会有饥饿发生，多度则非常稳定（图 6.10d）。Grimm 和 Uchmański（2002）同时也发现如果世代之间时间间隔较短，饥饿机制就无法很好地调节种群，那么循环会变得很大从而导致物种的灭绝。

此 IBM 表明种群可以通过发生在不同时间尺度上的过程来调节。在该案例中，繁殖速率作用于世代尺度而饥饿则作用于更短的时间尺度上。在模型中，这两个过程的相对重要性取决于个体饥饿的脆弱程度和世代长度。两者通过当前的食物量相联系，此食物量反映了当前存活个体的短期资源消耗程度以及在前面几个世代内个体的资源消耗情况。

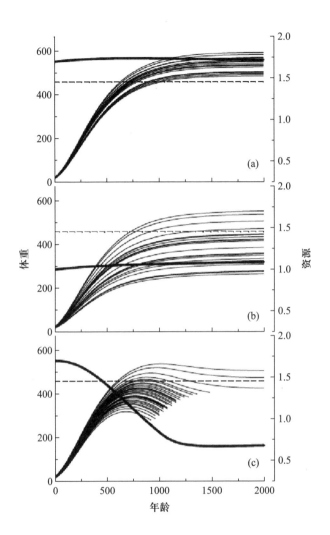

图 6.9 一个世代内的个体生长（细线）和资源有效性（粗线）。虚线表示世代结束时（$t = 2000$）能够繁殖的临界体重。更多细节请参考正文。（资料来源：Grimm and Uchmański 2002）

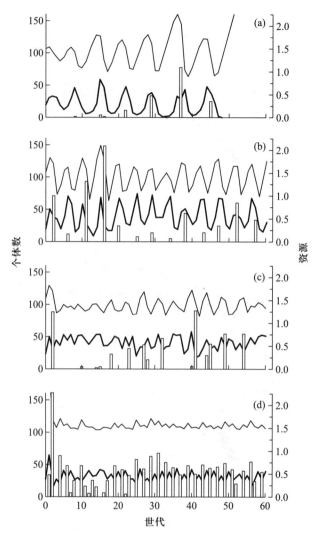

图 6.10　世代结束时能存活下来但并不一定繁殖的个体数目随时间的变化（靠下的粗线），以及在每个世代开始时的资源 V 的动态（靠上的曲线）。垂直的方框表示死于饥饿的个体数目。（a）用于比较的参数设置；（b）倍增的资源产量；（c）跟（b）类似，但假定个体挨饿前损失 5% 而非 15% 的最大体重；（d）跟（c）类似，但个体吸收率的变异范围稍微有所降低。（资料来源：Grimm and Uchmański 2002）

与无世代重叠的经典模型相比，Grimm 和 Uchmański 的模型有一个非常重要的不同点：在经典模型中，如果调节强度较大，种群就会出现混乱的波动（称为"确定性混沌"；May 1976）。Grimm 和 Uchmański 声称其模型从未产生过类似的现象。经典模型中出现混沌现象的先决条件很大程度上是因为模型设计中的人为因素：为了产生混沌动态，模型不但要有强大的调节机制，而且当前种群规模对种群调节的影响存在着时滞。因此在经典模型（以一个世代作为时间步）中可能会出现混沌，但混沌不太可能出现在通过资源竞争和饥饿等机制来实现世代内调节的模型中。

6.5.3　Ulbrich 等的社会性蜘蛛模型

Ulbrich 等（1996）的 IBM 虽然受到 Uchmański 模型的启发，但他们关注的是真实的物种：出现在纳米比亚的社会性蜘蛛。*Stegodyphus dumicola* 群体通常包含几个到数百个个体（Seibt and Wickler 1988）。同一群体内的个体共享蛛巢并一起编织较大的蛛网来抓捕可以独享的小型昆虫或可与其他个体分享的大型昆虫。即使群居蜘蛛属于同一年龄组且性别相同，体型仍有所差异。

此 IBM 所要研究的问题与 Uchmański 的相同：个体水平的机制，如竞争食物的模式，如何影响个体的体型差异及群体动态？

Stegodyphus dumicola 具有非世代重叠的生命周期，一年为一个世代。雌性个体只有体重达到阈值（120 mg）后才能繁殖，因此个体在生长率上的差异导致了它们在繁殖时间上的差异，进而影响了后代体重的差异。通常出生较早的个体体重比出生较晚的个体更大。该 IBM 用日时间步来模拟这些动态，并假定每日可获取的食物量是随机的，但由于每只蜘蛛都会对蛛网有贡献，所以日可用食物量会随着蜘蛛个体数的增加而增加。

日食物量通过不同的方式（掠夺式或分摊式）分配至蜘蛛个体。在掠夺模式中，体型最大的蜘蛛优先获得日需资源，然后为体型次之的个体，依此类推直到无可用食物。分摊模式与之相似，但个体每日获得资源的顺序是随机的。之后 IBM 模拟个体获取食物后的生长和繁殖行为。

蜘蛛 IBM（Ulbrich et al. 1996；Ulbrich and Henschel 1999）证实了 Uchmański 模型的结果。掠夺式竞争导致个体体重差异较大，而在分摊式竞争中这种差异较小（图 6.11）。当可用食物资源较少时，没有一只采用分摊式竞争的个体能达到繁殖阈值，但是采用掠夺式竞争的部分个体能够存活下来。最终导致采用掠夺式竞争的群体平均寿命更长。

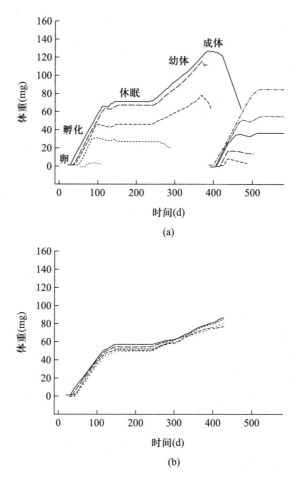

图 6.11 在 Ulbrich 等（1996）的蜘蛛 IBM 模型中，当食物水平较低时 5 个随机选择的个体（一个世代内）的生长轨迹。（a）掠夺式竞争；（b）分摊式竞争：由于没有雌体达到繁殖所需的条件，一个世代之后所有蜘蛛都灭绝了。（资料来源：Ulbrich et al. 1996）

6.5.4 总结和经验

读者一定感觉到了本节中的模型与之前所介绍的 IBM 有很大不同。同时，我们也并不打算将本节的模型纳入 IBE 框架，即理论发展循环、面向模式的建模及设计理念。为什么？因为之前介绍的模型都属于 Grimm（1999）所谓的"实用"（pragmatic）模型：所有的 IBM 都是为了解决特定生态学系统中的具体问题。相反，本节中 IBM 属于"范式"（paradigmatic）模型——这种模型是为了探索和比较种群生态学的一般范式。例如，是什么在调节种群？资源划分如何影响个体差异、种群循环及种群持续性？尽管有些实用模型可以用来解决这些范式问题（例如，在第 6.3.2 节和 6.4.2 节中介绍的土拨鼠和鳟鱼模型），但是这类实例并不多（Grimm 1999）。因此，本节 IBM 主要是为了研究经典模型所关注的那些范式问题。

范式 IBM 一定程度上继承了经典生态模型的部分缺陷。因为 Lomnicki (1978)、Uchmański (1985, 1999) 和 Grimm 和 Uchmański (2002) 的模型都致力于研究通用问题而不涉及具体系统，所以模型也不能被测试和验证。这些模型不考虑空间且假定竞争为全局的，因此，目前还不清楚这些 IBM 中的调节机制是否适用于拥有局域资源竞争和空间变异的真实系统。同时，也没有考虑环境效应。这些 IBM 不包含适应性行为：竞争和资源消耗通过系统水平的规则来强制执行，而非涌现于个体决策。虽然我们可以从这些模型中得到不同资源划分方式的结果，但无法了解产生不同资源划分方式的可能机制。这些 IBM 如同其对应的经典模型那样不关注任何特定的系统，因此具有一定的普适性，但其实用性还是一个悬而未决的问题。

尽管如此，这些范式 IBM 仍然有用。它们指出了在模拟具体系统时那些需要我们注意的重要问题和过程。我们从有关种群调节的 IBM 中得到的最为有用的经验是种群动态与个体资源划分方式是紧密联系在一起的。我们现在知道在 IBM 中研究种群调节时需要很好地表示出资源划分；并且在 IBM 中对与竞争和资源划分相关的各种性状进行测试和比较时，观察其对种群调节和可持续性的影响也非常重要。Ulbrich 等（1996）的蜘蛛 IBM 展示了这种普适性在特定种群中的重要作用。

6.6　与经典模型的比较

基于个体建模的先驱们从一开始就意识到 IBM 的主要优势在于其能够解决经典模型无法解决的问题（见第 1.4 节）。因此，比较 IBM 和经典模型在解决同一个问题时的优劣就显得非常自然（第 10.4.1 节）。本节我们将对几组模型进行这类比较。

为什么要对这样两类完全不同的模型进行比较？第一，为了"验证"：如果基于个体的模型和经典模型均能产生某个重要结果，那么会让我们确定该结果是可信的。第二，为了检测经典模型，因为经典模型很难通过真实系统来测试。一方面需要大量野外数据来参数化种群模型，另一方面也是由于经典模型的某些假设明显与真实系统相悖（例如，假设相互作用是全局的，忽略环境变异等）。用简单的 IBM 来测试经典模型的输出，从而使建模者修正经典模型的假设。第三，忽略真实系统去理解两种模型的差异。同一个系统分别用两种模型表示会有什么不同？模型结果的差异是否是根本性的？或者基于个体的模型仅仅只是添加了一些细节，而这些细节可以通过修改经典模型来实现（第11章）？

本节所探讨的模型实现了上面所述的所有目的，但我们将把重点放在第三条上，即比较两种模型。前两个实例从经典模型出发，进而与特别设计的 IBM 进行比较。第三个实例与之相反，是从一个完整的 IBM 出发，并思考如何在不改变其关键特性的条件下将其简化为经典的模型。

乍看起来，这两类种群模型的比较似乎轻而易举，但大多数 IBM 在许多方面不同于经典模型，所以直接比较几无可能。因此，我们通常会创建一个或数个模型，以较为简单的方式将 IBM 的某些元素（例如，空间、离散的个体等）添加到该模型所对应的经典模型当中。我们接下来将要探讨的 Donalson 和 Nisbet（1999）及 Law 等（2003）的模型均采用此方法。第三个实例，即 Fahse 等（1998）的研究，是目前我们所知道的唯一一项始于 IBM，却不是为了进行模型比较的工作。其主要目的是为了理解该 IBM 与简单的数学模型之间的关系。

6.6.1　Donalson 和 Nisbet 的捕食者-猎物模型

Donalson 和 Nisbet（1999）模型目的是为了研究经典的洛特卡-沃尔泰勒（LV）捕食者-猎物模型中的两大局限性：第一，LV 模型假设相互作用对所有的个体都产生相同的影响，如果个体均匀混合在一起，那么相互作用为全局而非局部的。显然这个假设在大型系统中是不成立的，因为个体只与周围的邻近个体相互作用，而这些个体只占整个种群中很小的一部分；另一方面环境和种群密度的空间变异也会影响相互作用（de Roos et al. 1991）。第二，LV 模型用了固定的出生和死亡参数，但实际上出生和死亡是离散事件，并且个体之间的繁殖力也是不同的。对于个体数量较大的种群来说，这种基于固定速率的方法所产生的误差相对较小，但是对个体数较小的种群来说（或时间和空间上）这种方法则有可能产生很大的误差。

Donalson 和 Nisbet 比较了三个模型：LV 模型、随机出生-死亡模型（SBD），以及空间明晰的 IBM。用于比较的基准模型是一个与密度无关的 LV 模型（如，Wissel 1989；Roughgarden 1998），它具有中性的稳定属性：捕食者和猎物的多度均为周期性波动，其平均值由模型的平衡解来决定，而其振幅则由初始多度决定。该模型的三个关键参数对应三个重要的种群统计学过程：猎物种群的增长、捕食者的死亡和捕食过程（用死亡的猎物数来表示，它也会引起新捕食者的出生）。

SBD 模型旨在模拟与 LV 模型相同的过程，同时在种群统计学过程中考虑了时间变异。此模型将出生和死亡的离散事件放置在每个个体上，因此种群大小是一个整数（见 Stephan and Wissel 1999）。随机性用来表示三个种群统计学过程中的时间变异。此处 SBD 模型将出生、死亡和捕食看作是随机事件，既不将其看作是种群水平上的比率（一个极端：对应于 LV 模型），也不模拟具体控制个体繁殖和死亡的过程（另一个极端）。这些过程服从指数分布模式，能产生与基准 LV 模型相同的平均猎物出生率、捕食者死亡率和捕食率。SBD 模型使用连续的时间（而不是离散的时间步）和动态调度：分别从三个指数分布中随机抽取一个值以决定下一个猎物出生、捕食者死亡和捕食事件发生之前的时间（Renshaw 1991）。当每个事件都被执行后，种群大小得以更新，三个指数分布又重新被参数化。

第三个模型是基于个体的，是专门为了与 LV 模型相比较而设计的，故其并不代表真实的种群。该 IBM 也并不完全符合第 1 章中"基于个体"的模型准则：此 IBM 既不考虑生命周期也不考虑资源动态，个体之间除了其所处位置外也再无其他差异。该 IBM 与本节 SBD 模型之间的唯一差别是在 IBM 中为种群统计学过程添加了空间变异，故种群中的每个个体都被表示为离散的独立个体。空间内的个体有两个矢量属性：位置和速度。空间中的个体均以直线移动，直至到达方形空间的某一个边，之后其随机调整方向以继续移动。

类似于 SBD 模型，IBM 也属于事件驱动的模型；由于每个个体均是确定的，故逐个计算个体执行下一个事件的等待时间。下一次出生（猎物个体）或死亡（捕食者）事件的执行时间从指数分布中随机抽取。相互作用被模拟为捕食者与猎物的相遇。假定捕食者只能感知和捕食指定范围内的猎物；捕食事件发生后猎物死亡而捕食者得以繁殖。捕食者及猎物的后代均随机分布在其父代周围。调度同样发生在连续时间尺度上：每个个体决定其下一个事件（出生、死亡、捕食）发生的时间，并将这些事件置于列表之中等待执行。因理解空间影响是该模型的主要目标之一，所以要求 IBM 能显示捕食者和猎物随时间变化的空间位置。

三个模型均采用一致的方法以求尽可能直接地进行比较：LV 模型的比率参数在 SBD 模型中被解释为概率，并在 IBM 中使用相同的概率值，只是在 IBM 中添加了个体身份信息和明晰的空间位置信息，以及个体之间的局域相遇行为。该设计使三个模型均呈现相似的动态即众所周知的捕食者-猎物模型。

Donalson 和 Nisbet 用精心设计的模拟实验来对模型进行分析，正如我们将在第 9 章中介绍的。他们用于比较模型的主要指标是种群的持续时间（平均灭绝时间），并观察持续时间将如何随系统大小（面积）而变化。在 LV 模型中，种群持续时间是无限的，因为其不会灭绝。在 SBD 模型中，持续时间随系统变大而线性增加。究其原因是周期性振动的相对振幅稳定且独立于其系统大小。因此，振动周期的最低点和零点之间的平均差异会随着系统大小的增加而增加（Stephan 和 Wissel 在 1999 年也提到了这点）。SBD 模型的随机性会使得每个周期里的最低点在平均最低点附近变化。因此，这个平均最低点相对零点越大，平均灭绝时间就越长。

就小系统而言，空间明晰的 IBM 与 SBD 模型具有相似的行为。因为小系统的空间影响较小，其个体可以与其他所有个体发生相互作用，故其符合非空间模型的假设。在中等大小的系统里，IBM 种群的持续时间比 SBD 模型的要短。相反，在较大系统中，IBM 种群的持续时间却比 SBD 模型的要长。因此，空间影响会使中等大小的系统不稳定，却能有利于维持较大的系统。

Donalson 和 Nisbet 使用了多种方法来理解这些空间影响，包括可视化、统计学以及模拟实验。这里我们只介绍可视化和模拟实验两种。图 6.12 显示了三个连续周期内捕食者和猎物的空间分布。在周期 1 中，捕食者和猎物的空间

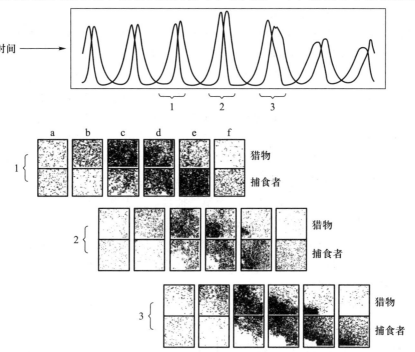

图 6.12 在 Donalson 和 Nisbet（1999）IBM 中猎物和捕食者的时间序列和空间模式。对应 3 个时间段（1，2，3），给出了猎物和捕食者在 6 次事件中的空间分布模式。这些事件分别为：（a）总个体数最少的情况，（b）捕食者数目最少的情况，（c）猎物数目最多的情况，（d）猎物和捕食者的个体数最多的情况，（e）捕食者数目最多的情况和（f）猎物数目最少的情况。（资料来源：Donalson and Nisbet 1999）

分布仅有轻微的非随机性，而在周期 2 和 3 中，迅速出现了很多的空间"波"。特别是在周期 3 中，捕食者和猎物之间在空间上几乎完全分离，因为高密度的捕食者使猎物在大范围内完全消失。更进一步的实验表明，类似周期 2 和 3 这种非随机的空间分布是一个稳定化的过程：因为非随机的空间分布会导致较低的周期振幅。

该模型中的空间效应是微妙的，作者承认尽管他们能够明确一些稳定化及非稳定化的机制，但他们无法完全解释中等大小系统的持续时间低于非空间模型的原因。然而，对于该 IBM 而言，更为根本的问题在于其所假定的诸如同质空间、线性移动以及无环境影响等方面。作者注意到这些假设的微小变化确实会引起系统动态的显著改变。这一观察使人们对模型结果的稳健性产生了怀疑。此外，尽管该 IBM 能涌现复杂的动态，但其个体缺少适应性行为：猎物并没有采取任何措施来躲避捕食者，且捕食者也不会因为对食物的需求不同而改变其行为。我们认为，一个基于真实种群且其个体具有适应性性状的 IBM 可能会比 Donalson 和 Nisbet 的模型更加稳健。

然而，如果 Donalson 和 Nisbet 真的构建了一个较为符合实际的 IBM，那么他们可能也无法使其与 LV 模型进行直接比较。若为了尽可能模仿基于常微分方程的经典模型而设计的 IBM 缺乏稳健性，则常微分方程模型本身的稳健性又会如何呢？ Donalson 和 Nisbet（1999，2506 页）指出："通过与结构不明晰的常微分方程模型进行比较，我们发现即便是采用如 LV 模型那般简单的相互作用，常微分方程也只是众多可供选择的方法之一。这个结果令人怀疑常微分方程模型的稳健性。如果基于个体的空间模型因模型实现方面的选择（例如迁移模式的选择）而不稳健，那么与之相关的常微分方程模型也同样不稳健。"经典模型的简单性和通用性或许也只是流于表面。

6.6.2　Law 等人对逻辑斯蒂方程的分析

Law 等（2003）发表了一篇论文，其目的和方法都与 Donalson 和 Nisbet 的研究非常相似，但研究的是另外一个经典的模型。逻辑斯蒂方程是生态学经典理论中最古老的理论之一，它模拟了种群如何从低密度增加至高密度，最终达到固定"容纳量"的过程。与洛特卡-沃尔泰勒模型相似，逻辑斯蒂方程假设个体之间的相互作用（指种内竞争）发生于种群水平，即个体与其他所有个体均发生相互作用。Law 等人通过将逻辑斯蒂方程的结果与具有局域相互作用和空间变异的 IBM 结果进行比较以检验逻辑斯蒂方程的假设。

Law 等人所使用的 IBM 也与 Donalson 和 Nisbet 的相似，除了包括了种群统计学过程在空间和时间上的变化，其余部分尽可能地与经典模型保持一致。

两者均使用了连续的时间和空间，并为出生和死亡过程构建了随机模型，以产生与逻辑斯蒂方程相等的平均出生率和死亡率。所不同的是，Law 等人的 IBM 是基于植物而非动物的。只有新个体出生后才会发生扩散行为：新个体被随机地放置在父代附近的位置，之后便不再移动。相互作用以局域密度影响个体死亡率的方式来表示：个体的死亡率会随着种群密度的增加以及与相邻个体距离的减小而增加。

在对该 IBM 的分析中，Law 等人以种群随时间的变化轨迹作为比较的内容：IBM 的种群密度变化轨迹与逻辑斯蒂曲线之间呈现出怎样的相似性？以及最终种群密度是否达到与逻辑斯蒂曲线相同的"容纳量"？Law 等人改变某些参数并重复进行比较，这些参数控制着新个体的平均扩散距离以及影响死亡率的平均距离。但逻辑斯蒂方程本身没有这些参数。

分析发现，扩散和竞争参数对种群密度的变化轨迹有着巨大的影响。在一个极端情况下，当扩散和竞争均发生在短距离范围内时，种群会减小到零，而非呈现逻辑斯蒂轨迹：尽管个体形成了一个很小的群体，但是群体内的死亡率非常高。在另一种极端情况下，即当扩散距离很远而竞争距离很近时，种群达到了平衡状态，但其容纳量远高于逻辑斯蒂方程的预测。当扩散和竞争距离均很远时（近似于全局扩散），IBM 与逻辑斯蒂方程的预测结果非常吻合。因此 Law 等得到了与 Donalson 和 Nisbet 相同的结论：经典模型本身是不稳健的，它们所忽略的过程对其结果影响巨大——例如在逻辑斯蒂方程中，这些被忽略的过程不仅影响着种群轨迹的形状，还影响着种群轨迹的方向。

6.6.3 Fahse 等的模型中的时间尺度划分

Fahse 等（1998）的 IBM 模拟了南非半干旱草原（Nama-Karoo）的云雀。创建这个模型主要有两个原因：一方面检验该云雀最优的搜索（searching）及成群策略，另一方面是更好地为其设计保护区（Dean 1995；Fahse et al. 1998）。云雀通常以小群体移动来寻找适合繁殖的草地栖息地斑块（Dean 1995）。这些小栖息地甚为罕见且持续时间也非常短暂，仅在雨后出现，是典型的斑块化生境。这些草地斑块的平均大小为 3.5×3.5 km^2，其能为雏鸟提供食物和避难所。然而，云雀必须在找到斑块栖息地的两周内成功完成繁殖，否则在雏鸟成熟前这些斑块就已经干涸。因此，云雀所处的环境是一个在适合繁殖与不适合繁殖之间持续转变的镶嵌体（图 6.13）。一旦鸟群发现一个适合的栖息地，那么繁殖季也随之开始。鸟群规模随时间和空间的变化而改变，这依赖于繁殖、死亡及其他一些行为（鸟群会分裂或合并）。假设较大的鸟群找到繁殖区的概率较高，但随着鸟群的进一步增加，其对食物的竞争亦会导致繁殖成功概率的下降。

在该 IBM 中，空间和时间是离散的，用天作为模拟时间步。空间表示为
50 个单元格×50 个单元格的网格，代表了草地斑块的平均大小。哪些单元格
在何时变成不适合繁殖的草地斑块均为随机产生。新的草地斑块在两周内要么
被鸟群发现，要么因不再适合繁殖而重新变为不适宜生境（图 6.13）。

图 6.13　随机产生的草地斑块的时空动态，实心的方框表示适合于繁殖的斑块，圆圈表示
正在寻找斑块的鸟群，十字符号代表鸟群正在繁殖的地点。圆圈外面的方框表示鸟群的
"视野"。在 $t=1$ 时刻，图形底部的箭头表示该鸟群在 $t=2$ 时间将一分为二。在 $t=1$ 和 $t=4$
时刻，图中的箭头也表示能被鸟群所发现的草地斑块。模拟时间步以天为单位，网格大小
为 50×50 个格子，每个格子代表 3.5×3.5 km^2。（资料来源：Fahse et al. 1998）

鸟类个体因年龄、生活史状态及所属的鸟群等特征而不同。死亡事件发生
在个体水平上。云雀生活在其所属的鸟群中并与群内其他个体相互作用、密切
合作。因此，在 IBM 中鸟群被表示为集群，在集群水平上模拟适应性行为。
鸟群的性状能使其适应新的适宜栖息地斑块并进行繁殖行为，这是对适于繁殖

的栖息地草地斑块做出的响应。假设鸟群感知繁殖斑块的能力随鸟群规模的增加而增长。这种假设的原因并未被陈述，但可能是由于每个个体均能在某种程度上独立感知邻近的栖息地，或鸟群规模越大其包含具较强探索能力个体的可能性就越高，抑或是由于鸟群规模越大，其花费在寻找充足食物的时间就越长。当发现一个适宜的繁殖斑块后，鸟群便迁移至此并进行繁殖。鸟群也具有会分裂成两个更小的群体或与其他鸟群合并为更大群体的性状。

该模型的关键技术问题在于其将日时间步与大的空间范围及大种群相结合，故即便只进行基础的分析，模型的运行亦极为吃力（在一个 1997 版的个人电脑上）。一般来说，可通过简化模型、缩小空间和种群规模，或使用软件工程技术（第 8.7.4 节）等手段来解决这类问题。但 Fahse 等人采用了一个更为基本的方法。他们想知道是否有可能提取单个个体的平均生长率：

$$r(N) = \frac{f(N)}{N}$$

其中 N 为种群规模，f 为种群增长率，如下：

$$f = \frac{dN(t)}{dt}$$

当然，在 IBM 中，r 并不是直接由 N 来决定的，而是受死亡率、鸟群数量及规模、鸟群行为、生境结构等影响。所以说，找到一个 f 函数似乎异常困难，但是若在 IBM 中有一个过程支配着种群统计学过程，则通过该过程就有可能会找到这个简单的函数。在云雀 IBM 中此方法似乎可行，因为 Fahse 等人发现繁殖鸟群的数量和规模达到相对平衡的速度比整个种群（包括繁殖种群和非繁殖种群）达到平衡要快得多（图 6.14）。事实上，决定繁殖鸟群规模分布的过程支配着种群的变化速率，因为在每个时间步内繁殖鸟群的数量和规模决定了新生后代的数量。由于存活率是固定的，所以死亡率无法解释种群的变化。因此，我们只需知道繁殖鸟群的规模分布及其如何依赖于种群规模 N，我们就能得到种群增长率 f。

然而，在寻找种群增长率 f 时仍存在着一个问题：f 是繁殖鸟群规模分布的函数，但同时繁殖鸟群规模分布又是 N 的函数。为了解决这个问题，Fahse 等人采用了物理学中广为人知但在生态学中罕见的技术方法（见 Ludwig et al. 1978），即时间尺度的分离。将变化较快和变化较慢的过程分开处理：在描述变化较快的过程时，将"变化较慢"的变量设为常数。在云雀 IBM 中，N 可以被认为是变化较慢的变量，而控制鸟群规模分布的变量则被视作变化较快的变量，因为它是基于日时间步的行为。因此，为了从仿真模型中获取函数 f，将变化较慢的变量 N 设为常数，个体执行除死亡和繁殖外的所有行为。当此版本 IBM 运行时间足够长达到平衡态后，即能得到繁殖鸟群的规模分布情况。

分布中所产生的雏鸟数量亦可从 IBM 中得到，其值与 N 的商等于 r。这个版本的 IBM 与完整版 IBM 平衡状态时的种群规模相吻合。

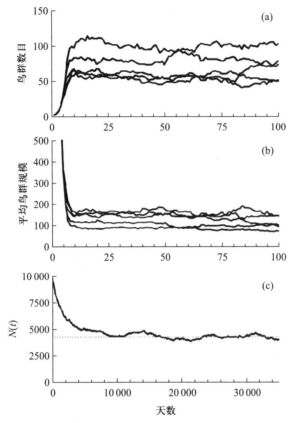

图 6.14　Fahse 等（1998）所采用的针对行为和种群动态的时间尺度分离。日鸟群数目（a）和日平均鸟群规模大小（b）与初始情况差别很大，在 10 天内差不多达到一个相对稳定的状态（图中不同的曲线对应参数 *Nsplit* 的不同值，该参数表示鸟类个体分裂成不同鸟群的意愿）。然而，（c）在数十年时间内总个体数 N（t）保持不变。（资料来源：Fahse et al. 1998）

　　Fahse 等人设置了不同的 N 初始值来重复模拟，发现个体的平均生长率 r 随 N 的增大而减小，意味着云雀 IBM 的种群动态可被简化为 Law 等（2003）所分析的经典逻辑斯蒂方程（第 6.6.2 节和第 11.4 节）。

　　这个实例清晰地表明即便 IBM 并非专门针对与经典模型进行比较而设计，但在一定条件下，IBM 的种群动态还是可以用经典模型来描述的。虽然云雀 IBM 可以用逻辑斯蒂方程来近似描述，但并不意味着逻辑斯蒂方程模型是唯一的解决途径。关键在于参数化：在没有 IBM 的条件下，参数化逻辑斯蒂方程的唯一办法是去拟合具足够观测数据的时间序列，但在 Nama-Karoo 草原还没有这类时间序列数据。逻辑斯蒂方程也不能如 IBM 一样用于云雀研究的第二个问题，即栖息地环境如何随着空间变化进而影响种群动态。

Fahse 等人通过 IBM 来提取种群增长速率函数的办法也可用于其他的 IBM；若成功应用，则可有效促进因模型过于庞大而需运行多次的 IBM 分析。只要行为和种群统计学变量间存在明晰的"接口"（时间尺度的分离）就可使用该方法。若此，则可在模型中关闭出生和死亡过程以确定 r 随 N 的变化函数。所得结果即可与来自完整 IBM 的结果进行比较。

6.6.4　总结和经验

比较经典模型和 IBM 似乎是一个很顺理成章的事情：了解两个模型的局限性及两者间的相似和不同，并得到在各种条件下"最好"的模型。这类比较尤为清晰和简单：将不同类型的模型应用到同一个系统里，进而比较其结果。但是，本节中各模型比较所得的结论并不似期望中那样令人满意和清晰。

其中一个结论是不能简单地将经典模型应用到个体水平上。在没有引入行为的情况下，我们不能将种群水平的比率（种群增长、捕食、竞争）置于个体之上（出生、死亡）。这些实例表明个体行为对模拟结果的影响，与经典模型中比率参数对结果的影响同等重要。

精心设计以模仿经典模型的 IBM 是否能产生与经典模型一样的结果？答案是：有时候；其主要取决于参数值及个体采取的行为。但并非一直如此，即便有时 IBM 仅包含了极少的行为，所得结果与经典模型也是差别很大的。

可是这种模棱两可的结果还不是这些比较中最令人不满的一点。将经典模型直接转换为 IBM 是不合适的，由此产生的 IBM 过于简单且无趣。Donalson 和 Nisbet 以及 Law 等人发现他们的 IBM 并不稳健，主要原因无疑就是这种 IBM 缺少真实 IBM 的许多特性：如个体间的差异、生命周期、资源动态以及（特别是）适应性行为。正如我们在本书中提到的，真实 IBM 是为了解决某个生态学问题，有着真实系统中存在的模式以及有关个体适应性行为的理论。当我们通过 IBM 模仿经典模型时，所有这些特性都被排除在外而无法加以考虑。

本节中的第三个实例与其他两个实例有所不同：Fahse 等人为特定种群创建了一个真实的 IBM，然后找到一个简单的经典模型，而此模型能重现 IBM 的关键输出之一，即平衡状态时的种群规模。此方法还可用于其他目的。第一，检测经典模型是否能产生有用的 IBM 结果；虽然这仍属于模型间的比较，但这种比较是基于 IBM 所刻画的真实系统特性的。将经典模型与真实系统的"真实"IBM 进行比较，与将其和高度简化后的 IBM 比较相比，能使我们对经典模型的价值和缺陷有着更深入的了解。一般来说，对完整的 IBM 进行简化是分析 IBM 的一个非常重要的方法（见第 9 章）。

第二，如 Fahse 等人所为，寻找一个"符合"IBM 的经典模型：包括用精简后的 IBM 的输出来参数化矩阵模型和统计模型（包括时间序列和空间模型）。所有这些方法均存在着缺陷：仍需 IBM 来验证和参数化简单模型，且当 IBM 尝试新的假设或参数值时，都需要重新参数化简单模型。确实，本章所介绍的大多数 IBM 对这个方法来说都过于复杂，不切实际甚至完全行不通。因此，我们只能依赖于通过软件技术来提高 IBM 的运行速率。

6.7 植物种群和群落动态

本节我们不着眼于特定的研究案例，而是介绍用于构建植物 IBM 的一些常用方法。植物 IBM 的创建过程不同于动物 IBM，因为植物和动物之间存在着本质上的不同。在动物生态学中，种群生态学占据着主导地位。经典模型能很好地描述动物种群，但是在植物生态学中以种群为单位的建模工作很少。经典模型的基本假设，即种群规模随时间的变化是当前种群规模的简单函数，在植物生态学中貌似并不成立（Crawley 1990）。植物种群动态中的关键过程是拓殖，而该过程常受干扰、天气、土壤条件、个体对空置领地的竞争等影响，而不是由当前的种群规模所决定的。这些影响拓殖过程的因素似乎并不适于去模拟，因此许多植物 IBM 都侧重于世代内的过程：如生长、局域竞争以及密度依赖的死亡等。

动物生态学和植物生态学的另一个差别在于"行为"这个概念，它似乎与动物更相关：迁移、觅食相互作用以及其他对人类来说更易观察和理解的行为。因为人类也是动物，所以对于我们来说创建和应用动物的适应性决策性状理论更为自然。当然，植物也有适应性行为（见第 6.7.5 节），但其与动物相比明显属于不同的类型，且发生的时间尺度也不相同。由于缺乏对植物决策过程的直观了解，也就不能像对动物那样清晰描述植物的适应性行为。同时，植物也不能通过迁移来找到适合自己的环境条件，因此生态学家认为局域竞争这类相互作用是基于个体的植物生态学的关键概念。基于此，本节主要关注如何模拟相邻植物间的竞争（Czárán 1998 研究过此问题；Kenkel 1990；Czárán and Bartha 1992）。

除了涌现自个体间相互竞争的种群动态，本节许多建模方法都有一个共同的简单假设：用空间来代表相互作用。植物个体之间的相互作用通常都是竞争性的：一株较矮的植物可能会被其较高的邻体挡住了光照和雨水；植物的根茎尽可能充分利用营养元素和水分，否则会被其他植物吸收利用；还有一些植物使用化感物质来抑制邻体的生长（当然植物间也有正相互作用。例如，相邻个体的存在可以降低树木被强风吹倒的风险）。通过对这些相互作用机制的建模可同时将复杂性和不确定性引入模型。确实有一些模型已显含模拟了相互作用：例如 Pacala 等（1993）所模拟的光竞争；将在第 6.8.3 节介绍的 BEFORE 模型，它模拟了邻体对死亡率（由风所导致的）的影响。但是，许多成功的植物 IBM 都假设个体间的相互作用是负的，忽略内在机制并笼统地将所有的相互作用都视作"竞争"，并进一步假设竞争强度取决于个体之间如何划分或共享空间资源。

下面我们将介绍三类常用的植物 IBM。第一类是由 Czárán（1998）提出的距离模型。距离模型将个体之间的相互作用表示为它们之间距离的函数。这里我们介绍三种不同的距离模型，它们代表了相互作用如何随距离变化的三种情况：固定半径邻域（fixed-radius neighborhood；FRN）、影响域（zone of influence；ZOI）以及邻域场（field of neighborhood；FON）。第二类是将空间离散化的基于网格的模型（grid-based models）。最后一类是斑块和生长-产量模型（gap and growth-yield models），广泛应用于森林生态学及管理当中。同时，我们也将提供部分的研究案例。

6.7.1 固定半径邻域模型

在固定半径邻域（FRN）模型中，每个植株都位于具有固定半径圆的圆心，处于圆内的其他个体设为该植株的邻体，相互作用发生于该植株与邻体之间。相邻个体对一棵植株的影响可能仅仅取决于它们存在与否，在某些复杂模型中还可能取决于物种属性、个体年龄或其他的状态变量。表示邻体影响的函数关系可能是预先人为设置的，也可由基于数据的回归模型来确定，比如在许多森林模型中（Pretzsch et al. 2002）。

Pacala 和 Silander（1985）以及 Pacala（1986；1987）的植物种群模型均采用了固定半径邻域的方法。这些模型是植物 IBM 的先驱，但设计它们的目的主要是为了同经典的解析模型进行比较。这些 IBM 假设只要个体存在，它们就有固定半径的圆，并与其邻体发生相互作用。同时，这些模型很少模拟个体状态的变化。这个假设与忽略个体生命周期的经典模型类似（Uchmański and Grimm 1996）：不模拟个体的生长和发育，仅体现个体及其邻体是否存在。如第 6.6 节中介绍的模型，因为它们被设计用于与经典的模型进行比较，所以对模型细节进行了尽可能的简化，以至于很难从中找到专属于 IBM 的特征（Czárán 1998）。

6.7.2　影响域模型

与固定半径邻域模型类似，影响域（ZOI）模型也假定每株植物个体有一个圆形区域，不同的是在 ZOI 模型中这个圆形区域有明确的生物学意义：该圆形区域特指植物个体能获得资源（如光、营养物质和水分）的面积（Ford and Diggle 1981；Wyszomirski 1983，1986；Weiner 1982；Czárán 1984；Hara 1988；Wyszomirski et al. 1999；Weiner et al. 2001）。若两个植株的 ZOI 重叠，则它们将在这个区域内竞争资源。竞争将会导致个体植株生长率下降。通常 ZOI 模型中并不会明确模拟资源，而只是假设 ZOI 的面积代表着资源的摄入。若一株植物周围没有邻体，则没有个体与其竞争资源（如大小依赖的生长率）。某植株的 ZOI 与邻体的 ZOI 重叠越多，其受到的竞争将越强。

与 FRN 模型相反，ZOI 的半径不是固定不变的，而是依赖于植株的大小，通常用植株的生物量或茎粗来量化。因此，一个植株初始 ZOI 可能很小，此时没有邻体与其竞争。但是随着 ZOI 的增加，并与其邻体的 ZOI 重叠，此时局域竞争随之发生并逐步增强，导致个体生长率下降，甚至在一些 IBM 中，处于异常激烈竞争中的植物将会死亡。

尽管 ZOI 模型在概念上非常简单，但却不太容易实现，因为一旦有超过两个圆重叠在一起，就很难去计算重叠区域的面积。Wyszomirski（1983）使用了一个较为简洁的算法来解决这个问题：在每个个体的 ZOI 内抽取规则分布的 44 个点，然后确定这些点是否与其他个体的 ZOI 重叠。而 Czárán 和 Bartha（1989）通过直接考虑植物个体的茎间距离来简化 ZOI 模型。

大多数基于 ZOI 的 IBM 用于研究同龄单一栽培植物的生长过程（同一时间种植的单一植物群体；Wyszomirski et al. 1999；Weiner et al. 2001）。其目的通常是研究影响植物个体大小分布的各种因素。例如，实验研究（Uchmański 1985）表明较高的种群密度会导致个体大小更明显的正偏分布，即大量的小个体及少量的大个体。此外，ZOI 模型还用于研究植物的空间分布模式（规则、随机或聚集分布）。

除此之外，还有一些研究试图将个体大小分布与竞争模式相关联，以便用此关系来推断植物之间的竞争是否为"对称的"，即竞争的负效应与竞争者的大小差异呈正比；或植物之间的竞争是"不对称的"，即竞争的负效应大于其大小差异（Weiner 1990）。观察哪个竞争模式能更好地再现实际的植物种群大小分布格局（第 6.5.2 节介绍了其他一些相关研究），这是在第 3 章中介绍的面向模式建模方法的另一个实例。然而，从这些研究中我们发现，偏斜的种群大小分布并不一定与竞争模式相关。若种群密度过高，所有植物的生长率均会下降，而植物间大幅度的体型差异根本无法形成，从而无法检测到非对称性竞争（Wyszomirski et al. 1999；Uchmański 2003；Bauer et al. 2004）。大多数类似研究的一个缺陷是忽略了死亡过程：更高密度（随之带来更强烈的竞争）必然会导致死亡。死亡会降低局域密度从而影响个体大小分布。另一个缺陷是这些研究试图要解决的问题比较窄，即单播种群的大小分布。故其对我们理解植物种群和群落动态没有太大的帮助。

6.7.3 Berger 和 Hildenbrandt 的邻域场方法

ZOI 方法的最新发展是 Berger 和 Hildenbrandt（2000）所提出的邻域场（FON）方法。该方法主要是为了模拟红树林的长期动态，其中不但考虑了竞争对生长的影响，还考虑了竞争对死亡和拓殖的影响。一棵植株的大小用其茎的半径来表示。与 ZOI 模型一样，每个个体周围都有一个圆形区域。假定这个影响域的半径 R 与个体茎的半径 r 之间的关系是：

$$R = ar^b \tag{6.4}$$

参数 a 和 b 可根据经验确定也可对其人为赋值（Berger and Hildenbrandt 2000；Grimm and Berger 2003）。若个体的 ZOI 并不与其他个体的 ZOI 相重叠，则该个体的生长率就不受竞争的影响。当然，除此之外，还可以假设个体生长依赖于个体的状态（如大小或年龄）或环境变量。在 Berger 和 Hildenbrandt 的红树林模型中，生长还受到地下水的盐度和有效营养物质的影响。

尽管 ZOI 只定义了相互作用的几何区域——即是否有某个点受到邻近个体的影响，但是 FON 方法还模拟了相互作用强度随空间变化而发生改变的情况。在植物的 ZOI 上定义了一个"邻域场"，FON 在每个点上都计算出了植物对于潜在相邻植物的影响强度（图 6.15）。假定影响强度在其茎干处最强（=1.0），并以指数形式向 ZOI 边缘递减。某点总的 FON 是所有在其 ZOI 领域内的其他植物影响域的总和。这个 FON 概念提供了一个简单的方法来模拟竞争对幼苗建植的影响：假设如果在位置 $F(x, y)$ 处的总 FON 高于某个阈值（此阈值可能为零），则该幼苗无法发育生长。

同时 FON 也可以用来量化相邻植物间的竞争。为了计算来自周围 n 个相邻个体对植株 k 的影响，首先需通过在植株 k 和相邻个体 ZOI 的重叠区域上对 $F(x, y)$ 积分，之后用所得的值除以植株 k 的 ZOI 面积 A：

$$F_A = \frac{1}{A} \int_A \sum_{n \neq k} F_n(x, y) \, da$$

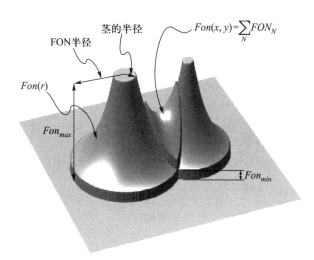

图 6.15　两株"邻域场"相互重叠植物邻域场模型（FON）。植物茎的半径和 FON 半径分别为方程 6.4 中的 r 和 R。FON_{max} 和 FON_{min} 表示所能设定的最大（$=1.0$）和最小邻域场值。（图片来源：H. Hildenbrandt）

由于假设来自不同相邻个体对植株 k 的相互作用是可以累加的，所以上式中的求和及积分可以互换位置，这就简化了 F_A 的计算。最后，植株当前的生长率是通过将没有竞争时的生长率与校正因子 C 相乘来确定的。此处，假设校正因子 C 随 F_A 呈线性下降：

$$C = 1 - 2F_A$$

当没有相邻个体时，F_A 为 0，因此 $C = 1.0$。若 F_A 大于 0.5，则 C 被设为 0，此时，生长被完全抑制。但若有一个或多个相邻个体死亡，被完全抑制的个体将得以重新生长，则 F_A 下降。

同时，假定死亡率也依赖于局域竞争：如果一棵植株的生长被抑制的时间大于某个阈值（如 5 年），则该植株死亡。因此，拥有过多相邻个体的植株更容易出现死亡或生长被抑制的情况。在密度很高的种群中，个体生长率随时间变化很大：当相邻个体死亡后，该植株的生长率将随之提高，而随着其他相邻个体的体型增大其生长率又将随之降低，此时就需重新计算 F_A 值（图 6.16）。

FON 方法满足 Stoll 和 Weiner（2000）提出的局域竞争建模的标准：每个植株都有其明确的空间位置、个体独享的基本区域，以及与相邻个体相互作用（影响和被影响）的区域。相邻个体的数量、大小和位置都将影响目标植株的竞争能力。而 ZOI 方法不满足最后一个标准，因为空间位置对于 ZOI 与大植株的 ZOI 完全重叠的小植株来说并不重要。

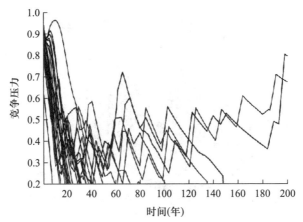

图 6.16　KiWi 模型中个体所经受的竞争压力（Berger and Hildenbrandt 2000）随时间（x 轴）的变化趋势。竞争压力通过过去 5 年校正因子 C 的平均值来表示。每一条线对应一株从自疏种群中随机选择的红树个体。随着植物生长，其所经受的竞争压力逐渐增大直到有邻体死亡，此时竞争压力下降，然后随着植物的生长新一轮的循环开始。（图片来源：H. Hildenbrandt 和 Berger）

FON 方法与所谓的"生态场"方法（Wu et al. 1985；Walker et al. 1989）类似，其中"场"（未必为圆形的 ZOI）描述了植株对特定资源的影响。然而，植物对其周围资源的影响机制尚不明确，且若将这些纳入 IBM，则将导致计算量大增。因此，FON 方法介于"生态场"方法（过于复杂）和 ZOI 方法（相对简洁）之间。

在开发 FON 方法的过程中，Hildenbrandt（2003）解决了一个有关距离模型实现的问题。由于相互作用被表示为在连续空间内个体间距离的可变函数，所以识别每个时间步内与目标个体发生相互作用的邻体是一个很大的挑战。这在概念上非常简单，只需检查每对植物是否为相邻个体即可，但这个方法对大种群来说计算量极为庞大，因为这种成对的数量将会以个体数 N 的平方增加。因此，基于距离的 IBM 模型必须使用复杂的算法和数据结构来跟踪相邻个体。Hildenbrandt（2003）使用了一个名为 Hilbert R-Trees 的方法（Guttman 1984；Sellis et al. 1987；Beckmann et al. 1990），该方法使计算时间仅是 N 的线性函数。

为了更好地阐述 FON 方法的潜力，下面将介绍两个应用了此方法的 IBM。

6.7.3.1　周期性植物种群动态

复杂种群动态（周期循环、混沌波动等）是动物种群生态学中的一个关键理论问题（Turchin 2003），但植物种群通常被假定为"稳定"的，除非受到干扰、环境波动或病原体的影响（Crawley 1990；Krebs 1996）。然而，少数实验研究表明植物种群动态的稳定性未必是固有的（Symonides et al. 1986；

Thrall et al. 1989；Silvertown 1991；Tilman and Wedin 1991；Crone and Taylor 1996）。因此，Bauer 等（2002）应用具完整生命周期的 IBM 和 FON 方法，对非平衡植物种群动态进行了研究。在模型中，当植物大于某个很小的体型值后即可生产种子，以此来模拟繁殖；产生的种子数量随植株的体型增大而增加，直到达到某个最大值。种子在亲本植物周围按负指数概率分布的形式随机扩散。生长率被假定为其体型大小的 S 形函数，同样的假设可见于森林的"斑块模型"中（第 6.7.5 节）。

Bauer 等的 IBM 描述的是多年生植物，以年作为时间步单位。假设种子不能在 FON 值大于零的区域内发芽（即种子只能在完全没有竞争的情况下存活）。该假设适用于极度不耐阴的幼苗或者具有强烈化感作用的情况。在 50 m² 的面积内，此 IBM 能产生个体数在 550 到 900 之间的种群多度波动。自相关分析发现了重要的长周期循环对多度的影响。种群的年龄结构会随着周期性波动而变化：相较于多度最小时，幼年个体在多度处于峰值时更具优势。对个体空间分布的分析表明体型较大的个体均规则地分布在距离为 4~5 m 的小范围内（图 6.17）。而在更大尺度上，大个体呈现随机分布模式。相反，小个体则倾向于聚集分布。稳健性分析发现（第 9.7 节）该 IBM 的种群周期性波动对参数值和模型的大多数假设均非常稳健。但是，当允许幼苗在总 FON 小于 0.5 而非等于 0 的区域内均能发芽时，多度的周期性波动现象就消失了。

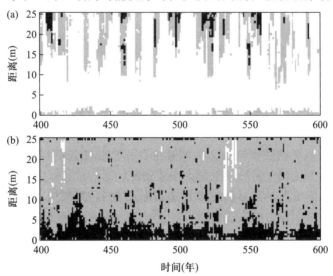

图 6.17 Bauer 等（2002）的多年生植物 IBM 模型的空间分布模式。通过 Ripley L-函数将分布划分为均匀分布（黑色）、随机分布（灰色）和聚集分布（白色）。x 轴表示模拟时间，y 轴表示空间尺度的变化。（a）小个体植物和（b）大个体植物呈现不同的分布模式。（资料来源：Bauer et al. 2002）

Bauer 等（2002）认为，多度的周期性循环是自疏和空间"垄断"共同作用的结果。当前植物通过阻止种子在 FON 大于 0 的地方建植以谋求垄断空间资源。因此，种子只能在老年个体死亡后空出的空斑块上建植，从而导致幼年个体呈现聚集分布的模式。当这些种子建植成功并开始生长后，竞争又导致大多数个体死亡；这就是自疏（在之后的案例中会详述），其导致斑块再次被一个或少数几个个体占领。自疏过程的重要性主要体现在体型较大个体的规则分布上，即自疏产生个体的规则分布模式（Leps and Kindlmann 1987）。

通过上面的讨论我们对种群循环及其起因已有所了解，但仍有一些问题尚待解决。例如，更大系统是否也会出现种群循环？若种子能扩散到较远的地方，是否还能观察到循环？到目前为止，只有一项野外实验证实了空间垄断和自疏与种群循环之间的关系：Tilman 和 Wedin（1991）描述了多年生植物的种群循环，其中凋落物阻止了幼苗的建植。Iwasa 和 Roughgarden（1986）以及 Roughgarden 和 Iwasa（1986）从理论上探讨了珊瑚种群循环的空间垄断现象。

6.7.3.2   自疏

白疏可以通过随种群年龄变化的种群密度 d 和个体平均生物量 $\overline{w}$ 之间的关系来衡量。单一栽培的高等植物其自疏关系呈现出惊人的模式：$\log(\overline{w})$ 和 $\log(d)$ 之间服从斜率为-3/2 的线性关系。该模式不依赖于物种和种群的初始密度（Yoda et al. 1963；Harper 1977；Westoby 1984；Silvertown 1992）。这个线性模式意味着密度和平均生物量之间遵循着幂律关系：

$$\overline{w} = Cd^{-3/2}$$

幂律定义了一个不随尺度变化的或"自相似"的过程：在自疏轨迹直线那部分上，无论初始密度是多少，如密度减少 10%，相应的平均生物量就增大 17%。因此，在线性轨迹上，局域竞争、死亡和生长均以相同的方式相互影响彼此，且不依赖于植物的平均大小或密度。

"-3/2 自疏法则"的早期解释是基于几何学的：如果用 r 表示植物圆形投影的半径，那么一棵植株占据的面积为 r^2，而个体的生物量为 r^3（Yoda et al. 1963）。后来，各种解释纷至沓来且众说纷纭，同时自疏模式本身也受到了质疑（Lonsdale 1990）。目前，异速生长理论更支持-4/3 法则而非-3/2 法则。虽然异速生长理论并未尝试解释种群轨迹，但却预测了给定密度下混合种群生物量的上限（Enquist et al. 1998）。从-3/2 到-4/3 的转变体现了我们如何更好地挖掘数据从而实现对理论本身的理解（Fagerström 1987）：Enquist 等人的理论得到了很好的证实；而-3/2 自疏法则也同样得到了证实，过去几十年中几乎在每一本生态学教科书上都能找到该法则。

尽管植物生态学家对自疏很痴迷，却很少有人试图去了解它的机制（即便是对自疏过程的简单模拟）。对机制的分析有助于确定对数生物量及密度关系的轨迹在什么条件下出现线性关系，并确认该线性部分的斜率将如何依赖于生物学过程（Li et al. 2000）。之前用 IBM 来模拟自疏过程的尝试包括 Firbank 和 Watkinson（1985），Adler（1996），Li et al.（2000），Weiner et al.（2001），以及 Stoll et al.（2002）。FON 方法同样适用解决自疏的问题，因为它包含了简单的死亡规则。Berger 和 Hildenbrandt（2003）通过其红树林 IBM 模拟了不同初始密度（500 和 1000）和参数 b（见公式 6.4，b 的范围是 0.4 到 1.0）下的生物量–密度轨迹。较小的 b 值使 ZOI 的半径 R 随茎半径 r 的增加更为迅速，因此在相同的茎大小和植物空间分布的情况下，较小的 b 值导致更强的竞争。Berger 和 Hildenbrandt 从中发现了两点：第一，线性关系的斜率依赖于 b：总体的竞争强度越大（b 值越小），其斜率越大；当竞争较弱时（b 值大于 0.8），则几乎看不到线性关系。第二，Berger 和 Hildenbrandt 通过 IBM 观察到了自疏的内部过程。他们观测到了偏斜的植物大小分布，并发现（独立于初始密度和参数 b）线性轨迹始于植物大小分布斜偏度最大的时候，且在斜偏度为 0 时结束。因此线性轨迹仅出现于大小分布从正斜偏到对称的这段时期。这两个发现意味着理解邻体之间的局部竞争（不只是异速生长）是了解线性生物量–密度轨迹范围和斜率的关键。

另外一个应用 IBM 来从机制上理解自疏的是关于"自疏的聚集理论"这个假设。该假设认为，在自疏期间个体均匀划分空间，每个植株所占的平均面积 A 随个体数 N 的增大而减小，或者说 A 与 N 呈反比。该假设最初由 Yoda 等（1963）首次明确提出，Enquist 等（1998）以及 Enquist 和 Niklas（1963）的研究中也暗含了这个关系。Westoby（1984）认为 $A \propto N^{-1}$ 是我们了解生态系统的关键，而 Zeide（1987，2001）则声称它是生态学的"核心"，因为它将生产生态学（production ecology）和种群生态学这两个重要分支联系在了一起。

$A \propto N^{-1}$ 的内在机制是什么？在基于 FON 或类似方法的 IBM 中，$A \propto N^{-1}$ 并非是预先设定的；相反，我们可以观察到它存在与否以及如何涌现于局域竞争、生长以及死亡等过程（图 6.18；Berger and Hildenbrandt 2000 图 3）。在 Berger 和 Hildenbrandt（2000）基于 FON 方法的红树林 IBM 中，$A \propto N^{-1}$ 的涌现对模型参数和模型结构都非常稳健（我们与 H. Hildenbrandt 私下沟通证实了该结果）。因此，这个密度–面积关系应该是有效的，且在解释植物种群自疏模式的稳健性方面确实具有决定性作用。

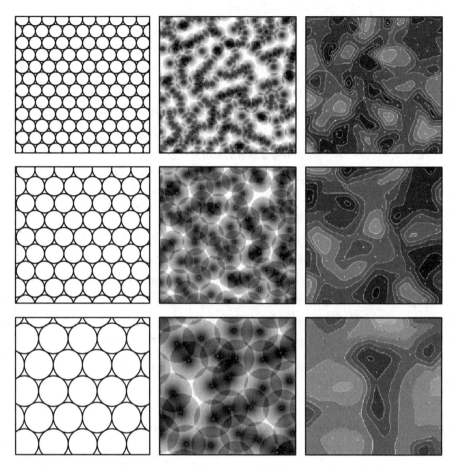

图 6.18 与传统的基于 FON 的模型 KiWi 相比,植物在自疏过程中影响或占领的区域。时间和自疏过程由上而下展示。左侧为传统的假设,即植物所占平均面积是植物数量的倒数。中间为 KiWi 模拟的木本植物的邻域的位置和区域。右侧为 KiWi 模拟的竞争压力下的情况。竞争压力由树干的位置所决定;阴影越深表示竞争压力越大。(资料来源: H. Hildenbrandt)

6.7.4 基于网格的植物 IBM

现在我们将距离模型放到一边,转而探讨能在 IBM 中代表植物间相互作用的其他方法。在基于网格的模型中,空间被离散化为均匀的单元格 (通常为正方形,但有时也有三角形或六边形)。单元格内的空间效应被忽略——如同一单元格内植物的相互作用与其在单元格内的位置无关——但需模拟单元格之间的相互作用：单元格的状态受相邻单元格状态的影响。这种基于网格的模型设计广泛应用于生态学及其他学科，而不仅仅只在 IBM 中。

在基于网格的植物 IBM 中，单元格大小通常近似于一个成年个体所需的平均或最大面积。每个单元格内可能存在一个或多个个体，但无须明确考虑其在该单元格内的具体位置。不必明确表示单元格内个体之间的相互作用，而仅需考虑其平均结果。例如，在 Jeltsch 和 Wissel（1994）基于网格的单物种太平洋森林模型中，其假设每个单元格只被一个成年个体所占据。在现实中，若个体死亡，其遗留的空置单元格会被一群幼苗所占据，之后这些幼苗生长并发生自疏，直到单元格再次被一个成年个体所占据。尽管基于 FON 方法的 IBM 清晰地展现了拓殖和自疏的过程（第 6.7.3 节），但是 Jeltsch 和 Wissel 忽略了这些过程，只是简单地假设个体死亡后会有相同大小的个体来占据此空置单元格。

基于网格的方法有诸多优点：单元格的状态易于描述，且单元格内的植物状态会因响应相邻单元格的影响而发生改变，可通过"如果－那么"规则（见第 7.4 节）来描述。此外，网格模型具有重要的计算优势：尽管在距离模型中识别一个植株的相邻个体甚为困难（见第 6.7.3 节），但是在网格 IBM 中只需在网格的每个方向上查看一个（或多个）单元格即可轻易识别其他个体。

许多基于网格的 IBM 描述个体都不甚清晰，通常只考虑一个或两个状态变量：位置（网格单元）和个体大小。往往不考虑植物的生命周期，因为一个单元格只被一个个体占据的假设使得我们无须考虑幼苗的建植过程。即便如此，通过此模型也足以解决某些重要的问题，因为许多植物在其生命周期的大多数时间都与成年个体的大小相当，所以忽略生命周期也并非不可行。也有一些 IBM 将多个网格单元视为一个如集群（collectives）的单位：诸如繁殖和拓殖之类的过程被模拟为关于单元格本身的内部函数，而不作为植物个体的行为。以下列举一些基于网格的 IBM 模型：山毛榉森林模型 BEFORE（见第 1.2 节和第 6.8.3 节）；半干旱地区灌木群落模型（Wiegand et al. 1995）；解释太平洋地区单一物种森林大面积退化的模型（Jeltsch 1992；Jeltsch and Wissel 1994）；研究热带大草原树木和草地共存问题的模型（Jeltsch et al. 1996，1997a）；沿环境梯度两物种的竞争模型（Groeneveld et al. 2002）；一年生植物种群共存的理论模型（Silvertown et al. 1992）；以及在 Czárán（1998）中介绍的实例。

6. 7. 4. 1　Winkler 和 Stöcklin 模型

基于网格的空间表示方法可以与真正基于个体的方法相结合来实现针对植物的建模。在这样的模型中，网格单元不再表示成年个体的大小。例如，

Winkler 和 Stöcklin（2002）创建了多年生草本植物绿毛山柳菊（*Hieracium pilosella*）的 IBM。此 IBM 主要探讨了有性繁殖和无性繁殖、与草类物种的竞争以及干扰（主要是牛的践踏）等因素，对绿毛山柳菊沿环境梯度（一边适合草本植物，另一边适合绿毛山柳菊，图 6.19）的空间分布会产生怎样的影响。建模面积为 200×50 cm²。1 cm² 的单元格代表一株绿毛山柳菊簇丛的初始大小，但较大个体由一组网格单元格表示。每年簇丛的直径均会增加一定尺寸。较大的个体（直径为 3~5 cm）以一定的概率（此概率依赖于其大小）通过在顶端产生具有新生花团的匍匐茎来进行有性繁殖和无性繁殖。与之竞争的草本植物通过相同的丛生方式进行描述，但假设其只能进行无性繁殖。

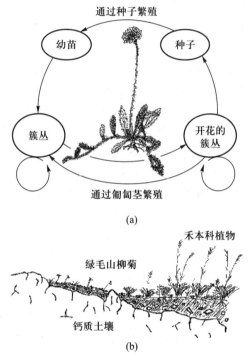

(a)

(b)

图 6.19 （a）具 4 个生活史阶段的绿毛山柳菊（*Hieracium pilosella*）生命周期。（b）沿钙质草地的土壤环境梯度，*H. pilosella* 和与其竞争的草类植物的分布示意图。（资料来源：重绘自 Winkler and Stöcklin 2002）

　　Winkler 和 Stöcklin 通过比较预测的绿毛山柳菊空间分布模式与实际绿毛山柳菊种群分布模式来分析此 IBM。结果表明模型还需要额外的两个过程：种子的远距离扩散及草丛对其附近幼苗的保育作用（图 6.20）。值得注意的是，我们在植物 IBM 文献中发现的少数几个适应性性状之一居然对维持绿毛山柳菊种群起着决定性的作用：匍匐茎长度的表型可塑性。IBM 假设当匍匐茎到达一个已被占据的单元格时，它能以一定的概率继续在其周围多达四个单元格中寻找未被占据的单元格。若没有匍匐茎的这个适应性行为，在干扰的压力下种群将无法得以维持。此外，Winkler 和 Stöcklin 还发现，在种间竞争非常强烈和可利用空间不足的情况下，有性繁殖和无性繁殖在维持物种种群规模方面都是必需的。

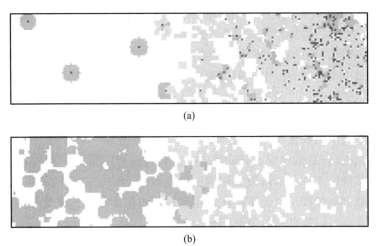

图 6.20　Winkler 和 Stöcklin（2002）基于网格的 IBM 所产生的植被模式。模拟了 *Hieracium* 只有有性繁殖（a）和只有无性繁殖（b）两种情况。土壤质量从左至右提高，影响了 *Hieracium* 幼苗定植和草类物种的更新。深灰色表示 *Hieracium* 簇丛，其中黑色的点表示植物最开始时所在的位置；浅灰色代表草类斑块。（资料来源：Winkler and Stöcklin 2002）

6.7.5　基于个体的森林模型

森林 IBM 是所有的植物 IBM 中最为重要也是最为成功的。数百种森林模型中有很多是基于个体的（Liu and Ashton 1995）。对森林模型的强烈兴趣和巨大投入体现了森林在经济（木材产量和其他服务）和生态（保护生物多样性）方面的重要性。

Liu 和 Ashton（1995）对森林 IBM 类型进行了简单划分：斑块模型和生长-产量模型（Porté 和 Bartelink 2002 对森林模型进行了更一般性的分类）。不属于这两种类型的有：红树林模型 KiWi（Berger and Hildenbrandt 2002），还有考虑了包括同化和吸收等生理过程在内的过程模型（如 Bossel 1996 的 TREE-DYN3；Köhler and Huth 1998 的 FORMIND；但 Zeide 2001 对此类过程模型做了很多批判性的讨论）。

6.7.5.1 斑块模型

斑块模型的主要目的是为了了解长期的森林动态，尤其是与环境相关的物种组成和演替。因此，斑块模型主要是由生态学家开发的。斑块模型中的斑块是树冠死亡留下的（Botkin et al. 1972；Shugart 1984；Botkin 1993）。早期斑块模型中使用的斑块大小为 0.01 公顷。适宜的树种会在空斑块上建植（seed-lings）。每个个体的特征为其大小，通常用胸高直径（trunk diameter at breast height）来表示。以此直径来计算树木的高度和生物量。

假定每个个体都有一个 S 形的潜在生长曲线。潜在的年生长率会随体现竞争和环境因子影响的"乘数"（multipliers）而减少。乘数的变化范围为从 0 到 1，1 表示生长没有减少，0 表示没有生长。同时模型只考虑了垂直方向的光竞争。斑块上树木的高度决定了叶面积指数的垂直分布（表示叶片在垂直距离上的密度），且该指数决定了光的吸收，并因此决定了斑块中到达每层的光资源。对于某棵树来说，来自较大树木的遮阴程度会随着这棵树的生长而减少。通常假定死亡率依赖于生长率：在一定的时间内树木的生长率低于某一临界值时就认为这棵树已死亡。

最早的斑块模型 JABOWA（Botkin et al. 1972）及依此开发的后续模型均未考虑水平方向的空间效应，即未考虑每棵树在斑块中的位置，并假设整个森林由彼此间无相互作用的斑块组成。近期开发的 IBM 通过将斑块模型与基于网格的方法相结合来考虑空间因素。如 ZELIG 模型（Smith and Urban 1988）使用了 10 米大小的网格单元，并假定相邻单元格间通过遮阴和种子扩散而联系在一起。

Liu 和 Ashton（1995）给出了一个由 19 个斑块模型所组成的谱系树，但其生长、垂直竞争和死亡等在大多数情况下都极为相似。斑块模型能如此成功主要有三个原因。第一，模型的设计在概念（和计算）上非常简单；所有的个体均用少数几个公式来表示；物种间的差异也仅体现在参数值上，而个体之间的差异仅用胸高直径来表示。第二，S 形生长曲线易于参数化（与 A. Huth 的个人通信）。第三，斑块模型能给出重要的可验证的预测：它们模拟真实森林的物种组成和动态，至少这些结果可被进一步检验和验证（Shugart 1984）。

6.7.5.2 生长-产量模型

Liu 和 Ashton（1995）所提出的第二类森林 IBM 为生长-产量模型（如 Ek and Monserud 1947；Zeide 1989；Pretzsch et al. 2002）。生长-产量模型的结构比斑块模型要复杂（Liu and Ashton 1995），除此之外还有其他一些方面与斑块模型不同。生长-产量模型由林务人员开发，以求更有效地管理木材产量，因此该模型所关注的时间尺度比斑块模型要短（如十年或几十年），但所关注的面积却比斑块模型更大。同样出于森林管理的目的，生长-产量模型考虑了生物（林分结构和物种组成）和非生物（可用的光和水分）因素对个体生长的影响。比如，大多数生长-产量 IBM 都清晰地表示了树木的空间位置，从而可以模拟基于树木间距离的竞争。因为环境条件的影响是通过经验回归函数来表示的，所以生长-产量模型比斑块模型需要更多的实际数据来进行参数化。

生长-产量 IBM 是高度经验化的模型，因此缺少适应性个体行为，但其似乎确实很好地模拟了森林的一些基本过程和结构，特别是在横向林分结构上比斑块模型做得更好。因此，Liu 和 Ashton（1995）提出开发一个整合斑块模型和生长-产量模型优点的混合 IBM，这就是森林 IBM SORTIE（Pacala et al. 1993）。虽然它基于 JABOWA 模型发展而来，但它明确考虑了树木的空间位置以及一个关键环境条件即光照的有效性的影响，因此 SORTIE 与森林生长-产量 IBM 有着诸多的相同特性（更多关于 SORTIE 模型的信息见第 11.5.2 节）。

6.7.6　总结和经验

植物 IBM 有着悠久的历史（从 1964 年开始，Newnham 1964）。相比于动物 IBM，植物 IBM 数量更多，应用更广（Liu and Ashton 1995）。但这里我们主要探讨植物 IBM，因为植物 IBM 比动物 IBM 更简单，且相互之间更具相似性。为了更好地总结大多数植物 IBM 的共同特性，类似于介绍动物 IBM 一样（见第 6.2.5 节和第 6.3.5 节），我们将第 5.12 节中的概念设计列表应用于植物 IBM 中。最后，我们将探讨植物学未来的研究方向及其对植物 IBM 发展的影响。

涌现

设计植物 IBM 是为了关注种群水平上的结果，包括年龄和大小的分布、生产率、物种多样性、空间模式等如何涌现于个体水平的过程，特别是个体间的竞争。在植物 IBM 中使用涌现，部分原因是个体水平的过程确实甚为重要，同时也是因为（特别是对于森林管理模型）经验模型中的个体生长（最重要的一个过程）易于参数化。

适应性性状和行为

我们在此探讨的这些植物 IBM 几乎完全没有适应性性状。植物 IBM 中最本质的过程是竞争（有时伴随着环境）对生长的影响。但是并没有假设植物有任何行为来响应竞争，例如选择植物的哪个部位朝哪个方向（将在后面介绍）生长多少等，而是简单地假设竞争会降低生长率。Winkler 和 Stöcklin（2002）的 IBM 中生长方向的适应性选择是一个例外。

由于植物 IBM 中缺乏适应性性状，则适合度和预测更是无从谈起。

相互作用

相互作用是大多数植物 IBM 的关键概念：与相邻个体的竞争性相互作用是其所表现出的最重要（有时也是唯一）的生物学过程。而如何表现相互作用是区分各类植物 IBM（FRN，ZOI，FON 等）的唯一标准。与多数动物 IBM 不同，相互作用在植物 IBM 中表现为直接相互作用：每株植物都会识别与之相互作用的邻体并体现出邻体对其的影响。相互作用的具体机制被高度简化：在某些情况下，邻近植物对光照、水分、营养和空间的具体竞争过程被忽略，且竞争性相互作用被简单地模拟为距离或空间重叠的函数。

当一棵植株有两个及以上的相邻个体时，它们的影响就被视为一个相互作用域：对这棵植株的影响为所有相邻个体对其影响的总和。

感知

我们在此探讨的植物 IBM 并未明确表示感知。所假定的与相邻个体的竞争性相互作用只是为了降低可利用性资源以限制其生长。

随机性

随机性在植物 IBM 中的应用方式亦常见于动物 IBM：初始化模型（随机确定植物的初始位置）并对如种子扩散和死亡等高度可变的过程进行模拟，因为驱动这些过程的条件都太过短暂（例如风）或太过复杂，以至于无法在 IBM 中很好地表现出来。这些 IBM 中最重要的过程为植物生长，其不包含随机性。

集群

尽管许多植物都能形成群体或其他的集合形式，但是我们在此介绍的 IBM 均未明确表示集群。一些网格模型采用了类似于集群的技术：将个体的早期生命阶段视为是网格单元的特性。单元格可能拥有代表种子、幼苗或幼树数量及种类的变量，并假设植物如何死亡和生长到下一个生命阶段。在 IBM 中，尽管这些处于早期生命阶段的植物以类似于集群的方式聚集在一起，但它仅仅是一种建模技术，并不代表真正的集群。

调度

植物 IBM 中时间以离散时间步来表示，通常至少是一年为一个时间步，有时甚至以十几年或几十年为一个时间步。由于植物 IBM 中所有过程都相对较慢，故调度对其似乎并不重要。但是，当使用长时间步来表示较慢的过程或短时间步来表示较快的过程时，调度的重要性就显而易见了。如何调度模型的各个活动非常重要。植株的生长取决于其相邻个体的大小，那么每个个体的生长量将如何随相邻个体而更新？死亡率通常为生长率的函数，那么生长的更新是在死亡前还是死亡后？不幸的是，这种调度细节往往未被记录下来。

观察

因为空间过程在所有植物 IBM 中都很重要，所以观察个体在空间和时间上的变化有助于检验和理解模型。能以图形的方式输出植物的大小及位置随时间而变化的模型（Pacala et al. 1993；Huth et al. 1998；Köhler and Huth 1998；Savage et al. 2000；Berger and Hildenbrandt 2000；Rademacher et al. 2004），在检验个体间相互作用及理解系统动态方面价值斐然。但许多植物 IBM 不具备这类能力，部分原因是受开发 IBM 时的技术所限。尽管如此，基于聚集的非空间的数据输出，这些 IBM 能很好地研究譬如木材产量、自疏关系和个体大小/物种的频率分布等问题。

展望

植物 IBM 的一个显著特点是缺乏适应性性状，植物很少被假设会因自身或环境变化而做出任何决策。为什么对于动物 IBM 来说很重要的适应性性状在植物 IBM 中却甚为罕见？一方面是因为植物一旦定植便无法再如动物那般运动（扩散和迁移）。另一方面源自植物 IBM 所试图解决的问题，这些问题一般都发生在较大的时间和空间范围内。很显然，这些问题都可以通过忽略适应性行为的 IBM 来得以成功解决。

然而，在这些 IBM 发展的同时，植物生理学家发现了许多重要且令人着迷的适应性行为（或者是"响应"，植物学中的术语），以及植物用来感知和相互作用的具体机制，其通常是化学信号（Cosgrove et al. 2000）。尽管我们在本节所探讨的 IBM 仅假设植株的邻近植物能降低其生长率，但现在已知植物能够通过光谱的变化感知相邻个体，甚至是在遮阴发生之前，能通过如减少根部增长而增加茎部增长（Schmitt et al. 1995），或改变自身形状以适应相邻个体的地上形状（Umeki 1997）等机制来适应相邻个体所带来的影响。现在我们还知道，植物能通过一系列的活动来抵御草食动物或病原体，而不是仅仅依靠潜在的抗性；受到攻击时，植物会针对所受的损伤类型和自身的状态来释放一些化学物质。例如，植物可以通过释放化学物质对食草昆虫做出反应，这些化学物质通过干扰昆虫的摄食、生长和繁殖能力来直接攻击昆虫；同时通过吸引昆虫的捕食者和寄生虫来发起间接的攻击（Walling 2000）。在某些系统中，化感作用（或称为"化学抵御"）被认为与竞争同等重要，在调节空间模式和种群动态的过程中发挥着关键作用。

研究这些适应性性状对植物种群动态的影响是 IBE 的一个重要研究目标，事实上我们已经取得了一些进展。Winkler 和 Stöcklin（2002）IBM（第 6.7.4节）发现适应性行为对植物 IBM 经常关注的那些问题来说也至关重要。Umeki（1997）的研究是关于森林 IBM 的预测如何受适应性行为影响的为数不多的几项研究之一。Umeki 假设个体通过向光性生长来适应遮蔽光线的相邻个体，该行为强烈影响了预测的树木密度和大小分布。

我们还发现不能将完整的 IBE 理论开发框架（第 4 章）广泛应用于植物的 IBM。在个体水平上，因为 IBM 通常假设建模是为了模拟个体行为，所以往往是采用野外观测来对其进行参数化，但其难以对个体性状的备选理论进行比较以观察哪个理论最适于解释所观察到的更高层次（比如种群）的模式。在种群或群落水平上，植物 IBM 通常只处理一个或两个特定的模式，很少涉及多种模式或长期动态。如果能对植物个体行为的备选理论进行检测，那么我们就能对植物种群有更多的了解。这些分析应该从简单的方法开始，例如 ZOI 和 FON，但最终还是要落脚到包含更多相互作用及适应性个体行为的机理性模型上。

6.8 群落和生态系统结构

大多数 IBM 通常关注的是单物种的种群。这是很正常的，因为早期 IBM 的出发点是为了克服经典种群模型在概念和技术上的局限性。在模型开发初期没有设定过高的目标显然是明智之举：在使用 IBM 解决群落和生态系统的问题之前，我们应当先学会如何将其应用于种群。有人甚至认为 IBM 不适用于超过一个物种的系统，因为单物种 IBM 在开发、分析和理解上已经相当困难，若物种数增多，物种间的相互作用也随之增加，那么这些难度将会成倍甚至以指数形式上升。

然而，IBE 的终极目标之一是为了了解个体的性状和行为将如何影响生态学系统（包括群落和生态系统）的结构和动态。Werner 和 Peacor（2003）发现个体的适应性性状对群落的影响至少与生态学家以往所关注的密度效应一样强烈。这里的"群落"是指多个物种聚集在一个相同的环境条件中通过如物种之间的竞争、捕食或互利等方式进行直接或间接的相互作用。"生态系统"与群落相似,但其非生物因素和环境异质性更加明确(因此我们不解决营养和能量的分割和流动等[Odum 1971]现象,尽管 IBM 本应该考虑这些生态系统要素)。

实现这个 IBE 终极目标的一个策略是将种群水平 IBM 开发所得的知识和经验应用到群落和生态系统模型中(Schmitz 2001)。但是,这些模型(例如群落矩阵模型)中往往含有许多人为的设定,因此尚不明确种群 IBM 中涌现的复杂动态如何间接包含于这些模型中。另一个策略是遵循第 2 章和第 3 章中通用且面向模式的设计思想,进而设计出在结构上符合现实且易于处理的群落及生态系统 IBM。与只解决一个物种的建模问题相比,当创建多个物种的 IBM 时,各个物种可采用不同且相对粗略的方法建模。

本节我们将介绍两个群落 IBM 和一个生态系统 IBM。虽然这些 IBM 彼此完全不同,但其通过将基于个体的方法直接应用到高于种群的组织结构上能呈现出全新的重要认识。其他的群落和生态系统 IBM 还包括 Bartha 和 Czárán(1989)的植物演替模型;基于个体的森林模型,此模型通常包含多达 100 个物种(Liu and Ashton 1995;见第 6.7.5 节);Wiegand 等(1995)基于网格的半干旱灌木群落模型;Jeltsch 等(1996,1997a)基于网格的草原模型;Simth 和 Huston(1989)的植物群落模型;Shin 和 Cury(2001)的鱼类群落模型。

6.8.1　Schmitz 群落 IBM 中的适应性性状

Schmitz(2000)的 IBM 主要关注处于演替早期的弃耕地的群落结构。其群落包含 25 个草本和禾本科植物,其中 5 个多年生物种的生物量占整个群落的 90%。主要的食草动物是蝗虫,同时有三种类型的蜘蛛可捕食蝗虫。野外实验证实,蜘蛛通过捕食来降低蝗虫的密度,进而迫使蝗虫为了避免被捕食而改变其觅食行为,从而对植物产生影响。在阻止蜘蛛捕食蝗虫的实验中(蜘蛛的口器被黏合),蝗虫密度并未减少,蜘蛛仍能影响植物的生物量。

Schmitz 的研究指出,在这个系统中蜘蛛对植物的间接影响主要是通过蝗虫响应蜘蛛并改变其行为而引起的,而不仅仅是因为蜘蛛的捕食减少了蝗虫的多度。当没有蜘蛛时,蝗虫喜欢吃草本植物,或许是因为草本植物营养成分更高。当存在蜘蛛时,蝗虫为了避免被蜘蛛捕食,藏匿于结构更为复杂的禾本科植物中,并以禾本科植物为主要食物。蜘蛛对于蝗虫行为的影响在一个季度的野外实验中便可得到验证,但其对群落结构和动态的长期影响还尚不明确。因此,Schmitz 开发了描述两种类型植物(蝗虫更喜欢吃的禾草和更安全的草本植物）、食草动物（蝗虫）以及捕食者（蜘蛛）的群落 IBM。

　　与本章讨论的大多数 IBM 不同，这个群落 IBM 是通过 Gecko 来设计和实现的，而 Gecko 是由 Booth（1997）开发的一个 IBM 实现平台（Gecko 本身又是通过 Swarm 软件平台来实现的）。Gecko 中表示个体的方式与具有 ZOI 和 FON 方法的植物 IBM（见第 6.7.2 和第 6.7.3 节）类似：个体被表示为球体投影在平面上。个体的圆形投影半径代表了其作用范围：若两个个体发生相互作用，那么它们的作用范围必须重叠。个体间的相互作用和资源消耗都必须在此平面内发生。而第三个维度，即球体的体积，则用于决定异速生长关系中个体的生物量。动物在平面内移动；植物位于幼苗建植时的位置，但随着生长其施加影响的范围和被其他个体影响的范围也随之增大。

　　Gecko 中个体以球体来表示，这点可能看起来很奇怪（特别是对于那些不熟悉球体的人来说，Harte 1988）。但需要注意的是，这里的球体并不代表个体的物理特性，而是它们的"影响域"。这种表示方式使得 Gecko 特别适用于不同的物种，尤其是多物种（如群落）的建模。因此，Schmitz（2000）在开发群落 IBM 时，只需将物种特征及其性状翻译成 Gecko 的"语言"（图 6.21）。从以下模型假设中我们可以看出此 IBM 与其他生态模型甚至其他 IBM 相比并不显得粗糙或简单。

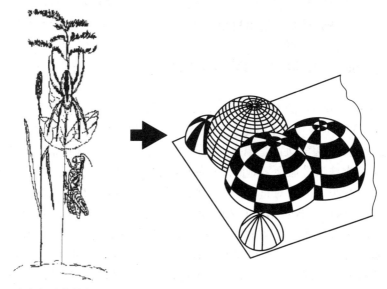

图 6.21　将真实群落转换为 Schmitz（2000）的 Gecko 模型。该群落包含 2 个植物物种，1 个蝗虫物种和 1 个捕食蝗虫的蜘蛛物种。在 Gecko（Booth 1997）中，个体（或者影响域）是由位于同一平面的球体来表示的。（资料来源：Schmitz 2000）

- 四个物种的种群动态均涌现于个体的存活和繁殖过程,而这两个过程又依赖于个体的生长和捕食(蜘蛛吃蝗虫,蝗虫吃植物)。

- 资源的消耗和竞争均以直接相互作用来表示:食草动物吃特定的植物,而食肉动物吃特定的食草动物。个体获得的资源量与其球体在平面上的投影面积呈正比。植物可获取其整个作用区域的资源;食草动物可在其影响域与植物资源重叠的区域中获得资源。相同物种的不同个体之间影响域重叠代表着种内竞争。

- 在同一个物种内,体型较大的个体消耗资源的速度比体型较小的个体更快,包括了不对称竞争(见第 6.7.2 节)。

- 生长被模拟为资源摄入和代谢需求之间的差异。资源摄入不足(例如,由于竞争或资源枯竭)对个体的影响较大,从生长率降低到体重降低、繁殖率降低直至死亡。

- 动物有偏向的随机移动,这种移动由描述感知和相互作用的规则来决定。

- 食草动物在其影响域内选择能提供最高资源摄入的植物(如禾草)。在一个模拟时间步内(10 天为一个时间步),"觅食"意味着"啃咬"植物一次,这将减小植物的大小。

- 食草动物以与其大小相关的探测半径来感知捕食者。若其感知到捕食者出现在该范围内,则会采取如下的适应性行为:藏匿于"安全"植物(草本植物)中以躲避捕食者。

- 繁殖为无性繁殖,且个体只有达到足够大小才能进行繁殖。

- 一个活跃季为 190 天。在一年中其他时间里,植物以宿根和种子的形式存在,食草动物以休眠卵的形式存在,捕食者则以幼体形态越冬。

在校准模型时,Schmitz 发现了关于适应性性状重要性的两个有趣现象。当食草动物对捕食者不做出响应时,其种群规模将不会超过第一季度的一半。同样,如果食草动物具有适应性性状但是没有"安全"的植物可供躲避时,则其在第二个季度的中期就会完全灭绝。

为了测试该 IBM,Schmitz 根据野外实验对模型运行了一个季度(如,将蜘蛛的口器黏合使其无法捕食蝗虫)。这些模拟结果以及季节内的群落模式都与实际观察相吻合。之后,对模型进行校准,并将其应用于研究如下问题:研究捕食者对群落动态和结构的长期影响。模拟 10 个季度并对蜘蛛存在与否的群落动态进行了比较。在没有蜘蛛时,蝗虫偏好的植物物种多度迅速下降并在五个季度后群落达到新的稳态(图 6.22a)。当蜘蛛存在时,两种类型的植物密度均处于一个较高的水平且几乎保持不变,该密度值与单个季节的实验和模拟中观察到的数值非常接近(图 6.22b 和 c)。

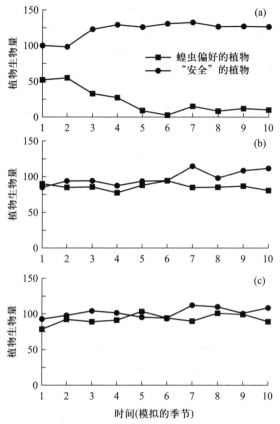

图 6.22 在 Schmitz（2000）群落 IBM 模型中，蝗虫偏好的植物和"安全"植物生物量随时间的变化趋势。（a）无捕食者；（b）存在捕食者，其影响食草动物的行为但并不真的杀死它们；（c）存在捕食者，且以食草动物为食。（资料来源：Schmitz 2000）

Schmitz 总结到，在这个系统中一个世代内的过程足以预测长期的群落动态，因为季节性消除了种群多度在时间尺度上的依赖性：系统在每个季节都将重新"归零"。Schmitz（2000；482 页）得出结论："忽视季节内相互作用可能会导致对群落动态的错误解释，从而降低我们阐明因果关系的能力。"例如，在年度调查时间序列的分析中（如 Schmitz 对年度 IBM 输出时间序列的分析）并未发现自相关，这意味着种群动态缺乏密度依赖。但是这样的结论可能会引起误解：强烈的世代内密度依赖可能是未检测到世代间密度依赖的原因（Grimm 和 Uchmański 2002 用另一个 IBM 得出了相似的结论；第 6.5.2 节）。

Schmitz 的模型非常重要，它不仅让我们了解到一个特定的群落，最主要的是它还阐述了研究群落动态的一个基于个体的高效方法。群落 IBM 可以用高度简化的方式来表示个体，同时也可以用类似于 Gecko 这样现有的平台来进一步减少设计和实现的工作量；即便如此仍能了解到个体性状如何影响群落动态的重要信息。最后，Schmitz 的研究阐述了 IBE 的一个重要组成部分，包括我们在本章中看到的几个实例：专门设计用于支持模型设计和分析的野外研究。设计只允许蜘蛛追踪却无法捕杀蝗虫（黏合蜘蛛的口器）的简单实验，来了解捕食风险与实际捕食概率的关系。从该实验中得到的模式对模型的概念化及其验证非常重要。

6.8.2 Pachepsky 等人的植物群落 IBM

Pachepsky 等（2001）的模型是为了解释物种相对多度分布模式，这些模式描述了物种间多度的分布。处于"平衡态"群落的物种相对多度分布模式符合对数正态分布，即少数几个物种具有极高或极低的多度，更多物种的多度处于中间。相反，非平衡态群落的物种多度分布模式符合几何分布，即少数几个物种的多度极高，多数物种的多度都较少。多数考虑了如拓殖和集合种群动态等因素的理论均能解释这些物种的多度分布模式；而 Pachepsky 等人想探索的是个体水平的过程和变异对物种多度分布的影响。

Pachepsky 等人的 IBM 描述了一个人工的植物群落。每个个体有 12 个生理性状，它们代表着个体所要经历的过程，如资源摄入、种间资源分配、繁殖和存活等。各物种的每个性状值均从概率分布中随机抽取。初始化时，每个物种都只有一个个体；当个体繁殖时，将其性状原封不动地传递给后代（参考第 6.9 节和第 7.5 节中介绍的模拟个体性状的人工演化方法）。该模型是基于网格的：每株植株只能占据一个网格单元，但其与相邻个体的相互作用范围（即影响域；见第 6.7.2 节）取决于植株所处的生命阶段。其资源竞争表现为介导式相互作用：若两个植株对来自同一单元格的资源进行竞争，那么资源将按照两个植株当前对资源的摄入比例进行分配。空间竞争发生于种子阶段：种子在有限的距离内能随机扩散，但只能在空置单元格内建植。

模拟实验的空间大小在 100 到 2500 个单元格之间变化，其初始状态为随机分布的 75 个个体（即 75 个物种），运行 50 000 个时间步（40 个时间步为一代，总共 1250 代）。开始模拟后，存活的物种数以指数形式减少，大概在 5000 个时间步后达到平衡。群落内最终存活的物种数会随着群落规模的增大而增加，这与受干扰或管理的群落实际观察结果相符。在"平衡"阶段，物种多度分布模式确实满足对数正态分布（图 6.23）。在初始阶段或非平衡态阶段，物种多度分布模式也如预期的一样符合几何分布。

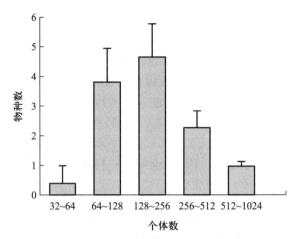

图 6.23   Pachepsky 等的植物群落 IBM 产生的物种多度分布模式（网格大小为 30×30 的）。图中数值表示的是一次模拟中物种多度在多个时间点上的平均值，此时有 15 个物种共存在一起。误差棒代表的一次模拟中不同时间点上物种数的标准偏差。（资料来源：重绘自 Pachepsky et al. 2001）

为了更好地理解该 IBM，Pachepsky 等人使用了将在第 9.4.4 节中介绍的技巧：降低模型的复杂度。他们测试了 12 个生理性状对相对多度分布的重要性，每次只检测一个性状，假设这些性状在物种间没有差异。他们发现在重现完整 IBM 的物种相对多度分布模式中，只有影响繁殖时间和繁殖率的性状差异非常重要。处于平衡态时的物种具有使繁殖时间和繁殖率之间达到线性权衡的性状。Pachepsky 等（2001，第 926 页）的主要结论是"繁殖时间和繁殖率之间的权衡维持了群落的物种多样性，并且决定了物种相对多度的分布模式"。此外，其观察到的这种权衡是表现在个体水平上的，Pachepsky 等（2001，第 926 页）认为"以个体取代物种作为基本的生态学计数单位"颇具成效。

Pachepsky 等人的研究表明简单且易于处理的 IBM 能再现群落水平上的基本模式，还能用于探索（并利用如降低复杂度等分析技巧）涌现这些模式的内在机制。但是在模型设计以及交流等方面尚存有一些尚未解决的问题。这篇发表在 Nature 上的论文由于受到篇幅限制没有详细描述其模型的设计过程（我们将在第 10.3.1 节中讨论针对此问题的解决方法）。该论文还包含了模型的微分方程表达式，但是在我们看来，这是对有限篇幅的一种浪费（我们将在第 10.3 节中解决此问题）。此 IBM 的独到之处在于其融合了个体概念和物种概念。每次模拟开始时，每个个体都被赋予传承给后代的独特性状，因此每个初始个体都会是一个独立的物种。在初始种群中，繁殖时间和繁殖率的权衡因初始种群个体而异，但初始个体与物种相当（即每个物种只有一个个体），因此该 IBM 中基本的生态计数单位是个体还是物种并不明确。

这项研究与其他高度抽象的 IBM 之间拥有一个共同的特点，即两者均以解决经典生态学理论问题为目的（第 6.5.5 节）：尽管这些模型以及基于它们的研究提供了关于经典理论的重要认识，但我们仍不清楚这些模型的结果能否应用于真实的生态学系统。该研究仅关注一个群落水平模式，即相对多度分布。其认为 IBM 产生的这一模式尤为重要，但这并不足以让我们确信模型的所有结果都能适用于真实系统。或许其他过程，如将环境变化或迁入等加入 IBM 亦能产生相同的相对多度分布模式。事实是，这是一个非常普遍的模式，许多其他的过程均有可能产生该模式。使用抽象的 IBM 就需要承担放弃建立可信的 IBM 的机会，这种 IBM 的可信度依赖于其产生各种描述真实系统或个体行为的能力。

6.8.3　山毛榉森林模型 BEFORE

本节我们将介绍只模拟单一物种的生态系统 IBM。单一物种 IBM 与许多生态学家对生态系统模型（模拟能量和营养的流动）的传统认识截然不同。从传统的生态系统角度来看，可能会假设一个生态系统 IBM 应该包括系统中的所有物种（以及非生物因素）。但这样的 IBM 可能会遭受"天真的现实主义"（第 2.1 节）困扰，其坚持模型应该包含关于系统的所有已知内容以求真实。与其他模型一样，设计群落和生态系统模型是为了解决特定的问题。对某些系统和问题来说，最好的模型可能只需描述少数几个、甚至一个物种即可。第 6.7 节的森林 IBM 就是这样的例子：其被设计用于解决森林群落中物种的组成问题，除此之外的其他植物和动物均可被忽略掉。因此，关于动植物之间的相互作用或外来物种入侵等问题就无法用此模型来解决。但是，这些森林 IBM 仍抓住了生态系统的本质，因为毕竟树木才是森林中最重要的组成部分。

我们在此讨论的生态系统 IBM 仅描述了山毛榉（*Fagus silvatica*）的空间种群动态。尽管如此，该模型还是涵盖了该生态系统的许多重要方面，因为在中欧，天然山毛榉森林几乎只有这一个物种。山毛榉能忍受大多数环境条件，其产生的阴影面积较大且自身耐阴能力很强，因此它能够排除掉其他树种。因此，针对山毛榉森林，通过模拟一个物种就可以表示大多数能量和营养（土壤除外）的流动。

在被人类改造之前，中欧实际上是由单一物种的山毛榉森林所覆盖。现在，除了波希米亚（Bohemia）和巴尔干（Balkans）地区的一些残余外，天然的山毛榉森林几乎消失殆尽。即使是最古老的保护区也只拥有相当小的面积且只有 130 余年的历史，故管理的痕迹依然很明显。但是天然的山毛榉森林生态系统会是什么样子？什么样的过程驱动着它们的时空动态？什么样的指标可以指示山毛榉森林接近原始状态的程度？

为了回答这些问题，BEFORE 模型应运而生（Neuert 1999；Neuert et al. 2001；Rademacher et al. 2001，2004）。由于这些问题均针对特定的生态系统，且需要在尚未被观察到的条件下对系统行为进行预测，所以主要的建模问题是要建立对 IBM 捕获山毛榉森林重要过程和动态能力的信心。我们在第 3 章得知建立此信心意味着 IBM 能够再现通过观察实际山毛榉森林所获得的各种模式，尤其是树木大小和密度的垂直及空间（水平）模式。或许对现有森林 IBM 进行修订便可解决 BEFORE 要解决的问题，但现有的 IBM 均未被明确设计以反映森林的垂直及水平结构，以及在很大的区域内数千年的种群动态。

BEFORE 的结构（状态变量）被设计为可在模型中涌现重要的实际观测模式。其重要的模式之一是天然山毛榉森林由相互镶嵌的小斑块组成，且每个小斑块可被分类至三个不同的发展阶段。这些发展阶段可由垂直结构来定义。"最佳"阶段是一个封闭的乔木冠层且几乎没有灌木层，而"生长"阶段和"衰退"阶段均存在灌木层且冠层间存在空隙。这种模式只有当模型同时具有小的空间分辨率和清晰地表示出冠层的不同分层时才会涌现出来。BEFORE 在这三个维度上均是基于网格的。水平空间被分割为近似于大山毛榉（0.02 公顷）树冠面积的网格单元，这个面积远远小于在实际山毛榉森林中观察到的发育阶段斑块的面积（0.1~2 公顷）。垂直方向上，山毛榉被分为四个高度等级（图 1.2）：幼苗、幼树、低冠层和高冠层。

幼苗和幼树阶段的高度分类并不以个体为单位，而是简单地表示为该类植物所覆盖单元格面积的比例。低冠层和高冠层的树以个体为单位进行建模，但单元格内的个体位置无须明确表示。一个单元格内的低冠层个体数可能高达 8 个，每个个体的树冠大小是单元格面积的八分之一。同样，一个单元格内的高冠层个体数也可能高达 8 个，但每个个体的树冠大小可从单元格面积的 1/8 增长到 8/8。而每个单元格内高冠层树木的总树冠面积不能超过其单元格面积。具有较大树冠的树木以牺牲较小树冠的树为代价来生长，这种不对称竞争会导致较小的树死亡。

在模型中，驱动森林动态的过程是生长和死亡。生长依赖于个体所拥有的光照而死亡则取决于生长和暴风雨所带来的破坏（由于森林被较大的山毛榉个体所主导，所以假定幼苗拓殖过程没有光资源竞争重要，并以随机方法简单地表示幼苗的拓殖过程）。三个处于较低高度等级树木的光照取决于同一单元格和邻近单元格内高冠层树木的覆盖率，还需考虑邻近单元格冠层间隙间接光和非直射光的影响。到达每个高度层的光照量决定着树木的生长率和死亡率。

BEFORE 模型只考虑了一个环境过程，即倒伏（windfall），因为它对生态系统有较强的影响。所模拟的可导致树木倾倒的风暴，风向不尽相同且具有三个不同的强度："正常"风暴发生于整个生命周期 89% 的时间步（每个时间步代表 15 年）内，"强"风暴发生于 10% 的时间步内；而"极强"风暴发生于 1% 的时间步内。风暴效应作用于树木个体：每棵树都有一定的概率被风吹倒。然而，若迎风或背风单元格的高冠层存在间隙，那么这个概率将会大大增加。假定被风吹倒的树木会破坏邻近单元格的高冠层和低冠层，这样的破坏最大纵深至三个单元格。此 IBM 对风害的调度进行了谨慎的设计，旨在还原受风害倾覆的树木所形成的通道等模式：在模拟中，当开始执行风暴时，每个单元格按照从上游单元格到下游单元格的顺序依次执行损坏过程。这样一来，单元格内的树木被风损坏的风险还受到同一风暴对上游损坏后所带来的影响；在一个单元格中由于风暴而打开的间隙增加了相邻下游单元格受风暴损坏的概率，从而可能形成连锁损害（图 6.24）。

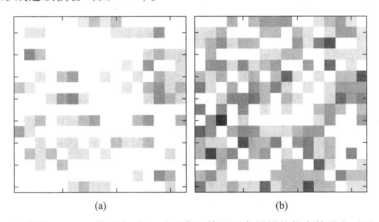

(a)   (b)

图 6.24 山毛榉 BEFORE 模型中（a）"正常"情况下高冠层的损害情况和（b）"极端"风暴事件所导致的高冠层的损害情况（Rademacher et al. 2001）。图中所示的 54×54 个网格（64 公顷）模型中的一部分结果，即其中的 15×15 个网格（4.7 公顷）。在风暴之前，森林是一个典型的由小斑块（通常为 0.3 公顷，处于不同的发育阶段）所形成的嵌套体。损害的程度包括将整个网格全部清空（黑色）到完全没有损害（白色）。图中假定风暴的方向是从左往右的。（资料来源：Rademacher et al. 2004）

总之，BEFORE 所要试图解决的问题导致了其被设计为混合模型。其在水平和垂直方向上是基于网格的；部分山毛榉树（幼苗和幼树）以聚集的方式表示，而另一部分则是基于个体的（低冠层和高冠层阶段）。但对个体的描述均非常粗略：低冠层的树木主要通过其年龄来描述（它们可以在类似于"休眠"的阶段生存数年，但不是永远如此），高冠层树木用它们的年龄和树冠大小来描述。大多数基于个体的模型（见第 6.7.5 节）对个体都描述得非常详细，但考虑到设计 BEFORE 的目的，即理解天然山毛榉森林生态系统在较大时空尺度上的动态，这些细节就显得无足轻重了。

BEFORE 成功地还原了实际山毛榉森林中观察所得的模式：三个发展阶段（最佳、生长和衰退阶段），斑块镶嵌的空间模式，以及各阶段的出现次序和平均持续时间。事实上，这些阶段和模式并非模型规则本身所强制置入的，而是涌现自 IBM 的模型结构和机制，这为 BEFORE 能够抓住山毛榉森林生态系统的本质特征增强了信心。但 BEFORE 是根据这些模式来设计和校准的，因此仍然存在选择了错误的模型结构和参数值的风险，即便它们能涌现这些模式。

为了进一步验证模型在结构上是否与现实相符，我们可以测试其独立预测系统属性的能力，这些系统属性不是那些用来设计和校准模型的属性（见第9.9节）。BEFORE 可以对个体树木做独立预测，因为用于设计和校准模型的模式均与单元格发展阶段相关（单元格的发展阶段基于不同高度等级的总覆盖率设计，而不是基于任何特定树木的状态而设计）。针对个体树木，Rademacher 等（2001）提出了两个问题：古老大树（"巨大的树"）是如何分布的？冠层的年龄结构是怎样的？BEFORE 的预测本质上符合对天然森林和保护区的观察结果。首先，"巨大的树"一直存在，且80%的巨大树木个体间距离为40 m。在指示山毛榉森林接近自然状态的指标中，巨树的存在和分布比三个发展阶段（三个阶段周期性出现，且大风暴过后可能会出现极端值）的空间分布百分比更为可靠。其次，两个邻近冠层间的平均年龄差约为60年。因此，看似同质的冠层其年龄可能存在着较大差异。

所有这一切都在暗示 BEFORE 能够捕捉山毛榉森林生态系统的本质结构和过程，所以说此模型不但实现了最初的设计意图，而且还能解决一些新的问题。其中的一个新问题就是木质残骸的数量和分布。在原始模型中，没有考虑枯萎死亡的树木。为了用 BEFORE 来回答关于木质残骸的问题（Rademacher and Winter 2003），模型中增添了描述死亡树木的产量和命运的规则。具有不同年龄和树冠的冠层树木被赋予了不同的茎体积。这个修改之后的模型也能产生与实际观察相符的模式。其中一个模式就是随着时间的推移，活着的树木和死亡的树木其总量固定。然后，该模型可用于检测在森林管理中增加死木的策略，例如，创造不移除木材的"死木岛"。

将 BEFORE 与 Wissel（1992a）开发旨在解释天然山毛榉森林时空动态的早期模型进行比较亦有所收获。后者是针对发展阶段的空间镶嵌性模式而设计。因此，没有考虑垂直结构。尽管 Wissel 模型能够再现镶嵌模式，但森林工作者对此模型表示怀疑。模型在结构上过于简单，无法让那些真正熟悉山毛榉森林的人们从不同角度得到其想要的模式，或测试其预测结果，从而验证其

在结构上与实际观测相符。相反，BEFORE 的设计是为了能同时再现多个实际
观察模式，因此其结构更为丰富（图 6.25）。

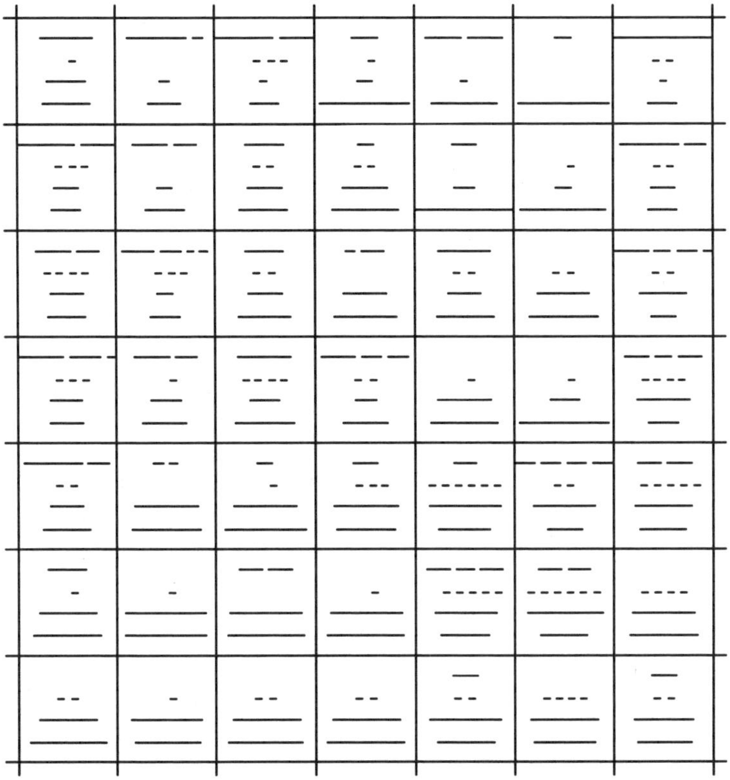

图 6.25　模型 BEFORE 中森林结构的图形展示（参考图 1.2）。每个网格代表 15×15 m² 的
面积（单株山毛榉的最大冠层面积）。每个网格内，4 条线段表示处于 4 个高度等级的山
毛榉盖度。在高冠层（网格内最上面的线段）和低冠层（网格中第二条线段）中，树的
数目的变化范围从 0 到 8。高冠层树的冠幅大小可从 1/8 网格到整个网格间变化，但是所
有高冠层树的总和不能超过网格的大小。低冠层树的冠幅大小为网格的 1/8。对于其他两
个更低的高度等级（位于网格下部的两条线），线段表示的是盖度的百分比。（资料来源：
Neuert 1999）

　　将 BEFORE 与第 6.7.5 节所介绍的其他森林 IBM 相比较同样颇具意味。
因为 BEFORE 专门为解决生态系统问题而设计，所以它在较大的时空尺度上
相对粗略地描述了树木和森林。例如，BEFORE 并未使用详细的生长率模型，
也没有考虑生长率随环境条件的变化。事实上，在 BEFORE 中没有一个过程
是以机制性的方式被模拟的。相反，树木的所有性状都是部分随机的，且服从
"如果−那么"规则：如果一棵树（或单元格）处于特定的状态，那么事件 X
发生的概率是 Y%（见第 7.4 节）（"如果发生一个正常风暴，且所有逆风和

顺风的相邻单元格均完全被冠层覆盖，则此单元格中高冠层树木被风吹倒的概率为 0.01"）。当然，BEFORE 显然不太适用于解决其他的很多问题，如计划木材收获或预测在不同的土壤类型和湿度条件下会产生怎样的森林类型等。

6.8.4 总结和经验

本节所介绍的三个 IBM 充分表明，通过采用类似第 2 章和第 3 章中的建模实践，开发简单且易于处理的群落及生态系统 IBM 是可行的。通过关注特定的问题和模式，并进行适当的简化，我们可以像开发种群 IBM 一样轻松地开发群落和生态系统 IBM。在 Schmitz（2000）的研究中，群落被简化为只包含四个代表性物种，且使用 Gecko（提供了多物种 IBM 的通用模板）平台来实现模型。Pachepsky 等（2001）使用较为抽象的 IBM 来表示植物群落，其中物种间的差异被简化为 12 个基本性状间的差异，并且通过模型分析进一步简化了这些差异。BEFORE 模型的开发人员意识到，整个生态系统的重要动态过程可以通过模拟其优势物种山毛榉来代表。尽管如此，本节所有 IBM 均为真实系统或生态学理论提供了新的见解和认识。

同时这些例子也表明我们可以使用 IBM 将生物多样性模式和个体性状联系起来。Pachepsky 等人的模型旨在研究生物多样性的经典问题：维持群落多样性的物种性状是什么（Simth and Huston 1989）？Schmitz 的研究着眼于蝗虫的适应性性状（避免风险性觅食行为）如何影响其持续性及其群落中的相对多度，即适应性行为不但会影响个体和种群，还会对群落和生态系统产生重要影响。BEFORE 模型关注于森林结构的多样性，研究引起天然森林中森林阶段多样性的环境过程和个体性状。

Pachepsky 等人的群落多样性模型与其他两个 IBM 形成了鲜明的对比。Pachepsky 等人的 IBM 设计是为了解释一个特定模式，即群落的相对多度分布。因为这是一个人工系统，所以这个模式是确认此 IBM "有效性" 的唯一标准。相反，Schmitz 的群落 IBM 和 BEFORE 模型都是围绕数个在真实系统中观察所得的模式而设计的；在某些情况下，设计野外实验就是为了验证模型。结果显示，这些 IBM 可以使用野外数据来进行参数化，并分析其是否抓住了真实系统的本质特征。因此，如果是对特定的系统建模，那么我们会获得针对该系统的可信的结果。然而当抽象的模型被用于解决 "一般性" 的问题时，我们又想知道其结果是否适用于某种特定的真实系统。

6.9 人工演化性状

本节我们要介绍解决 IBE 核心问题的"高科技"手段，以寻找能够解释实际种群水平行为的适应性性状。通过该技术，那些导致特定系统行为的个体行为在 IBM 中是如何人工演化出来的。这个技术不是去模拟物种演化，而是用计算机算法来模仿演化过程，以此校准性状从而使其能重现特定的种群行为。

人工演化经常被用来创建人造数字世界中不断变化的主体或物种（Adami 2002 对人工生态系统进行了综述；Tesfatsion 2002 介绍了人工经济）。在这样的数字世界里，主体之间通常会在非结构化的环境中相互竞争并使系统无法达到稳态；由于当前性状存在缺陷，所以会持续不断地出现新的性状来替代当前性状。然而，这里我们要讨论的是人工演化的另一个应用：将人工演化作为计算技术来解决模拟中的特定问题，即在 IBM 中校准个体性状以解决与适合度相关的问题。Mitchell 和 Taylor（1999）很好地对人工演化及其在生物学及生态学中的应用进行了综述；Mullon 等（2002）介绍了人工演化在凤尾鱼性状中的有趣应用。

本节所介绍的所有 IBM 均为挪威的卑尔根大学所开发。尽管这三个工作针对不同的问题，但它们都使用了适应性性状的通用人工演化技术。Huse 等（1999）描述并测试了"基于个体的，神经网络，遗传算法"（ING）技术。ING 技术最有趣的方面之一就是它采用高度简化的方法来表示有机体在较低层次中的决策过程：以个体环境及其内部状态的感知信息来驱动神经元基因/网络的相互作用。另一个重要的方面则是代表不同行为（如，移动、能量分配和繁殖时机）的性状可同时演化，从而可使不同性状相结合以产生符合现实的涌现行为。

ING 方法将适应性性状表示为人工神经网络（ANN）。ANN 代表了一类简单的神经网络，通常用于模拟在有多个输入情况下的复杂决策。作为输入，ANN 可获取个体从环境及其自身所感知到的信息；每个 ANN 能接受多个这样的输入。作为输出，它产生基于性状的决策，通常为一个或多个标准化变量，其范围为 0 到 1。例如，Huse 等（1998）使用三"层"的 ANN 来表示性状（将在之后介绍），每一层为一组节点集合。节点类似于神经元：节点接受来自感知或其他节点的输入值，对输入进行转换；若转换输入的总和足够高，节点则会产生一个输出。因此，某一层接受 n 个输入的节点 j 可被表示为：

$$F_j = \sum_{i=1}^{n} \frac{1}{1+\exp(-W_{ij}I_i-B_j)} \qquad (6.5)$$

F_j 是范围为 0 到 1 的输出变量，I_i 是输入信息，W_{ij} 是每个输入的加权因子，B_j 是节点的偏差。用 S 形函数计算 F_j，意味着节点对输入的响应是非线性的。Huse 等（1999）所设计的三层包括：第一层使用感知信息作为输入（一种类型的信息对应一个节点），第二层是"隐藏"层及最后一层为输出层。隐藏层和输出层的每个节点都能接受来自上一层中每个节点的输出值 F 作为单独的输入。在输出层中，每个 ANN 的输出都有一个节点。例如，如果一个 ANN 只产生 "yes-no" 的决策，那么它的输出层就只有一个节点：如果其 F 值接近于 1.0，则结果为 "yes"，否则其结果为 "no"。

ANN 能够从多个输入中做出非常复杂的决策，但前提是只有当它们通过了对其参数 W 和 B 进行校准的"训练"后方可实现。由于参数量极为庞大，所以训练亦甚为复杂：ANN 中每层的每个节点都有一个参数 B，而每层的 W 参数则是其节点数与输入数的乘积。Huse 等（1999）使用三层 ANN 对一个训练过程进行模拟，其具有六个感知输入，五个节点的隐藏层，以及四个输出变量，故共有 71 个参数。参数变化所致的个体和种群水平的结果是无法预测的。因此，ING 用人工演化技术，通过遗传算法（GA）来训练 ANN：该算法中的基因就是 ANN 每个节点的 W 和 B。

GA 是由 CAS 的先驱之一 John Holland（1975）所创建的，现在经常被用来解决仿真模型中极端困难的问题。不细究的话（有大量关于 GA 的文献和软件），GA 可以作为解决人工基因问题的潜在方法：一串类似 DNA 链的数值。仿真模型中通常强制置入"自然选择"（实际上是数字选择），只有产生较好结果的基因才能存活。之后这些幸存的基因可以再生，但需通过重组和突变等过程不断产生新的 DNA 链。通常，一个 GA 有成百上千的个体，每个个体都拥有各自的基因来竞争和重组。因此，GA 粗略地模拟了驱动生物进化的遗传和选择过程。

在 IBM 中使用 ING 技术来寻找适应性性状的步骤可总结如下（另见第 7.5.4 节）：

（1）通过开发完整生命周期的 IBM 来全面定义个体所面临的适合度问题，除了需要人工演化来得到适应性性状之外，该 IBM 的其余部分都是完整的。在随后的步骤中适应性性状得以演化，为个体提供能使其在 IBM 虚拟环境中生存和繁殖的行为。

（2）在个体模型中，用 ANN 来实现每个适应性性状的演化。ANN 利用被假设能驱动个体性状的感知信息作为输入，其输出为性状所表示的决策。现在的问题是"训练"ANN，即找到能产生符合现实决策的参数值。

（3）将 IBM 与 GA 软件相结合以开展 ANN 参数值的人工演化。ANN 参数集合可被视为人工基因。在 IBM 开始进行"训练"时，个体拥有随机的 ANN。之后，在训练的过程中选择成功的参数集合。具有良好参数值（使它们在 IBM 中得以生存和繁殖）的个体产生后代。后代遗传了母体的 ANN 参数值，但参数值可能会因交叉和变异而发生改变。产生较差 ANN 决策的基因从 GA 中消失，因为含有这些基因的个体在繁殖之前即已死亡。

（4）人工演化进行足够长的时间之后，ANN 参数即可演化出非常成功的适应性性状。人工演化可能会导致所有个体都具有相似的参数值，故通常只有一个最优性状；或可能有许多不同性状，但在与其他性状竞争时它们均可获得成功。

（5）建模者可以对 IBM 进行分析，以确定演化后的 ANN 是否能产生与真实系统相符的行为。若不能，可能有多个原因：IBM 无法充分表示个体所面临的适合度问题（例如，食物分布情况、随着空间和时间变化的死亡风险等）或 ANN 未能很好地表示决策性状，包括输入、输出或复杂度。

（6）一旦演化出良好的 ANN 参数值，其在 IBM 中会被实现为固定的性状。此时，即可通过该 IBM 来解决其他的生态学问题。

下面我们介绍使用了 ING 技术的三个 IBM 实例。其中第三个实例修改了 ING 技术以解决一个众所周知的 ANN 局限性的问题。

6.9.1 Huse 和 Giske 的海洋鱼类水平移动模型

Huse 和 Giske（1998）模拟了类似于巴伦支海（Barents Sea）环境中鱼类（如鲱鱼或毛鳞鱼）的水平移动。水平移动对于寻找和追踪猎物聚集地非常重要，同时还可降低被捕食的风险；但水平移动也必须包括年度最长距离的迁移以到达适合产卵的水域。如果 IBM 中的个体未能在低风险的情况下找到食物并迁移到适宜产卵的地方，则其无法繁殖。这项研究对 ING 方法是否能重现这些移动行为进行了检测。同时，该研究还假设了两种不同的移动性状：反应性和预测性，而这两类性状对于重现短期移动和迁移行为是必须的。

"反应性移动控制"性状描述了在局域尺度上鱼类如何响应猎物和被捕食风险的短期变化。反应性移动以 ANN 来表示，具有四个输入变量：个体当前的生长率、个体对捕食风险的感知、个体对当前所处单元格温度及其前一天所处单元格温度的感知。"预测性移动控制"性状是描述鱼类季节性移动的，也由 ANN 来表示。预测性移动 ANN 的输入变量为日期、鱼的年龄和大小、当前单元格的温度以及鱼当前的位置。Huse 和 Giske 指出环境线索（如日长）和生理机制（如个体感知磁场的能力）证明了鱼是可以感知日期和位置信息的。

同时，鱼拥有一些简单的其他性状以决定其是否通过预测性或反应性来控制每天的移动。

ANN 产生四个输出，即向东、西、南或北移动的"yes"或"no"值。这四个输出一起决定了鱼是否移动以及移动的方向。例如，只有北和西的输出是"yes"，那么鱼向西北移动；如果只有北和南的输出是"yes"，那么鱼不会移动。

Huse 和 Giske 在 GA 中使用人工演化的方法为反应性和预测性移动 ANN 以及两者在被使用时的决策性状找到了相应的参数值。300 代后，GA 演化速度降低且个体已做出了非常成功的移动决策。GA 演化出来的性状存在着很大的差异，即演化出了很多不同且成功的性状。

Huse 和 Giske 对人工演化出来的性状进行了进一步的分析。他们想了解反应性和预测性移动性状的重要性：根据对季节性变化的预测做出决策的性状是否为个体所必需的，还是仅需具备对当前及近况做出反应的能力就已足够（许多行为模型和 IBM 都有这样的假设）？Huse 和 Giske 发现个体大部分情况下都使用反应性移动，但是没有预测性移动的话，它们就不能通过迁移实现成功产卵。因此，这两种移动对于种群持续来说都是必不可少的。

第二个分析测试了当环境发生重大改变时，演化性状的表现如何。在人工演化训练 ANN 的过程中，模拟了食物消耗的过程：鱼的高密度会导致猎物密度随时间推移而下降。那么如果停止食物消耗但不重新训练 ANN 将会发生什么？Huse 和 Giske 预测一旦食物消耗停止，食物浓度将保持在较高的水平上。因此，如果移动性状产生了涌现的密度依赖现象，那么鱼的局部密度应该会更高。模拟结果证实了该预测，即没有食物消耗时，鱼的平均密度高出近两倍。

6.9.2 Strand 等的模型：垂直移动、能量分配及产卵

Strand 等（2002）模拟了一种生活在挪威峡湾环境中被称为间光鱼（Müller's pearlside）的鱼类。该研究旨在开发三种不同的行为性状：垂直移动（在每个时间步内鱼向上移动还是向下移动）、能量分配（鱼是否使用多余的能量来生长或储备脂肪，每月进行一次这样的分配决策），以及产卵（是否在月内产卵，可产卵的七个月中每月做一次决策）。为了检测环境条件的变化对幼体存活的影响，对这些性状进行了两次演化：一次是固定的幼体存活率，另一次是具年内和年际间变化的幼体存活率。

垂直移动的性状被表示为一个 ANN，其输出是鱼所处的水深（图 6.26），输入是鱼的视觉范围（一个关于光水平的函数）、猎物密度、温度、鱼的饥饿

程度以及鱼当前的脂肪储备。由于研究区域的猎物密度（浮游动物）主要由潮汐的水平流动所主导，所以假设猎物的数量不受被模拟鱼类的消耗所影响，即个体之间没有竞争。

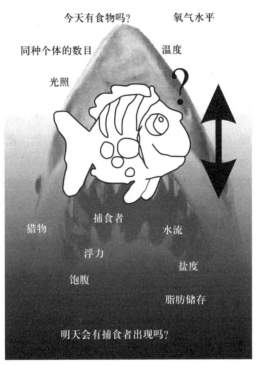

图 6.26　影响鱼类在某个时刻向上游动或向下游动的内外因子卡通图。对应于该决策的性状即是 Strand 等（2002）通过人工演化产生的。（资料来源：Strand 2003）

　　能量分配和产卵的性状并不以 ANN 来表示，而是用简单的 1 或 0 来表示，每月做一次决策。例如，如果六月的产卵性状值是 1，那么鱼在六月产卵。垂直移动 ANN 的所有参数，以及能量分配和产卵性状的参数都是在 GA 中演化而来的。此模型中，GA 一直收敛直到个体之间的差异极小：相同行为可用一组性状来表示，而非使用多组成功的性状来表示。

　　Strand 等比较了上述两种性状（固定幼体存活率和存在年内/年际间变异的幼体存活率）所产生的个体行为和种群动态。二者产生了不同的垂直移动行为和种群年龄结构。然而，在重现实际行为和种群动态方面，两组性状的能力相当。

6.9.3 Giske 等的垂直移动 "Hedonic" 模型

Giske 等（2003）开发的 IBM 看起来与 Strand 等（2002）的 IBM 非常相似，但是在人工演化的实现方面做出了一些重要的改变。Giske 等的模型模拟了人造海洋生物及其适应性行为：垂直移动。该有机体生活在一维环境中：温度随深度变化，光照随着昼夜而周期性改变，以及在昼夜周期中食物有机体的垂直移动分布。死亡风险随光照水平的提高而增加，随着个体密度的增加而减小。

人工演化性状决定了个体是否向上或向下移动一米，或保持原高度。对任何一个可能的目的地，个体可感知四个变量：食物浓度、光照水平、温度和个体密度。在一个生命周期内（一般只有两天，每 75 个模拟时间步代表一天）能达到特定大小和能量储备的个体才能进行繁殖将其性状遗传至下一代。生长和能量储备都使用简单的觅食和生物能量算法（其取决于温度、光照水平、猎物密度、竞争和个体体重）来模拟。

与之前介绍的两个模型相比，Giske 等的模型试图克服 ANN 众所周知的一个局限性：一旦性状进入演化阶段就难以理解。但是 IBM 中的 ANN 被"训练"后，就相对易于分析 IBM 的涌现行为与实际种群行为之间的匹配度。然而，描述 ANN 本身是如何工作的，或其输出如何随输入的不同而变化非常困难，而准确地了解个体的行为则更是难上加难。由于描述 ANN 行为的唯一方法是进行类似于敏感性分析的实验，所以它本身就是一个"黑匣子"（第 9.6 节）。

Giske 等（2003）创建了一个被称为"快乐建模"的新方法，它能描述个体如何对感知到的情绪（如恐惧和吸引力等）做出反应。这个方法最大的特点是不使用 ANN 来表示性状，而是用一组将个体反应与输入联系起来的方程来表示性状。首先，从环境感知而来的每个输入（食物浓度、温度等）都被个体内部状态所改变以产生该输入的"快乐情调"指数。例如，温度 H_T 的快乐情调为：

$$H_T = M_T S_1^{m_{1T}} S_2^{m_{2T}} T$$

其中 S_1 和 S_2 是两个内部状态变量，表示饥饿程度和体重，两者取值均在 1.0 到 2.0 之间；T 为其所感知的温度；M_T，m_{1T} 和 m_{2T} 为系数。用类似的方程式决定每个外部感知变量的"快乐情调"：食物、光照、温度和个体密度等。个体对一个决策的最终选择（例如向上移动一米）取决于四个外部感知变量值的总和。快乐情调指数公式中的系数类似于之前两个模型中的 ANN 参数：确定个体响应感知信息的方向和强度，同时由人工演化来对其进行校准。

　　人工演化完成后，Giske 等通过确定三个个体以及检测每个个体的垂直移动性状来阐明该方法对理解性状的重要性。尽管性状仍然非常复杂，但通过观察其系数值我们就可以对这些性状进行描述，如对光照及其他个体的偏好如何随体重而变化。以这种方式分析的三个个体在某些快乐情调指数上是完全不同的，这表明种群中存在着多个成功的性状。

6.9.4　总结和经验

　　本节我们探索了开发高度复杂的适应性性状的方法，我们借用了 ANN 和 GA，它们已广泛地应用于人工复杂适应系统并解决了很多复杂的工程学问题。尽管这些技术具有一些"黑匣子"特征，但如果想要很好地应用它们，还是需要大量的生物学知识。首先，建模者必须要明确哪个适应性性状对于种群和待解决的问题来说是至关重要的，即需要对个体的哪些决策行为进行建模？在 ANN 参数（或一组特征公式）被人工演化前，建模者还需要决定个体能感知并被性状所使用的外部和内部变量：哪种条件下性状会允许个体来进行适应？最后，IBM 还必须明确适应性性状能发挥作用的环境和生理条件。

　　不论如何简化，ING 技术引人注目的特征之一：在选择适应性决策方面，非常类似于真实的有机体，即先从外部和内部条件感知信息，之后通过遗传演化算法对信息进行处理。另一个同样引人注目的能力是能同时演化对应多个不同决策的多个不同性状，从而使它们共同作用以还原真实的涌现行为。

　　尽管 ING 技术与真实的生理和进化机制极为相似，但我们必须记住通过人工演化发展的性状是经验性的。在人工演化过程中"训练"性状只是为了解决性状演化过程产生的一些问题。然而，Huse 等测试了单一环境（有食物消耗）中演化而来的性状在另外一个环境（没有食物消耗）中的表现，该实验表明对于演化性状的了解还远远不够。是否能演化出在多个条件下均有良好表现的性状（包括那些在"训练"阶段没有出现的性状）？

　　我们简要介绍了 Bergen 模型和实验中许多颇为有趣的方面。其中一个方面即为同一种群中的同一个体行为同时演化出多种不同性状的可能性。Huse（1999）及 Giske 等（2003）都发现了演化性状中的不同"基因"：多组参数，这些参数有时会产生完全不同的行为，它们是在人工演化过程中通过竞争存活下来的。进化生态学家希望在由种内竞争驱动的决策过程中，性状会更加多样化且是频度依赖的。没有资源竞争的模型（Strand et al. 2002）是 Bergen 模型中唯一一个收敛至一组参数值的模型，这会是一个巧合吗？

6.10 总结

前面我们介绍了很多 IBM 及与其相关的研究，从中可以发现我们需要从 IBE 中学习更多的东西。显然，我们确实学到了很多，甚至在使用 IBM 之前，就已经掌握了一个很好的生态学研究方法。本章的每一项研究都令人兴奋，并产生了一些用其他方法可能无法产生的新认识；其实类似的研究还有很多，本章无法一一概括。

本章的另一个目的是为了提出本书余下章节要介绍的重点。事实上，之前的章节所强调的三个关键点在本章中都进行了很好的阐述。

首先，若模型按照在真实系统（如森林）中所观察到的模式来设计，则此模型将会拥有很多的优点。在整个建模周期中，模型均可被测试。即便是最原始的版本也可以进行定性的测试，最终版本甚至可以进行针对独立预测的检验。面向模式的建模会使模型的结构和过程都足够丰富，并可通过多种方式对其进行测试，而且模型仍足够简单以便于理解。

其次，如果建模过程遵循 IBE 理论发展周期框架（第 4 章），那么生态学家可以了解到更多关于其所关注的个体和系统的信息，甚至有可能了解到个体和系统的一般性规律。如果没有遵循该发展周期，也无法对备选理论进行测试，那么我们对系统和个体之间相互作用的机制亦将知之甚少。然而，也有一些实例研究无法对适应性个体行为的多个备选理论进行测试，但其依然有效。

最后，这些实例表明我们需要一种标准化的综合性的方法来思考并描述 IBM。为此，第 5 章中提出的概念和术语便极具价值。有时，这些概念有助于我们简洁地描述 IBM；有时，其帮助我们思考建模者未曾考虑到或没有详细记载的问题。从 IBM 的顶层（例如，哪些结果为涌现，哪些是强制置入的？适合度的哪些假设是模拟决策的基础？）到底层（如何调度模型事件？），许多假设都不符合传统的建模框架。但是我们必须要描述这些假设，因为它们是理解和还原 IBM 的关键。

这些实例同时也表明了在第 1 章中所介绍的基于个体建模所面临的挑战。若想诟病 IBM，便可从这些实例中得到很多负面的认识：IBM 作为一种生态学方法并不具有一致性。它们并未遵循常用的研究过程，其设计也并不是基于常见的原理或理论。因此，不同 IBM 之间的比较并将其结果彼此相连，以及得到一个一般性的综合框架是非常困难的。同时 IBE 也是相对低效的，已开发出来的方法和软件很少被重复使用。模型和软件都非常复杂且充满了细节，因此其重复使用的可能性不大；软件也常常包含着各种各样的错误。

　　这些批评毫无疑问是对的。但实际上这些并不是 IBM 和 IBE 的固有的局限性，原因如下：首先，本章所研究的内容包括了很多例外的情况，因此我们知道这些困难并非不可逾越；更重要的是，本书的大部分内容都在致力于解决这些问题。从第一部分和第二部分我们已经看到了如何通过使用适合的建模策略、开发理论和新的概念框架来实现 IBM 的一致性。但为了使 IBM 更加高效，我们仍然面临着一些问题：该如何具体地设计和分析 IBM？怎样才能使软件更高效、更可信且更有用？不同研究人员之间应该如何交流沟通才能更好地传达出各自研究的价值和可信度？因此，在第三部分我们将主要解决这些问题，同时也发现这些问题确实消耗了我们大量的时间。

第三部分

引擎室

第 7 章　构建基于个体的模型

技术掌控复杂，而创新掌控简单。

——Sir Erik Christopher Zeeman，1977

7.1　引言

从本章开始，我们将深入了解基于个体建模的"引擎室"。正如箴言中生物数学家 E. C. Zeeman 所说，我们在第二部分关注的是基于个体的生态学的创造性阶段，也就是我们如何使用相对简单的概念和理论再现并解释生态系统的复杂过程。而现在，在第三部分中，我们则探讨当实现、执行一个 IBM 以及用它开展科学研究时，如何在技术上处理这些复杂性。第三部分的一个重要主题是：IBE 所需的许多技术手段与经典建模所使用的十分不同。基于个体的生态学家需要熟悉离散数学和软件工程，需要能够设计出用于理解复杂数字世界的实验，还需要对建模对象的自然历史和个体生态学有着透彻的理解。

IBM 的实现一般是从撰写一份设计方案开始的。制定设计方案是一个对如何在软件中实现模型的完整详尽的描述，它（在软件工程中被称为详细设计说明书或程序设计说明书）的内容应该包括针对建模问题的概念设计（第 2 章）、用于定义模型系统本质的模式（第 3 章）、自适应性状的理论（第 4 章）、基于个体的建模概念（第 5 章）以及使 IBM 在软件中可被执行所需的所有细节。撰写一份详尽的设计方案可以让整个研究周期更加高效，它能帮助我们在把时间投入到软件开发之前透彻地思考和审视整个模型设计，能够记录我们进行设计决策的方式和原因，能够告诉程序员（如果存在的话）具体要做什么，还能够使我们的研究工作具有可重复性以便公开发表。

制定一个详尽的模型设计方案绝非一个孤立的过程。建模往往是从头脑中构思的一个概念设计及其细节开始的，然而试图完整且清晰地写出我们的想法是非常痛苦、让人抓狂的过程。我们常常对头脑中的模型感到满意，但是当我们以书面的形式呈现它时，会发现前后矛盾和逻辑链的断裂；当我们在软件中编写模型时，不可避免地会发现更多模糊不清的地方；当我们真的去实现想法时，又会发现这些想法似乎并没有那么巧妙。不过，一旦开始使用和分析模型，我们就能继续修改并优化设计方案。到工作发表之时，能够提供对模型的详细描述尤为重要（而且具有挑战性）。本章不是要成为详细设计 IBM 的综合指南（这样的指南本身就是一个大项目），而是要成为一个纽带，将第二部分的概念设计过程与第 8 到 10 章所讨论的 IBE 建模以及研究周期的后续阶段联系起来。我们提供制定设计方案的技术，帮助建模者迎接并处理那些在软件开发、分析和交流中的挑战。

本章首先概述制定设计方案需要包含的信息种类，然后针对如何制定空间要素、概率规则和决策性状三个具体问题的技术进行讨论。在其余部分，我们则推荐了一些控制 IBM 不确定性以及降低 IBM 参数化、分析和交流难度及争议性的一般方法；一些能够在制定 IBM 时从概念设计顺利轻松过渡到书面描述，进而过渡到软件的方法；以及一些有时需要处理极多个体数量的技术。

7.2　IBM 制定方案的内容

第 5 章我们讨论了 IBM 无法仅用方程和参数值描述的许多基本特征，为了描述这些特征，IBM 设计方案所包含的信息类型必须要比经典建模的更多。在此，我们罗列了 IBM 设计方案所需包含的信息类型，它们都是非常基本或实用的。

这里必须要强调，IBM 设计方案不仅要描述"是什么"，还要描述"为什么"。使用 IBM 的生态学家不断面对一种误解：IBM 只适用于特殊情景。本书的大部分内容旨在表明，我们通常可以为我们的建模决策提供雄厚的生物学基础。因此我们建议在撰写 IBM 设计方案时，不仅要写出所用的假设、方程和参数值，还要写出选择它们的原因，即便是最简单的理由，如"我们野外观察到的结果 X、Y 和 Z 表明这个假设抓住了过程的基本要素"，或者像"文献表明没有较好的假设，所以我们选择了这个简单的"。

IBM 的设计方案需要以下要素（另见第 10.3 节）：

（1）建模目的的陈述。明确陈述 IBM 要解决的问题，这可以作为制定其他部分的指南（第 2.3 节），可以帮助建模者和审阅者了解为什么需要包含某些过程而不需要包含另外一些过程。

（2）主要结构假设。描述实体（生境单元、个体等）的类型及其状态变量、时间步长、空间范围和空间分辨率以及驱动模型的环境变量或过程，并说明这样选择的原因。

（3）概念设计。基本上是第 5.11 节清单上的内容。尤为重要的是要早早地定义好模型是从个体的什么性状涌现出什么样的结果。

（4）子模型的概述。包含哪些主要过程及其原因（第 7.6 节）。这里需要包括环境过程的子模型以及个体的性状。

（5）观察者计划。描述需要观察什么样的模型结果、为什么以及如何观察（第 8.6.5 节）。要确定如何将每种类型的结果输出统计汇总并写入文件或进行图形展示。

（6）调度。完整描述子模型如何分组执行活动，以及执行活动的顺序（第 5.9 节）。调度必须囊括 IBM 中的所有内容，包括生境模拟和观察者的行动（结果）。

（7）初始化。当模型开始运行时，生境和个体如何被创建、如何被放置在空间（时间）里，以及为什么要这么做。

（8）子模型的细节。IBM 各个部分的完整描述。需要描述的有①假设、方程及其选取的原因；②参数值；③用于测试和校准子模型的文献、数据和方法。虽然这些细节对于模型的可重现性是非常基本的，但与前述要素相比，它们仍然是细节。子模型细节最好在文档末尾处单独列出，以免影响读者对概念设计的全局理解。

（9）输入数据。描述模型的输入数据，例如，用于表示环境条件的数据。还可能需要描述数据来源、野外方法，以及处理或转换数据的方法，等等。

7.3　设计 IBM 的空间要素

如何表现空间是大多数 IBM 的主要结构假设之一。绝大多数 IBM 都是空间显含的，因为在大多数 IBE 的研究问题中，个体占据空间异质的环境并在其中发生相互作用，IBM 需要对此空间异质的环境进行建模。大致来说，表现空间非常简单：确定空间面积（或体积）的范围，定义坐标系，并为每个空间对象赋予相应的坐标值。然后决定是将空间表示为离散单位（单元格）还是连续数值，与此相关地，决定是否明确地表示个体的空间范围。

7.3.1　离散空间

离散空间模型将空间表现为一些离散单元格的集合，不同单元格之间的空间特性不同，而同一单元格内的空间特性相同。许多这种模型被称为"基于网格"的模型，因为它们使用统一的、通常是正方形的网格（其他名称还有"相互作用的粒子系统"和"格子气体"，但是这些名称反映了它们的物理学背景，尽量避免在生态学中使用）。有关基于网格的模型的一般描述和示例可参见第 6.7.4 节，对于方法的概述可参见 Hogeweg（1988），Ermentrout 和 Edelstein-Keshet（1993），Czárán（1998），Wissel（2000）和 DeAngelis 等（2003）的文章。与此不同的是，也有一些离散空间模型使用不规则的单元格，与自然环境中的几何形状相匹配，例子可参见 Clark 和 Rose（1997），van Winkle 等（1998）以及 Railsback 和 Harvey（2002；第 6.4.2 节）的溪鱼模型。

离散空间方法被广泛使用并大获成功有如下一些原因：离散空间假设在小尺度（单元格内）内的空间变异和过程可以忽略不计，而在大尺度（单元格间）内的空间变异和过程对产生模式非常关键，这种基本假设可以大大地简化模型；该方法还具有计算上的优势，特别是在识别每个个体的相邻个体时，因为对于均匀的网格来说，通过递增或递减单元格的网格坐标来识别单元格的相邻单元格是非常容易的；另外一个优点是遥感、全球定位系统（global positioning system，GPS）和地理信息系统（geographic information system，GIS）技术都可以轻松获取基于网络的空间数据。Schadt（2002；第 6.4.1 节）的猞猁分散模型就是一个通过卫星数据获取基于网格的 IBM 空间元素的例子。即使是非常小的空间和网格，应用 GPS 或其他测量技术以及 GIS 技术也可以很轻松地生成网格数据。

离散空间最重要的潜在优点之一是给空间单元赋予了模拟行为的潜力。在一些 IBM（例如 Schadt 2002 的猞猁模型）中，单元格本身并没有行为，只是为个体提供环境信息。在其他一些 IBM（如上面提到的溪鱼模型）中，单元格能够模拟食物等资源的消耗和再生。还有一些 IBM 甚至将个体的部分或全部生命周期用单元格的行为来表现，例如 BEFORE 森林 IBM（第 6.8.3 节）仅凭单元格性状"树木覆盖的单元格面积所占的比例"来跟进幼苗和幼树的数量。将所有个体行为表现为网格性状的模型可以归类于一个叫作元胞自动机模型（von Neumann and Burks 1966；Wolfram 2002）的类别之中。这些模型用生态学状态表征每个单元格，例如物种的出现与否、生物量的高低或局域亚种群的大小。该状态根据"转移规则"在每一时间步上变化，该转换规则由单元格本身及其相邻单元格的状态所决定。在生态模型中，这些规则通常是基于概率的（第 7.4 节）。

基于网格的方法的局限性在于，模型的空间分辨率（粒度或单元格大小）不仅仅是一个容易修改的模型参数，更是一个重要的设计决策，因为它会影响到模型所有其他部分的设计，甚至影响参数值的设置（第 2.3 节）。因此，任何基于网格的 IBM 的方案都必须解释选择特定粒度的原因。需要特别关注的是，忽略单元格内部空间变异及其影响的假设是合理的。

离散空间方法特别适用于没有明确表示个体空间范围的 IBM。许多动物 IBM 尤为典型，它们只表现个体位置而不表现个体所占据的空间，因为动物的移动范围远大于其占据的空间（一个例外是那些假定总是维持领地的动物 IBM，领地大小可以被认为是个体的空间范围）。表现个体空间范围的离散空间 IBM 需要承担一定的风险：模型结果会以非线性方式受到单元格大小的影响。例如对个体密度的影响：如果每个成年个体占 $1 \times 1 \ m^2$，每个幼年个体占 $0.5 \times 0.5 \ m^2$，那么 $1.9 \times 1.9 \ m^2$ 的单元格可以容纳 1 个成年个体和 5 个幼年个体；而 $2.1 \times 2.1 \ m^2$ 的较大网格则可容纳 4 个成年个体且没有幼年个体。

为了避免由单元格大小造成的这种现象，固着生物（尤其是植物，第 6.7.4 节和第 6.8.3 节）和领地动物（例如 Tyre et al. 2001）的基于网格的 IBM 通常简单地假设网格尺寸等于一个个体的空间范围。这个假设可以大大简化 IBM，但也引入了另一个限制，即个体的生长。因此没有单一的网格尺寸能匹配一个个体在不同生命阶段的空间范围，更不用说能匹配所有个体的空间范围。在一些植物模型中，有一个可接受的解决方案是完全忽略或大大简化个体的早期生活阶段，将成年个体的空间范围作为网格的尺寸（第 6.7.4 节）。或者也可以像 Winkler 和 Stöcklin 的模型那样（第 6.7.4 节），用网格的集合表示个体，这样一来，个体空间范围就可变了，但模型在概念和计算上会更加复杂。

7.3.2　连续空间

在连续空间模型中，所有实体的位置都由连续型变量所描述。一个个体在基于网格的模型中的位置可能被描述为"在以（$x = 250$，$y = 190$）为中心的 $10 \ m \times 10 \ m$ 的网格内"，而在连续空间模型里，它的位置则可能被描述为"位于（$x = 245.734$，$y = 193.806$）"。连续空间在处理那些对个体精确空间排布非常敏感的问题上有着明显的优势，例如鱼群（第 6.2 节）、微生物菌落的生长（Kreft et al. 2000，2001）、植物间的竞争（第 6.7 节）等。连续空间还让我们能对尺寸迥然的个体空间范围进行建模，而不必担心该范围与网格大小的对应关系。

连续空间的一个困难在于如何表现资源的动态。在离散空间模型中，通常假设个体消耗其单元格内的资源，在单元格水平上模拟资源消耗与再生的过程。而连续空间模型则不能简单地假设个体在其所在的位置上使用资源，因为连续空间中的个体位置是一个点，一个点上可用资源的数量当然为零。克服这个问题的一般方法是，假设个体在其周围一定区域内占用并消耗资源或者与其环境发生相互作用，例如"影响域"植物模型（第 6.7.2 节）和 Gecko 模型（第 6.8.1 节）。这样可以很容易地模拟出不同个体占用或影响的空间范围大小不同的事实，或是个体空间范围随个体生长而增加的过程。

然而，在模拟资源可用性的空间变异以及空间资源动态上，连续空间模型仍然存在着问题。例如，在连续空间中没有简单的方法来表现环境数据（如 GIS 数据），也没有简单的方法来模拟个体在资源再生的空间里移动时如何消耗资源。不过这些局限可以采用混合的方法加以克服（第 7.3.3 节）。

连续空间 IBM 常会遇到一些计算上的问题。它在表现个体间直接的、空间依赖的相互作用时十分有用，但这需要识别出每个个体的相邻个体。计算哪些个体的影响区域相互重叠，或是哪些个体能被具有特定视野的另一个个体"看到"，这可以简单地通过比较所有个体对来进行，但是计算时间将随种群大小呈平方增长。对于个体数量很多的模型，可以使用复杂的软件技术（Hildenbrandt 2003；第 6.7.3 节）或是刚刚提到的混合方法来解决这个问题。另一个计算问题是如何计算两个以上个体的重叠"影响域"，这个问题的计算方法可参见 Wyszomirski（1983）和 Weiner 等（2001）的介绍。

7.3.3 混合方法

针对离散和连续的空间表示方法，其许多局限性可以通过混用多种方法来克服。有下列一些混合方式：

• 用离散的单元格表现环境，在连续空间中追踪个体的状态变量。这种方法允许使用基于网格的空间数据，也能在单元格水平上模拟资源动态。例如，Berger 和 Hildenbrand（2000）在他们的连续空间森林模型中使用盐度数据的离散位图作为模型的环境组分。

• 在离散空间模型中，对环境和个体采用两种不同的空间分辨率。如果考虑一个 IBM 要求动物快速穿行于复杂生境，那么最好用一个较小的粒度模拟复杂生境（例如，采用 10 m×10 m 的网格尺寸模拟不同土壤类型、水分、坡度和坡向下的植物生产力），然后将生境变量聚合成更适合模拟动物移动的较大粒度（例如 100 m×100 m 网格尺寸下的食物供应总量）。

• 对不同的个体行为采用不同的空间分辨率。在 Railsback 和 Harvey 的鳟鱼 IBM（2002；第 6.4.2 节）中，食物竞争发生在每个单元格内，但是在每个时间步内鳟鱼可以在一定半径（随个体尺寸增加而增加）内的任意单元格间移动，也就是鳟鱼可以使用距离它们捕食地点很远的隐藏生境。于是，隐藏生境在每个单元格中被表示为最近隐藏点的距离，无论隐藏点是在单元格内还是在单元格外都是如此。在 Schmitz（2000）的连续空间的 Gecko 群落模型（第 6.8.1 节）中，采用一个半径值来表示食草动物资源输入的范围，采用另一个半径值来表示食草动物探测捕食者的范围。

• 对不同的生活史阶段使用不同的模型模拟。之前讨论过 BEFORE 山毛榉森林模型（第 7.3.1 节），它对幼树使用元胞自动机方法，对成年植物使用

单纯的基于个体的方法。在极端情况下，不同的生活史阶段可以使用完全不同
的模型，而这些模型可以使用完全不同的时空分辨率（例如 Railsback 和
Jackson 的三文鱼 IBM，2000）。

7.4 制定逻辑规则和概率规则

IBM 是离散事件的模拟器（第 8.3.1 节），因此 IBM 包含了模型对象在某
些条件下如何改变状态的规则。例如，在 Huth 和 Wissel 的鱼群模型（1992；
第 6.2.2 节）中，在每一时间步内，每条鱼都会根据其相邻个体的空间排列来
改变自身的游动方向。如果相邻个体太近，那么此个体会远离相邻个体避免碰
撞；如果相邻个体接近但不太近，那么此个体会平行于它们游动；如果最近的
相邻个体也离得很远，那么此个体就会朝相邻个体游动。我们可以从这个例子
中看出，逻辑（"IF-THEN"）规则是 IBM 模拟个体行为以及如生境动态等
其他过程的自然方式。这些规则的"IF"部分可以包括若干逻辑条件，这些
逻辑条件由组合了运算符 AND、OR 和 NOT 的布尔代数构成（通常，一个规
则里不要超过三个条件组合，以免出现逻辑错误）。但仅使用逻辑规则还远远
不够：我们所模拟的过程并非仅仅遵循一系列简单规则而进行，这些规则或许
可以捕捉到重要的趋势，但一般总会有一些过程、结果的变异性无法由单纯的
逻辑方法所捕捉。

我们往往希望能基于所涉系统的经验信息来制定 IBM 的规则。当可用数
据是基于足够多的种类和样本量时，我们就可以利用它们制定概率规则。如果
已经观察到真实个体有 $X\%$ 的可能性会表现出某种行为（例如第 6.3.2 节土拨
鼠模型中的扩散），那么一个简单的概率模型规则就可以被制定出来：模型个
体在一次实验中表现出该行为的概率为 X。但这种简单的概率方法也有其局限
性。例如，如果将概率作为个体行为的性状，那么行为就不会是自适应的，也
就是说个体不管在何种条件下都会以相同的概率做出相同的决定。此外，数据
也经常都会由于太少或是具有不确定性而导致难以可信地估计概率值（第 5.8
节讨论了随机性的使用）。

结合逻辑方法和概率方法可以克服这两种方法单独使用时的许多局限。组
合了这两种方法的规则的一般形式是"IF 某条件 X 发生，THEN 事件 Y 以概
率 Z 出现"。最为重要的是，为个体行为的概率性状添加逻辑条件可以使行为
具有自适应性，可以使得个体能在不同的条件下出现不同的行为。例如针对林
戴胜扩散的自适应性状（第 6.3.1 节），假定鸟类以一定概率从出生地扩散出
去，该概率随年龄增长而增大，随社会地位上升而减小，制定规则"IF 年

龄＝3，且社会等级＝2，THEN 发生扩散的概率为 0.3"，接着产生一个 0 到 1 之间的随机数，若该随机数小于 0.3，则发生扩散。

组合逻辑规则和概率规则的另一个主要优点是可以利用多种"软"信息。虽然，熟悉系统及其个体特性的人可能知道或能够猜想在不同条件下可能会有什么结果，哪些结果更可能出现，专家们也能对结果的可预测性有一些认识，但是，常常存在一些数量很少或具有不确定性的野外观测，例如一些罕见但重要的事件，这些信息可能非常有价值，有时甚至是我们认识系统的最为重要的信息。而这样的信息既不能被可靠地归结为代表不确定性的概率规则，也不能被可靠地归结为代表确定性的逻辑规则，却可以拿来制定含有概率的逻辑规则，其中的概率值可以（也应该）被视为参数，代表模型结果中不确定性的影响（第 9.6~9.7 节）。

实际上，有大量的研究都是采用专家的已有知识和稀少的数据来制定出逻辑概率规则，进而对系统和个体的行为进行建模。在 20 世纪 80 年代和 90 年代，这种"专家系统"技术被发展成为一种人工智能。有关专家系统的研究（例如 Cowell et al. 1999；Jackson 1999）涵盖了如何从专家和数据中提取有用信息的方法、用于校准概率参数的贝叶斯统计方法以及软件工具等内容。这种方法也被专门开发应用于构建 IBM：MOAB（Carter and Finn 1999）就是一个用于搭建和执行那些完全由逻辑规则来定义性状的空间 IBM 的平台，该平台主要针对陆地动物。

7.5　制定自适应性状

自适应性状，即模拟个体如何响应其他个体、环境或自身变化的模型，往往是 IBM 的核心。第 4 章讨论了如何发展针对自适应性状的理论，第 5 章提供了理论对应的概念基础。那么在选择了理论和概念方法之后，如何详细地制定"决策"性状呢？首先，我们将提出一个包含 4 个阶段的自适应性状设计框架；然后，简要地介绍 4 种方法来评估各备选决策。

7.5.1　模拟决策的框架

将设计自适应性状分为 4 个不同的阶段非常有用：分别对每一阶段进行设计和描述可有助于避免隐藏或隐含的假设，进而做出更加合理有效的假设。

（1）指定执行决策的时机。建模者必须确定个体以多高的频率或在什么条件下执行"决策"性状才能有机会改变性状原先所设定的行为。通常情况下，"决策"性状被简单地安排成在每一时间步内都要执行，因此个体能够不断地重新考虑和改变它们的决策。然而，在 IBM 中只能由某些内部或外部事件触发执行的决策也很常见。例如，Bernstein 等（1988）在模拟生境选择时，假设只有当猎物捕获率低于阈值时捕食者才能移动，且在每一时间步里都执行这个决策（是否移动），而第二个决策（移动到哪里）的执行则只能在第一个决策被触发后。再比如，表现移动动物间竞争的 IBM 可能会假设，只有当新的竞争对手进入其领地时，动物才能决定是否移动。一些决策甚至是不可逆转的，只能做一次，例如在第 6.3 节描述的 IBM 中，土拨鼠和土狼扩散目的地的选择决策就是不可逆转的。

（2）确定备选选项。备选选项可以是离散的（个体在有限的备选选项中进行选择），也可以是连续的（在连续梯度中进行选择）。在总是考虑相同备选决策的情况下，这个阶段是可以忽略的（例如，"我应该去捕食还是躲起来？""我每天摄入的能量应该用于生长、繁殖还是储备起来？""我应该向哪个方向扩展根系？"）。不过，对于多数决策来说，确定备选选项是一个非常重要的过程。个体在择偶之前会考虑有多少个潜在配偶？个体在决定去哪里觅食时会考虑有多少个生境斑块？这些斑块是被定义成在以个体当前位置为中心的圆圈内、正方形内还是沿随机方向的一条线上？确定备选选项可能与制定"决策"性状的其他部分同等重要。

真实的有机体有时会做出两个或多个高度相互依赖的、需视情况而定的决策。例如，对生境和活动的选择：动物决定占用哪个生境单元格取决于它们是决定捕食还是躲避捕食者，适合捕食的栖息地不利于躲藏，反之亦然；同时，捕食或躲藏之间的活动选择也取决于可用的生境类型，如果目前没有良好的捕食生境，或者有良好的捕食生境但是不便躲藏，那么这时躲藏可能是一个更好的选择。由于活动的选项相当有限（只有捕食和躲藏两种），因此在模拟这个决策时，可以假设个体将活动和生境的组合识别为不同的选项，则有 4 种选项：在生境单元格 A 中捕食；在生境单元格 A 中躲藏；在生境单元格 B 中捕食；在生境单元格 B 中躲藏。

（3）评估备选选项。若选项是离散的，则要评估每种选项的相对价值。而对于连续的选项，评估时通常要找出连续梯度上的最佳点。正如我们在第 5 章中广泛讨论的那样，个体如何评估选项以做出自适应决策涉及许多关于个体感知信息及如何使用这些信息的假设。第 7.5.2~7.5.5 节讨论了用于评估的诸多方法。

（4）选择某个选项。即使在个体评估了所有选项之后，还有最后一个阶段，那就是选择一个选项让个体来执行。通常（但并不总是），IBM 简单地假设个体选择在评估阶段中排名最高的那个选项。虽然个体选择的是自己认为最好的选项，但是这种最优化选择会受限于个体确定备选选项和评估选项的能力。

7.5.2 概率规则和逻辑规则

第 7.4 节中讨论的概率方法和逻辑方法常常被用来模拟自适应性状。这些规则被用来确定个体选择每种选项的可能性，进而生成一个随机数来决定最终选择哪个选项。这种方法最适于在一组固定的离散选项中进行选择。

7.5.3 直接寻求适合度

另一个构建模拟模型的常见方法是所谓的直接寻求适合度（第 5.3 节）：个体计算每个选项的适合度测度——即成功将基因传递给后代的期望——然后选择适合度测度值最高的那个选项。许多早期 IBM 和行为模型简单地假设个体选择生长率最高或死亡风险最低的选项。相应地，"基于阶段的、预测的"方法（Railsback et al. 1999；Railsback and Harvey 2002；Tyler and Rose 1994 提出或使用了类似的方法；Giske et al. 1998；Thorpe et al. 1998；Grand 1999；Stephens et al. 2002b）展示了适合度如何依赖于生长和死亡率、个体的生活史阶段以及能量储备的变化。由此可见，这种方法可以使模型具备更一般性的自适应能力。该方法的要素在第 5 章中都已讨论过，这里对构建基于状态的适合度测度的步骤稍做总结。这个方法的应用示例可参考第 6.4.2 节的生境选择部分。

（1）确定一个或几个合适的适合度要素（第 5.4 节）。对处在当前生活史阶段的个体来说，最重要的适合度"目标"就是生存下来或者进入繁殖状态。

（2）确定与适合度要素相匹配的时间范围，并在此时间范围内计算期望适合度。时间范围可以是固定的日期（例如，下一个繁殖季节的开始；冬季的结束）。此外，当前生活史阶段的结束可能是一个有用的时间范围（例如 Grand 1999）。

（3）确定依赖于决策选项且影响适合度要素的内部状态变量和环境变量。这些变量影响着个体的生存、生长等要素，且随着个体的决策而变化。

（4）构建合适的模型，表现个体在时间范围内如何感知和预测步骤 3 所确定的变量（第 5.5 节）。

（5）构建完整的适合度测度，描述当前及可预测未来的变量值（步骤 3 所确定的变量）在所涉时间范围内如何影响适合度要素。

（6）如果认为测度合适的话，那么重复这个过程，为不同的生活史阶段建立不同的适合度测度。

7.5.4　人工演化的性状

除了小心翼翼地设计直接寻求适合度的性状之外，还可以模仿真实有机体追求适合度的行为，经验性地构建性状。在这种方法中，模型个体可以被"训练"以产生成功的自适应决策，训练过程由人工演化（或称"演化计算"）的技术完成。Mitchell 和 Taylor（1999）对人工演化及其在生物学和生态学中的应用进行了概述。Huse 和 Giske（1998；另见 Strand et al. 1999，2002；Giske et al. 2003）将这些技术应用于 IBM 的行为建模，第 6.10 节介绍了他们的方法。

复杂行为往往不适合运用直接寻求适合度的理论来进行建模，这时使用人工演化的性状建模就可能会带来较大的突破。这种方法的另一个潜在优点是，它能够同时构建几种不同但相互关联的性状（例如，个体如何捕食和分配能量摄入）。然而，这种方法也有局限和需要权衡的地方。首先，尽管性状是通过"训练"来表达适合度的，但是我们必须记住，人工演化的性状是高度经验性的。与基于直接寻求适合度理论的性状不同，我们不能期望人工演化的性状可以解决在人工演化过程中没有暴露出来的问题。其次，使用人工演化需要一个囊括个体完整生活史阶段的 IBM，进而模拟相关性状如何影响个体的生存和繁殖。再次，虽然这种方法对于那些直接影响个体适合度的性状来说相当简单（至少在概念上），但是对于那些间接影响适合度的性状来说，可能是非常具有挑战性的。最后，当然，人工演化需要额外的软件和计算工作。不过，采用遗传算法"演化"进行行为建模的技术已经很成熟了。现在已经有数十本关于演化计算的书籍（Mitchell 1998 是一本颇受欢迎的入门书），还有数十种能将人工演化添加到模型里的软件包（可以在网上找到这些软件包的名录，例如，参见 www. aic. nrl. navy. mil/galist/以及 www. geneticprogramming. com）。

7.5.5　决策的启发式方法

决策的启发式方法可用于构建具有良好生物学现实的自适应决策模型，适用于决策时信息、时间或认知能力十分有限的情况。其中，贡献最大的是柏林马克斯·普朗克人类发展研究所自适应行为和认知研究中心的工作（Gigerenzer and Todd 1999）。决策的启发式方法可被认为是用较简单的规则来做出较好的决策，最后的决策结果通常是好的，但很少是最优的，但也有可能是差的。这种方法通常使用的信息量很小，计算量也不大。它的另一个特点是尽量减少备选选项，例如，"满意就好"的方法并不遵循第 7.5.1 节所描述的

4 步决策过程，而是让个体重复"确定一个选项，进而对其进行评估，然后决定是否接受该选项"的过程。

Gigerenzer 和 Todd（1999）分析了一些人类或动物决策的启发式方法：

• 在选择选项时，选择一个你认识的。当选择股票进行投资时，在股票列表里选择你认识的第一只股票（这个选股问题的启发式方法的工作原理是：大型、知名公司的股票一般情况下都能跑赢小规模、不起眼的公司的股票）。

• 一些选项在不同"线索"（例如可能影响适合度的变量）下具有不同的值，在对这些选项进行选择时，（a）确定最重要的一个线索，然后（b）选择该线索下具有最高值的选项。

• 为了在众多选项中做出较好的选择，先评估少量选项，然后拣选比先前选项值都高的下一个选项（这个启发式方法因择偶理论而为大家所知）。

在这三个启发式方法中，第一个解决了评估选项的问题（决策过程的第 3 步；第 7.5.1 节）；第二个解决了步骤 4 即如何对已评估选项进行选择的问题，但却并没有解决如何评估选项这一常见难题（步骤 3）。

自适应行为和认知研究中心的计划是开发一个启发式方法的"工具箱"，然后可以根据特定的决策和环境情况，从这个工具箱中选择与之对应的正确规则（Gigerenzer and Todd 1999）。于是，自适应性状的构建过程就变为：首先选择正确的启发式方法，然后应用它来评估或选择选项。迄今为止，我们还没有见到任何在 IBM 中使用这种方法的尝试。启发式方法似乎确实像 Gigerenzer 和 Todd 所讲的那样，在信息量很少或者备选选项的数量不确定的时候特别有用。择偶问题（Andersson 1994）就是一个很好的例子。然而，IBM 中的许多决策都会强烈地影响个体的适应度（通常决定了个体是捕食还是被捕食），而且是在富含信息和线索的环境中多次进行的，这种决策似乎不是启发式方法所要解决的问题。不过，在启发式方法所构建的性状被进一步开发和测试之前，我们仍不知道它们适用于建立什么样的自适应决策模型。

7.6 控制不确定性

贯穿本书的一个关键主题是为 IBM 寻找合适的复杂性水平。过于简单的模型无法解决问题，而过于复杂的模型容易产生不确定性从而使 IBM 难以被测试、理解和学习。在第 2 至 5 章中，我们关注的是在概念建模的水平上寻找合适的复杂性水平，确定哪些结构、变量、过程和涌现过程等应该包含在 IBM 中。而在本节，我们将讨论在制定 IBM 的详细设计时，如何控制其复杂性和不确定性。

一旦选择了 IBM 中所必须包含的过程，就可以针对每个过程去减少其中的不确定性。这样做的关键在于，当我们组织模型（以及随后的软件）时，要将各个过程的设计和测试工作都独立开来，每个主要过程都可以被当作一个拥有独立输入和输出的子模型。这样一来，对各个子模型的设计、参数化、测试和验证就变成了单独的任务。例如，用一组方程和参数计算某植物模型中一个时间步内植物的生长，然后将这个过程作为一个子过程独立进行构建、参数化和测试工作，要比其作为整个 IBM 的一部分进行测试和校准简单得多。为此，我们需要开发一段测试代码，也就是一些实现子模型的简单软件。测试代码有助于我们在制定子模型时，识别并处理掉一些含糊不清的地方，而且这段代码还将成为重要的文档得以记录（第 8.6.4 节），因为它是对子模型完整而独立的描述。

我们在此提出 3 种十分有用的技术，以降低 IBM 中主要过程子模型的不确定性。

7.6.1　保持子模型简洁

只需抓住某过程最基本的动态，就足以表现出该过程在 IBM 中的影响。在决定一个子模型要包含多少细节时，一定要记住尽可能地减少复杂性和参数个数。即使 IBM 高度简化或仅部分表现为关键过程，往往也能产生具有符合现实的动态。例如，许多 IBM 对资源动态（动物的食物或植物的光线的可用性如何随着季节、时间或个体的消费而变化）的模拟都非常简单。当 IBM 含有控制个体获取资源能力的过程时，它仍然可以重现许多依赖于资源的动态。一个表现动物个体获取食物能力如何受生境类型和竞争影响的 IBM，即使它忽略了食物产量在时间和空间上的变化，其仍然可能抓住了许多重要的与食物相关的动态过程。

7.6.2　考虑借鉴现有的子模型

当在 IBM 中表现一个过程时，有时候可以使用已经建立好的现有的模型。使用现有模型可以沿袭它的可信度，避免构建新的子模型及其参数，从而避免它们所带来的潜在争议。在模拟环境或生境过程方面尤其容易找到有用的模型，因为机制性的模型被广泛应用于环境化学、气象学和水文学等学科中。例如第 6.4.2 节所描述的潮汐模型，使用了① 一个颇受欢迎的河流水力学模型来模拟生境单元格的深度和速度；② 一个修改过的不同水力条件下的鱼类取食模型；③ 一个颇为流行的生物能量模型来预测鱼类和摄食量及与温度有关的生长率；④ 一个描述了鳟鱼卵在河砾石中孵化时被高流动性水流破坏的概率模型。当然，避免误用现有模型是非常重要的，常见的误用包括，将经验模型外推至参数化该模型的条件之外，将模型及其参数应用于不合适的时空尺度。

7.6.3 谨慎而仔细地设计子模型

IBM 中每个子模型的构建都应该被视为一个独立的建模工作，包括文档记录、文献综述、参数估计和测试。这么做的一个重要原因是要找到最好的方式来表现子模型所描述的过程，使其不确定性最小；还有一个重要的原因是要让审稿人和客户相信，IBM 中各个部分的不确定性都已经得到了充分而彻底的考虑，并且已经被尽可能地减少了。在一篇相当有影响力的、有关潜在客户如何判断 IBM 是否有用的论文中，Bart（1995）强调了充分描述和测试子模型并展示其产生符合实际的预测能力的重要性。因此，IBM 的设计方案应该对以下子模型的构建阶段加以详细描述。

设计子模型的第一步是检索文献，找出可借鉴或可套用的模型、概念模型、参数值甚至是野外观测数据。即使没有找到多少有用的东西，进行文献回顾、解释为什么没有使用已有的方法也是相当有价值的。

制定好一个子模型之后，要写一段测试代码将之实现，用于子模型的校准、测试和分析。在编写测试代码时，电子表格软件常常非常有用，因为我们大都熟悉电子表格，它们的画图功能很实用，而且在我们用测试代码来测试整个 IBM 软件时（第 8.5.1 节），它们是一个非常方便的平台。建模者们也已经在其他方便的平台开发了测试代码，例如 MathCad、MatLab 和 S-PLUS。

接下来，尽可能地对子模型进行参数化。在一些情况下，参数值可以直接从文献中获取，而在其他情况下，参数值可以通过某些技术拟合可用信息来获得（例如 Hilborn and Mangel 1997）。然而通常来说，在一些不复杂的子模型里，简单地"推测"参数值、选择能产生可信结果的参数值是十分必要的。有些参数值在整个 IBM 组装好之前是无法确定的，这些参数应该被标识为需要校准的参数（第 9.8 节）并给出估计值。

最后，应该对子模型进行分析，透彻了解子模型在模拟过程中所有可能条件下的行为。在所有能产生具有符合实际结果的输入值和文档记录（通常以图形的方式呈现）的范围内，探索子模型的行为变化，这是非常重要的。子模型的错误、与实际不符的行为发现得越晚，带来的麻烦就会越多。

7.7 使用面向对象的设计和描述方式

个体、自适应性状、相互作用、活动和调度以及观测等，这些概念都是最适合用于理解 IBM 的，我们已经在第 5 章中展示了这一点。在第 8 章中我们将讨论使用类似概念实现 IBM 的面向对象的软件平台，这些类似的概念对应起来分别是：包含定义活动方法的对象、对象间用于相互作用的信息、活动的调度以及观测的工具等。显然，在 IBM 的制定方案中保持相同的面向对象的风格，可以在概念设计和软件之间形成更自然的连接（就像第 6.3.3 节描述的郊狼模型）。从概念设计到详细制定方案到软件，使用一致的描述风格可以使各个阶段都变得更加轻松，可以更方便地在各个设计阶段和实施阶段跟进每个想法，并且有助于确保设计方案的完善，因为软件所使用的每个假设都被记录在文档之中。

　　要完成一个面向对象的设计方案，首先要了解实现 IBM 所用的面向对象的软件平台（第 8.4 节），然后用能够直接转化为软件平台的方式描述具体的模型设计。软件工程师已经为此开发好了一些技术，仔细研究这些技术将非常有用，尤其是通用建模语言和对象建模技术等（在很多软件书里都有介绍；图 7.1 和图 7.2 是在这些技术中使用的各类图表的示例）。不同于传统方法列

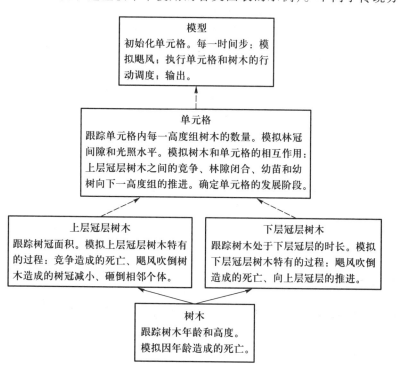

图 7.1　第 6.8.3 节山毛榉森林 IBM 的一个非正式的、假想的各类职责图解（class responsibility diagram）。每个方框代表 IBM 中的一类实体，并描述了该类的职责——它所表现的变量和过程。虚线箭头表示所有权关系：模型"拥有"（创建和控制）单元格，单元格"拥有"树。实线箭头表示类的层次关系：树木类是上层冠层树木类和下层冠层树木类的超类。（另见第 8.6.4 节）

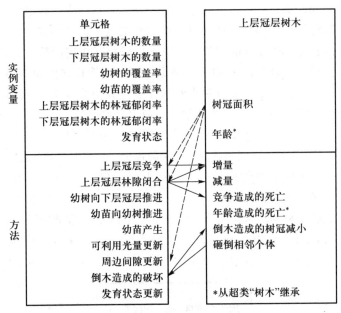

图 7.2 第 6.8.3 节山毛榉森林 IBM 的单元格和上层冠层树木类的一个假想的各类关系图解 （class relationship diagram）。"实例变量"是类中每个对象（每个单元格或每棵树）都有相应值的变量。"方法"是该类模拟的过程（对于代表个体的类，实例变量对应个体的状态变量，而方法对应个体性状）。虚线箭头表示类之间的信息流：使用另一个类的实例变量作为输入的类的方法。实线箭头表示类之间的控制流：一个类的方法执行另外一个类的方法。（另见第 8.6.4 节）

出方程和参数的做法，面向对象的设计方案可以通过描述下面这些模型组件（更详细的定义参见第 8.3 节）从而完整地描述 IBM 的详细设计。我们应该清楚地知道，这个基于面向对象描述的各个部分是如何与第 7.2 节中所列的要素相契合的。

类和实例变量

描述模型的结构。每个类定义了 IBM 中不同类型的实体（个体、生境单元等）。类的实例变量定义对象的状态变量，如年龄、性别、体重和空间位置等。

方法和参数

定义所有 IBM 的子模型，包括个体的各个性状。每类都有一些方法来定义类的对象可以执行的行为。

消息

是对象告诉其他对象执行某种行为或提供某些信息的方式。消息通常定义了个体间如何进行互作以及如何感知，这是非常重要的模型属性。

活动和调度

定义 IBM 的时间线。它们决定了哪些对象以哪种顺序做出哪些行为，而且定义了 IBM 的时间分辨率。

观察工具和观察活动

定义如何从 IBM 中收集数据并报告给建模者。观察工具描述了什么信息需要报告以及怎么报告（例如，将统计结果汇总写入输出文件，以图形展示空间数据等）；观察活动定义了如何调度和观测模型内的其他活动。

7.8　使用机械论数学和离散数学

使用机械论数学（mechanistic mathematics）和离散数学（discrete mathematics）这两种数学风格，有助于更好地设计 IBM 并避免错误。首先，IBM 的机械论性质可以通过使用具有明确含义和统一单位的变量、方程式和规则来进行表达和加强。所谓"明确含义"是指，变量表现实际的、可测量的量，而方程和规则表现具体的、真实的过程。"统一单位"的意思是方程中的每个变量都具有明确的单位（例如，每克体重的能量焦耳），而且方程两侧的单位是相匹配的。工程师和物理学家在使用这些机械论方程上都是训练有素的，但生态学家却不都是，生态学家的模型往往依赖于没有明确可测量单位的经验关系（例如静态模型）。尽可能地将自己当作工程师可以帮助我们将模型设计集中在真实的过程上，使模型更容易理解；便于我们检查方程的一致性并防止错误；帮助我们弄清楚模型的哪些部分是真实数量和过程的机械论表示；还能让我们基于数据，对尽可能多的模型进行参数化和测试。

其次，IBM 是离散模型，因此使用离散数学有助于避免一些微妙的错误，并且表明建模者了解离散模型和基于速率的模型之间的根本区别。混淆速率和概率是在 IBM 的描述中常见的一类错误。在离散模型中，变化发生在离散变量上，而非连续速率上。例如，IBM 的个体不会有生长率，而只有离散的生长增量或减量。在一个基于速率的模型中，死亡可能被描述成以时间的倒数为单位的速率，如 0.002 d^{-1} 的死亡率，意思是种群每天有 0.2% 的个体死亡。而

IBM 用离散事件（非死即活）模拟个体的死亡，刻画的是个体在特定时期经历死亡的风险（或存活的概率），因此，死亡率是用一个无量纲的概率值来模拟的。0.002 的每日个体死亡概率将产生一个接近于 0.002 的种群水平的死亡率（反之却不一定成立，例如，在自然界和许多 IBM 中，一个种群的死亡率为 0.002 d^{-1}，但个体的每日死亡概率却不一定是固定的 0.002，而是由个体大小和生境等因素共同决定的）。离散系统的随机过程和连续系统的随机过程遵循着不同的分布（例如二项式分布、几何分布、泊松分布、指数分布）。不使用离散分布可能会导致严重的错误（第 7.9 节）。

　　翻阅几本离散数学的教材和书籍可能会很有帮助。一些模拟离散事件的相关文献（第 8.3.1 节）也提供了有关这一主题的背景知识，它们的内容可能更容易直接应用于 IBM。

7.9　设计超个体

　　为了让超大种群的模拟在计算上可行，人们设计了"超个体"这个对象。超个体是一个包含多个（数量为 N）个体的集合（图 7.3），通常被模型视为一个个体来处理。例如，在 Huse 和 Giske（1998）的大型海洋鱼类 IBM 中，15 000 个超个体表示了 15 000 000 000 条鱼的种群，其中 $N = 1\,000\,000$，即每一个超个体都表示 1 000 000 个个体。和鱼类一样，一些生物种群具有高繁殖率和高死亡率，其成年个体数量维持中等，而幼体数量则周期性飙高；"超个体"技术对这些生物种群尤为适用。

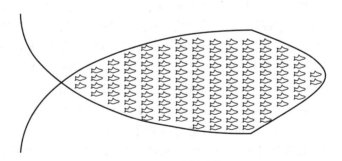

图 7.3　一个超个体

　　通常，超个体的状态变量应用于其集合内的所有个体（例如大小和位置）。这里面隐含了如下假定，即每个超个体内的所有个体都是等同的。超个体的行为通常被模型视为单个个体行为来处理，但也有一些明显的例外。例如，当超个体进食时，它消耗的食物是一个个体的 N 倍。超个体 IBM 显然与年龄结构或大小结构的模型有一些相似之处，它们都将种群等同于个体的集合，不过超个体 IBM 仍然符合第 1.5 节中列出的 IBM 的 4 项标准。虽然这样做丢失了个体间的一些变异性，但损失可能很小（下文将讨论）。更重要的是，IBM 中的超个体仍然可以体现其自适应行为和局部相互作用，而这些才是引起种群动态涌现的关键性状。

Rose 等（1993）和 Scheffer 等（1995）研究了一些超个体的建模方法，主要针对的问题是：当种群数量因个体死亡而减小时，超个体数量和 N 的比率应该如何变化。针对这个问题有 3 种方法，各有利弊：

（1）假设死亡率降低了超个体内部的 N，但超个体本身的数量保持不变。这种方法的优点是保留了更多的变异性，而且随着死亡率的增加和 N 的减少，该模型也变得越来越接近于基于个体的模型。

（2）假设死亡率降低了 N，然后根据需要合并超个体以保持 N 的相对恒定。当超个体的 N 低于其初始值的（比如说）一半时，它便与另一个超个体合并成为一个新的超个体，以使 N 接近其初始值。这个方法会在合并超个体时丢失变异性，但是保持 N 的相对恒定则可以避免有关空间分辨率的问题，因为最适分辨率可依赖于 N 的值（将在下面讨论）。这种方法还具有计算上的优势，因为超个体的数量是随着时间的推移而减少的。

（3）假设整个超个体共同存活或死亡，也就是当死亡发生时，整个超个体死亡。这种方法具有第 2 种方法的优点，即 N 是恒定的，而超个体的数量随时间而减少；不具有第 1 种方法能保留更多原始变异的优势，但是这个限制可以用较低的 N 值、较多的超个体来克服（如果计算上可行的话）。这种方法对超个体行为的假设最少。

没有简单的算法或理论能够确定，要将种群个体间变异保留在可接受的范围内需要多少数量的超个体。因此，我们必须在 IBM 中进行实验，观察设置不同超个体数量的效果。为了探索 N 值大小的影响，N 值应该设计为可变的。但是，在离散空间的 IBM 中，如果不引入空间分辨率的话，那么更改 N 可能会引起严重的问题。因此，必须小心设计超个体 IBM 的空间元素，以避免由于空间分辨率的不合适而导致错误，因为最适的空间分辨率可能随 N 而变化。例如，拥有 20 个个体份额食物的单元格，可能是 $N=10$ 的超个体的优良生境，但对 $N=100$ 的超个体来说就可能过于匮乏了。一般来说，最安全的做法就是设计好空间分辨率和 N 值，以保证各个单元格可支持的个体数目远大于 N。

有些 IBM 中的成年个体数量较少，而幼年个体数量较多，这种情况尤其适合使用超个体的方法，即用个体表示成年个体，用超个体表示幼年个体。如果这些模型是空间显含的，那么可以设计一个超个体，其空间分辨率既适合成年个体，也适合代表幼年个体的其他超个体。

使用超个体的一大风险是，它可能会诱导人们把基于速率的方法引入 IBM 这种离散的模型之中（第 7.8 节）。例如在模拟死亡率时，把超个体的死亡概率当作死亡率，这是很容易发生的错误。假设每个个体因被捕食造成的每日死亡概率（P）为 0.05（导致每月死亡率为 79%，这对于某些物种的幼年个体来说并不现实），N 为 1000，人们会非常容易把 P 当作速率，简单地用 N 乘以死亡概率 P，计算得出 50 个个体死亡，从而 N 变为 950。其实问题非常明显，当 N 减小时，$N×P$ 不再是一个整数，向上取整的话会高估死亡率，而向下取整的话则会低估死亡率。正确的做法是，在每一时间步中死亡的个体数量可以从一个二项式分布中随机抽取，以模拟在指定数量的实验（N 个体）中发生事件（死亡）的次数，在每次实验中事件发生的概率为 P。

7.10   总结和结论

本章详细介绍了涉及 IBM 设计方案的诸多技术。许多技术是以一种适合于复杂的、离散的、面向对象的模拟器的风格来设计和描述 IBM 的。本章主要的关注点是减少 IBM 的不确定性，并提供了一套从 IBM 的概念设计到制定到软件实现的一致而顺畅的思考流程。

我们在本章中推荐的一些技术背离了生态模型的传统设计方式。其一，将 IBM 的各个主要过程作为一个单独的模型处理，并使用多种信息构建、验证、测试以及参数化子模型。在构建子模型时，优先考虑被建模有机体的个体生态学和自然史，这又是一种能够让我们的模型植根于生物学实际的方法。其二，面向对象的模型设计和描述在许多学科中都很常见，对 IBM 来说也非常自然，但在生态学中却十分少见。其三，设计 IBM 时应该使用具有统一单位的离散数学和机械论方程，而经典模型通常使用的是缺乏物理学或生物学意义的基于速率的数学或统计学参数。

第一部分和第二部分的主题是 IBM 的概念设计，第三部分的主题是将概念设计转换成一个完整可行的模型，并用来解决问题，而本章的目标之一就是阐明这二者之间的联系。比这些技术更重要的是，我们希望读者意识到，设计模型（将概念模型转化为完整的书面描述）的方式在很大程度上决定了建模项目的效率和效果。我们也希望读者能够理解设计方案的风格是怎样促进方案转换为软件的。将抽象的方案转换为软件正是构建 IBM 的下一步，也是我们下一章的主题。

第8章 基于个体的模型软件

在科学领域的发展初期，科学家们通常会构建他们自己的实验仪器：研磨自己的镜片，建立自己的粒子探测器，甚至制造自己的电脑。新领域的研究人员除了是科学家之外，还必须是熟练的工程师、机械师和电工。随着该领域的成熟，科学家和工程师之间的合作会促进标准化的、可靠的仪器的开发（例如，商业用途的显微镜或离心机），从而使科学家能够专注于研究而不是工具制造。使用标准化的科学仪器不仅仅是为了便利：它使得研究可以通过通用仪器加以"区分"，从而帮助得到可重复的、可比较的研究成果。

——Nelson Minar, Roger Burkhart, Chris Langton and Manor Askenazi, 1996

8.1 引言

或许对于读者而言，也包括笔者，本章是全书最困难的部分。为 IBM 开发软件是一个非常重要的步骤，但常常事与愿违。对于早期 IBM 来说，一是数量很少，二是软件的开发并未有效推动建模周期理念的发展和推广。许多 IBM 都是用自制软件来实现的，它们往往伴随着很多常见的但却可以避免的问题：① 研究人员花费大量的时间和预算在编程而不是科学研究上；② 在模型投入使用后一些错误才被发现出来，意味着时间和研究经费的浪费；③ 由于 IBM 的一些重要部分无法被观察和验证，导致其缺乏可靠性和有效性；④ 由于模型间的差异过大导致它们难以相互交流、理解和分析，从而导致这些模型往往很快就被人遗弃了（Axelrod 1997；Grimm et al. 1999；Minar et al. 1996；Lorek and Sonnenschein 1999）。

即使冒着吓着初学者的风险，我们觉得仍有必要为新入行的建模者提供大量的建议以避免上述问题。为大型 IBM 开发软件是一项重要的工作，因此我们将广泛而深入地讨论软件的设计和测试。然而，我们希望初学者也不要错过另外一个关键信息：目前已有一些工具可以让软件开发变得更加容易，尽管它们对某些 IBM 的帮助并不大。

已有丰富建模经验的生态学家很可能会对本章的某些部分感到失望。他们会看到一些感兴趣的方法和技术，然而对于这些方法和技术却只有一般性的描述信息，却无法帮助他们做得更好。软件工具和技术自身具有其复杂性和适应性，不同的技术又适合不同的 IBM。我们不应该把本书变为一本有关软件工程的书，否则当后面的读者读到本书时，它很可能就已经过时了。我们的目的仅仅是为了帮助读者了解我们可以使用哪些工具以及如何找到它们。

老练的 IBM 开发者可能会不赞同本章中不鼓励软件实践的内容，因为软件实践在生态学研究中十分常见且重要。但我们需要做一个艰难的决定：当生态学中的软件实践与专门研究基于主体和离散事件模拟的软件工程师的实践有较大的差距时，我们更倾向于采用软件工程师的实践。本章不会过多探讨模拟软件在工程学领域中的争议。

本章之所以困难的潜在原因是：生态学作为一门学科，依然对软件不重视。大学很少为生态学专业的学生提供诸如软件设计或者现代编程技能的学习；恰恰相反的是，学生们遵循"自己动手，丰衣足食"的方法，如同本章开头 Minar 等（1996）箴言中描述的那样。这种态度令人沮丧，因为我们没有必要发展新的或者昂贵的技术，只需要采用与适应那些廉价且被广泛使用的软件和建模方法——就像那些已经被采用的技术，比如地理信息系统、统计软件、遥感和遥测技术等。睿智的软件开发者不用做到事必躬亲，他们反而会寻找有效的工具和方法，就像优秀的科学家那样。

如何才能避免 IBE 比其他基于模型的生态学方法更复杂或更具有争议呢？在我们的理念中，建模者可以在理论上使用某种语言来描述他们的 IBM。这种语言的特点是：① 人们可以直观理解；② 在生态学中被广泛使用；③ 能够"速写"来描述 IBM，同时保证其严格性与完整性；④ 可以被直接转化为可执行的模拟器，且没有编程错误的可能。将一个模型的描述变成可执行的模拟器后，建模者就可以通过附加的实验手段——收集数据的探针，可视化展示结果的显示器，以及可以自动化生成、执行和解释我们将在第 9 章讨论的各种分析实验的控制器——把模拟器变成模拟实验室。这样的语言会是什么样的呢？可能包含图形语言，其中建模者绘制了模型的"图像"，然后将其转换为可执行的代码；菜单驱动系统，通过选择菜单选项来描述模型；以及简化的编程语言，其表述类似于人类的语言。

那么，在实现软件之前我们应该怎么做呢（这个问题正是本章所要探讨的主题）？首先需要意识到的是，其中的许多元素其实都已经实现了。已经有了图形语言、菜单驱动的系统和简化的编程语言，它们可以完成 IBM 软件的大部分工作。当前的这些语言或软件平台是一个必要的、但却仅是不完整的解决方案。对大多数 IBM 而言，可以使用的最有效的、促进我们自己的研究的同时又能推动 IBE 发展的方法是使用一个"框架"平台（第 8.4.2 节），其本质是针对基于主体模拟的编程语言。正如 Minar 等（本章箴言）所言，这些框架的设计就像是标准化的科学仪器，将促进科学的发展。支持这些工具的发展，不仅仅是在经济上，还包括对软件的贡献和用户的指导上。重要的是，我们要时时克服从头开始的想法，这种想法在一个不成熟的领域中是很强烈的。我们分享（并贡献！）的通用软件工具越多，就能越快地实现我们的理想。

借鉴统计软件和地理软件的发展史，我们发现：随着使用相同工具的人越来越多，工具的发展以及标准化进程也随之加快；因而相应的工作也会变得更容易完成及交流。如今，我们可以在论文中简单地写上"我们在 SAS 中使用了 PROC GLM"来描述一个复杂的系统。分享基于主体的建模平台（agent-based modeling）并为之做出贡献将有助于我们达到同样的目的。

本章的目的是帮助生态学家们做好准备，迎接在精心设计的软件中实现 IBM 的不可避免的挑战（和乐趣）。重要的一点是，我们需要认真严肃地对待软件设计和软件工程；光有编程技能是不够的。而事实上，对生态学家而言，编程技能其实一直都不是必需的。然而，IBM 建模者无须成为软件开发的专家，我们相信生态学家可以通过了解软件的"正确"信息而不是"更多"信息来提高效率。因此，我们的重点是使读者熟悉可用的工具和技术，以及让读者参与到基于主体模拟的软件发展中。特别地，我们还试图协助生态学家估计使用软件所需的工作量，这是规划 IBM 项目的一个关键步骤。另一个重要的目的是协助研究项目经理和提案评审员更好地理解研究方案、软件工具、跨学科协作等支持软件开发的资源，以防止一个 IBE 项目"功亏一篑"。

首先，我们会解释为什么软件对 IBM 比对其他传统的模型更为重要。接下来，我们会简单地介绍一些软件工程的概念，这些概念对 IBM 的发展以及与基于主体建模的软件开发者之间的沟通特别重要。然后，我们将展示一些具体的策略和技术，以高效地设计和实现 IBM 的软件。在这些策略中，选择适当的软件平台和测试软件非常重要，我们将在其他的章节里讨论它们。

8.2　IBM 软件设计的重要性

建模者通常认为模型的软件不过是一个模型的"实现"，而该模型也仅是一个书面的"设计方案"（已在第 7 章中讨论过）。然而，这种概念下的软件只是模型的计算机可执行版本，IBM 的软件需要做到的却不仅仅是实现模型。John Holland——计算机科学和复杂适应系统（CAS）模拟的先驱——用飞行模拟器程序阐明了这一问题（Holland 1995，157 页）：

为了保证飞行模拟器程序的可用性，必须成功地模拟真实飞行环境下的所有可能发生的事件。空气动力学和控制的固态理论、模拟的驾驶舱界面以及高超的编程技术是一个可接受的飞行模拟器的重要组成部分。面对如此复杂的组合，应该如何验证其准确性？即使相对简单的程序也有细微的错误，而飞行模拟器则要复杂得多。

让一位富有经验的飞行员对飞行模拟器进行一系列的飞行测试……若模拟器的表现符合飞行员的预期，则证明其真实有效；如果不符，那么从头再来……

这种验证真实性的方法为模拟现实系统的模拟器设置了一个目标。在一个真正的复杂适应系统里，当模拟器执行常见的行为时，经验丰富的人应该能观察到相应的结果。这不但对编程有要求，而且对提供的显示界面也有要求。

飞行模拟器的类比说明了 IBM 对软件的要求比对其他模型要高的一个理由是：IBM 的软件需要为模型中的实验提供可视的实验室。我们需要有全面地反映 IBM 模拟进度的显示，观察它与我们正在研究的真实系统有多相似。只有通过模拟实验我们才能理解 IBM，以弄清模拟结果是从什么样的过程和特征中产生的（第 9 章的主题）。计算机程序可以完美地实现 IBM 的模拟，但却只有当它允许我们"看到"并在虚拟的生态系统中进行实验时，我们才能得到有用的信息。

IBM 所具有的高度复杂性的特征是其软件相比其他模型的更为重要的另一个理由。许多 IBM 模拟了一个或多个生物体的多种生命活动过程，还包括生境的动态过程。它们所对应的软件必须从大量的个体上处理并收集连续变化的变量数据。这种复杂性导致的结果就是，软件设计和编写的工作更多，同时伴随着更多潜在的错误。

IBM 中的错误通常很难被检测到，因此我们更应关注软件。这是由 IBM 的本质所决定的，IBM 产生的结果常常很复杂，导致很难识别编程时的错误（或者是设计方案的错误）。"将模拟器可视化展示"来观察其是否正确，这是一个必要的、但不充分的验证方法。在大多数 IBM 中，有无限多的状态和变量影响着模型的行为，而 IBM 可能只在其中极少数情景或极少数个体上发生错误。但因为我们模拟的是复杂的适应性系统，因此不能假设软件中数量很少或细微的错误就是不重要的。IBM 就像它们所代表的真实系统一样，可能对细微的事件更加敏感，超过阈值时可能会从一个状态急剧地转向另一个状态（例如，Huse et al. 2002b；Lammens et al. 2002）。

最后的一个理由是，将 IBM 的软件传达给"客户"比其他传统模型更加重要。客户可能是学生的指导教授、研究项目的赞助者、期刊文章的读者或者文献资源机构的职员，他们可能会使用 IBM 进行管理上的决策。这部分人只是囫囵吞枣地了解一个被实现的 IBM 如何产生相应的结果，甚至只是直觉上的了解，所以他们不会理解和信任这个 IBM，除非他们可以理解和信任与之相对应的软件。软件开发以及软件本身的一项重要工作就是提升"客户"对模型的理解和信任。

8.3　软件术语和相应概念

在这一节中，我们会简单的介绍 IBM 软件中的一些术语和相应的概念。传统意义上，生态学家对于计算机程序的观点就是读入文件、执行算法、然后输出结果，本节的一个目的是引导生态学家从不同的角度认识软件。另一个目的是帮助生态学家做好"武装"以加入由工程师和科学家组成的群体，以及做足为基于主体的模型使用软件的准备。接下来的每一节所介绍的术语或概念都非常重要，可以帮助读者理解 IBM 软件的理念和交流。

8.3.1　离散事件模拟

IBM 属于被称为离散事件模拟的一种模型。这个术语表明，模拟的进程由特定时间段发生的独立事件所组成，用这一离散的过程来代表现实中连续发生的过程。事件可由多种多样的非线性算法和复合算法来代表。近几十年来离散事件模拟被用在许多领域，发展了大量的理论和软件（例如，Fishman 2001；Zeigler et al. 2000）。大部分 IBM 软件都是先前的离散事件模拟技术的扩展。如果我们需要的算法不是生物学所专用的，那么我们应该在自己动手开发软件之前查询有关离散事件模拟的文献（软件和著作）。

8.3.2　软件平台

软件平台指的是我们将模型转换为可执行代码并且运行的编程语言或环境。软件平台的范围包括从过程化程序设计语言（例如，Basic、C、FORTRAN）到可以进行少量编写实现特殊模型的高阶环境编程（例如，使用矩阵人口模型的用于风险评估的 RAMAS、统计模型的 SAS、简单 IBM 的 StarLogo）。用于 IBM 的软件平台将在第 8.4 节讨论。

8.3.3　可观察性

可观察性指的是由软件工具提供的用于观察 IBM 运行中的能力。包括：环境条件、个体行为、相互作用以及空间格局等。完成该任务所需的技术将在第 8.6.5 节讨论。

8.3.4 面向对象的编程

面向对象的编程 (object-oriented programming，OOP) 是一种软件设计模式，是实现基于个体的模型的常规方法。本节我们将简单描述 OOP 及其对 IBM 的贡献。我们强烈建议任何一个构建 IBM 的工作者都要熟悉 OOP，或许阅读关于该主题的书籍 (例如，Gilbert and McCarty 1998；Weisfeld and McCarty 2000；NeXT 在 1993 为初学者提供了很好的指南，该指南可以在互联网上下载)。优秀的面向对象编程的语言有 C++、Delphi、Java、Objective-C 和 Visual Basic。

使用过程化编程模式进行编程时，程序语句按照它们被编写的顺序执行，除非执行被循环 (FOR、WHILE) 或逻辑符号 (IF……THEN……ELSE) 控制的语句或者出现子程序的调用。在过程化编程模式中，数据通常是储存在阵列里的。举个例子，一个 IBM 中的所有个体可以用一个数组来表示，该数组的横列为每一个个体，纵列为代表个体状态的变量。相反，OOP 使用离散的对象编写程序代码和储存数据。一个 IBM 包含了由代表个体的对象所组成的一个集合、由代表单位生境的对象所组成的一个集合、一个控制个体和单位生境的对象，以及收集数据和输出数据的对象。程序员编写"类"，每个类都包含一种类型的对象的代码 ("类"一词既指一种类型的对象，又指实现对象的软件；对象也因此被称为类的"实例")。同"类"的所有对象共享相同类的代码，但每个对象都有自己的数据来描述自身的状态，储存在实例变量中。举个例子，在一个鸟类的 IBM 中会包含类 Bird，类 Bird 编码了鸟的所有个体性状。类 Bird 定义的实例变量包括：性别、年龄、大小和位置。当模型执行后，类 Bird 被用来生成对象以代表每只鸟。每一个对象都拥有自己的实例变量的值，从而定义了每只鸟的性别、年龄、大小和位置。

一个类的代码由彼此分隔的"方法"所组成，每一个方法都编码了其对象所要执行的特定行为。方法类似于过程化编程语言中的子程序，只不过 OOP 的所有代码都是由方法所组成。对象相互间 (以及在它们自己的方法间) 通过发送"消息"进行交流，该消息命令特定的对象执行特定的方法。消息有两个用途：命令对象执行其方法和在对象间传递信息。

OOP 范例成为离散事件模拟和基于个体的模型的标准方法是有多种原因的。对于 IBM 来说，OOP 具有如下的重要优势。

类似于模型的代码

我们认为就 IBM 而言，使用 OOP 的主要优势是它使代码更类似于被模拟的系统。IBM 用于代表有机体、生境斑块和其他离散的实体，也代表这些实体间的相互作用和交流的特定方式。在 OOP 中，这些离散实体被表示成单独的对象，由建模者明确地决定每个对象对其他对象的了解程度，以及对象间如何进行交流和相互作用。虽然传统的编程方法也可以编写个体间的交流和相互作用，不过使用 OOP 会更加自然。

代码的巨大优势是，它与模型越类似，在将 IBM 的书面描述转换为可运行代码的过程中所需的努力就越少。代码的结构与被模拟的真实系统越相似，模型的概念与代码的设计之间所需的转换就越少。某些物种的种群可以被视为具有共同遗传特征的独特个体的集合；在 OOP 的代码里，这一种群表示为同类的独特对象的集合，而不是一个数组中的横列。代码与被模拟系统间的相似使模拟自然过程更加容易，比如个体间的相互作用；同时也使理解代码更加容易（在第 7.7 节我们鼓励使用同样的面向对象的范例构建 IBM，以减少设计方案与被模拟的系统之间以及设计方案与软件间的鸿沟）。

暗喻

暗喻是一种通过将某事物比作另一事物从而理解前者的方式。OOP 即是一种暗喻，以使代码更易于被设计和理解。暗喻使得代码看起来不那么抽象，因此我们可以通过使用日常概念和术语来解读代码，而不需要思考在计算机内部实际发生了什么。

暗喻是上述 OOP 基本概念的重要基础。我们用简单的、日常的概念暗喻计算机的运行，将一小块计算机内存称为"对象"，而将描述对象行为的代码称为"类"。OOP 程序不厌其烦地确认某个对象是否"了解"了某些信息（对象自己的变量代表信息）或者不得不向其他对象"索要"这些信息（发送消息给其他对象，然后其他对象返回响应该消息的信息）。一个对象"告诉"另一个对象去做某事（通过发送执行一个方法的某种消息）。

OOP 本身也支持对特定的模型的暗喻。在设计一个 IBM 的过程中，建模者和程序员可能会思索，举个例子，一只"兔子"（在兔子种群的 IBM 中，类的代码对象代表兔子）是否"了解"当前环境食物的可利用性（食物可利用性的变量），或者兔子们能否从"它们的生境"（生境斑块对象由代表兔子当前斑块的变量所指出）中"获得"（或"感知"）食物的可利用性（发送消息，接收返回的有关食物可利用性的信息）。这种暗喻虽然增加了代码描述的抽象程度，但是降低了被模拟系统与代码描述之间的抽象程度。结果，建模者可以用生态学家所熟悉的概念和术语思考和记录模型及其代码，与此同时依然保持代码描述的严谨性。

层级组织

编写一个 OOP 代码时，建模者和程序员需要清晰地制定许多有关如何组织代码的决策，这些决策包括：

- 代码的类的层级：需要什么类，然后确定子类和母类。
- 哪些类应包含模型的哪个部分的代码。
- 在每一个类中，包含了多少种方法，以及它们分别具有什么功能。
- 每一个类有哪些状态变量——或者反过来说，每一个模型变量应属于哪个类。
- 哪些对象从其他的哪些对象中获得了哪种信息。

通过制定和实施上述决策，一个组织良好、具有层级的代码就设计好了（"统一的建模语言和对象建模技术"等工具能够较为轻松地记录上述决策；见第 7.7 节）。例如，描述 IBM 中个体做什么的所有代码放在一个地方，而描述生境做什么的所有代码放在另一个地方，因此这两者并不会混淆。在一个类里，模型的每个主要的等式或假设通常只对应一个方法。这种组织结构使我们更容易查找和修改每个假设的代码。

灵活的过程控制

在 OOP 中可以轻易地使用灵活的过程控制，对象把执行控制权传递给其他对象的过程简单而自然。这使得编写比如个体间相互作用等过程就轻而易举了。

代码和数据的保护

OOP 方法中数据和代码是被分隔开的。数据被封装且被保护在对象内而不是包含在公共的变量或数组中。代码以几种方法被封装。每一个类都有其自身完全独立的代码；一个类的代码不对其他类的代码产生影响。在每个类里，代码被进一步封装在独立的方法里。每一个方法里的变量都是局部的（除了特殊声明的例外），因此在 10 个方法里，每个方法都可以具有一个名为 aParameter 的变量，并且这些变量彼此之间没有影响（同样在 10 个类里，每个类都可以具有一个名为 dailyUpdate 的方法，而每一个方法做的是完全不同的事情）。将模型中的每一个重要的过程或等式封装在单独的方法中，以避免修改代码的某个部分意外地影响某些其他的部分。同样地，将每个个体的状态变量封装在独立的对象内要比在一个数组中表示这些个体安全得多，因为在数组中状态变量是可以被代码的许多部分进入和修改的。富有经验的程序员都知道这种保护通常会为我们省去很多的麻烦。

8.3.5 因果关系

因果关系的概念是指一个模拟模型是怎样实现某一状态或产生某种结果的。理解模型结果的因果关系通常和结果本身同等重要或更加重要。然而，弄清楚 IBM 的结果是如何产生的常常是一个巨大的挑战。一个模型结果的因果关系可能是软件算法、输入的数据和初始状态的组合；通常，仅改变模型的输入或参数值就能够完全改变各种算法的执行顺序。在条件允许的情况下，我们可以根据需要观察和进行实验以推断结果出现的原因（第 9 章）。从这种意义上来说，在 IBM 中我们总是能弄清楚因果关系的，这是使用 IBM 相对于研究真实生态系统所具有的一个潜在优势。

8.3.6 软件的进化和维护

因为模型的开发和使用遵循一个周期，包含测试、修正和实验，所以软件的开发绝对不是一朝一夕的事。随着 IBM 的发展和测试，软件也不停地得以改善。即使在一个 IBM 完全投入使用之后，它的代码也需要偶尔的维护，例如：为新的应用程序提供额外的输出形式；修复一些之前没有察觉到的错误；改编代码以适应新版本的软件平台或者计算机操作系统；在需要模拟更大的系统时改良执行的速度；当然还有为上述变化更新文档记录。一个优秀的模型在实现最初版本后依然会针对新的问题进行修改、拓展和适应。

同时，我们也常常需要重现旧版本模型中的模拟情况。举个经典的例子就是，有人对我们发表在期刊上的文章进行评论，并且需要我们再现好几个月以前的模拟。如果代码或者输入文件的修改没有进行文档记录，或者文档记录无法被识别、或不能在我们目前所使用的电脑上运行，那么就无法复制我们自己的结果——这是一个非常严重的信誉问题。我们不仅需要做好软件的维护和改进工作，也要对软件的每一次变化有所准备以使我们可以重现基于旧版本软件的实验。

8.4 软件平台

选择一个适当的软件平台是 IBM 软件开发中最重要的一步，因为合适的平台可以使整个开发过程变得更加有效，同时更可能成功。因此，选择合适的平台就关系到我们如何利用前人完成的工作：对于任何类型的 IBM 都有适当的平台为我们提供所需要的工具，这可以极大地降低我们的编程工作。

不幸的是，我们无法简单地推荐哪个是最好的平台，因为不同的 IBM 适合的最佳平台也不同，同时平台也经常更新。因此，下面我们为读者提供了选择平台的标准，并且介绍了目前可用的平台类型。

8.4.1 选择平台的标准

在为 IBM 选择平台时，应该参考接下来介绍的标准。事实上，没有一个平台可以完全符合以下的所有标准，但是大多数 IBM 都会需要其中的大部分功能。在选择了某一平台后，该平台没有提供的任何一种功能都应该从头开始开发。

支持基于个体的模拟

如果一个平台不但允许基于个体的模拟，而且有内置的设计和代码支持 IBM，那么这就是一个非常有用的平台。不编写新的代码而仅使用平台现有的功能可以在多大程度上实现 IBM 的设计方案？平台是否提供了工具，用以生成和管理模型个体的集合、规划模型的事件、储存空间信息和执行空间函数（例如，跟踪方位、计算两个物体间的距离和识别最近邻体等）以及用不同的分布生成随机数列？一个平台提供给 IBM 的支持越多，需要编写、调试、检测和记录的新代码就越少。

分析代码的能力

平台如何帮助建模者理解、调试以及检测软件？模型执行时，什么工具可以帮助我们理解因果关系？优良的调试工具是必需的（或许除了在高阶建模环境下）。代码性能分析工具可以告诉我们执行一个代码的特定部分所需的时间（第 8.7.4 节），有助于理解代码在一次模拟中是如何被执行的。图形化编程环境（后面会详细介绍）允许我们以可视化的方式演示软件的设计，帮助建模者理解和分析模型及其软件。

观察能力

平台提供了什么工具用于观察 IBM 执行时和执行后的情况？平台是否提供了图形用户界面（graphic user interface，GUI），用于观察模型中个体的行为？平台允许我们对模型进行探讨的深度有多深——例如，能否轻易地识别单个个体并追踪它的运算过程和行为？能否容易地获取任意想要的输出形式（例如，获得每次运行的个体重量的平均值、最小值、最大值和标准差，并且根据物种和年龄组进行划分）？

与其他软件的链接

通常，把 IBM 的软件与其他程序链接起来可以极大地强化 IBM。一种简单的链接是编写输出文件的格式，使它们很容易被导入到电子表格或统计软件中；或者设计输入文件的格式，使模型能够导入地理信息系统（GIS）生成的数据。提供能与 IBM 软件直接相连的程序包是一个非常有用的功能。例如，当有关空间或统计学的功能可以链接到 GIS 或统计包时，为什么还要编写实现这些功能的代码呢？Swarm 平台（第 8.4.3 节）就包括了一个工具可以方便地以 HDF5 的数据库格式保存所有个体在任意模拟时间上的状态。可以使用 R 统计语言直接分析这一数据库，或者使用这一数据库重新开始模拟进程。

模型分析的工具

在第 9 章我们会讨论针对 IBM 的分析方法，其中一些分析是可以完全或者至少部分自动化的。平台提供了什么分析工具？能否创建并自动执行多个模型的运行以比较各种情景或者进行敏感性分析？工具是否提供了蒙特卡洛分析或参数拟合？

易用性

学习使用该平台有多容易，以及模型被执行的效率有多高？培训课程或者学习资料、文档和用户支持有多完整？不幸的是，通常易用性与平台的灵活性和普遍性之间存在着权衡关系：越复杂的 IBM 很可能越需要更难使用的平台。

成本效益

建模平台的成本差异迥然，但考虑成本效益是非常重要的：该平台能否通过提高 IBM 的效能和可用性来抵消成本？许多平台的使用费用很低甚或无须花钱。如果在编写和测试代码上能帮助我们节省数月的时间和精力，同时还能迅速地分析模型，那么即便是一个昂贵的平台也是符合我们的成本效益的。

用户群体

软件平台是否被广泛用于基于个体或基于主体的模拟？它是否有一个活跃的用户群体？许多生态学家通过订阅邮件列表、参加用户会议、阅读和编写面向平台的刊物来参与地理信息系统和统计软件包的用户社区。本书讨论的一些

IBM 平台的用户社区主要关注一般性建模的模拟，或者专门针对基于主体的模拟。我们的经验（主要基于 Swarm）是用户社区具有以下非常重要的优势：① 一个科学家进行互动的论坛，科学家不仅仅来自生态学领域，还有来自各种不同的基于主体建模的领域，这种学科交叉作用是极其有价值的，特别是复杂系统的许多开拓性工作和基于主体的模拟都是在生态学以外的领域中开展的；② 用户间提供帮助，例如纠正错误或者找到最佳的软件设计方法；③ 分享代码，从有用的、可重复使用的类到完整的可适应新用途的模型；④ 用户对平台开发者关于怎样最好地改进平台的反馈。然而，作为许多其他的基于主体的建模者，使用相同的平台最重要的优势是推进工具的标准化进程，因为我们需要工具的标准化来促进新的科学方法趋向成熟（第 8.1 节）。

执行速度

平台的执行速度一般不是限制一个 IBM 能否快速完成科学研究的因素，平台的其他性能往往会更加重要。然而，不同的平台对相同模型的执行速度是不同的，对大型的 IBM 来说这种差异会影响我们对平台的选择。不幸的是，通常难以获取不同平台间执行速度差异的可靠数据，同时每个平台的速度在很大程度上取决于设计中的细微差别。软件工程师或有经验的建模者对不同模型的相对速度更有体会，可以为读者提供更多的帮助。

8.4.2 平台的类型

用于 IBM 的软件平台通常分为以下几类。我们指出各类平台的相对优点，不过各个平台间的差异非常大，所以我们的评价应该被理解为一般性的，可能存在着例外。

过程化的编程语言

过程化编程语言比如 C 和 FORTRAN 是比较传统的实现 IBM 的手段。不过这种语言很少符合上述最佳平台的选择标准。因为过程化的编程语言没有为 IBM 提供直接的支持，所以整个模型的代码通常都是"从零开始"编写的。特别是当我们使用传统技术例如用数组储存个体的数据来进行基于个体的模拟时，代码会显得相当臃肿，且存在着诸多风险。用于观察个体行为的工具相当缺乏，尽管可以使用额外的图形程序库来观察模型运行中的某些部分。相比于基于主体的模拟框架，过程化的编程语言有许多缺点，罕有优点（但运行速度快）。

面向对象的编程语言

前面已经说过，OOP 更自然地契合 IBM，因此具备很大的优势。流行的 OOP 语言例如 C++ 和 Java 有着许多程序库类，这些程序库类包含了许多潜在的、有用的工具和观察能力。然而，就像其他的编程语言一样，这些平台很少为 IBM 提供直接的支持，因此大部分的代码需要从零开始编写；这些平台没有提供可重复使用的软件设计，使得不同的 IBM 间的比较非常困难；而且它们也缺少针对 IBM 的观察和实验的工具。

一般性的高阶建模环境

这类平台通常提供：① 简化的编程语言；② 许多常见建模任务的代码；③ 图表化的输出。大部分建模者都熟悉的例子是 MATLAB，一个进行矩阵数学运算和建模的平台。更适合 IBM 的高阶建模平台是面向对象的，比如 MOD-SIM 和 Simscript。相比于 OOP 语言，这些平台提供了简化后依然高度灵活的编程语言，支持离散事件的模拟和图形化展示。然而，到目前为止我们还没有发现任何高阶建模环境为基于主体的模拟提供专用的功能。

图形建模环境

这类平台允许建模者使用图形符号进行编程，不能用图表描述的细节则用简化的脚本编写。Stella 是这些平台中最古老且最流行的平台之一。许多图形建模环境设计用于基于速率的建模，并不适用于 IBM。不过也存在一些平台设计用于离散事件的模拟，可部分用于 IBM。通常这些平台会提供观察工具比如 GUIs，有些还提供了模型分析工具，例如用于蒙特卡洛分析的工具。我们尚未发现有哪个 IBM 的实现使用了商业的图形建模环境。

基于主体建模的框架和程序库

一个框架可以视为实现一类模型的标准化、一般性的设计。一个代码库通常是可重复使用的面向对象的代码类的集合。在建模者构造一个模型的软件时，程序库通常用于构建模块；相反，框架提供了一个整体的模型结构，程序员只需填写部分代码就可以实现特定模型的细节。一个框架提供了一组一致的软件设计概念、惯例和工具；这不仅仅使得模型的实现变得容易，而且简化了模型软件间的组织和交流、不同模型间的对比以及分享代码和技术。当一个框架是一组软件概念时，它通常是作为一个代码库来实现的，即一组可重复使用的 OOP 类，建模者使用这些类定制特定模型的框架。一个在 C++ 中实现 IBM 和基于网格的模型的程序库是 EcoSim（Lorek and Sonnenschein 1999）；Swarm

和 RePast（第 8.4.3 节）是用于实现任意一种基于主体的模型和 IBM 的框架和程序库。

最近有一些尝试，希望向基于主体建模的框架和程序库中添加图形建模功能。目前的发展已经至少可以允许建模者图表化一个 Swarm 或 RePast 工程（定义对象的类型、明细表等）了，不过无法用图表绘制的部分还是需要用编程语言来编写。一个很好的例子是 RePast 的 "SimBuilder" 工具。

高阶的基于主体建模的环境

这是一类数量较少但是持续增长的软件包，它能够轻易地实现特殊种类的 IBM。比较完善的例子有 AgentSheets、EcoBeaker、NetLogo 和 StarLogo。也有更多实验性质和更少商业性质的产品例如 MOBIDYC 平台，该平台为个体行为提供了内置的 "原语"（primitives）（Ginot et al. 2002，也发表了关于 IBM 平台的综述）。这些平台允许建模者在高度结构化的编程环境下，使用菜单栏或简化的编程命令来定制主体以及它们所处的环境。在大部分情况下，允许使用者编写至少有限的代码完成自定义的行为。这些环境除了能极大地减少软件设计和实现的工作量，还能减少对模型及其软件进行文档记录和交流的工作量。这些平台用较少的代码（或者一系列的菜单选项）以及标准化的文档记录实现一个 IBM，不仅能完整地描述该模型，而且能够保证其可重复性。该类中的一些平台（例如 NetLogo）拥有非常活跃的用户群体。

虽然这些高阶环境比其他平台缺少灵活性，但是它们几乎可以创造出无限种类型的主体和环境，并进行有意义的模拟研究。StarLogo 是为大学预科生设计的，后来 Camazine 等（2001）用 StarLogo 开发了几个自组织生态系统的模型，An（2001）用 StarLogo 模拟研究了一个重要的医学问题，对其产生了崭新的基础性的理解。NetLogo 是 StarLogo 在高阶应用程序上的一个扩展。这些平台擅长进行抽象化的模拟以探索基础的生态学概念，对真实系统的 IBM 以及模型概念的快速成型具有较大帮助。考虑到上述优势，我们强烈建议建模者仔细探索、使用这些平台，尤其是在开发相对简单的 IBM 的时候。

8.4.3 Swarm 及其相关的框架

Swarm 和几个相关的平台同属 "基于主体建模的框架和程序库" 类别，而我们之所以详细地描述该类平台，是因为它们在 IBM 和基于主体的建模中应用最为广泛。在该类平台中，Swarm 是我们介绍的重点，因为它是最优秀的平台而且我们对它也更了解。

Swarm 是由圣塔菲研究所（Santa Fe Institute）为研究基于主体的模拟而开

发的项目（Minar et al. 1996）。该项目的目的是为基于主体的模型建立一种编程语言。该工程的产品 Swarm，包括一个强大且一般性的框架、实现该框架的代码库（代码库也提供了很多其他有用的工具）和用户社区。目前 Swarm 由非营利的 Swarm 开发组织（www. swarm. org）维护。众多 Swarm 方法已经被包含在许多其他软件的程序库中。目前芝加哥大学的 RePast 工程（http://repast. sourceforge. net）也在开展着类似的工作。RePast 是一个被广泛使用的平台，我们对 Swarm 的评价大部分也适用于 RePast。

Swarm 的总体概念是，建模者使用标准的编程语言来定义模型中特定实体的行为——个体、生境单元以及具有建模者想要的任意特征的实体——而 Swarm 代码提供了一些常用的功能，如空间展示、管理模型对象的集合、组织和调度活动、控制执行进程以及观察。Swarm 框架的一个重要元素是"swarm"这个词的概念。Swarm 是一个软件对象，可以理解为"群体"，它包含对象的集合以及对象行为的明细表。在 Swarm 上实现的一个简单的 IBM 包含"模型群体"和"观察群体"两部分："模型群体"包括个体、生境以及由个体行为所组成的明细表；"观察群体"包括模型群体、观察对象（动画窗口、图表和输出文件）以及由模型行为和观察行为所共同组成的明细表。然而，群体可能处于任意层级，一个群体中的"个体"也可能是一个更低层级的群体。高层级的群体可以执行以下功能：运行多次模拟实验，或者协调多个群体，其中每个群体模拟一个物种在不同时空尺度上的不同的生活史策略。例如，在一个 Swarm 程序中模拟鲑鱼时，用一个以月为时间步长的非空间群体代表海洋里的成年个体；而用一个以日为时间步长的、分支的、一维的群体代表逆流而上的产卵迁徙，用多个更高分辨率的群体代表不同产卵地的产卵行为和蛋的孵化，以及用其他大尺度的群体代表朝向大海的迁徙行为。

Swarm 与其他类似的框架具有一些重要的特征：

• 提供可重复使用的软件设计以及可重复使用的代码。这个特点使得这些框架对于使用者而言非常有价值，特别是对大多数生态学家来说，他们往往没有软件设计的经验。这种可重复使用的软件设计不会限制 IBM 本身的设计或功能。

• 提供通用的软件组织过程和术语。IBM 软件的关键可以简单地描述为：列出所有包含的群体，每个群体包含什么类的个体，使用什么样的明细表，每个明细表记录什么行为。熟悉该框架的建模者可以快速地理解相同框架的其他代码。

• 框架的设计类似于一个进行 IBM 实验的实验室，而不仅仅是执行 IBM。Swarm 提供了大量复杂的工具，从一个 IBM 中收集数据以及执行可操作的实验（图 8.1 中有一些说明）。这些工具包括 GUI 和"探针"：探针是一个非常强大且独特的工具，它允许使用者选定任意的模型对象（包括模拟的个体），然后在模拟时可以观察甚至操作该对象。

●使用者需要使用面对对象的编程语言（Java 或 Objective-C）编码模型中各个实体的特定活动。不过 Swarm 提供的程序库使得编程的工作量大大降低。

●推进分享代码和创意的用户社区的发展。在我们的经验里，Swarm 的一个重要的优点是它的开发者和使用者都是才华横溢的人。对生态学家必须要解决的模型和软件上的问题，他们都能够提供帮助。Swarm 用户通过邮件列表和年度研讨会相互联系，不厌其烦地分享软件、创意和编程上的帮助。

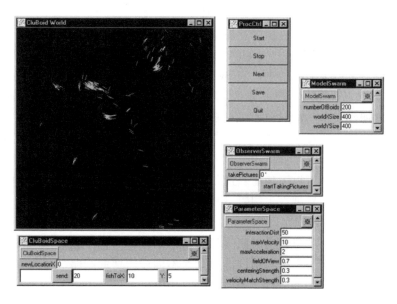

图 8.1　Huse 等 2002（另见第 6.2.3 节）的"CluBoids"模型在 Swarm 上的观察和实验的图形界面。动画窗口（"CluBoid World"）展示了每一个 CluBoids 的位置、方向和速度：显示的线段指出 CluBoids 的移动方向，而线段的长度与速度呈比例。控制面板（右上）允许使用者停止或者重启模拟过程，或者（通过点击"Next"）执行仅一个时间步长的模拟。"ModelSwarm"窗口是若干模型参数的 Swarm 探针——它允许使用者在模拟开始之前改变 CluBoids 的数量和模型空间的大小。同样，"ObserverSwarm"窗口是一个控制额外的观察工具的探针：使用者无论何时点击"startTakingPictures"按钮，软件都会在每一时间步长后生成一张动画窗口的"截图"并保存到图形文件中。这些截图随后可以制成该模拟的影片用于展示或者网站。"ParameterSpace"窗口为 CluBoids 自身的参数提供探针：任何时候都可以在这个窗口里改变参数值。最后，"CluBoidSpace"探针允许使用者随时执行一个可以在实验空间中的特定位置上生成特定数量的 CluBoids 的方法（如图中的"send：20　fishToX：10　Y：5"，意思是在坐标为（10，5）的位置上生成 20 条鱼）。

● 一般性的框架可以拓展为特殊框架。用户通过编写可重复使用的代码拓展框架，为一些特殊的 IBM 提供工具（Bruun 2001）。例如，Swarm 的使用者已经编写了额外的程序库来实现与地理信息系统的信息交流以及对生态学 IBM 的支持。

8.4.4　软件平台的总结

在设计和执行 IBM 软件的过程中，选择一个适当的平台是最重要的决策之一。不幸的是，当建模者没有备选平台时，他们的默认选择常常是完全"从零开始"编写代码。在这一过程中，所需编写和测试的代码数量显著增加，建模者肩负着软件设计的所有部分，而不是利用一些已经存在了的设计和代码。

既然已有大量平台可以为模型提供更多的功能，而且还能降低工作量，那么为什么大多数科学家（不仅仅是生态学家）还会拘泥于 Basic、C++或是 FORTRAN 等工具呢？其中一个原因是掌握一个新的平台需要花费时间和精力。如果一个新的平台还有许多尚未标准化的备选方案需要学习者来识别和选择，那么初学者就需要在学习平台上花费更大的精力。我们很难在书店中找到关于基于主体模拟平台的书，或者（经常地）参加计算机学院开设的相关课程。不过，EcoBeaker、RePast、StarLogo 和 Swarm 等平台都有介绍或者参考指南；许多大学都有这些平台的使用者；很多学校也陆续开设了相关平台的课程。第二个原因是许多科学家都把编程当作是建模时创造过程的一部分，他们担心使用专用的平台会失去从最底层思考模型的机会。事实上，我们所讨论的平台并不会减少建模者对于 IBM 的思考：IBM 中的所有特定的事物都应该从零开始编写。专业的平台使得程序员可以专注于模型中特有事物的编写，从而在软件的常规的、非特有的方面花费更少的精力。

只要高阶模拟环境如 AgentSheets、EcoBeaker 和 NetLogo 兼容 IBM 的设计方案，那么这些平台就拥有巨大的优势。任何一个 IBM 的实现都应该考虑使用这些平台。另外一个理由：如果你能够将你的 IBM 通过一个高阶模拟环境来实现，那么你可能会更早地使用该模型来开展生态学的研究。对于更为复杂的 IBM、框架和程序库如 Swarm，可以极大地减少模型设计和编程的工作，同时提供关键的观察工具且不限制可实现的模型类型。与这些编程优点同样重要的是使用平台的其他优点：容易描述和交流的模型、标准化的软件设计、内容丰富且人才济济的用户社区。

8.5   软件测试

一个自始至终、声势浩大的程序测试像选择适合的平台一样，都是保证软件成功且高效发展的最重要的策略之一。选择一个平台时，首先要考虑的是最小化编写和测试的代码数量，不过许多 IBM 还是不可避免地需要很多的编程工作。本节聚焦于测试那些我们必须要编写的代码。

不幸的是，测试（也常常称作检验——检验软件是否忠实地实现了模型的设计方案）是软件工程的一个重要领域，但是许多生态学家对此毫无经验。缺乏经验的建模者往往认为只要仔细地编写代码、代码可以无错误地执行并且输出看起来合理的结果，那么软件应该就不存在任何重要的问题。这种判断方法永远不会有效，而且还会导致不可避免的灾难。在代码开发和测试进程的早期，错误较多、普遍且容易被发现——例如，一个关键的等式被错误地编写导致它总是产生错误的结果。随后，错误往往非常微妙、只在特殊的情况下产生且难以察觉。我们必须谨记，在执行的过程中一个 IBM 的代码几乎可以导致无限种类的状态。通常，错误的发生是很罕见的（例如，只有个别个体在特殊的环境下发生错误）。同时，我们不应该假设那些看似细微或很罕见的错误对模型的结果只有细微的影响。

IBM 的开发者对软件测试唯一的有效态度是：错误是不可避免的，但必须将其找出来。本章的开头我们就强调了测试必须贯彻整个软件开发的过程。测试的目标是：① 尽可能早地发现错误——使由于使用错误的代码而浪费的时间和金钱最小化；② 在整个代码和整个软件开发的过程里全面地搜索错误——因为许多错误只在特殊的环境下发生，还因为对模型和软件的每一次改变都有可能导致新的错误；③ 对测试进程进行文档记录——帮助确认测试进程是有效且完整的，增加懂行的评审员和客户对软件的信任。

正如其他类型的模型分析（第 9 章），软件测试应该被当成是一个有明确实验策略的研究过程。测试者需要设计实验、预测那些实验的输出、从 IBM 软件中收集数据、比较观察到的输出与预测的结果并辨认哪些差异可能是由错误所引起的、最后解释预测值与观察值之间的差异。在软件测试的后期，测试进程被连接到模型本身的分析周期上（第 9 章）：我们寻找意料之外的结果，然后尝试判断它们是否是由软件的错误或模型设计方案的问题所导致的，或者判断它们是否是有效且有趣的结果。然而，在测试软件时，我们必须对模型进行非常深入地搜索，而不仅仅是检测一般性的结果。测试过程可能是非常花时间的，但也可以当成是某种有趣的且富有创造性的"侦探"工作。

8.5.1　测试方法

在软件测试中，分层测试方法可能会更有效率，因为它可以在代码开发的早期就发现主要的、明显的错误，之后再全面地进行代码测试。分层测试代码是最低要求，表明一个 IBM 的软件已经做好了被使用所需的准备工作（在高阶平台中，即使是非常简单的模型也需要经历这些测试过程，除非系统测试不支持独立执行）。在我们的经验里排名前三的测试方法——代码审查、抽样检查和模式测试——往往可以排查大部分对结果影响极大的错误，但是即使是只有适度复杂的 IBM，到最后进行系统测试时也总是能发现其他的错误。

代码审查

代码审查是抵挡主要程序错误以及不成熟的代码设计的第一道防线，因此在整个建模周期的任一环节都需要进行代码审查。在程序员完成部分 IBM 代码之后，马上交由另一个人来审查。如果是建模者以外的人编写的代码，那么则由建模者自己进行审查。如果代码是由编写模型设计方案的人完成的，那么审查者应该是熟悉 IBM 和软件平台的其他人。审查者直接对比代码和模型设计方案以寻找错误，同时也对整个设计进行思考（另见第 8.7 节）。

目视检查

这些测试方法正是第 8.2 节 John Holland 的箴言中所描述的飞行测试所采用的。观察 GUI 中模拟对象的行为是一个简单且基本的测试方法（并且在模型设计和输入数据的过程中也同样重要；Grimm 2002）。我们在 Swarm 中实现的每一个模型都至少有一个错误是代码审查中没有觉察到而马上在 GUI 中被发现的。

目视检查的实现比较简单，就是运行模型然后观察它的行为。建模者应该多花些时间捣鼓模型，在多种不同的环境下运行模型，同时观察其是否有任何意料之外的情况。因为目视检查非常容易执行而且非常重要，所以在软件的每次修改中都应该执行该测试；甚至，模型中进行任何改变的时候都应该进行目视检查，包括使用新的输入数据或者更改参数的值。建模者应该养成在使用实验结果进行分析前，在视觉上详细检验 IBM 执行情况的习惯。

目视检查的一个很好的例子是模拟幼年鲑鱼沿河流迁徙的模型（Anderson 2002 模型的早期版本）。鲑鱼的移动由河流的二维流速场加上鲑鱼的随机游动所决定。一旦我们执行移动的代码，就从 GUI 中发现鲑鱼有向河湾内部漂移的趋势，这（在所有划艇的人的认知中）是预料之外的情况。导致这种趋势

的原因是当流速的 Y 轴（北）分量较低时，低估了鲑鱼在 Y 轴的移动；当流速的 X 轴（东）分量较低时，低估了鲑鱼在 X 轴的移动。结果，我们马上就诊断出了错误：代码中所使用的鲑鱼位置坐标是被掐头去尾地删节的，而没有进行四舍五入。这样的错误对模型结果具有很强的影响，但是除了在 GUI 中观察，其他方法都很难发现它们。在编码 IBM 时，这样的经历是经常出现的，而不是一个例外情况。

抽样检查

抽样检查通过将一些挑选出来的模型结果与手动计算的相比较，从而佐证模型的计算是否正确。对于一些传统的模型来说，单单抽样检查就足以证明描述模型主要部分的代码的正确性；然而对于测试一个 IBM 而言，抽样检查同样重要但是作用有限。抽样检查在排除主要的和广泛分布的错误的早期测试中是最为有用的，特别是在编码等式的时候。无论是在执行代码还是修改代码时，抽样检查都可以用来测试该代码的每一个部分。

输入极端值来测试

无论何时执行目视测试和抽样检查，都应该包含参数和输入数据的"极"值，它有助于暴露出不易察觉的问题。极端输入的例子包括将参数设置为非常高或非常低的值或零（因为零通常会引起一些有趣的事情发生），或者测试输入数据（比如天气）中包含极值。极端输入测试应该用于测试和矫正每个子模型（第 7.6.3 节），而不仅仅是测试最终的软件。这类错误发现得越早越好。

与独立测试相对的系统测试

对比两个完全独立执行的输出通常被认为是测试复杂模型代码的唯一可被接受的方法（即使这种方法并非完全可靠，因为不同的程序员往往可能会犯同样的错误；见 Knight and Leveson 1986）。这听起来像是使得编程工作大大增加，不过只需采取少量额外的编程就能非常有效地提高效率。

相比于独立执行，系统化地测试一个 IBM 代码的关键部分是必不可少的，例如，许多 IBM 具有在不同环境条件下依赖于不同因素的进程。植物的生长可能有时被温度限制，有时被光照限制；温度影响植物生长时发生的错误不会出现在光照限制生长的时候。在许多 IBM 中也有很多不同的执行代码的路径——执行在代码的不同部分中的不同命令。软件测试需要从这些多种路径中合理地彻底地取样。

当软件的可靠性处于极度重要的地位时，通常会让两个（甚至多个）团队独立地对整个模型进行编程，然后对比中间模型与最终模型的结果。然而，这种工作对生态学模型而言并不总是合适的。对于大部分 IBM 来说，下述测试过程是一个高效的执行系统化代码测试的方法；它可以测试所有独立的子模型，但是不能针对整个 IBM 进行测试。虽然该过程相对来说比较容易实现，但是经验告诉我们即使在已经采用了其他的测试方法之后，也往往还能发现少量的有时候是非常重要的错误。

（1）在独立地执行每个子模型时，使用在模型设计过程（第 7.6.3 节）中开发的测试代码。我们通常使用电子表格软件来测试代码，列是子模型的所有输入、中间计算和最终结果。例如，一个鱼类模型中的喂食和生长测试的电子表格，列是驱动生长的鱼类和栖息地的变量（鱼的大小；水的温度、深度和流速）。生长的计算需要获取大量的中间结果，如食物的吸收速率、温度对代谢的影响以及总的代谢速率；这些中间结果被一一编码在单独的列中。电子表格中的每行是模拟一条单独的鱼。

（2）基于编程 IBM 的软件来编写输出文件，以报告被测试的子模型的输入变量、关键的中间结果和最终结果。在鱼类生长模型的例子中，代码会基于每天为每条鱼编写一行输出，而这行输出会包括鱼的大小；水流的温度、深度和流速；食物的吸收速率；代谢温度因子；总的代谢速率；以及每日的生长。

（3）使用用于测试的输入来运行 IBM，使模型涵盖更广范围的环境，包括极端情况。对于鱼类生长的设计方案，模型可能运行了 20 天，在此期间温度在一条鱼可能曾经历的整个范围（包括 0 度）内改变，其中鱼的大小、水深及流速也是变化很大的。生成多种多样的测试情景是极其重要（且容易）的；我们通常会为了彻底地测试一个子模型而检查数以万计的结果。

（4）对比 IBM 软件和测试代码输出的中间结果和最终结果。将 IBM 的输出文件导入到包含独立执行的电子表格中。然后使用电子表格重现 IBM 的计算，并比较由 IBM 计算的结果和电子表格计算的结果之间的差异。对于鱼类生长的例子，增加电子表格中的列以记录 IBM 软件与电子表格在计算中间的（食物吸收、温度影响、总代谢率）和最终的值（生长）之间的百分比差异。然后识别不能归因于计算机取整误差（例如绝对值大于 0.001% 的差异）的差异。

（5）最后，从事"侦探"工作，解释在不同执行中发现的差异。由于错误所导致的差异通常是很小的（两个执行之间仅有 0.01% 或者更少），或者只在少数情况下才发生。然而，这种差异预示着存在潜在的重要错误有待确认和改正。大多数错误能够很快被发现并找到原因，但偶尔也需要大量的调查才能确定一个特殊的不易察觉的错误。有时候，错误发生在软件平台本身。有一个

Swarm 用户，在独立检查结果的时候甚至发现错误是由电脑芯片所导致的。

在建模周期中何时应该进行这种集约化水平高的测试？答案是：在进行任何用以分析或使用 IBM 的重要投资（时间、金钱、公信力）之前。早期的模型和模型设计（例如，实现简单的"零"模型；见第 2.2 节）可能不需要这种水平的软件测试，但是将全面的软件测试推迟到 IBM "完成"之后的做法显然是错误的。要牢记这些测试的目的是尽早地发现错误以节约时间和工作，因此在模型分析、测试、修正和参数化的周期（第 9 章）正式开始之前，就应该完成这些测试工作。软件中已经被全面测试的部分除非被修改了，否则不需要再重复测试。然而，在每次大幅度地修改子模型的代码后都需要进行彻底的重测工作。避免重测工作变得痛苦（或更糟）的关键是实现自动化和准备好文档记录。

8.5.2 测试的自动化和文档记录

软件测试的自动化和文档记录是紧密相连的：它们均有助于使测试过程（特别是 IBM 修改后重测）变得高效且可重复。自动化一部分测试过程（不是完全手动执行），可能起初会花费更多的精力，但在整个软件重测的过程中，可以大大减少工作量。"自动化"并非意味着创造一个巨大的程序来为我们完成软件测试的所有工作。相反，有一些简单但有效的技巧让特定的代码测试变得更简单且更具可重复性。实例包括：

- 把用于测试的特定的输入数据集归档。
- 提供永久性代码，生成用于调试的输出文件。
- 创建和归档在第 8.5.1 节中讨论过的用于调试的电子表格（或者类似的程序）。
- 创建特殊的程序，使 IBM 的子模型在不同的输入情况下得以运行。

任何有助于实现软件测试重复性的小技巧都应该被我们考虑，尤其是对于那些有可能被修改的测试代码。

自动化也使得软件测试的文档记录变得简单。如果测试中不进行文档记录，那么会丢失大部分软件测试的价值。文档记录应该包括记录已执行的测试的种类、在哪些版本的代码（和哪些版本的设计方案）的哪些片段执行了测试、具体使用了哪些参数值和输入数据、测试在何时进行、由谁操作等。测试记录——比如经过测试的 IBM 的输出、用于自动测试的方法和实现独立测试的代码——都应该存档。所有这些信息都可以保存在电子表格的文件中；每当测试 IBM 的一个新版本后，都可以复制并更新这一电子表格。

文档记录的一个原因是为了使测试过程变得更有效率。重复测试通常是为了判断某些改变是否达到了预期的效果（例如，在程序员修改了可能导致错误的代码之后，是否还会出现相同的问题）。通常，这些测试必须以同样的测试方法重复，如果没有适当的文档记录就很容易混淆导致测试结果出现差异的原因——究竟是由测试代码本身的修改所致，还是因测试方式的改变所致。文档记录也可以帮助建模者确认哪些代码已经被测试过，而哪些代码还未被测试，从而避免一些代码进行无必要的多次测试或者未经测试就投入使用。

用文档记录软件测试的第二个重要原因是记录测试时使用的方法和软件，以便下次使用或者在未来进行改进。当然，文档记录也为那些注重模型品质的客户提供了重要保障。

8.6　推进软件开发

在开发 IBM 软件期间，只有正确的平台和一个好的测试程序并不足以避免生态学家陷入常见的陷阱。本节我们将介绍防止软件开发陷入泥潭的其他的几个策略。

8.6.1　确保模型设计与软件开发独立进行

模型设计和软件开发都是建模周期的重要组成部分：在软件开发的过程中会不可避免地促使设计方案的改变，而模型的测试和分析同样会导致软件的修改。然而，IBM 的设计与实现它的软件应该被视为两个独立的工作。保持独立性的第一个原因是为了确保所有的工作都能够很好地完成。当设计一个 IBM 时，建模者需要把重点放在生物学以及在第 2 至 5 章所展示的建模理念上；而当运行一个 IBM 时，程序员需要把重点放在本章介绍的与软件工程相关的问题上。特别是，建模者需要避免简单地做模型设计的决策，因为一些简单的设计往往只是为了方便使用计算机，而不具有生物学上的合理性。

第二个原因是，对于一个精确且完美地匹配软件的模型来说，它的书面描述极其重要。特别是当建模者编写他们自己的软件时，往往很容易直接编写代码而不是在编写好的文档和测试代码中设计软件（已在第 7 章中讨论过）。这就很难保持书面描述的准确性；在建模者转向其他任务而忘记了自己修改过代码这码事，那么没有人会确切地知道这个代码是做什么的。当模型及其软件是由同一个人编写的时候，他必须能够在这两个角色中来回自由切换并且不混淆它们。

8.6.2　与软件专业人员合作

生态学家在构建 IBM 时是否应该与软件专业人员合作，这是一个难题（"软件专业人员"这个术语是比较模糊的，从自学成才的程序员到那些在计算机或工程科学领域有广泛训练和经验的人都被称为软件专业人员。对于一个 IBM 项目来说，软件专业人员至少应该具有设计复杂模型和软件的专业知识）。合作可以有多种形式，但本节我们重点关注的是程序员和建模者合作以创建特定的 IBM 软件。这种合作具有许多优势，特别是对于复杂的 IBM 或开发一系列 IBM 的研究项目来说：

• 一个程序员的专业知识可以极大地提高软件的可靠性和可用性，同时还能减少搭建软件平台的时间。

• 生态学家可以将更多的时间集中在使用 IBM 来设计、测试和解决生态学问题——这也是一个耗时的工作（第 9 章），而不是花费时间在学习软件技术和编写代码上。

• 建模者在设计模型时可能更注重生态学的知识，而不是编程本身。

• 至少有两名人员参与代码的开发过程，这样会带来许多益处。好处包括分享想法、促使代码变得清晰且有条理、快速识别模型设计方案中的错误和含糊的部分，以及避免项目由于一个关键人物的退出而崩溃。"不只用一双眼睛看代码（More than two eyeballs on the code）"是软件开发者赖以生存的准则。

• 资助机构往往鼓励跨学科的合作，特别是像 IBE 这个领域。一个 IBE 项目不仅为生态学研究提供了机会，而且可能也为软件工程或计算机科学提供了生长点。

另一方面，生态学建模者常常出于某些正当的理由来创建他们自己的软件（在第 8.8 节中我们将提到一些生态学家选择不与软件专业人员合作的不那么正当的理由）。在缺乏足够资金的情况下，选择不合作是无奈之举。另外，当一个 IBM 可以在高阶平台实现、且只需少量编程甚至不需"从零开始"编程的时候，可能就没有必要与软件专业人员合作。最后，如果程序员没有足够的时间跟进建模者的工作，那么与该程序员的合作也会令人懊恼不已。

我们的经验是，生态学家自己一般能够顺利地完成至少具有中等复杂程度的 IBM 软件；但是随着模型复杂程度的提高，软件专业人员的加入将有利于软件的完成。许多 IBM 的成功实现需要用到的软件技术远远超出一般的生态学家的认知范围，这当然也是实现 IBE 的一个限制。这绝不是对生态学家的批评——相反，我们认为这代表着生态学发展到了一个需要软件专家来帮助我们构建工具的阶段。花时间和精力去学习设计和构建 IBM 软件所需的技术和工具，对于大部分生态学家来说是不值当的（另一方面，一个生态学家致力于为基于个体的方法而学习软件开发技术也可能是非常值得的——只要他真的学会了现代软件的设计和开发技术，而不仅仅是怎样编程）。一些大学和研究单位（据我们所知，在美国目前不包括生态学）已经雇用了软件工作者以支持那些使用基于主体的模型的研究者，这种支持包括协助设计和编码模型、制造软件工具，以及通过跨学科的合作表明对经费的利用是充分高效的，从而提高拨款提案被批准的机会。

我们已经通过两种方式成功地与程序员开展了合作。第一种方式是雇佣一个程序员为模型编写第一个原型软件，并且同时教授我们使用该平台的方法。通常，一到两周紧张的合作就足以使项目起步，而且使生态学家完全能够在一个新的平台上开展工作。

然而，为了维持 IBM 项目的产出率，可以将下述的软件开发周期整合到总的建模周期当中。注意在这个周期内，开发 IBM 的生态学家仍然完全掌控着软件，并对软件负责。建模者必须足够理解软件平台，如此才能阅读和检查代码，但不必成为一个专业的程序员。

首先，建模者尝试详尽地写出初始的设计方案，据此设计出 IBM 的第一个草案或原型。这样做的目的（不大可能完全满足）是为了具体说明初始模型，从而使程序员能够完全清晰地实现它。除了具体说明模型的设计方案之外，建模者还制定了一个观察计划，识别出需要观察哪些模型输出以及如何观察它们。

接下来，程序员通过设计方案实现初始模型。在设计软件的结构、组织以及用户界面等的时候，通常会涉及建模者和程序员的合作。程序员在这一步通常能够识别出模型设计方案中的歧义之处和错误；并随后交由建模者来修正它们。建模者和程序员之间互动频繁。与此同时必须要做其他方面的决策——例如，建模者在拟定模型的实施细节后又重新考虑模型的某些部分，或是出现新的观察需求。这一步的产物不仅仅是初步搭建的软件，而且也促使我们对模型的设计方案再三思考。

完成代码的起草后，建模者会按照第 8.5.1 节和第 8.7.1 节所讨论的目标全面地审查它们。而在产生并审查代码后，建模者（而非程序员）将对该软件进行文档记录（见第 8.6.4 节）。这项工作巩固了建模者对代码的熟悉程度，并且让建模者设计软件的输入和输出文件以及其他的用户界面。

在历经了一个或多个代码审查和修改的周期之后，明显的错误都已经被发现了，测试以及修订设计方案和软件的周期就可以开始了。建模者应该是设计和执行代码测试的主要负责人，因为最终要对 IBM 负责的是建模者而非程序员，而且代码测试应该是由其他人而不是编写该代码的人来完成。最后，正如将在第 8.7.5 节中所讨论的那样，即使在一个模型的代码投入使用之后，软件的维护和升级也仍然需要建模者和程序员之间的合作。

这个开发周期可能乍看起来复杂冗长，但是如果参与者致力于双方的合作，那么这一周期将会是非常高效的，同时确保建模者能够获得高质量的软件。

8.6.3　设计软件以拟合被模拟的系统

被模拟的生态学系统应该作为软件设计里面的主要暗喻对象。当一个 IBM 在面向对象的平台上被实现时，这种暗喻手法减少了软件、模型以及被模拟的系统在概念上的差异。在决定一个模型中的哪些部分应该编码在什么类内，以及哪些变量应该储存在什么对象中时，我们会不断地探讨在现实世界中到底发生了什么。细想一个描述湖中鱼类的猎物-捕食者模型 IBM，在软件的某个地方必须储存每条鱼的位置。暗喻性地说，一个湖泊没有道理"知道"身处其中的鱼所处的位置；而假设鱼自己知道它们在湖中的位置就合乎情理很多。因为我们不会用湖这个对象储存湖中所有的鱼的位置，而是设计代码以便让每条鱼都能储存它们自己的位置信息。考虑到一个环境变量如温度，没道理说温度是鱼的变量：鱼并不能控制温度。反而更合乎情理的说法是温度是由湖所模拟的，而如果鱼类需要"知道"温度，那么它们会从湖中来"感知"这一信息——鱼的对象会传递某个信息给湖的对象，而湖的对象则返回当前的温度值。

然而，折中的做法也是经常发生的，同时暗喻有时候也是模棱两可的。有时我们的确会在代表生境的对象中记录栖息于该地的有机体的位置。如此一来，一条鱼就可以直接从湖中发现附近其他鱼的数量，而不需要询问每一条其他的鱼身处何处。

8.6.4　设计模型及其软件的多种表现形式

表现某个模型及其软件的方法通常有很多。在人类和计算机的语言及图形中使用各种各样的表现形式具有许多益处，比如在开始编码前对代码的设计进行更多的思考、帮助组织编码的进程，以及使校正和修改代码变得更加容易。对于研究团队成员间以及成员与 IBM 客户间的模型交流，模型及其代码的多种表现形式同样是必不可少的。对于那些在使用、测试、调整或审查方面经历过挫败的人来说，多种表现形式的重要性是显而易见的。

以下模型及其代码的表示方法都是很常见的且值得仔细考虑，特别是对更复杂的 IBM 而言。

详细的模型制定方案

第 7 章介绍了为什么以及如何准备书面的文字设计方案，即尝试用人类语言完整地描述一个模型。

子模型的测试代码

在开发 IBM 的设计方案期间，会准备一些简单的测试代码来测试子模型（第 7.6.1 节）。这些子模型是那些有可能用于软件测试（第 8.5.1 节）和模型交流的子模型的重要的独立描述。如果有人想要了解我们是如何模拟某些特定的过程的，那么相比于解释设计方案，将该过程的电子表格或者类似的执行程序出示给他们则是一个更强有力的方法。

流程图、类层次结构图以及实体关联图

流程图广泛用于设计和描述计算机模型中事件发生的一般顺序。它们可以代表一个完整的简单模型，或者一个复杂模型中的部分内容，或者一个流程图也可以表示高阶过程并展示其中唯一主要的子模型，同时其他更详细的流程图还可以展示在每个子模型内发生了什么。

在面向对象编程（OOP）中，经常用到几种类型的图解来展示模型中有哪些种类的对象以及对象彼此之间的关系。类层次结构图展示了类之间的等级关系（哪些类是彼此的亚类和超类），这些信息对于仅需要理解模型的使用者来说是有用的，而对于任何编写代码的人而言则是必不可少的。而实体关联图则展示了模型中各种各样的对象会做什么以及对象间如何相互作用。正如我们在第 7.7 节所讨论的（见图 7.1 和 7.2），基于图解的面向对象的设计技术，比如"统一的建模语言和对象建模技术"可能是将我们对所模拟的生态系统的认知（例如，像在第 2.3 节中描绘的关联图）与 IBM 的设计方案及其软件连接起来的一种自然表示方式。

总的来说，这些种类的图解在发展和交流 IBM 整体的软件设计时是非常有用的，但是它们不适合去描述一个 IBM 的所有细节。

可运行的计算机代码

完整的 IBM 的可运行代码是模型的最重要的表现形式，因为它可以生成用于分析的输出。而在一些平台上如 Swarm，那些为许多建模函数提供"素材"的代码（第 8.7 节）也可以清晰、简洁且完整地描述 IBM。

软件的文档记录

对于任何一个 IBM 来说,编写运行软件的书面文档都是非常值得的。软件文档可以描述如何安装和执行代码、如何准备输入文件、输出结果的确切含义,以及哪些代码代表了哪些模型等式或假设。软件的文档记录不仅能够帮助模型的使用者,而且还能促进代码的维护和修正。即使只有一到两个人使用和修改代码,保持更新文档记录也可以帮助避免错误和浪费时间。有经验的程序员可能都记得这样的"悲惨"场景,他们认为"我记得住怎么做这个"(例如,如何解除先前在代码中进行的一些尝试性的变动),然后发现几个月甚或仅仅几天过后,他们就只能费力地翻阅源代码,花费更多的时间设法想出他们此前都做了什么。

在对软件进行文档记录时(如模型设计方案的文档记录),重要的是写下为什么要这样设计代码而不仅仅是怎样设计代码。通常,一段设计良好的代码也许在经历了大量的测试之后,在某种程度上能够很好地运行,但又似乎是违反直觉的。如果没有记录下设计代码的原因,那么在数月后当对代码进行审查时,程序员就有可能感到代码似乎是反常的,然后浪费相当多的努力去尝试"修复"它。

一些软件包能够部分自动地生成软件的文档记录;常见的例子有 doxygen 和 Javadoc。这些软件包不会自动地详细描述你的软件,但是会做一些诸如从位于每个关键方法顶端的注释中生成一个精细的格式化的文档之类的事情。至少它们对于创建需要记录的类和方法的清单是有用的。

模型和软件的版次记录

这些记录(将在第 8.7.5 节中讨论)保持了建模周期的历史信息,记录的内容包括:何时、由谁、出于什么目的、进行了怎样的改变。

8.6.5 尽早实现观察和分析工具

当我们把软件开发和 IBE 都视为由模拟实验所驱动的循环时,就可以清楚地看到,我们在软件开发的初期就需要良好的工具来观察和分析 IBM (Grimm 2002)。准备一个观察者计划作为 IBM 目标和设计方案是一种能够确保观察性在软件设计中得到应有的关注的方式。一个观察者计划识别出所有的模型输出通常出于三个目的:测试软件、测试和理解模型的设计方案,以及执行模拟实验和模拟想要开展的生态学研究。然后该计划针对每一个这样的输出,设法解决在此讨论的观察性议题。

首先，分析 IBM 常常需要从多种视角来观察结果，但在开始分析之前往往无法预见所有的视角。例如，建模者可能在分析的过程中才意识到个体体重的数据除了由年龄还应该由性别来划分，或者应该分别检查每种生境类型下的个体数。从一开始就设计软件以便建模者能够选择新的输出视角（在一些平台中相对容易实现）可以节约时间并避免受挫。

第二个重要的观察者设计议题是为每一次输出选择空间和时间分辨率。为了避免产生浩如烟海的输出，图像或文件输出可以以大于 IBM 的时间步长的间隔来更新：以每步代表每日的模型可以按每周输出一次。图像输出可以使用多种空间分辨率；一个例子是我们为女王凤凰螺（一种大型的类似蜗牛的海洋无脊椎动物）的 IBM 设计的代码。因为相比于模拟的空间范围，单个海螺每日的移动非常小，所以我们提供显示窗口来展示海螺在大规模模型网格单元内的密度，同时也允许使用者放大并观察在精选单元内的单个海螺的位置（这一点在 Swarm 中很容易实现）。

在设计观察者时，另一个主要的步骤是决定如何观察模型的各种结果。下述三种观察者工具非常有用。

汇总统计

通常输出包括个体的平均大小，例如按照物种和年龄等变量划分；涉及一个或几个变量的生境面积分布（例如，在食物有效性的 10 个等级中每一个等级有多少生境面积）；以及不同生境或环境类型下的个体分布（例如，在食物有效性的每一个等级下生境中的个体平均密度）。这些输出可以在 IBM 的执行过程中以图表的形式来展示，不过分析几乎总是需要对这种输出进行后处理，即将 IBM 的输出文件导入其他的图形和统计分析软件中。

追踪个体

追踪选定个体的状态有助于软件测试和理解个体如何表现，以及为什么如此表现。这种观察需要报告个体的状态变量（大小、位置等）、个体所处的生境条件以及用于理解它们行为的变量。一个方法是让软件为所有个体都编写这一输出，但是生成的大量输出可能会导致模型的执行和分析遇到困难。Swarm 的"探针"功能允许使用者选择模型中特定的个体（例如，用鼠标单击GUI），然后从这些个体中输出选择的变量。

图形用户界面

图形用户界面（GUI）对于观察空间和时间模式是必不可少的，特别是动画窗口，因为这使得直观地观察和诠释模式变得更加容易。对于空间模型来说，GUI 从空间和时间上展示生境和个体（通常个体叠加于生境地图之上，每一时间步更新一次地图；不过这里的个体所处的"空间"只是在维度上而不是地理上的概念）。除了已经讨论过的优势，GUI 通常是观察个体与个体间、个体与它们所处的生境间的相互作用的有用工具。同时也是检测突发性的行为，以及识别罕见的或"异常值"个体（这种个体可能是特别有趣或重要的）的唯一有效的方法。设计完善的 GUI 的另一个优势是促进客户对模型的理解和信任。客户对于复杂的"黑匣子"模型通常是小心翼翼地，但当 IBM 的行为是看得见且符合实际的时候，他们的兴趣和信任也会迅速增长。

在第 9 章我们将讨论对 IBM 的分析，来测试、理解和学习 IBM。许多分析（例如，探索不确定性和鲁棒性）需要运行模型很多次。能自动处理这种模型分析的软件工具——生成参数或输入值、执行模拟（通常，为了提高运行速度不使用图像功能）并记录甚或分析结果——可能是非常值得拥有的。最好在软件开发的初始阶段就包含这种工具，因为它们即使对 IBM 的初步分析也会是有用的。

8.7 重要的实现技术

本节描述了我们从软件专业人员那里学来的一些技术，并且我们发现当设计好软件后这些技术在实际编写 IBM 程序的过程中非常有用。在这一实现阶段，焦点仍然在于使软件有助于解决科学问题同时尽可能地搜索出错误。

8.7.1 获得代码的批判性评议

对科学家来说，同行评议是软件开发中一个普遍的且非常有价值的通常做法。代码的同行评议与期刊论文的同行评议具有同等的益处。首先，评议是代码测试进程中的一个必不可少的环节（第 8.5.1 节）。其次，评议常常是改进代码的重要源头。最后，并且也许是最重要的，程序员在得知自己的工作将被审查后更有可能会编写出组织良好和带有文档的代码（第 8.7.2 节）。如果没有评议，那么在编码风格、文档记录和测试中走捷径的诱惑就会促使程序员在软件开发过程中简单了事。代码"干净"的程度也是决定模型可信度的一个重要因素：对 IBM 最常见的批判之一是模型完全仅由它们的代码来界定，而该代码又是难以获得或可读性很差的。

8.7.2　使用防御性编程的惯例

"防御性编程"是一个软件术语，意思是在编程时首要考虑代码的测试性和可靠性。我们可以向经验丰富的程序员来学习这些惯例，但是他们并不总是以生态学家所熟悉的方式（并且有时是与之矛盾的）来教授这些入门级的编程知识。在这些惯例中，绝大部分的目的都是使模型的代码更易于阅读和理解，或者"自文档化"。自文档化代码提高了软件开发过程中许多内容的舒适度和质量。软件开发过程包括：甄别错误、代码评议、设计方案变化的实现、代码发布以及代码重用和分享。

使用简单明了的逻辑

经验丰富的程序员最爱讲的话就是"代码应该是写给人的，不是给计算机的"。有时新手程序员对编写"优美的"代码——具有尽可能少的语句和变量——而感到自豪，因此使计算机资源和执行时间都大大减少。然而，基于 IBM 的研究工作可能更多地受限于人们审查、测试和调试代码所花费的时间，而非计算机的执行时间。经验丰富的开发者编写代码的首要目的是方便他人的评审和测试，而不是从一开始就为了执行速度而设计代码。当且仅当代码投入使用后，如果发现模型运行速度是一个大问题时，才会相应地采取措施（第 8.7.4 节）。

为类、方法和变量使用描述性的名称，以及类似于语句的代码

现代的编程语言和平台允许变量、方法和类的名称较长且可具有描述性。使用能够表达有用信息的名称（变量的含义、分辨率、单位等；例如，一个变量可以命名为 habitatDailyMeanTemperatureC，意味着每个生境中以摄氏度为单位的每日平均温度）可能需要更多的键盘输入，但是它所包含的信息可以使理解和检查代码变得更加简单。精心设计的名称甚至能让代码像句子一样。例如，即使读者不熟悉编程语言（Objective-C），也很有可能了解下述语句的目的，即从一个正态分布中随机抽取一个数来初始化模型中一头鹿的重量：

```
[aNewDeer setWeightTo:
    [normalDistribution
        getSampleWithMean:    deerInitialWeightMean
        withVariance:    deerInitialWeightVariance] ];
```

编写程序的学生有时被教导要不吝使用注释语句来解释他们的代码功能。然而，过多的注释有时会引发其他的问题。读者可能会意外地遵循注释语句中的逻辑来"检查"代码,而不是针对可执行语句中的代码本身。

消除运行期错误

一个模型的代码即使在经过了大量的测试后,还是会受运行期错误的影响。特别是在复杂的代码中,运行期错误可能非常常见但却难以察觉,除非专门检查它们。导致运行期错误的原因包括未初始化变量或参数、除以零、取整运算、变量上溢和下溢,以及无效或破坏性的输入。

事实上,一位审稿人曾经指出我们上述初始化鹿的重量的代码会导致运行期错误。从一个正态分布中随机抽取初始重量,无论是多么小的变量,最终都会产生一头重量为负值或是大于其母亲体重的小鹿。因此,我们总是遵循使用一个"if"语句的随机抽取来确保初始重量处在一个合理的区间内。

消除运行期错误的最佳措施是防御性编程技术,例如:

● 尽量使用在执行期检查错误条件的代码,例如,在运算除法前确保分母不为零;

● 避免对公共的、全局的以及指针型变量进行不必要的使用;

● 编写代码以检查未初始化的变量、无效的或残缺的输入数据;

● 了解软件平台如何处理诸如被零除和变量上溢(在某些编程语言中,这类错误甚至不会导致执行中断!)的情况;

● 当有上溢或下溢的风险时使用双精度(甚或更大精度)的浮点变量。

尽管检查语句这样的技术可能会减缓模型的执行速度,但是相比于过晚甚或根本没有发现错误所导致的损失,这种损失是微不足道的。

8.7.3 选择一个优质的伪随机数发生器

IBM 中的随机过程是使用由随机数发生器软件所生成的"伪随机"数来模拟的。建模者需要注意的是随机数发生器的品质参差不齐,而不好的发生器可能导致模拟结果出现严重的偏差(Fishman 1973;Ripley 1987;Wilson 2000;Gentle 2003)。不幸的是,许多可以用于模拟模型的软件平台(编程语言、电子表格等)都很可能内置了质量较差或是未知的发生器(作为消遣,试着查出你最喜欢的电子表格、统计软件或编程语言中内置了什么样的发生器)。同样不幸的是,发生器的表现可能取决于计算机的硬件。这些问题在软件工程师和建模者中众所周知,所以对于那些在 IBM 软件中不设法解决随机数质量的建模者,他们的工作更可能受到批评。建模者至少需要了解并记录他们的平台使用了哪种发生器,而且如果它不达标就需要替换它。通过尝试几种不同的发生器,就能够轻易地探讨随机数发生器对模型结果的影响。优质的软件平台的优势之一便是提供高品质的伪随机数发生器。

8.7.4　减少执行时间——如果必须的话

贯穿本章，我们遵循的理念是，一个 IBE 项目的进展更有可能受到软件设计和测试的限制，而不是代码的执行速度。为了推动建模周期的发展，软件的设计应该是以促进其评审和测试为最初目标的，不能过分考虑执行速度。许多 IBM 的执行速度已经足够快了。然而，对于有着大量对象（许多个体或许多生境单元）或其个体要执行许多复杂计算的 IBM 来说，执行速度可能是一个重大的议题。通常，计算量会随模型中对象数量的增加而非线性地增长——例如，如果一个个体不得不与邻近的个体进行相互作用（Hildenbrandt 2003）。

一旦代码和模型已经通过测试且准备投入使用，那么下述的软件工程技术就能够加快 IBM 代码的执行。我们在使用这些技术时要谨慎。例如，通过运行标准的测试模拟来证实模型结果不受影响。

使用更快的电脑或更多的电脑

购买更快的处理器（或双核处理器）应该是改善性能最简单、安全且最划算的方式。相比于试图改善软件本身，新台式机的成本往往是很便宜的。此外，用 IBM 做研究总是需要运行多个模型来进行模拟实验（第 9 章）。在不同的处理器（在不同的计算机或在一个集群）上执行不同的运行，通常是快速获取结果的简单而高效的方式。

减少图像和文件输出

对于某些 IBM，GUI 会显著地增加执行时间。一旦全面地测试模型后，就可以避开使用带有 GUI 的软件版本。能够专门支持无图像（或者"批量"）执行模型的平台具有可在不触及代码的情况下关闭图像的特点。我们的经验是，对于需要执行数量庞大的复杂计算的模型而言，从无图像模式中得益是微乎其微的，因为图像更新只占总的执行时间的极小部分。而在有些 IBM 中，许多个体很少进行计算，这种情况下如果关闭图像显示功能模型则会有明显的提速。给文件编写大量无必要的输出也会减缓运行，有时是大幅度地减速。

避免耗时的算法

在有关计算机模拟的文献中充斥着大量用于模拟常见任务的算法。这些"数值分析方法"在速度和可靠性方面都进行了全面测试，无疑会比我们"自制"的算法表现更好（这是另一个无须事必躬亲的理由！）。

聚焦代码改进

"分析器"是一种可以报告代码是如何被执行的软件，让程序员可以识别出代码中消耗最多时间的部分。分析器可用于常见的编程语言，因此也常见于代码库平台。通常，总执行时间中的很大一部分是由代码中非常短的一部分所耗费的。一旦分析器识别出代码的这些部分，就可以使用诸如接下来介绍的那些技术来提升执行速度。

避免耗时的数学运算

使用泰勒级数的数学运算（例如，对数函数、指数函数、幂函数）要比其他的运算慢得多，应该尽可能地避免使用。例如，语句 cellArea = length × length 的执行要比使用幂函数运算符（"^"）：cellArea = length^2 快得多。

减少方法调用

在 OOP 语言中，调用方法（或"信息传递"）的速度相对比较缓慢。代码中大量使用的部分通常可以通过方法合并以减少信息传递，从而达到加速的目的。使用这种方法时需要特别小心，因为它可能使程序在将来的改进过程中变得更难理解，同时也更容易出错。

减少新对象的生成

生成新的对象也是一个缓慢的过程。有时一段 OOP 代码对应着新生成的对象，然后数量逐渐减少。通过重复使用这些对象而不是重新生成它们能够提高软件的执行速度——只要确保在使用后不会有遗留后果。不应该重复使用带有数个变量的较大对象，因为在准备重复使用它们的过程中存在着风险。

约束决策进程

在一些 IBM 中，大部分计算用于评估决策选择。例如在计算每个个体的适合度时，会期望假如每个个体都从一些备选方式中选择一个决策。我们如果可以使用一些快速的计算来排除明显不好的选择，那么就能获得相当大的加速效果。这项技术必须非常谨慎地使用，以避免造成个体在某些情况下做出不好的抉择——即使是极少的不好的选择也会对 IBM 的结果带来明显的影响。牢记使用这项技术改变的不仅仅是软件本身，还有对实际模型的更改。

8.7.5　顺应软件发展和维护

第 8.3.6 节论述了我们预期一个 IBM 软件在项目研究期间甚或结束之后发生改变的某些途径，以及如果我们没有采取合适的措施而带来的严重后果。在这些措施中最为重要的是对软件及其修改历史进行文档记录（第 8.6.4 节）。"版本控制"软件广泛应用于软件开发中，它以部分自动化对代码的改变进行文档记录和管理。每个代码文件都被注册到一个版本库中，每次编辑后都需对其再次进行检查。版本控制软件持续追踪在何时发生了何种改变，同时用文档记录修改历史并允许撤销变更。

不过，版本控制软件本身并不是记录修改历史的有用方法。在模型设计记录和软件文档记录中，保留简单的更改日志——什么变化、由谁操作以及为什么这样做——可以使再现历史变得更加简单。

另一个重要的技术是当完成主要的改变后，或每当模型用于可能需要重现结果的时候（例如，发表论文、管理决策），定期地创建模型的官方发行版本。一个发行版本应该包括完整的模型设计方案的文档记录、匹配设计方案的代码、所有输入和参数文件、示例输出，以及代码及其测试的文档记录。一个自动化的安装程序可以有效避免软件安装时的诸多不便，可将整个发行打包成一个整洁的软件包。生成和存档发行版本是值得做的，哪怕模型仅仅被一个或两个用户所使用：它是一个保证结果可以在未来得到重现的简单方法。

8.8　一些特别受人喜爱的妄言

在与生态学建模者和软件专业人员（其中许多人专门研究基于主体的模拟软件）共事多年之后，我们忍不住要列举一些生态学家关于软件和软件开发过程的误解。遗憾的是，产生这些"妄言"的主要原因是大多数生态学家对现代的软件工程不甚熟悉；生态学家们传统上使用的经典模型通常不需要太多的软件专业知识。在此列举出一些我们发现的常见误解，同时解释为什么它们可能并非如此。

（1）因为我知道如何在 FORTRAN 语言（或者 C、Java……）中编程，所以我可以从零开始独自实现我的模型

这种说辞就像是"因为我会拼写和语法，所以我可以写一部小说"一样。这种无稽之谈的一个问题是 IBM 软件需要一个准备充分的设计，而软件设计需要许多不同的编程技能。第二个问题是建模者抛弃了软件平台许多可用的先

天福利。有经验的开发者不会从零开始编写代码——学习使用现有的程序库或平台是更迅速、便宜且安全的方法。

（2）我不应该使用程序员来开发我的软件，因为要花太多功夫来解释模型……此外，许多重要的建模决策都需要在编程时做出

建模者自己开发自己的软件时，最没有收益且危险的习惯就是直接将模型写成代码，并且在编写代码和简单的测试代码中没有进行方案设计和文档记录。一个仅仅在其软件中被精确描述的模型，缺乏可评审性和可重复性（除非代码特别简单和清晰，而且是已发布的）这两个科学研究的重点要素。对于任何复杂的模型来说，建模者都太容易忘记代码原本的意思；直到建模者回到他自己的代码进行解读和查看文档记录之前，这段代码都毫无意义。无论如何，一个模型都应该被完整地记录在纸上，这些文件可供编程者使用。在纸上制定出建模的细节比直接在软件上更有效率，因为建模者可以专注于生态学本身而不是编程，避免浪费时间在代码的测试和排除错误上，并鼓励建模者记录制定决策的原因。

一些建模者显然对是否与软件专业人员合作犹豫不决，因为他们害怕会失去对软件和模型的控制。如果建模者对合作的认识是简单地将设计方案交给编程者，然后取回最终的代码，那么这种对控制权的担心就合情合理了。然而，在第 8.6.2 节我们描述的开发周期中就已提到了，建模者需要深入参与代码的开发，并对此负责。

（3）低阶的编程语言更好，因为它们的运行速度更快

如果执行速度是软件设计的唯一考虑，那么娴熟的软件工程师的确会在一个低阶的、非面向对象的编程语言如 FORTRAN 或 C 中实现 IBM。然而，我们利用 IBM 开展高质量科学研究的速度几乎从未被软件的执行速度所限制。更重要的是开发和测试软件所需要的时间。高阶平台就是为了缩短软件开发的时间而设计的，同时提供了有效测试和使用 IBM 的工具。

（4）我不认为软件中有任何严重的程序错误

基于经验，我们可以向建模者保证，他们的模型几乎确定不可能是没有错误的。如果建模者不能提供全部的证据表明不存在任何严重的程序错误，那么这段代码就还不能投入使用。

（5）GUI 只是展示模型执行的小玩意

在模型运行期间，GUI 有时的确被用作娱乐用户的噱头。然而，大多数 IBM（尤其是空间显含的 IBM）产生的重要结果只能利用可视化的输出来理解。对于许多 IBM 来说，GUI 对于结果的理解、测试和交流是必不可少的。是否使用 GUI 应该不再是一个议题了，因为现代模拟平台几乎不需要额外的努力就可以提供 GUI。

（6）因为我的 IBM 是独一无二的，所以我只好从零开始设计和编写代码

不需要向他人学习的态度是不合适的，对于 IBM 软件亦是如此。当 Huston 等（1988）发表了他们具有里程碑意义的论文而激起了大家对 IBM 的兴趣时，关于离散事件模拟理论和软件的书籍已经遍布全球（如 Fishman 1973；Zeigler 1976）。现在，我们确实可以从其他人的经验中学到很多东西：例如，Swarm 至少自 1997 年以来就有一个活跃的用户社区。现在可用于实现 IBM 的文献、理论和软件的数量巨大，而且没有 IBM 会独特到无法从基于主体的建模平台已实现的模型中获得益处的地步。这些工具并没有抹杀实现模型的创造性过程；相反，它们让建模者更加专注于他们模型的独特方面，从而在其他方面花费更少的时间。

8.9　总结与结论

基于个体的建模要求对软件具有一定程度的熟练掌握，但是很少有生态学家在他们的学术训练或经历中为此做足了准备。本章也许看起来令人胆怯，因为我们建议要开展大量地实践活动，而只体验过简单模型的生态学家可能认为进行更多的实践是非常过分的要求。然而，模拟建模的悠久历史表明一个项目如果没有对其将要面临的挑战有足够的理解和认识，那么该项目几乎是不可能达到想要的目标的。早期一些大型 IBE 计划的成效远低于预期，导致软件（从零开始研发）比预期的要消耗更多的资源。基于个体的研究方法常常由于其不可重复而遭到批评，因为软件没有得到充分地测试和记录文档。与此同时，即使起初并不大熟悉软件的科学家在寻找到了正确的工具和帮助之后，往往也可以相当顺利地开发出许多 IBM 软件。显然，对于一个管理有方的项目来说，软件并不是无法解决的难题。我们的目标就是帮助一些生态学家克服这些挑战。

本章中我们所讨论的大多数内容可以总结为以下四点：

● 为 IBM 开发软件不仅仅是一个在电脑上"实现"可执行的模型的问题；我们还需开发一个实验室来对实现模型进行观察和实验。

● 几乎没有生态学家在开始研究时就掌握大多数 IBM 所需的软件工程技能；仅仅知道如何编程并不等同于掌握了这些技能。一些能使研究继续进行的方法有：花时间学习软件技能、与软件专业人员合作，以及保持 IBM 足够简单，以便能在只需少量软件专业知识的高阶平台上实现。

● 现有许多资源可以使软件开发更有可能成功；这些资源包括专用的软件平台、模拟相关的理论和文献以及用户社区。技术熟练的开发者避免设计或编写任何没有必要的工作。

● 对软件进行连续且全面的测试可能看起来很费时费力，但是对于 IBM 来说不进行测试的后果会更加糟糕。对模型及其软件进行全面的文档记录也是如此。

生态建模者和项目管理者应该如何确保软件开发能够推进 IBM 项目的发展，而不是耗尽该项目的资源呢？我们应该清楚的是，在项目开始时就需要仔细地规划软件开发。规划时关键的议题是：① 确认在测试软件和达到研究目的时所需的观察和实验能力；② 选择一个适当的平台；③ 决定谁对软件的总体设计负责，谁进行编程工作，以及由谁来独立地评审设计和代码；④ 设计并实施一个层级式的、全面的软件测试进程；⑤ 执行文档记录、版本控制，以及发布管理程序。在这些步骤中，选择软件平台和专业人员通常是在开始时最重要且最困难的抉择，因此我们在图 8.2 中给出了我们的建议。

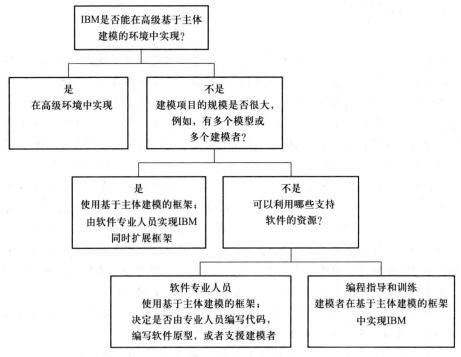

图 8.2　该决策树形图总结了我们对选择软件平台以及软件专业人员扮演的角色的建议。这些建议是以项目经理的视角提出的，目的是尽可能划算地提供必要的软件能力和品质。该图只是一个一般性的指南，很可能存在例外；譬如，对于一个已经熟练掌握过程化编程语言的建模者来说，可能最适合研究不需要图形就可完全测试和分析的极其简单的 IBM。值得注意的是，建模者（亦即生态学家）的编程技能不是一个重要的决定因素，因为建模者即使是软件方面的专家，也可能最好不要把他们的时间花在模型的实现上。术语"高阶的基于主体建模的平台"和"基于主体建模的框架"在第 8.4 节中已有定义。

特别重要的是在开始一个项目之时，实事求是地估计开发软件所需的资源，并且随着工作的进行不断重新评估该需求。如果出现软件实际消耗的资源超出预期的情况，同时又没有任何能够提高效率的方法，那么就只能缩小模型和研究的范围。除非有足够的资源来生产合格的、历经详尽测试的软件，且随后分析 IBM 并使用 IBM 来开展科学研究。我们的下一章是关于一旦 IBM 的软件可用之后，我们可以对 IBM 做些什么。在那里我们表明的首要观点就是，所有重要的分析阶段经常比预期的需要花费更多的时间和资源。

一个项目一经开始，随后的软件品质就是极度重要的。假设代码将被评审和发布。认识到错误是不可避免的，并且需要尽快尽早发现。关注运行期的错误。用文档记录软件测试，假设评审人会要求你"证明"结果是有效的、而不是由代码错误所产生的人为结果。需要谨记的是，你的工作的可信度取决于软件的品质。

还有一些重要的事需要我们去做，完成这些事不仅仅是为了我们当前的研究项目，更是为了在将来能帮助我们自己以及其他人。首先也是最重要的一点是，加入迅速增长的、推动和使用基于主体的模拟和模拟平台的科学家社区。对于我们以及许多其他用户、甚至是对那些不使用 Swarm 软件的人来说，Swarm 开发组的用户社区（www.swarm.org）也是特别有用的。

第二件我们需要做的非常重要的事情是使用共同的软件工具。我们希望在未来，构建 IBM 不再需要专门的软件专业知识，不再像现在实施统计分析或分析空间数据所做的那样。只要我们更多人使用相同的平台、分享代码和捐助资金，这一未来就会越快到来。

最后，实施和讲授 IBE 的机构可以通过提供更多的软件支持来促进这种研究方法的发展。选择使用 IBM 的生态学家需要数学运算上的训练其实比较少，而更多的是需要模拟技术上的训练。提供如程序设计员、培训课程以及基于软件社区的跨学科合作等资源可以提高 IBM 研究的成效。

第 9 章   分析基于个体的模型

> 一个模型——一旦在计算机上可靠地运行——就像一个万事俱备的实验室。

> ——Anthony Starfield, Karl Smith, and Andrew Bleloch, 1990

9.1   引言

分析一个计算机模型意指在模型运行后，我们对它的探索、理解和改善，而后解决该模型试图要回答的问题。IBM 比经典的模型更为复杂，这使得理解和学习 IBM 相对来说没有那么不容易。实际上，部分生态学家就认为模拟模型和 IBM 太难理解，因此它们用处不大：如果模型就像自然本身那么复杂，那么为什么不直接研究自然呢？避免这个误解是我们在第一部分中的首要目标：读了第 1 章到第 4 章的读者会知道一个设计良好的 IBM 并不像自然那么复杂。好的 IBM 能够针对具体问题抓住所涉及生态学系统的要素，而忽略掉其他不重要的因素。

还有其他的方面表明 IBM 比自然系统更容易分析。IBM 里的所有东西都可以被全面地观察乃至操控。有了这样的模拟模型我们就可以开展所能想到的任何实验——包括操控"有机体"本身——同时收集在实验中我们想要的任何数据。与野外实验和实验室实验相比，模拟实验更为简单而且不受伦理和仪器的限制；它让我们能够在真实系统难以操作的时空尺度上开展实验（往往我们都会重复模拟上千年的过程）；而且让我们能够检验各种各样的条件（例如变化的气候），而这些条件是很难在现实系统中被操纵的。

理解和学习 IBM 固然需要花费一番工夫，但是一旦你掌握了就会觉得事半功倍。IBM 就像在实验生态学中的实物体系，设计和构建这个体系需要很多的努力——你需要有容器、环境要素，例如土壤、光照、有机体，需要有设备观察感兴趣的个体和系统水平的过程。生态学家已经认识到，实验体系的构建只是一个开始：在获得任何结果之前必须先设计和实施实验。同样地，当 IBM 建立起来后，模型构建者就准备好开始研究生态学本身了。本章即是以此为目标。

我们先概述针对建模循环的分析，鉴定出分析 IBM 的 4 个主要步骤。然后介绍一些使分析更加高效的通用策略，以及很多具体的分析方法。在第 9.4 节中我们讨论专门用于 IBM 的独特方法。第 9.5 节至第 9.9 节我们探讨也可用于其他种类模型的方法；我们强烈建议做生态建模的学者熟悉以下关于模拟的文献（例如 Ripley 1987；Kleijnen and van Groenendaal 1992；Law and Kelton 1999；Fishman 2001），以便更全面地理解这些方法。尽管涉及 IBM 分析方法的文献相对较少，但一般性的模拟分析方法已经非常成熟了；我们想要做的一切几乎都可以从已有的方法和软件中找到蛛丝马迹。

在开始之前，我们提醒建模初学者不要低估完整地分析 IBM 的工作量。分析一个 IBM 的时间可能是建立一个 IBM 所花时间的十倍，或者更多。在建模周期的循环中（第 2.3 节），在分析之前首先是确定和构建方法；而分析本身的任务则是当我们开始科学实验研究时，学习 IBM 和它所代表的系统，以及基于研究兴趣得出一般性结论。当一个简单的模型开始执行后，分析就应该紧随其后而开始，继而成为 IBM 测试和修改过程的一部分，最后使用 IBM 解决具体的生态学问题。这其中的每一步都可能需要更多的实验，因而经常会回到前面的建模循环周期上面。在一个 IBM 项目中，分析应该是耗时最长、但却最令人兴奋以及获益最多的阶段。

9.2　分析 IBM 的步骤

为了理解我们为什么需要分析 IBM，请想一想科学家对一个有详细表达式的 "黑箱" 模型的疑惑。软件真的会根据表达式去做吗？表达式是正确的吗？凭什么使人相信模型的预测——如果模型的参数或假设不同，那么这个模型还会输出相似的结果（或者相似的结论）吗？输出的结果是怎样产生的——个体做了什么从而导致系统产生响应？在这一节里我们将讨论为了应对这些顾虑我们都需要哪些不同的分析。在第 2.3 节中介绍的分析、测试及修改是 6 步建模周期中第 2 项至第 6 项的任务；在这里，我们把 "分析" 这个任务再分成几个更小的步骤，每个小步骤都有各自不同的目的。因为最佳的方法会因项目而异，所以在这里我们主要是提供通用的准则让建模者能够轻松地处理他们的课题。对有些项目来说，部分分析可以直接跳过——例如，如果一个 IBM 中使用了个体的性状或者子模型来代表一些环境过程，而这些环境过程已经在类似的背景下被测试过了，那么它们就不需要再做过多分析了。一些分析方法会对不同目的的分析都有作用：比如敏感性或稳健性分析，可以验证 IBM 的表达式，寻求好的参数值，还可以理解模拟的生态系统。

建立一个 IBM 并将其应用于理论和应用生态学问题，经常需要实现如下 4 个分析目标。也可认为这些目标是分析 IBM 的重要步骤。

软件验证

我们在分析 IBM 模型本身之前，必须先分析它的软件，以验证计算机程序忠实地执行了模型的表达式。这种分析——常常称为"软件验证"——在第 8.5 节中有大篇幅的介绍，因此我们在本章不再赘述。然而，建模者必须牢记随后的分析步骤经常会改变模型的表达式和程序，并且每次改变都要求文档记录和测试。软件验证是建模循环的一部分，而不是一次性的工作。

模型验证与理论建立

在软件验证之后，下一步任务通常是测试并改进模型的设计和表达式。按照惯例，这个分析任务叫作"验证"——确定模型能多有效地解决所针对的问题。注意，目标是确定模型"多有效"，而不是模型"是否有效"：我们应该建立大量的具有明确定义的标准来评价一个 IBM，但是很少去定义一个具体的规范去接受或拒绝一个模型。相反，对于模型验证，我们也可以将其看作是"综合考虑各类证据，阐明为什么这个 IBM 对目标问题是有效的"。

因为 IBM 的结构可以很复杂，其中种群的行为来源于个体及其所在的模拟环境，所以验证需要自下而上（第 9.3.3 节）地进行。首先，我们可以测试 IBM 的基础部分，这些部分不包括来自个体与其所在环境的互作所产生的涌现行为，而是包括代表环境和个体的非行为性状的子模型。举个例子，验证可以从 IBM 的子模型开始，证明产生食物的子模型、个体取食的子模型和生长的子模型都能产生合理的结果。

接下来，为关键的个体性状建立理论可能是验证中极其重要的一部分。建立并测试理论的周期已在第 4 章中介绍了，因此我们在本章不会特别关注理论建立这一话题。

我们只有在测试了模型的底层部分以后，才可以对整个模型进行有意义的验证。在此阶段，我们常常会赋予 IBM 具体的参数，对系统开展敏感性及稳健性分析，检验模型的不同版本会重现怎样不同的观察结果，并且测试模型能否独立地做出成功的预测（所有这些分析都将在下文讨论）。

参数化

许多经典生态学模型的验证以及部分 IBM 的验证本质上就是参数拟合的过程：对简单的模型来说，它们的有效性主要取决于是否找到合适的参数值，使模型能够重现观察到的模式。然而，对很多 IBM 来说，模型本身的结构和内在机制对验证的重要性并不亚于参数值。因此，我们把参数化作为一个单独的分析步骤。这一步骤也称为校准，它包括确定一些合适的参数值，因为在子模型的建立过程中，有些参数不能被单独评价（第 7.5 节和第 9.4.2 节）。第 9.8 节将讨论一些参数化手段。

解决生态学问题

分析的最后一步当然是解决 IBM 所针对的问题。包括：比较 IBM 的不同版本，判断哪个版本能最好地解释现实系统的观察结果；理解系统在不同条件下的动态；或者预测系统对于环境管理选择的响应。这些分析经常涉及拆分一个 IBM，然后再用不同的方式将它们组合起来，如第 9.4.4 节和 9.4.5 节所述。这一步是最重要的，但是只有在前面的步骤确保了 IBM 可靠的前提下，它的结论才不会遭到质疑。

9.3　分析 IBM 的一般策略

本节介绍三个常规的、对 IBM 很有价值的分析策略。这些策略不仅能应付 IBM 的复杂性，而且实际上是正好利用了 IBM 的复杂性这个特点。

9.3.1　主要策略：模拟实验

分析像 IBM 这样的模拟模型，富有成效的策略正如 Starfield 等（1990）所说的（本章以此开篇）："我们必须把 IBM 当作一个实验系统，并在此系统之上做实验以获得科学的认知。"但是，科学家要怎样提高认知呢？我们设计控制实验，一步一步地了解系统是怎样运行的。我们通常先从很简单的实验开始，由于系统的复杂性降低了很多，因此可以很容易地预测实验的结果。然后我们谨慎地向系统中加入复杂性，同时建立易于用实验验证的假说。我们的预测有时是正确的，但常常是错误的，这要求我们必须重新设计实验并继续学习。

这也恰恰解释了应该怎样分析 IBM——小心地设计并开展可控的模拟实验。模型的首次运行是一件既有趣又有用的事情，可以探索一下在改变参数值、初始条件和前提假设的情景下模型会有什么反应。但是提出下面的问题是很重要的：我想知道关于模型的什么东西？怎样才能设计实验探索我想知道的事情？

分析 IBM 的实验方法与科学中的归纳推理法一致，这个方法最早是由

Francis Bacon 提出来的，Platt（1964）特别推崇该方法，我们在第 4 章中也提到了。当有了一个可以运行的 IBM 之后，通常我们需要做如下的事情：提出多种假设，然后设计实验验证假设。比如说，当用第 4 章的循环建立 IBE 理论时，我们使用 IBM 寻找最能解释种群水平现象的个体行为模型。我们提出针对个体行为的备选理论作为待验证的假说，每个假说都在 IBM 里得到实现，然后鉴定一些模式作为评价假说的"通用标准"，最后开展一些模拟来判断哪个假说不能重现这样的模式。相反，我们如果想用 IBM 去了解一些特定系统动态的形成原因——例如种群多度的周期——可以提出多种假说进行解释：可能是环境的波动、密度依赖的繁殖，或者是成年个体的密度依赖竞争等。接着我们可以设计模拟实验来排除那些无法解释模式的假说：如果我们保持环境条件不变而种群的周期依旧，那么环境的波动这一解释就被排除了。

　　然而，我们需要注意的是，具循环特征的系统动态常常是由环境波动、繁殖与竞争之间复杂的相互作用所导致的。这意味着假如我们为某个动态鉴定了三个潜在的解释，然后做了两次实验排除了其中的两个解释，那么这时简单地认为第三个解释正确是很不可靠的。我们反而需要验证第三个解释，因为系统动态的机制很可能比我们想象的更加复杂。当简单的非此即彼的问题（例如，"种群是由自下而上的还是自上而下的过程所调控的？"）没有明确的答案时，我们必须设计更巧妙的实验，提出更发人深省的问题并回答它们。

　　我们假定建模者分析 IBM 的主要方法就是开展类似的模拟实验。当建模者开始用 IBM 对假说进行验证时，这种策略的吸引力和强大之处就显现出来了。通常，一个 IBM 可以通过这种方式分析很多在预想之外的问题。Railsback 等（2002）对鳟鱼 IBM 的分析，起初的目的是测试 IBM 能否重现在真实的鳟鱼中所观察到的种群水平的模式。不过，作者也分析了形成这些模式的原因。比如，幼年鳟鱼的大小有着密度依赖效应（鳟鱼在其出生后的第一个夏末体型较小，此时鳟鱼的密度较高，在 IBM 中也再现了这一模式），生态学家们对此提出假说，认为这种在野外和实验室条件下都出现的现象是由取食竞争所导致的（Jenkins et al. 1999）。然而，IBM 的模拟实验排除了这个假说，因为在模拟中鱼的生长与密度是正相关的。于是 Railsback 等提出了另外三个解释，其中两个不被模拟的结果所支持。要想得出可应用于真实鳟鱼的结论还需要相当多的实验，但是模拟实验则确切地指出了原先符合直觉的假说可能是不合适的。模拟实验也能激发野外研究去检验其他的假说（这种分析使得"反奥卡姆剃刀"的原则迅速发展起来：对复杂系统的行为进行显而易见的简单解释往往是错误的）。

9.3.2　自下而上的分析

在确保模型个体水平的行为可接受之前，分析 IBM 系统水平的行为是没有什么意义的。而且在与个体行为密切相关的环境过程被验证之前，没有理由去期望个体的行为是可以被接受的。像 IBM 这样的自下而上的模型理所当然地要从最底层来开始验证。怀疑 IBM 可靠性（也无法分析整个模型）的一个最常见原因是还没验证个体的行为，就去尝试分析系统水平的行为了。

大多数 IBM 的最底层涉及的是个体所在的环境，因为个体的行为部分取决于环境条件。因此，模型的分析应该从测试和验证环境开始，然后才能分析个体的行为。尤其重要的是需要测试那些由个体的关键适应性性状所产生的行为，因为最有趣又最重要的系统动态就来自这些适应性性状；在第 4 章中，我们通过"理论发展周期"阐述了这个问题。分析个体性状通常是一个最有效的开始，它能对比有相互作用的个体的行为与孤立个体的差别。

自下而上的方法有一个明显的问题，就是顶层的过程通常会影响底层的过程：系统动态不仅受个体行为的影响，个体行为也会受到系统动态的影响。如果个体的取食行为适应于食物的供应，而食物的供应又取决于所有个体的取食，那么个体的取食行为就会受到种群密度的影响。在一些 IBM 中，即使是最底层的环境过程也会被个体利用资源的方式所影响：例如，食物的生产量可能是个体取食量的函数。不过，受控实验可以很容易地解决这个问题：我们可以设计这样的实验，在一个水平上将行为孤立，使其他因素与其没有互作，这样进行验证会更有说服力。这些实验可以使用非现实的场景（第 9.4.5 节），例如，固定的繁殖率、死亡率和增长率使得食物的消耗是恒定的。

自下而上的分析策略是我们工作效率的保证，它使我们不必浪费时间去分析一些系统的行为。然而对于模型的审阅者和"客户"来说，这个策略更为重要的是它与 IBM 的可靠性密切相关。为了不让人怀疑你可以通过修改模型的参数就能得到想要的结果，建模者必须说明这个 IBM 在所有的水平上都经过了参数化的测试，并且使用了各种各样的信息；而且首先独立地分析了环境和个体水平的性状，然后再分析这些环境和性状所产生的系统行为。

9.3.3　单独分析模型的结构

在模型分析中，模型结构和参数值的不确定性是一个众所周知的问题。那么当一个模型不能产生预期的结果时，我们该如何知道这是模型方程的问题，还是参数值的问题所导致的呢？简单的经典模型只有在参数值对数据拟合之后才能进行有意义的测试，因此结构的不确定性只能通过参数化和分析多种模型结构来检验（如 Mooij and DeAngelis 2003）。然而，这种方法会掩盖模型结构的潜在影响。不同的模型拟合相同的一套数据，这些模型在某种程度上都"被迫"表现得很相似。那么我们怎么知道参数拟合有没有隐藏深层的模型结构的问题呢？通常认为这些问题是很难被处理的；但是对于 IBM 来说，面向模式的建模策略提供了一种方法，至少它可以部分地将结构分析与参数值分析分离开来。

因为 IBM 拥有复杂的结构和过程，所以我们可以按照如下的模型分析策略，在参数化之前先分析 IBM 的结构，这样在一定程度上就能将结构的不确定性和参数的不确定性分离开来。这个策略正如第 3 章和第 4 章介绍的那样——使用观察的模式来验证，并且对比各种模型的设计；但是这样的结构分析是在 IBM 进行详细校验和参数化之前。当 IBM 设计完成后，参数被赋予了最优值，这些最优值的确定是不需要修改模型的。然后 IBM 的结构可靠性可以通过其重现各种各样模式的能力来验证，而这些模式能代表被模拟系统的结构要素。这些模式可能是定性的，但是所做的测试可以用清晰的定量的标准来判定 IBM 能否再现这一模式：趋势是否一致？预期的响应有无发生？如果 IBM 的一些版本无法再现一些模式，那么后续的分析可以判断出这种失败是否是由于选择了不合适的参数值所致。在利用面向模式的分析确定了最可靠的模型结构之后，完整的校正和参数化就可以紧接着进行了。

当面向模式的分析证明了模型的结构是符合实际的，IBM 即可用来解决很多尚未进行参数拟合的问题。实际上，我们的经验（包括第 1.2 节和第 6.4.2 节讲到的鳟鱼模型以及第 1.2 节和第 6.8.3 节讲到的山毛榉森林模型）表明如果一个 IBM 产生了合理的行为——能够再现一般的、定性的、而且在实际系统中出现的模式——但是只在很小的一个参数范围内才会出现，那么模型的结构很可能存在问题（不过，我们也常常通过修改参数来重现具体的模式；第 9.8 节）。在解决参数的不确定性之前，对 IBM 的结构进行面向模式的分析可以让我们理解并减少结构的不确定性。这一点非常重要，它表明 IBM 不仅仅是一个通过修改参数即能得到任何想要的结果的黑箱子。

9.4 分析 IBM 的技巧

我们既然已经通过模拟实验建立了分析 IBM 的策略，那么如何有效地应用它呢？传统的模型分析技巧于 IBM 而言是否是适用的？在这一小节我们将讨论多种分析方法，有些是 IBM 独有的，有些是所有模型通用的。

9.4.1　比较模型不同版本的通用标准

用于比较 IBM 不同版本的技巧大多遵循以下三个分析步骤：可靠性验证与理论的建立、参数化，以及解决问题。我们如果想知道哪种理论对于个体的适应性性状是最好的，那么可以将各种理论应用在 IBM 的不同版本中，然后看哪个表现得最好。为了确定最好的参数值，我们可以采用不同的备选参数来运行 IBM，看哪个参数值输出了最好的结果。为了确定在我们研究的系统中哪些生态学过程是重要的，可以运行不同的版本，而每个版本都会不考虑一些过程（即在模型中"关闭"相关的过程）。对比模型的不同版本需要一个通用标准或者规范——当你还没有定义"最好指的是哪方面"时，就不能决定哪个模型版本是"最好的"。在这里，我们看看都有哪些可以使用的通用标准并总结出一条规律：针对 IBM 最好的通用标准通常并不是其他种群模型最经常使用的那些标准。

下面描述的所有类型的通用标准都需要我们首先定义一个综合性的状态变量，这个变量给出了系统状态的概括性描述。我们必须使用合适的综合性的状态变量，因为 IBM 的具体状态本身，包括所有个体和所处环境的所有特性，无论如何是不能作为一个实用的通用标准的。

9.4.1.1　观察模式

读过第 3 章和第 4 章的读者想必已经知道，我们推荐的比较模型版本最重要的通用标准是：在各种不同水平上、以各种不同输出类型再现各种不同模式的能力，这些模式都能在 IBM 所代表的真实系统中观察到，并且根据 IBM 所要解决的问题捕捉到系统的基本特征。模型结构的复杂性和结果的多样性是 IBM 更难分析和理解的原因。但是，我们可以充分利用这一点，也就是使用 IBM 产生的多种不同结果作为分析的通用标准。

因此，建模者最重要的工作之一就是组合模式并用于分析 IBM。为了详尽地收集模式，建模者可以看看他们的 IBM 能产生的所有不同类型的结果（个体的行为；个体的空间分布；种群变量之间的关系或者种群与环境变量之间的关系；见第 6 章的 IBM 例子），并且寻找这些结果所对应的观察现象。有时 IBM 会产生惊人的模式，这启发我们去查找实验性的文献以确定是否有人曾在自然界观察到这种模式；有时在文献中发现的惊人的观察结果会让我们重新审视我们的模型，看看它是否能产生这些结果。除了那些引人瞩目的模式之外（或者它们不存在），各种弱的或一般的模式也可以包含足够的信息来帮助我们测试和校准 IBM（Wiegand et al. 2003）。

观察到的个体和系统对模型输入变量（环境变量、初始条件等）的响应特别有价值。比如，一个干扰事件可能被观察到能引起特定的响应。建模者可以很容易地改变输入值并尝试重现这些模式。理想情况下，建模工作与野外研究协同实施，因此野外工作能够帮忙我们得到一些非常有用的模式来改进模型。当一些模式被用于参数化 IBM 时，广泛地综合多个模式尤其重要，因为这样其他的模式就可以被用于检验已参数化的模型了。

使用模式作为分析的通用标准，并不意味着我们需要定量的方法来评估模型与观察之间的拟合程度。相反，我们可以定义一个标准来定性地判断模式是否与观测相符（例如，在模拟中每年年末测量的个体平均重量与种群密度呈负相关）；这个方法足矣，特别是在我们分析 IBM 结构的早期。按照"哪个版本的模型能够重现更多的定性模式？"为导向比较备选的模型结构和性状，要优于按照"哪个版本重现的模式更具有所观察到的模式的特征？"的标准。因为在 IBM 被细致地参数化之前，对模式拟合的定量评价没有太大意义；但是我们在进行详细参数化之前，确实需要比较模型的不同版本。此外我们也要注意，不要过分强调拟合那些本身还不确定的模式。如果一个 IBM 的两个备选版本表现得差不多——都重现了某个模式——那么想要彻底分出高下的话，最好是寻找另外的具有辨别度的模式，并能够证明其中一个版本是欠佳的。

9.4.1.2　普查数据

很多生态学家自然而然地认为模型对普查数据的拟合优度是模型分析的首要通用标准：最好的模型（或者最好的一套参数）能最接近地再现所观察到的种群数量的时间动态。使用这一通用标准的主要原因是种群的时间动态是很多经典模型仅有的结果。也有很多很好的文献是关于模型如何从统计上拟合普查数据的（如 E. P. Smith and Rose 1995；Haefner 1996；Hilborn and Mangel 1997；Burnham and Anderson 1998；Kendall et al. 1999；Turchin 2003），包括随机模型的一些技巧（如 Waller et al. 2003）。

然而，使用对普查数据的拟合优度作为模型分析的唯一通用标准是有重要缺陷的。最明显的是，IBM 产生了多种多样的结果，而只受一到两个总体群体变量影响的拟合优度不能完整地度量模型的表现。另一个众所周知的问题是，参数多的模型可能强制通过校正去匹配不同的数据集。随机性很高的模型（像很多 IBM）会引起另一个问题：我们必须要处理模型结果中的变异，这也提醒我们普查数据也是易变且不确定的。Waller 等（2003）建议使用蒙特卡洛方法分析随机模型，判断数据是否与模型一致，这与通常的拟合优度方法相反。然而，若用这种方法，拟合度就取决于模型有多随机：模型的随机性越强，其结果的变异度就会越大，而数据与模型不兼容的可能性就越小。

拟合优度作为通用标准的一个最重要的缺陷是，它对于像 IBM 一样具有丰富结构的模型只能提供很少的理解：不管拟合度本身优劣与否，我们都弄不清楚模型的哪些部分是好的，哪些是不好的。尤其是，我们不知道模型个体间的行为或差异，而这两者决定了 IBM 的特性。

然而普查性的数据常常包含可用于分析 IBM 的模式。我们可以寻找普查数据中的模式——例如物种多度的范围、物种多度与环境条件的关系，以及特殊事件的发生频率比如种群的暴增或者锐减——而后把它们应用到面向模式的分析当中去。

尽管在比较模型版本中有这样那样的限制，但是在种群水平上分析 IBM 与普查数据的拟合度有时是很重要的，特别是在模型的结构已经分析完成、为了确定合适的参数值而进行模型修正的时候。根据观察的普查数据做验证，是那些需要做种群水平定量预测的 IBM 非常重要的最后一个模型分析步骤，例如种群生存能力的分析（如 Wiegand et al. 1998）。传统上，这种模型的审查者都会把模型与普查数据的拟合程度作为模型可靠性的首要标准；不管我们是否同意这个标准，常常都需要去评估它。然而，建模者（还有审查者）应该清楚，只有在成功地测试了模型的结构和底层的行为后，这种验证才有意义。

9.4.1.3 结果的变异性

当比较模型的不同版本时，我们可以查看模拟结果的变化范围——尤其是个体间的变异——而不仅仅是看均值，从中得到一些重要的领悟。例如，虽然 IBM 中个体的平均年龄和大小可能是合理的，但有少量个体发展成完全不切实际的年龄和大小。此时，建模者需要通过考虑 IBM 的目的，从而决定不切实际的个体的出现是否是一个重要的问题。多维度（空间和时间以及在个体之间）的变异是 IBM 的一个基本特性，且其肯定会在用于分析的通用标准中反映出来。

9.4.1.4 稳定性和多样性

两个通用标准——稳定性和多样性——是生态学的基础，因此研究它们通常是值得的（Grimm et al. 1999b；van Nes 2002）。在生态学的研究中稳定性指标主要指的是不变性（或者它的反面，变异性）、恢复力、持久力以及程度更小的抵抗力（或者它的反面，敏感性）。这些指标不能直接用于系统，而只能用于描述系统的综合性的状态变量，用于特定类型的干扰以及一定的时空尺度（Grimm and Wissel 1997）。如果一个 IBM 被用于理解稳定性机制（生态学里的常见问题），那么对模型的分析必须定义一个所要应用的具体的"生态学情境"，一个具体的稳定性指标以及一个该指标所要应用的 IBM 种群的具体特征。然后，才能比较 IBM 的版本，看看哪个版本包含的机制或多或少地带来了稳定性。

同样地，推断生物多样性升高或降低的机制是生态学分析中的常见主题。很多时候，物种多样性是值得关注的，但是生物和非生物环境的空间多样性（异质性）（结构多样性；Tews et al. 2004）也是一个普遍的话题。就像使用稳定性指标那样，系统的多样性可以通过仔细地界定一个具体的背景以及多样性的定义、用一个 IBM 加以分析，然后看看多样性的衡量指标在 IBM 的不同版本中是如何变化的（如 Savage et al. 2000）。也可以同时使用稳定性和多样性这两个通用标准来研究稳定性-多样性关系，这是生态学中经久不衰（且最多样化）的重要议题之一。

对于稳定性和多样性而言，考虑它们的两面性是非常重要的：找到提高和降低稳定性或多样性的机制。然而，生态学家骨子里假定稳定性和多样性从根本上就是好的，或者说具有高稳定性或多样性的模拟系统一定是更符合实际的；这些假设毫无疑问是没有道理的。

9.4.2　对子模型的独立分析

将模型的很多部分当作是独立的子模型，能够大大减小分析 IBM 的难度和不确定性。这个技巧能够很好地反驳这样一种观点：IBM 是极其不确定的，因为它们有那么多的参数。除了整体结构和个体的适应性性状，IBM 的任何部分都可以被测试、参数化，并且加以验证，这通常会用到面向模式的方法。这个技巧的一个优势是在分析子模型时经常可以用到很多的信息，而这些信息对模型整体测试可能是没有什么帮助的。而更重要的是，独立地分析子模型意味着在分析整个模型时可以专注于模型的整体结构与适应性性状所导致的行为。这个技巧在第 7.6 节中有更充分的讨论。

9.4.3　极简单模式的早期分析

分析整个 IBM 的一条富有成效的途径是测试它重现某些极端简单的模式的能力。这个技巧也可以使分析的早期阶段更为有效：找到 IBM 一定能够做到的一些最简单的事情，然后测试其是否真的能够做到。这些简单的模式中包含一些个体水平上的模式；我们开始分析时只看种群的结果是否合理，这是非常简单且诱人的，但是通过查看个体水平的模式能更容易发现问题。可能有用的极简单的模式包括：

- 个体的适应性行为能达到目的吗？或者它们经常会做出对自己明显不利的选择吗？
- 个体是否有合理的基本状态变量值？例如，有生长吗？死亡率合理吗？或者说个体会很快死亡吗？或者会完全没有死亡吗？
- 个体的行为有变异吗？还是说它们都做着同样的事情？
- 种群既没有无限制地增长，也没有快速地灭绝？或者种群是否快速地转移到一个不符合现实的状态？

紧接着，我们可以逐渐提高可接受的个体和群体行为的标准，进行第二轮的分析。这个技巧能有效而快速地找到主要问题的症结所在。建模者也能从模拟实验中获取经验，然后快速地了解 IBM 的软件是否具有分析所需的可观察性（第 8.3.3 节）。

9.4.4　模型的简化

因为 IBM 的复杂性使得对它的分析变得非常困难，那么为什么不降低模型的复杂性以使分析变得简单呢？好处是显而易见的，但是却很少有人这样做。也许是因为一旦我们很努力地把很多东西都放进我们的模型里，就会有一种想把所有这些东西一起分析的冲动。在面对那些原本过于复杂的"天真的现实主义"模型（第 2.1 节）时，这种冲动可能最为强烈。然而，把 IBM 的复杂性先放一边可以帮助我们去分析和验证模型，因为这可以让我们更容易理解模型的其他部分。不管我们只是简单地探索 IBM 的行为，还是进行更细致的模拟实验，这个技巧都很有用。

模型简化在运用逐步的、受控的方法分析模型的时候最为有用，这个方法首先检验的是模型的简化版本。van Nes 等（2002）提供了一个很好的例子：他在开始分析和修正多物种的鱼类模型时，首先关闭了捕食和食物竞争的过程，从而可以检查每个单一物种的情况。其他的技巧包括：关闭大多数的个体行为，就可以一次只关注一种行为进行分析；还有关闭一些系统的动态，从而集中关注个体行为——例如，通过不让个体死亡和繁殖，使得不需要考虑种群波动的效应（例如，Fahse et al. 1998；第 6.6.3 节）。

在很多 IBM 中，会有一个关键的过程产生最让人感兴趣的行为。自下而上的分析策略（第 9.3.2 节）可以这样做如下的事情：关掉这个关键的过程，然后分析驱动它的底层过程。例如，在第 1.2 节和第 6.3.1 节描述的林戴胜模型，其最终目的是了解种群的空间动态如何依赖于构成种群的社会群体中的成员对新领地的探索。建模者首先分析单个社会群体，完整地测试模型，搞清楚群体水平上的动态。完成了这一步之后才能进行多个群体的模拟以及整个模型的分析。

9.4.5 非现实的场景

Grimm（1999）发现在分析自然界中不存在的模型场景时，研究者通常存在着心理上的障碍。这个障碍是合乎情理的：模型的目的就是从结构上真实地反映系统，而且实现并证明结构的合理性需要花费很大工夫。于是，在这些工作都完成以后，有意地去模拟极其不现实的场景似乎是一种恶意的行为。但是，分析不合现实的场景（包括不现实的参数值）对于理解 IBM 是必不可少的。事实上，能够模拟不可能在自然界中发生的事是 IBM 与直接研究自然相比最强大的优势之一：我们如果想验证一个假说——过程 A 导致了模式 B，那么可以很简单地到 IBM 中把过程 A 关闭然后看模式 B 是否还会出现。例如 Deutschman 等（1997）想知道空间过程是否在 SORTIE 森林的 IBM 中起着重要的作用，因此他们就简单地从模型中去除了空间效应，然后重新运行他们的模拟（第 11.5.2 节）。

使用非现实场景的另一个例子是 Jeltsch 等（1997b；Thulke et al. 1999）对狂犬病在红狐中的波浪状扩散模式的分析。初始的 IBM 提出了一个假说，认为该模式是由小部分的幼年狐狸在找到新领地之前的长距离扩散所导致的。这些幼年狐狸扩散到距离很远、并且未被狂犬病感染的区域，随后似乎产生了一个感染的源头，这个源头会扩散并且形成一个新的感染传播的高峰（图 9.1）。这一假说在 IBM 中可以很容易得到验证，只要简单地不让幼年狐狸长距离扩散就可以实现。实际上，这个没有长距离扩散的非现实场景的确会导致狂犬病波浪状扩散模式的消失。

最后一个反映非现实场景强大之处的例子是 Railsback 等（2002）对于"-4/3 次方的自疏幂律"的分析。该定律认为在动物种群中，一个年龄层的平均重量随该年龄层个体数的 -4/3 次方的变化而变化（Begon et al. 1986）。这个定律能多大程度地应用于真实的种群，以及为什么能这样应用，引起了生态学家的争论。有猜想认为这个自减性关系是因为个体的代谢速率（也就是说它的食物需求）随其体重的 3/4 次方的变化而变化。为了验证这个假说，Railsback 等人用 IBM 进行了一个简单且非现实的模拟实验：变化参数——从它的实际值 3/4 开始——了解代谢率如何随着体重的变化而变化，然后查看种群中体重与个体自疏的关系是否像假说所预测的那样变化（实际上该自疏关系不完全如预测的那样变化）。这一直接的对自疏幂律的分析只可能在 IBM 里实现，因为我们不能控制真实的生物体的代谢特征。

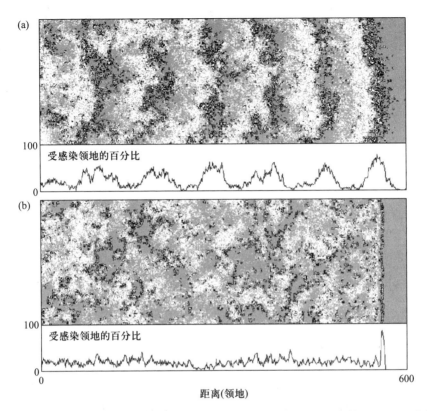

图 9.1　红狐群体中狂犬病的波状扩散模式在某时刻的截图，由 Jeltsch 等（1997b）的模型产生。（a）全模型的结果，含有幼年红狐长距离的扩散。（b）无长距离迁移的结果。此处展示的是 600 × 300 的方格大小：黑色表示有患狂犬病的狐狸占据的地方，白色表示空的地方，灰色表示健康狐狸占据的地方。坐标图展示的是 Y 轴上的狂犬病感染的领地的密度。（资料来源：Jeltsch et al. 1997b）

这些例子都来自分析周期的最后阶段，即我们用 IBM 来理解自然系统。然而，非现实的场景在整个分析中都可以用到。在模拟实验中，如果有助于模型假说的验证，那么建模者应该不需要有任何犹豫，尽管去像"上帝"那样以非现实的方式操控个体和环境。

9.4.6　多种观察视角

在第 5.11 节中，我们讨论了理解 IBM 结果的三种不同的视角：全局视角、模拟中的个体视角，以及一个"虚拟生态学家"的视角，即模拟野外生态学家是如何在模拟的系统中收集数据的。全局观察者视角是使用得最多的：

我们能在整个模型中选取任何想要的观察然后分析它们。然而，其他两个视角在分析中也大有用处。我们常常需要以个体的角度来看：选择 IBM 中的一个个体，查看该个体"知道"关于它自己和环境的数据，然后它怎么做决定，以及它做了什么样的决定。在理解个体的行为以及建立个体行为的可靠性等方面，个体的视角通常是必不可少的。虚拟生态学家的视角可以测试 IBM 产生有已知偏差的野外观察结果的能力（Berger et al. 1999；Tyre et al. 2001）。

9.5 统计分析

我们很容易会这样想，用于分析 IBM 的统计方法就是用于分析野外数据的方法。在实验生态学中使用的统计学方法对于分析 IBM 的结果通常也很有用。但是，实验生态学和基于个体的模型生态学有一个本质的区别，并且该区别影响了我们如何使用统计学方法。在实验生态学中，数据通常是"稳定的"：一旦我们完成了野外的研究进而开始分析时，一般很难或者不可能去收集更多的数据了，因此我们必须依赖于统计学分析来得出推断和结论。然而，在使用 IBM 时，进行更多的实验或重复几乎是没有成本的。我们不依赖于分析一个固定的数据集，并且只了解从该数据集所能获取的信息；相反地，我们可以继续提出假说，然后开展模拟实验验证。一旦有了一个可用的 IBM，基于个体研究的生态学家就会拥有除了统计学之外的更多更强大的方法。

统计学在分析 IBM 方面有着很多的应用，接下来我们就讨论这些应用。首先，我们提出两个警告。我们并不想讨论具体的统计分析方法，而只是讨论统计分析该如何使用。此外，本节的例子针对的方法是以"每个观察之间相互独立"为前提的，但是很多 IBM 的结果在时间和空间上并非是独立的；因此，选择那些能处理时间序列和空间相关的统计方法有时是更合适的。

9.5.1 总结模拟结果

尽管总结数据是最基本的统计学用法，但对 IBM 来说却是尤为必要的，因为 IBM 产生的结果涉及多个个体以及不同的时空尺度。事实上，对大多数 IBM 来说，如果不用统计来总结结果的话，那么这些结果是不可能被展示、分析或者（有时）甚至是不能被储存的。然而，我们还是要再重复一遍在第9.4.1 节中说过的话：所得结果的变化范围非常重要，因此在总结数据时要注意；除了均值或中位数，方差、最大值和最小值也常常需要检查。Magnusson

（2000）针对生态学数据分析有一个重要的论点：除了统计学方法，专门设计的图表可以提供内容丰富且简明扼要的结果概述。

9.5.2　与处理的对照

很多野外和室内实验在开展的时候都是对每种处理进行多次重复（其中控制一个或几个独立的变量），然后使用假说检验的统计学方法去分析不同处理之间的显著性差异。同样的方法可用于分析 IBM：处理（或者说"场景"，一个在模型模拟中使用的术语）就是不同版本的或者不同输入的 IBM；而重复是通过使用不同的随机数列作为随机事件。表 9.1 提供了一个例子。

表 9.1　传统的实验设计应用于浑浊度影响的例子，使用的是

Railsback 和 Harvey（2002）的鳟鱼 IBM

	浑浊度增高	浑浊度增高同时食物减少
成年鳟鱼		
基线	*	−
浑浊度增高		−
幼年鳟鱼		
基线	−	−
浑浊度增高		*

注：溪流浑浊度降低了鳟鱼的取食能力，同时也降低了被捕食的风险；并且也可能降低鳟鱼食物的供应。三个处理是：基线代表不受干扰的溪流；增高浑浊度是比基线高 20 个单位的浑浊度，代表轻度干扰的溪流；增高浑浊度并减少食物的情况是，增加 20 个单位的浑浊度并且减少 20% 的食物供应。"−"表示表格第一行的处理产生的鳟鱼多度显著低于第一列的处理；"*"表示未发现显著差异。这些场景用方差分析对比，并且用 Bonferroni t 检验比较均值，显著性水平 $\alpha = 0.05$，每个处理有 5 次重复。对于成年鳟鱼的多度，只有浑浊度增加和食物供应减少的组合显著地减少了鳟鱼多度。对于幼年鳟鱼，浑浊度独自增加就能显著地降低其多度，但是再加上食物减少的效应却变得不显著了。

当我们分析 IBM 的结果是如何响应一个连续的自变量时，相对于比较离散的场景，第 9.5.3 节讨论的敏感性分析具有很大的优势。然而，我们经常要去比较本质上是离散场景产生的结果。比如说，当我们在比较用不同的理论来解释个体行为时，每个理论都是一个独立的处理，那么就需要相应的方法来比较这些处理。例如，Railsback 和 Harvey（2002）使用了方差分析，接着用 t 检验来比较 IBM 的三个不同版本产生的种群水平的结果，每个版本对鱼类如何选择栖息地都有着不同的理论。

在用传统的假说检验统计学方法分析 IBM 的场景时，有几个潜在的陷阱需要注意。第一个问题是分析的结论取决于几个人为的前提假设，包括每个场景用了多少重复的模拟（增加重复数可以提高显著性水平），置信水平 α 的值，还有（有时）场景程度的区别（例如，食物产生率分别为 0.5 和 1.0 的场景，相比食物产生率为 0.5 和 5.0 的场景，后者的组合更可能有显著差异）。另一种人为因素是同一场景的不同重复模拟之间的变异程度，或者说模拟结果中的"噪声"有多少。通过改变模型的假设，即哪些过程是随机的，随机的方式是什么，我们可以改变变异性的水平（第 5.8 节）；而我们纳入的随机性越多，就越难找到处理之间的显著性差异（懂得实验设计的生态学家毫无疑问注意到以上的问题都共同指向一个问题，即对实际数据进行分析时所采用的假说检验统计方法本身；Suter 1996；Magnusson 2000）。

　　幸运的是有很多方法可以弥补（或者完全替代）IBM 中针对离散处理的统计分析手段：用多种模型结果（描述系统不同方面和层级水平的不同状态变量）建立一个准则，作为处理之间是否有重要差异的标准。第一步是简单地展示关键输出中场景之间差异的程度。我们可以简单地对每个处理进行一定数量的重复，然后用图表展示所有重复的结果，并用我们的判断来决定处理的差别有多重要（图 9.2）。我们也可以检验各种类型的结果，做出一幅完整的有说服力的差异图。例如，所有关键的种群水平上的结果，而不仅仅是一个，在不同场景之间的差异到底有多大？个体的行为有差异吗？时间或空间的模式

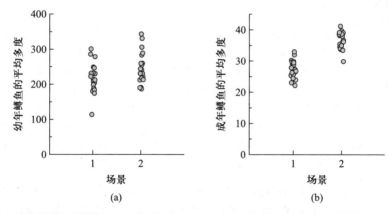

图 9.2　IBM 场景的比较图。Railsback 和 Harvey（2002）的 IBM 被用于预测（a）幼年和（b）成年鳟鱼在两个不同场景中的平均多度。场景 1 含有同类相残的模拟，即幼年鳟鱼被成体所捕食的风险。场景 2 在 IBM 中去除了该过程，以此查看它是否具有重要影响。每个场景均进行了 21 次重复模拟；每个标绘的点都代表一个场景的平均多度（点沿 x 轴"左右摆动"以使它们能被看见）。当进行统计学分析时，我们使用与表 9.1 相同的方法，幼体和成体在两个场景中都有显著差异。然而，如果只使用 10 个重复，幼体在场景中就没有显著差异了。

有区别吗？不同的过程是否支配了系统的动态（例如，不同种类的死亡率是否在不同场景中起主导作用）？这种比较处理的完整方法比只用统计学更有说服力。

尽管假说检验统计对理解 IBM 不同场景的差别的作用有限，但是它们还是能够帮助研究者展示这些差异。统计学分析可以用人们熟悉而简洁的方法让研究者相互交流关键的结果。然而，我们的经验是，当统计学应用于 IBM 的分析时，审稿人可能对上面我们所讨论的潜在缺陷更为关注，这也许是因为有些生态学家对模拟模型产生的"数据"感到不适。为了有效地使用统计学，其中一种方式是使用简单的统计分析手段（如 t 检验）来强调由其他分析所得到的明显或不明显的差异。

9.5.3　关系的定量化

各种基于回归的方法通常被用于找出模型输入与输出之间的关系，并用参数拟合它们，这其实是一种敏感性分析。与上一小节讨论的场景比较的传统实验设计相比，建立定量的关系常常能带来更丰富的内容。除了测试数量较少的场景之间的显著性差异，我们也可以很容易地使用很多场景来建立自变量和因变量之间的连续关系。我们可以用 1.0 到 20.0 一共 20 个有关食物的数值来模拟种群的多度，而不只是两个食物值 5.0 和 10.0。这个设计不仅能让我们判断食物是否对多度有影响；它还能让我们判断食物与多度之间是否有显著的关系，关系的趋势是怎样的，以及（谨慎！）判断相比于随机效应和其他在模拟实验中有变化的因素，食物导致了多大程度的种群多度变化。另一个例子是Wiegand 等（1999）对棕熊的 IBM 分析，该例子通过改变栖息地的质量以检验它对棕熊多度的影响。

这些敏感性关系并非一定是单变量或者线性的；图 9.3 就是一个例子，它分析了模拟的鳟鱼种群如何响应水的浑浊度和食物的供应。实际上，综合性地分析模拟的结果如何随输入的变化而变化，这可以用来建立 IBM 的"宏模型"：IBM 系统水平行为的统计学模型（Kleijnen and van Groenendaal 1992）。通过总结模型对一些重要参数的响应，宏模型可以帮助我们理解和展示 IBM，而且可以（谨慎地！）当作简化版本的 IBM，便于其他需要大量模拟的分析。

Parada 等（2003；Mullon et al. 2003）证明了另一种可用于分析 IBM 的新颖的回归方法。他们从最简单的 IBM 版本开始分析，并且用回归方法来确定哪个参数最好地解释了 IBM 的结果中的差异，哪个解释的最少。几乎没有影响的参数在接下来的模型版本分析中保持不变。通过这种方式，当模型的复杂度增加时，需要仔细分析的参数数量几乎能保持不变。

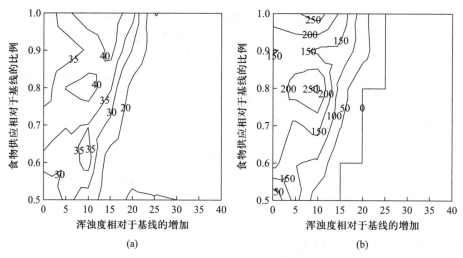

图 9.3 鳟鱼 IBM 的双变量敏感性分析例子。图示溪流浑浊度和食物供应的 48 种组合下，对成体（a）和幼体（b）的平均多度的预测。该图表明模拟的鳟鱼多度对浑浊度很敏感，特别对增高浑浊度和降低食物供应的组合敏感。与三个处理的统计分析相比（表 9.1），敏感性分析表明浑浊度增加超过 20 个单位会导致鳟鱼多度的突降。事实上，当浑浊度增加 25 个单位时，幼体多度会降为 0，因为成年鳟鱼无法积累到足够用以繁殖的能量。该敏感性分析表明表 9.1 中的一项结论——升高的浑浊度只有在食物供应大量减少时才会对鳟鱼多度有显著影响——显然是不可靠的。

　　除了将 IBM 的结果与输入或参数值联系在一起，统计分析也能查看不同输出之间的关系。例如，我们可能需要检验个体数量与它们的增长速率之间的关系（是否是密度依赖的增长），竞争物种的多度是如何关联的（种间竞争强吗），或者在同一世代中，成体的多度是否与幼体的多度相关（死亡率是否是密度依赖的）。为了解决这类问题，我们可以谨慎地使用回归分析，而不是用它来得出确定性的结论（记住，相关性不能说明因果关系）。

9.5.4　比较结果与观察模式

　　有相当多的文献讨论了如何比较模型的结果与观察到的时间序列之间的差异（第 9.4.1 节）。第 9.8 节讨论的反参数化技巧是这类分析方法的一个例子，该方法需要定量地比较 IBM 结果与种群时间序列以外的观察模式的区别。这些方法需要用计算机算法来查明 IBM 的每个版本对观察模式的拟合程度。当观察模式是野外数据（如普查的时间序列）时，将 IBM 的模拟模式与观察模式相比较可以用到统计方法，因为观察到的模式具有不确定性，而 IBM 的结果里也有随机性。为了判断 IBM 的版本是否与观察模式相吻合（或者定量化吻合的程度），我们需要统计分析来考虑这些不确定性。

存在几个比较模型结果与观察模式的通用统计方法。通过简单地比较 IBM 里几个重复的均值与观察模式，就可以忽略不确定性（如 Wiegand et al. 1998 对熊的 IBM 的分析；Wiegand et al. 2003）。通过评估随机模拟产生的结果的范围，我们可以对 IBM 结果的随机性有一个大概的认识；例如，如果定义观察模式的数据落入该结果的范围内，则可以确定模型版本"匹配"观察模式。除此之外，统计方法如自举法（bootstrapping）可以用于估计观察数据中的不确定性。然后如果模型结果落在观察数据的置信区间内，那么就可以认为 IBM 与观察模式之间是相吻合的。

9.5.5　推断因果关系

统计分析的一个自相矛盾之处在于，对判别相关关系很有用的方法会使人禁不住去推断其中的因果关系，但实际上并不然（Huff 1954）。当我们有野外数据、想要解释导致观察模式的原因时，统计学关系可能是唯一的线索。然而，即使是野外研究本身的统计学关系也并非是查明因果关系的最好依据；例如，Suter（1996）反而提倡"证据的权重"这一方法。该方法就是一种适合分析 IBM 的方法。当我们发现 IBM 的输入和输出的关系后，不应该简单地就认为是输入导致了输出。相反，我们应该多做探究，设计模拟实验，以强有力的证据证明什么过程导致了相关关系的出现。

9.6　敏感性及不确定性分析

敏感性分析（sensitivity analysis，SA）和不确定性分析（uncertainty analysis，UA）是专门为了严格且标准地分析模型而设计的模拟实验。这两种分析会运行很多模型来检验结果是怎样随输入——大多是参数值——的变化而变化的。正式的敏感性分析和不确定性分析已广泛地应用于模拟模型当中（生态学中的例子包括 Bartell et al. 1986；Drechsler 1998；Rose et al. 1991），并且模拟文献中有大量针对它们的技术（例如，Vose 2000；Gentle 2003；Saltelli et al. 2004）。检验所有参数的完整的敏感性分析和不确定性分析，经常被当作是对简单生态学模型的全面分析；这些方法对分析 IBM 同样很有用，但是它们的实用性和有效性是有限的。

敏感性分析的目的是详尽地、量化地评估模型具体的输出如何响应所选参数或输入的变化。敏感性分析可以帮助分析和理解模型所代表的系统及模型本身。在分析一个模型时，敏感性分析可以告诉我们哪些参数或输入对校准、验证和修改模型是最为重要的，以及告诉我们模型的哪个部分由于几乎没有影响所以可以去除。分析模型所代表的系统时，敏感性分析可以预测系统会对什么样的改变（也许是通过管理或自然的干扰）更敏感或更不敏感。Drechsler（1998）和 Rose（1989）提供了对于复杂生态学模型的敏感性分析指南。

不确定性分析估计的是模型输出的确定性有多大。建模者为那些特别重要或包含不确定值的模型输入指定相应的概率分布。然后建模者从每个输入的分布中（随机地或系统地）抽取一个值，接着进行模拟；该过程循环往复，直到我们能估计出不同模型结果的相对概率。

在不确定性分析和敏感性分析之前，建模者需要做出一些前提假设。对于很多 IBM 来说，对它们所有的参数和输入数据都进行敏感性与不确定性分析是不现实的，因此建模者必须要有选择地进行分析。对于不确定性分析，建模者必须指定所选输入的概率分布，这是一项本身就需要大量分析和判断的任务。在敏感性分析中，建模者必须要选择到底是在非常有限的区间内进行检验，还是在广泛的范围内进行检验。

敏感性检验和不确定性检验尚未广泛地应用于 IBM；其中的例子有 Jaworska 等（1997），Huth 等（1998），Sutton 等（2000）以及 Pitt 等（2003；见第 6.3.3 节）。也许这些技术已经很少被使用了，因为基于个体的建模提出了很多其他的挑战，但也可能是因为这些技术对复杂模型的洞察是有限的。虽然敏感性分析和不确定性分析可以帮助我们理解 IBM，但是它们其实是倒退回了"黑箱"建模：我们只看输入和输出了什么，却没有弄懂 IBM 内部到底发生了什么。我们必须进行艰难的权衡，以决定如何使用敏感性分析和不确定性分析：我们是否应该使用传统的敏感性分析和不确定性分析来检验多种不同的输入对一到两种输出的影响（还有应该使用哪些输出）？或者我们是否应该使用本章所讨论的其他技巧来更全面地理解仅仅几个输入是怎样影响了整个 IBM 的？

我们的建议是，当设计 IBM 的分析时，应该考虑将敏感性分析和不确定性分析视为潜在的强大工具，特别是对大多数或所有参数和输入都能被检验的、足够简单的 IBM 来说。这些分析对于那些用于支撑管理决策的模型尤为重要，因为它们帮助管理者判断预测有多大的可信度。即使是更复杂的 IBM，敏感性分析和不确定性分析也可以帮助判断哪些部分需要更多或更少的分析。然而，只依靠敏感性分析和不确定性分析是不足以分析许多 IBM 的，其原因如下。首先，一个对所有参数和输入的全面分析对于复杂的 IBM 来说在计算上是不可行的。其次，这些技巧并没有达到我们使用 IBM 的首要目的：理解系统动态是如何由个体性状所引起的。最后，同样的分析被包括在更完整的稳健性分析的框架之中，这一点我们随后讨论。

9.7　稳健性分析

"稳健性分析"一词在很多领域有着不同的用法；在这里我们用它来描述一种一般性的策略，即分析 IBM 的输出在输入或假设改变时有多稳健。从概念上来说，稳健性分析恰是敏感性分析的反面。这里我们单独地讨论稳健性分析是因为相较于传统的敏感性分析，分析和交流模型的稳健性更少使用"黑箱"方法。不要低估术语的力量：敏感性通常是模型的负面属性——我们通常希望证明敏感性低——并且分析负面属性也没什么乐趣。然而，稳健性本身是我们喜欢与他人交流的一个正面属性，因为它增强了我们模型的重要性。

稳健性分析像不确定性分析和敏感性分析一样，既可以用于理解模型，也可以用于理解模型所代表的系统。当分析 IBM 的行为时，稳健性分析的目的是检验模型的结果——并且更重要的是产生结果的机制——对于参数和模型结构的改变是否足够稳健，以使人相信其结果和机制具有普遍性。然后，我们一旦认为 IBM 是可靠的，就可以用稳健性分析预测模拟系统的确定性特征在面对具体的影响或管理操作时有多稳健。在讨论稳健性分析的方式之前，我们先通过下面的例子讲解稳健性分析是什么，以及我们为什么要使用它。

9.7.1　实例研究

（1）稀树草原中的树–草共存

Jeltsch 等（1996，1997）开发了一个半干旱稀树草原的空间显含的模型，目的是理解稀树草原的时空结构以及制定牲畜放牧的指南。一旦建立了首个模型版本，分析就聚焦于定义稀树草原生态系统的两个主要模式：树木与草地的长期共存，以及个体树木之间的长距离分隔。这两个模式普遍可见于几乎所有的半干旱稀树草原，即使改变生物因子和环境因子，包括所涉物种的特性，这两个模式仍然是存在的。因此，稀树草原模型需要以非常稳健的方式重现这两个模式。

Jeltsch 等（1996）发现首个模型版本可以重现稀树草原的模式，但仅适用于非常有限的参数值区间范围。稳健性的缺失表明模型未能抓住稀树草原动态的本质特征。对该模型预测稀树草原中的树–草共存的探索发现需要模拟易于树木生长的土壤微环境。接下来的野外实验验证且量化了产生这种微环境的机制。当把这些过程添加到模型中时，模型能够稳健地重现出上述稀树草原的两个模式。

（2）狂犬病在狐狸中的传播

描述狂犬病在红狐中波浪状扩散的 IBM（第 9.4.5 节；Jeltsch et al. 1997）有着"杂合"的结构：有些要素很粗糙（例如，规定哪个空间单元具有健康的、被感染的或有传染性的狐狸），反之有些要素很详细（基于个体的狐狸扩散）。该模型极好地重现了观察到的波浪状模式，而稳健性分析已经表明该结果并非高度依赖于参数值。这个问题很重要，因为大多数参数值都是通过猜测调试出来的。模型的分析表明，实际上模型产生波浪状模式的能力在面对参数变化时是非常稳健的。我们可以通过图形矩阵有效地记录和交流这种稳健性，矩阵中的每个图形代表对模型的一个参数和一个具体的输出变量的敏感性分析（Jeltsch et al. 1997 中的图 4）。整组图的大意很容易理解：所有小图中的曲线与 x 轴都有大段的平行，说明特定模型输出对特定参数的变化的敏感性低。那么模型的使用者就能很快地了解，模型重现的波浪状扩散模式以及其他从模型中获得的结论都是稳健的，不易受模型的结构和过程的影响。

（3）对鱼类种群的管理

这个实例检验的是模型化的生态系统的稳健性特征，而非 IBM 本身。Sutton 等（2000）就如何管理鱼苗的放养以提高湖中鱼类的生长和存活的问题建立了一个 IBM。他们用 IBM 找到了一些好的放养策略，然后在 IBM 中分析这些策略（使用蒙特卡洛方法）以判断每个策略在环境条件和食物供应的自然波动时还能有多可靠。同样地，Drechsler（1998）在种群存活力分析（population viability analysis，PVA）的模型中系统地检查了不同管理选择的稳健性。

9.7.2 稳健性分析针对的问题

这些简短的实例表明稳健性分析不仅仅是一个具体的技巧，它更是一种整体的策略和态度。稳健性分析在实际中如何操作，取决于 IBM 的细节及其所要解决的问题。一般来说，稳健性分析可以当作是分析 IBM 时回答下列问题的有意尝试。

（1）模型的结果有多稳健？

虽然这个问题只是提出了稳健性分析的目标和态度，但是考虑这个问题却是至关重要的，因为稳健性分析最重要的一点就是思考稳健性的含义。稳健性一词意味着强有力的操纵，而敏感性一词在直观上对应于细微的影响：稳健的特征是能够抵抗极端条件的，而敏感的特征是就算对微小的扰动也会有强烈的响应。

（2）模型应该重现怎样的模式？

为了分析稳健性，我们必须要清楚地定义是对 IBM 的什么输出进行稳健性分析。有趣的输出通常是一个一般性的模式——也许是一种适应性的个体行为，或者如上文的例子，是一种观察到的系统行为，甚至是更一般性及观念性的模式，如稳定性与多样性。又或者这个模式是观察到的种群数据的时间序列，但是对于这种情况需要牢记的是观察数据也具有不确定性。在验证模型期间，也许证明 IBM 能够重现具体而准确的观察数据集是很重要的；但是证明 IBM 能够稳健地重现这些具体的数据可能不会有什么太大的用处。如果存在估计数据的不确定性的方法（在不同的初始条件或环境条件下，又或者使用不同的观察方法，得到的数据会有怎样的不同），那么我们可以分析 IBM 的预测落在观察数据的不确定范围内的稳健性。

（3）重现模式的参数空间有多大？

一般来说，使 IBM 重现预期模式的参数值范围是稳健性最重要的指标。如果该范围很小，但是产生的模式是现实中很普遍的，那么这个模型就可能缺少（或者难以体现）了某个重要的机制。另一方面，一些真实的模式实际上也可能只有在小范围的条件下才能观察到。例如，只有当系统中有清晰的梯度时，如在山坡上，森林的树木死亡才会呈现带状的模式。因此，在 Jeltsch 和 Wissel（1994；Jeltsch 1992）提出的模型中，带状的模式只能在有限的参数范围内重现，但是该模式与现实森林中的模式有着相同水平的稳健性。

这种分析常常可以通过与传统的敏感性分析相似的方法来进行：选择哪些参数的什么范围进行分析，然后在该范围内进行模拟实验。下面有一些注意事项。在 IBM 中很可能会出现参数之间的相互作用，因此一次只检验针对一项参数的稳健性是存在风险的。并且理所当然地，在稳健性分析中我们感兴趣的是宽泛的输入值，而不是小范围内的敏感性。查看大范围内的参数互作意味着我们需要做很多全面探索参数空间的模拟实验，使用一些高效方法可能是必要的，如拉丁超立方体抽样（McKay et al. 1979；Rose 1989；Gentle 2003）。然而，当感兴趣的模式是定性的或者是难以定量化（例如，空间或时间模式），每个模拟的结果就都需要我们进行进一步的解读。这样带来的实际结果是，一般只能粗略地分析 IBM 重现这种模式的稳健性。

我们不应该等到正式分析完整的模型时才开始着眼于参数的稳健性。对参数稳健性的简略查看在模型初始分析阶段非常关键。如果初步的探究表明关键的模式和行为只在极其狭小的范围内出现，那么我们就可以快速地找出模型的结构缺少了什么，或者有什么错误。

（4）备选管理的排名有多稳健？

当 IBM 用于支持管理决策时，我们感兴趣的模型结果常常是备选决策的优劣排名。我们用 IBM 来预测如果遵循备选管理中的任何一个会有什么结果发生，然后找到"最佳"选择并且排除不可接受的选项。因此要研究的稳健性问题是，当模型输入（包括参数）与前提假设发生变化时，备选管理的排名会受到多大的影响。Drechsler 等（2003；也见 Drechsler 2000）提出了处理该问题的一般性策略并对其进行了探究。首先，分析者查明输入值和前提假设的合适范围。其次，分析者把需要检验的各种输入值的组合设定为不同的场景。这些场景也可以通过随机的方法产生，或者使用更系统的方法，如拉丁超立方体抽样（McKay et al. 1979；Rose 1989；Gentle 2003）。接着，输入每个场景从而得到与之相对应的模型，再用这些模型对管理决策的备选方案进行排序。随后将这些排名与所有输入的场景列成表格，然后分析并决定备选选项的排名对于输入的场景的变化是否稳健。是否存在一到两种决策，不管模型使用哪种参数值或模型前提假设，它们几乎总是表现得最好（或者可接受的）？

这种排序方法的主要优点是直接关注于模型的最终用途。不需要像定义模型对每个参数或输入的敏感性那样的中间分析，这使得该方法对于具有许多不确定参数的 IBM 更加切实可行。相反，模型的输入场景可以仅包括合适范围两端的参数值，至少在初始阶段是这样的。

（5）模型对于结构的改变有多稳健？

通常我们也想知道模型的结果对于模型结构的变化有多稳健：IBM 重现预期模式的能力在多大程度上取决于模型的实体、变量以及机制？显然，我们可以对比包含不同结构的 IBM 版本来解决这个问题。参数的稳健性也可以为模型结构的稳健性提供一些重要的线索。如果我们感兴趣的模式在一个小于预期的参数范围内出现，那么就应该查看是否需要添加（或改变）模型的结构，从而使模型变得更加稳健。另一方面，如果能重现模式的参数范围很大，那么我们可以一步一步地简化模型，最终找到一个既简单又稳健的版本。

（6）如何交流、展示模型的稳健性？

稳健性分析的一个主要目标是建立 IBM 的可靠性，因此必须有效地展示分析的结果。对于 IBM 来说，稳健性分析的展示尤为重要，因为它表明人们普遍相信的一种看法是错误的，即 IBM 本质上容易造成连环的错误，而且对初始条件极度敏感。对于结构稳健性的记录和展示也是特别重要的，因为这个分析表明 IBM 的复杂性并非是任意设置的，而是根据需要而小心构建的。就像其他所有的分析一样，结果的可视化展示通常是最有效的。当然，统计学的定量分析对总结稳健性分析的结果也很有帮助，但是将统计学与图形相结合能让使用者更加容易地理解该项分析。

9.7.3　多变与敏感系统的稳健性

关于稳健性分析的最后一个话题是当被模拟的系统本身就不稳健时，如何进行稳健性分析。目前我们关于稳健性的讨论都假设所分析的系统行为是稳健的，但是我们并不是说稳健性总是越高越好。生态系统本身就可能具有一些对于小事件极度敏感的行为，并且很可能会因为很小的刺激从一个状态跳到另一个状态。例如当高营养级的物种被控制时，低营养级物种多度的剧烈变化（如 Lammens et al. 2002 对湖泊的研究）；还有火灾导致的森林动态（Savage et al. 2000）；以及瓦登海的潮间带生态系统，它受到环境和生物因素的高度影响，例如冬季冰雪、风暴以及大型底栖动物的爆发事件（Grimm et al. 1999a）。那么我们怎样才能说明我们可以有效地模拟这样的系统呢？

对这种系统进行稳健性分析的关键是把系统的高度易变性和敏感性当作它本身的模式，然后尽可能详细地描述这个模式。例如：关键状态变量的均值、方差和极值在真实的系统中是多少？波动的频率分布是怎样的？这些因素是否可以大大减少真实系统的易变形和敏感性？还有我们应该努力寻找现实中持续的、可预测的系统上水平的模式，即使这些模式非常简单或普遍。系统特性（如多样性的测度或者某些系统特性的稳定性）或许是可预测的，即使许多系统动态难以被预测。例如，Savage 等（2000）用 IBM 来探究干扰的程度（雷击的频率）如何影响森林动态。他们既分析了非常敏感、难以预测的输出（如森林发育途径；不同物种的相对多度），也分析了较为稳定的输出（如多样性指数；早期和晚期演替阶段的物种类群的多度格局）。当我们找到极其易变系统中的稳健模式，就可以像在稳健的系统中那样，对模型进行面向模式的分析。

9.8　参数化

大多数模型都包含一些数值不确定的参数。这些参数值会通过模型的校正过程间接地得到确定：不断地调整未知参数直到使模型的输出符合观察数据为止。间接的参数化是一种常规的过程，对于没有几个参数的结构简单的模型来说是件很容易的事：探讨模型结果如何随参数的变化而变化，可以让我们找到有用的参数值。而 IBM 经常拥有非常多的参数，并且参数可能对输出有着复杂且交互的影响，因此这种手动的校正效率可能很低。事实上，由于有"错误扩散"这种潜在的可能，即参数值的小幅变化产生的影响被模型的相互作用所放大，因此有人怀疑 IBM 能否通过有意义的方式来参数化。不过，到目前为止，根据已被分析过的 IBM 我们可以断定，极少有人证明对"错误扩散"的顾虑是合理的。在本节我们将讨论通过比较模型结果和观测值来间接估计不确定参数数值的方法。

首先，我们应该认识到，手动校正模型仍然可能对复杂的 IBM 有作用。拥有众多参数的结构丰富的 IBM 并不意味着就会以复杂的方式响应参数值，也不意味着我们就必须校正很多参数。IBM 的结构越逼真，就会有越多的参数可以直接通过各种各样的信息来估计出来（第 7.6 节，第 9.4.2 节），因此拥有很多参数的模型仍然有可能只需要间接估计一部分的参数。而生态系统具有许多负反馈机制——例如，对资源的竞争限制了种群密度的增长，能量限制了个体的生长——这可以避免具有现实结构的 IBM 对参数值过度敏感。在第 1.2 节和第 6.4.2 节描述的鳟鱼 IBM 提供了一个实例。为该 IBM 的关键适应性行为（鳟鱼每天如何选择栖息地）建立了有效的理论后——而不是之前——用有限的数据对鳟鱼的生长和多度进行粗略的校正，校正的过程出人意料地简单和直接（Railsback and Harvey 2002）。有 4 个特别不确定但是非常重要的参数：两种食物的密度及两类捕食的风险。研究者发现其中每一个参数对 4 个感兴趣的主要结果都有着相对独立的影响：有一个食物参数只影响幼年鳟鱼的生长，而另一个食物参数同时影响了幼体和成体的生长；捕食参数中有一个影响了幼体的存活，而另一个影响了成体的存活。因此，我们可以根据观察到的幼体和成体的生长和多度手动校正这 4 个参数，使它们符合现实。Pitt 等（2003；见第 6.3.3 节）的郊狼 IBM 完全不需要任何细致的校正，就可以重现很多与观察结果相近的模式。

然而，有些 IBM 具有很多不确定的参数，或者参数对结果有着复杂的交互作用。这些模型需要更为系统化的方法来间接地参数化。在有关模型的文献中，有很多进行间接参数估计的方法和软件工具。贝叶斯和最大似然估计（Hilborn and Mangel 1997）的方法广泛地应用于拟合模型参数的工作；Mooij 和 DeAngelis（2003）给出了一个应用最大似然法进行 IBM 参数化的例子。其他广泛应用的参数化方法使用非线性优化来确定参数值，可以尽量减少模型的结果与已知数据之间的差异。除了计算上的与观念上的挑战（如基于梯度的优化方法无法用于离散的或随机的模型），这些方法并不太适合用于同时查看个体和系统水平的输出，而这一点对于分析 IBM 却是非常重要的。不过，这些常规方法的应用潜力还尚未被充分挖掘；肯定还存在很多可以将这些方法应用于 IBM 的方式。

在本节剩下的篇幅里，我们将总结一个间接参数化的方法，该方法特别适用于 IBM，因为它可以处理复杂的相互作用和随机性，而且可以根据不同类型的观察模式同时在个体和种群水平上进行参数校正。这个方法不过是第 3.3 节（步骤 4）描述的面向模式参数化的一个应用。我们用 Wiegand 及其同事的分析（Wiegand et al. 1998，2003，2004；另见 Hanski 1994，1999）为例讲解这个方法，不过该方法与传统的模型校正方法"反向建模"或者"蒙特卡洛过滤"相似（如，Rose et al. 1991 对一个食物网模型应用了类似的方法；Saltelli et al. 2004 提供了蒙特卡洛过滤的方法）。

反向建模方法的总体理念是在很大的范围内改变不确定参数的数值，并且用这些参数值进行大量的模拟，然后找出能够产生符合要求的模拟结果的参数值组合，此举是通过排除那些无法通过"过滤器"的模拟来实现的。所谓"过滤器"是在所研究的生态学系统中观察到的模式。Wiegand 等（2004）将反向建模应用于草地动态的 IBM，在该 IBM 中个体是一簇草丛，它们可能增长、缩小、死亡、相互竞争资源、繁殖；而降雨是影响个体的主要环境过程。他们的分析有几个目的：① 找出不确定参数的可靠值；② 检验 IBM 的不确定性、敏感性以及稳健性；③ 尽量去除不重要的过程，从而简化模型；④ 展示一种能使 IBM 的分析更加细致且高效的方式。

在分析该草地模型时，Wiegand 等人使用了下面的一般性步骤。这些步骤可用于分析其他有类似目标的 IBM（另见 Wiegand et al. 2003；Schadt 2002；第 6.4.1 节）。当他们完成了一个粗略的、完整的 IBM 并在软件中加以实现时，分析就开始了。测试程序，进行初步分析（在第 9.4.3 节中讨论的分析类型），找出并纠正 IBM 结构里存在的问题。

（1）使用独立的分析方法（第 9.4.2 节）尽可能多地确定参数的值。找出剩下的参数值中难以确定的参数。在草地 IBM 中，有 9 个这样的不确定性参数。

（2）找到不确定性参数的潜在值范围（最小值和最大值）。决定要在该范围内检验多少个值。Wiegand 等人选择将每个参数范围分成 21 个相等长度的区间，把每个区间的中点作为一个潜在的参数值。

（3）将代表了未知参数的整个值域以及参数值组合的参数组（每个参数组代表运行一次模型用到的一套参数）收集成一个集合。Wiegand 等人使用拉丁超立方体抽样的方法得到了 63194 个参数组合来代表整个参数空间，远少于可能的 10^{12} 个组合。

（4）定义一系列作为"过滤器"的观察模式，用于区分可接受的和不可接受的参数组合。这一步不仅需要在个体水平和系统水平上查明若干代表不同过程（特别是依赖于不确定参数的过程）的观察模式，而且还需要为模型运行的结果是否符合这些模式定义明确的标准。Wiegand 等人使用了一个代表稳定性性质——持久力——作为基本的过滤器：使得草本植物完全死亡的参数组合被排除在外，不再进行进一步的分析，因为真实的草原是可以持续存在很久的。他们找了另外 5 个观察模式来过滤剩下的参数组合。这些模式一般要求输出值，例如生长率和草丛大小的多样性是"合理的"，而且重现了一些具体的事件（如干旱后的枯枝病）。符合这些模式的标准全部都是"是或否"：模拟结果对于每个模式要么符合，要么不符合。

（5）设计一个环境场景代表能观察到过滤器模式的条件。Wiegand 等人所用的过滤器模式全都来自一个 19 年的野外数据集，因此环境场景使用的是相同时期的输入数据。

（6）将所有的参数组合输入模型中运行，不仅要保存用于评价过滤器模式的输出变量，也要保存代表其他模型预测的输出，以用于敏感性分析和不确定性分析（步骤 8）。

（7）找出可以重现所有过滤器模式的参数组合。再从这些组合中尽可能地找出（见第 6.4.1 节的猞猁 IBM）每个参数的最佳值域。此时，可能的进一步分析是，像我们在第 9.7 节所讨论的，分析 IBM 参数的稳健性。低稳健性意味着只有很少的参数组合通过了所有的过滤器，而且所有参数的最优值都落在了很窄的范围内。

（8）使用传统方法，分析输出结果中参数的敏感性和不确定性。Wiegand 等（2004）计算了未确定参数的组合与模型输出的斯皮尔曼等级相关系数作为敏感性的指标；还计算了输出的标准差以衡量不确定性。这些分析只针对那些通过了面向模式过滤的参数组合所产生的结果。

（9）最后，分析模型结构的稳健性。在草地模型中，有一些值在 0 附近的未确定参数可以把整个过程完全关闭。研究者检查了参数过滤的结果，以确定有多少成功的参数组合会把某些过程关闭。这样的参数组合表明被关闭的过程对重现所有模式都是不重要的，所以这些过程很有可能是可以从模型中去除的（敏感性和稳健性分析也提供了一些信息，确定 IBM 的哪些成分可能是不必要的；见第 9.7.2 节）。

面向模式的反向建模方法还是有一些局限性的。就像所有的系统性和统计学分析方法一样，反向建模需要一些人为假设。包括选择过滤器模式，如何定量地定义这些模式，把哪些参数看作是不确定的，以及确定每个不确定参数的分析范围和分析值的数目。这种方法不能找到最佳的那个参数值，而只能找到最佳的参数值域（对于一些参数来说，可能并不存在单个的最佳值）。当然，计算上的巨大需求限制了我们去分析特别庞大而复杂的模型。

反向建模的其他局限性对 IBM 和面向模式的分析尤其明显。首先，这种方法很难与那些计算机难以评价的模式（如定性的空间模式）一起使用。其次，这种方法并非测试模型结构的最佳方法。在盲目地应用这种技巧之前，我们应该充分地考虑在第 3 章和第 4 章讨论的面向模式的方法以及在第 9.3 节讨论的一般性策略，因为这些方法可能在参数化之前就可以改善模型的结构。最后，各种过滤模式必须在同一次模型运行中全部出现，否则必须修改该方法以便在不同条件下观察到的不同模式（如在肥沃的和贫瘠的土壤中的植物动态）可以一起用作过滤器。然而，Wiegand 等人的反向建模策略已经被证明是强有力的，并且当大量的数据集（以代码的形式）包括了未知参数的经验信息时，该方法看起来是相当有用的。

9.9　独立预测

最后，我们要讨论的是，在很多人眼里模型分析的"黄金标准"：使用模型进行独立的预测，而后用野外的观察验证之（这一步也被称为"有效性验证"）。"独立"的意思是，在设计和校正模型时并未考虑到模式和变量的预测（如 Rykiel 1996）。使用一个模型做独立预测，然后找出或收集真实系统的数据以验证其预测，这可以最令人信服地证明模型抓住了系统的基本特征。

测试具有独立预测的 IBM，不过是另一种形式的面向模式的分析——测试模型重现观察模式的能力——不同的是我们所使用的模式不是用于设计或者参数化 IBM 的。独立预测可以通过已有的数据验证，或者用于设计专门验证预测的野外实验，甚至可以通过文献中收集到的模式进行验证。我们用第 1.2 节描述的模型作为例子，因为它们说明了独立预测的用途。BEFORE 山毛榉森林的 IBM 是根据对较大的木质残体数量和空间分布的野外观察来进行验证的（Rademacher and Winter 2003），而该过程并未用于建立和参数化模型。鳟鱼模型的分析是通过以下的方法来实现的：从文献中搜集到鳟鱼在不同地点呈现出来的种群水平上的模式，并验证模型预测这些模式的能力（Railsback et al. 2002）。

分析模型是否能够成功地进行独立预测是有局限性的。首先，这种方法也许能够强有力地验证 IBM，但是它对于我们理解模拟所涉生态学系统和科学问题没什么帮助。针对这个原因，我们在其他分析完成之后，并且开始考虑 IBM 还能做什么的时候，通常才会考虑独立预测。其次，预测与验证的精确性必须与 IBM 的设计和目的相符：不能简单地鼓励特别精确的预测，因为真实系统的一些过程已被有意地排除在 IBM 之外，所以普适性特别高的预测不会那么让人信服。最后，很有可能出现这种情况：一个模型特别适合某个系统和某个问题，但是它对其他系统、条件或者问题也许并不能做出精确的预测。这些潜在问题的解决方法与面向模式的分析大体相同：大范围地预测和观察，而不是过于关注某种模型的输出与观察结果的比较，从而使整个分析更令人信服。

9.10 总结与结论

建模的新手常常将建立一个模型视为他们的主要任务，但是分析模型其实与建立模型同样必不可少。我们或许会在建立 IBM 的过程中学到东西，但是如果不对模型进行系统分析的话，那么人们对模型感兴趣——并且能令人信服地与别人交流——的概率就会较低。

分析 IBM 是什么意思呢？分析一个模型意味着对模型进行研究（通常是严格按照科学归纳法提出假说与验证假说），以了解模型的行为以及模型所代表的系统。这类研究的目的通常包括，验证程序是否按照我们的想法运行（详见第 8 章）、确定好的模型结构和个体性状的理论、找出最佳的参数值，以及最后解决我们设计模型所针对的问题从而获得一些有关生态系统的知识。

模型分析需要的时间和资源常常比建立模型所需的更多。因此，如果时间和资源有限的话（它们总是很有限），那么必须有效地限制模型的研究范围和复杂性，以确保分析能够完成。但是，如果我们尽早地开始模型分析，并将它与构建模型的过程相结合（即真正实现建模周期循环），那么我们就可以推动建模的过程而且使建模更加高效。模型分析使我们能够快速地找出那些在进一步研究之前需要修正的问题，也有助于我们尽快地开始了解这个模型。

有几个一般性策略能使 IBM 的分析更为有效，其中有些与其他生态学领域所使用的策略完全不同，甚至不同于分析其他种类的模拟模型的方法。最重要的策略要数对基于精细设计的模拟实验进行分析。也许 IBE 的最大优势就是实验简单、快速、成本低。我们不应该只分析模型输出的结果，而应该进一步在我们创造的虚拟世界中扮演一个全知全能的、并且常常是破坏性的上帝。强而有力的分析需要我们具有创造性，即创造生物、环境以及它们之间的相互作用，从而使我们一步步地了解整个模型是如何工作的。为了理解我们的模型，应该放肆地让时间倒流，山峦移动，操纵个体或整个种群的生理机能和行为，以及从任何地方观察任何事物。还有我们不应该依赖观察到的相关关系来推断某件事情为什么会发生，而应该收集多种不同的证据来建立令人信服的研究案例。

其他的分析策略用于处理更复杂、结构更丰富的 IBM。这些策略使用我们在第 3 章所讨论的面向模式的方法，将多种信息综合起来使用。在 IBM 中，我们可以使用定性的面向模式的分析快速地了解模型的结构是否抓住了系统和研究问题的本质。最后一个策略看起来显而易见，但却很容易被忽略：在试图理解与测试系统水平的结果之前，先分析底层的结果——个体及其所处的环境。直到我们确认放进 IBM 里的个体性状产生了我们所期望的适应性行为，研究涌现的系统行为才有益处。

有一个关于 IBM 实验分析的优秀实例，就是 Deutschman（1997）对 SORTIE 森林模型的研究。这项研究特别有价值，因为研究者把实验过程记录得像"电影"一样（论文的线上版本：www. sciencemag. org/feature/data/deut-schman/）。为了理解模型本身以及真正的森林动态，Deutschman 等人大胆地改变了模型结构的主要元素、树木个体的性状以及森林管理的举措；然后查看这些改变如何影响了森林多样性的模式。从这个例子可见（在第 11.5.2 节讨论），我们可以很容易地想象基于假说的精细模拟是以怎样的过程深入探讨多种模型动态与森林管理实践的。

模型分析将建模变成了一个循环，并且告诉我们在使用模型解决问题前，是否需要对它进行改动，以及如何改动。如果分析结果表明模型已经准备好了，那么我们就可以进行更多的分析，来研究我们所针对的系统和科学问题。然后，我们应该准备下一个阶段的工作：将我们得到的结果与同行进行交流。模型分析与交流是紧密联系的。说服别人接受我们基于 IBM 的研究结果，需要我们展示模型的可靠性和结果的稳健性。建模周期循环最终的交流阶段是我们接下来的主题。

但是在进入下一个阶段之前，我们要提出一些关于 IBM 分析的告诫。如果我们的分析做得好，那么就能很好地理解模型是怎样运行的，为什么这样运行，以及在什么情况下模型能够重现真实系统中观察到的具体模式。所有的这些分析都需要付出很多的努力，需要创造性的思考，这确实可以成为一项重要的科学成就。然而，我们一定不能忘记了自己是在用模型做实验，而不是在现实世界中做实验。我们理解模型，而且我们有证据证明模型抓住了现实世界的本质特征，所以其实我们是在间接地了解真实世界。但是真实系统的运行可能还是与模型有所不同，因为它包含了一些我们在模型中有意或无意忽略掉的机制和结构。科学家们一直特别喜爱他们的模型并且会很自然地把它们当成现实（Crick 1988）。但是我们通过 IBM 对现实世界的理解总是间接的，而且应该随时接受新的实验观测对模型的证伪。我们应该把建模努力看成是科学大循环的一部分，其中野外研究验证我们通过建模所产生的想法和得到的知识。我们能做出的最有力地验证模型可靠性及其科学价值的情况，就是证明模型能够帮助我们做出新的独立预测，而且由真实世界中新的观察和实验所支持和验证。

第 10 章　交流基于个体的模型和研究

某些学术论文中的模型描述非常不完整或者含糊其词，以致他人无法独立地检验其结果。有时候，这种模糊似乎是故意的。

——Diane Beres，Colin Clark，Gordon Swartzman and Anthony Starfield，2001

10.1　引言

随着 IBM 构建和分析工作的逐步推进，最终我们会发现其中哪些重要的内容是需要与"客户"交流的。客户可能是科学界、我们的赞助人以及我们所研究的生态系统的管理机构等。一路走来，我们发现 IBE 与传统生态学有许多的不同之处，二者在研究和解决问题时常常使用不同的理论和概念框架。IBM 通常使用多种信息而不仅仅依赖于经典模型或野外工作。现在是时候来看看二者之间的最后一个区别了：在进行学术交流时，IBM 往往伴随着独有的挑战。

交流一直是 IBM 特别关注的一个问题，尤其是对那些描述不完整的 IBM 来说。许多 IBM 唯一的描述就是计算机程序（Lorek and Sonnenschein 1999；Ford 2000），然而计算机程序是一种非常拙劣的交流手段：它们太长了，而冗长的细节常常掩盖了重要的概念，并且绝大多数读者都会觉得很陌生。有的文章仅用口头或图表概括性描述 IBM（Ford 2000），但客户们知道这种概括性的描述是不完整的，因此他们会不断地琢磨文中的结果是否真的可以重复。理想情况下，IBM 是如此有趣，如此地勾人心弦，使得读者有将其应用到新的问题上的强烈冲动。如何说服我们的客户，让他们觉得我们的 IBM 是值得信赖的，甚至是适合他们自己需求的呢？或者，IBM 会不会总被认为过于复杂以至于难以重现结果或重复使用呢？

因此，交流是贯穿整个 IBE 项目的一个重要挑战。本章将介绍早期研究者在发表 IBM（以及其他领域内基于主体的模型）时遇到的一些问题，意识到这些问题可以帮助研究者扫清交流过程中的障碍。本章还可以帮助 IBE 相关的审稿人和编辑了解 IBE 的不同之处以及如何理解这些不同。本章虽然主要着重于学术论文的发表，但也适用于其他形式的学术交流，如研究计划书、学术展示、学术报告、网站展示等。首先，我们将找出 4 类最有机会得到发表的 IBE

工作。然后，我们要处理交流中的历史性难题——在众多限制的情况下如何充分完整地描述一个 IBM。接着，我们将讨论审稿人在审阅 IBM 相关稿件时的几个常见的关注点。最后，我们将关注软件实现与交流之间的重要联系，如何更好地交流可执行的模型本身以及软件的其他方面。

10.2　可用于交流的 IBE 四个方面

纵观一个 IBE 项目的开发周期，有 4 大类工作是最有可能值得通过展示和发表与其他研究者进行交流的。

（1）模型描述

简单描述模型设计方案（第 7 章）的文章可用于两个目的：第一，提出具有创新性的模型方法供他人评估和使用；第二，发表模型描述就可以让后续文章更多关注于模型的应用（第 10.3 节）。如果一个模型描述足够有新意或有趣味，那么它可能就可以发表在《生态建模》（*Ecological Modelling*）或《自然资源》（*Natural Resource*）这样的期刊上。一种做法是，在"灰色文献"报告中发表模型描述，其可被期刊文献所引用。学术期刊往往只有在认为读者能够找到该报告的情况下才会引用它；许多研究机构都有符合这一要求的系列报告。这种报告可以不受期刊出版的篇幅限制和其他麻烦。另一种越来越可行的做法是，将 IBM 描述放在模型应用或分析性文章的电子版附录里。目前接受电子版附录的期刊包括美国生态学会旗下的期刊以及大多数的在线期刊，如《保护生态学》（*Conservation Ecology*）。最后，在网站上提供模型描述对作者和读者来说都是非常方便的，是技术报告或会议展示的有益补充。不过，网站一般都不被期刊文章所引用。

（2）管理中的应用

这类工作描述了一个模型如何被应用于一项生态管理问题。通常，一个关于模型应用的文章要说明① 模型中对应用最为重要的部分；② 具体的管理问题；③ 如何应用该模型；④ 应用模型得到的分析结果。模型应用常常出现在一些技术报告、会议展示或生态管理类期刊（例如《生物保护》（*Biological Conservation*）、《保护生物学》（*Conservation Biology*）、《保护生态学》（*Conservation Ecology*）、《生态应用》（*Ecological Applications*）、《应用生态学期刊》（*Journal of Applied Ecology*））中。

（3）模型和研究方法讨论

有关分析、设计和使用 IBM 的方法论方面的文章可能是非常有价值的，因为目前 IBM 是如此方兴未艾。适合这类工作交流的地方包括生态学/建模类的学术会议和学术期刊。为他人提供计算机技术和软件可以成为 IBE 项目对生态学最重要的贡献之一（第 10.6 节）。

（4）基于模型的分析

这类工作是指使用 IBM 作为工具的生态学研究。例如，发展一套 IBE 理论来解释种群动态如何从个体性状和相互作用中涌现出来。这类研究也和其他基础研究一样，通过生态学会议和学术期刊进行交流。

10.3 完整而高效的模型描述

交流 IBE 工作时最常见的难题可能就是，在不超过期刊篇幅、会议展示时间限制或是读者/听众的耐心限度的情况下，对 IBM 进行充分的描述和介绍。许多审稿人和读者都知道，一个完整的模型描述是必不可少的，因为 IBM 的结果依赖于它所使用的假设。对 IBM 的常见批评是：除非有完整详细的描述（在发表的学术论文中鲜有出现），否则它们不具有真正的可重复性。然而，在期刊文章或会议展示时完整地描述一个 IBM 并不合适，尤其是文章或展示的关注点是在模型的应用上时更是如此。审稿人经常会表示① 他们对文章的结论缺乏信心，因为没有详细描述 IBM 的一些关键部分，或者② 描述部分过于冗长无聊。

一般来说，解决这个模型描述窘境的唯一办法是单独发表一篇详细描述 IBM 的文章，然后在随后的工作中引用这份描述。但是如果对方期刊接受电子版附录，那么另一个解决办法是将模型描述作为一个电子版附录与文章一同发表，这样做可以极大地方便读者获取模型描述。即使单独发表了 IBM 的描述，在后续的文章中也仍需总结与当前工作最为相关的部分，因为一般的读者虽然希望他们可以读到模型的完整描述，但很少有人真的需要去阅读这些描述（就像人们在阅读基于方程的模型时，大多数读者会很高兴地感到他们有机会自己去解方程，但其实不会真的去这么做）。交流 IBM 的相关研究工作时，至少要对那些与研究最为相关的模型元素有充分的描述。

读者们阅读 IBM 描述部分很是头疼的原因之一是，没有一个描述 IBM 的标准格式。标准格式可以让阅读和理解变得容易，因为阅读是由读者的期望作为引导的。在 Gopen 和 Swan（1990）关于科技论文写作的文章中讲到，当作者考虑了读者的期望时，能够很好地促进读者对文章的理解：读者在自己熟悉的、有意义的文章结构中能更好地吸收文章的信息。当生态学家阅读一篇描述传统模型的文章时，他们期望看到一些方程、变量定义和参数值表格；但是当生态学家——特别是从未构建过 IBM 的大多数人——开始阅读一篇 IBM 相关文章时，没有熟悉的结构，也不会有相应的期望。

那么，在描述 IBM 时，一个有意义的结构是什么样的呢？在了解模型的目的之前去详读模型描述会让人很抓狂，因为读者不明白为什么某些东西被放进了模型里而其他的却被忽略了。同样地，读者要先了解模型中的实体（例如个体、生境单元）的类型及其状态变量，才能理解模型过程的细节。一个有助于读者理解的结构是从介绍基本的信息开始，并由此构建出模型的细节。因此，为了帮助读者有效地理解我们的 IBM，我们写作时应该始终使用读者所熟悉的、有意义的结构，一套标准的流程，让读者阅读起来赏心悦目，从而向读者提供他们所需的信息。

在此，我们提出以下 7 个要素作为描述 IBM 的标准流程。为促进该流程的使用，我们将其称为 PSPC+3 流程，"PSPC" 是 4 个最重要的要素的英文缩写——目的（purpose）、结构（structure）、过程（processes）、概念（concepts），"+3" 是指构成流程需要额外的 3 个要素。此流程与我们所提倡的 IBM 模型设计方案（第 7.1 节）非常相似（它也类似于 Beres 等人在 2001 年提出的 "模型公开的流程" 的要素）。不过，此流程主要是为在期刊上发表论文而设计的。

（1）目的。设计 IBM 解决什么问题？如果 IBM 最初是针对其他问题而设计的，那么这一点就会尤为重要。

（2）结构。IBM 中有哪些类型的实体（个体、生境单元等）？这些实体有哪些状态变量？驱动模型系统的是哪些环境变量（例如天气、生境、干扰、管理措施）？使用了什么时空尺度（范围和分辨率）？

（3）过程。包含了哪些环境过程和个体过程（例如食物生产、捕食、生长、死亡、繁殖、干扰事件、管理措施等）？它们影响了哪些状态变量？在这一阶段，对过程及其影响进行口头的、概念性的描述就足够了，该要素的主要目的是给出简要概述，而过程子模型的细节在要素（7）中给出。

（4）概念。此要素与第 5.11 节清单中的内容一致。个体行为会导致什么样的关键系统动态？这些行为是由什么性状来模拟的？个体间以及个体与环境间如何互动以及传递什么信息？如何表现集群？如何模拟时间？如何安排并发事件？如何对 IBM 收集的数据进行测试、理解和分析？

（5）初始化。在模拟开始时如何创建模型实体？

（6）输入。用什么输入数据代表时空背景下的环境条件？如何获取数据？

（7）子模型。IBM 中的每个过程是如何建模的？选择了哪些具体假设、方程、规则和参数值？为什么？如何对子模型进行测试和校准？

（1）至（4）为读者快速抓住 IBM 结构和过程及其自适应性系统属性提供了基本的信息。（5）至（7）为完整理解模型和重复模型提供了细节。

　　PSPC+3 流程可用于任何类型的交流或论文发表，不过当然需要针对不同的交流类型改变要素的侧重点和详细程度。对于要求完整描述 IBM 的文档，所有要素当然都应该得到平等且充分的关注；对于 IBM 工作的期刊发表，要把重点放在与模型设计最为相关的部分，完整的细节、甚至是不太相关的主要假设都要归入附件或单独的文件中去。

　　按照 PSPC+3 流程，把 7 个要素一个一个清晰明了地表达出来，就能够给读者提供理解 IBM（以及其他自下而上的模型）所需的熟悉语境，减少读者的痛苦，提高交流的效率。使用此流程还可以减轻人们对 IBM 过于复杂以至于对科学没有什么用处的担忧。

10.4　常见的审稿意见

　　针对基于模型的文章，审稿人常常表达着相似的担忧：模型描述是否完整准确？软件是否被充分测试过？模型结果对假设和参数值有多敏感？结果与观测值有多匹配？经验丰富的建模者能够预想到这些意见，而且事实上本书就在处理诸如此类的常见问题。不过，近几年根据周围同事们和我们自己的经验，IBM 相关文章的审稿人还表达过一些其他方面的担忧。至少在 IBE 更加成熟之前，作者们还可能预想到以下 3 种审稿意见。

10.4.1　将 IBM 结果与经典模型结果进行比较

　　一个非常常见的评审意见是，应该将 IBM 的结果与经典模型（微分或差分方程模型，或者有时是矩阵模型）的结果进行比较。他们提出这个要求主要基于以下理由：

　　•为了"验证"IBM。如果两种模型都能产生相似的结果，那么读者可能对 IBM 会更有信心。

　　•为了说明两种建模方法之间的重要区别。如果它们产生了截然不同的结果，那么可能可以将其解释为经典模型的缺陷。

　　•为了确定研究是否真的需要 IBM，或者说"简单"的模型是否就已经足够了（尽管经典模型经常需要更为复杂的假设）。

　　对于这两种模型都可以解决的问题，这种比较无疑是很有意思的。将 IBM 与更传统的模型进行比较，也可以使文章更可能被生态学期刊所接受，因为这将 IBM 与读者们更熟悉的传统方法联系在了一起。

　　然而，正如我们在第 6.6 节中所展示的那样，许多比较 IBM 与经典模型的尝试最终都不能令人满意，因为这两种模型是如此不同。对于许多研究来说，比较将会是没有意义的，因为 IBM 解决的正是那些用经典模型所无法解决的问题，而直接比较二者则需要将 IBM 简化到不能有效解决最初问题的程度。在其他情况下，可能有必要仔细推敲，有时候这种比较是可行的，但却不太恰当，因为研究的目标（对象）完全不同。我们很难说清楚 IBM 和经典模型之间的比较能"证明"什么。如果结果相似，那么这种比较并不能证明这两种模型都是正确的；而如果结果不同，那么这种比较也并不能告诉我们这两种方法中哪一种更好。

最后，重要的是要记住，可以用真实有机体和生态系统的行为作为标准，通过多种方式对 IBM 进行测试。我们希望 IBE 文章的作者们能够成功论证，将 IBM 的结果与现实观察相比较，要比模型结果间的比较更有说服力。随着审稿人和编辑越来越熟悉基于个体的方法，我们认为他们的重点将迅速转移到将 IBM 的结果与现实进行比较，而不再纠结在建模方法之间的比较上。

10.4.2　结果的通用性和稳健性

大家对模拟模型（尤其是 IBM）有一个普遍观点，认为模型结果如此依赖于初始条件、参数值和特定的输入，以至于它们不具有稳健性和通用性。这个观点被一种错误的理念所推波助澜，即复杂系统对初始条件是非常敏感的，一旦有错误，就会不可避免地在系统中传播和扩大；但实际上，这是动态系统或混沌系统的一个特征，而复杂系统或 IBM 不一定会是这样。不过，对模拟结果的稳健性和通用性的担忧往往能给我们带来一些好处，而且这些担忧是合情合理的。预想到这些担忧通常也是明智的。

应对这个问题的主要方法是仔细设计研究，用一种能得到表征稳健性和通用性信息的方式来处理特定的假设（或模式）。这些设计问题是第 3 章和第 4 章的重点。期刊编辑告诉我们，遵循常规的假设检验方法的文章更有可能被接受和发表，这一点在生态学期刊中比在模型期刊中表现得更为明显。

解决结果通用性问题的第二种方法是，使用第 9.7 节介绍的稳健性分析方法。考虑了模拟不确定性、敏感性和稳健性的文章更有可能被接受。稳健性或敏感性分析还被广泛认为是接受基于模型的生态学管理建议的必要条件（Bart 1995；Beres et al. 2001）。

10.4.3　可读性

使基于 IBM 的文章简洁易读，似乎是审稿人常常提及的一个问题。因为

IBM 文章往往在很多方面都有创新，所以作者可能会试图描述他们工作中所有令人兴奋的新事物。然而，更为严重的问题是，IBE 通常会比其他的生态学研究涉及更多的研究步骤。例如，如果一个生态学研究团队遵循 IBE 理论的发展周期（第 4 章）开展工作，那么，在全面交流阶段他们就需要描述：① 当模拟影响种群动态的个体性状时，是用什么样的理论构建的模型，且这些理论是被如何发展和确定的；② 测试理论用的是哪些观测到的行为模式，以及记录了这些模式的野外数据和文献；③ 用来实现和测试理论的 IBM；④ 模拟实验是如何测试 IBM 能否重现各个模式的；⑤ 针对各个模式和各个理论的模拟实验的结果；⑥ 模拟实验得出的总体结论。如果只用一篇文章描述上述所有方面的话，似乎会过于冗长和复杂。

为使 IBE 文章简洁易读，我们只能提供一些常识性的建议：① 使文章紧紧围绕其具体目标。② 不要试图在介绍使用 IBM 的实验文章中详细描述 IBM，而只能在文中总结 IBM 里与该实验最相关的部分，模型的完整描述要放在其他地方发布。③ 标准文章结构——引言、方法、结果、结论——为读者所熟悉，但对于 IBE 来说，采用标准文章结构往往比较笨拙。另一个可供选择的文章结构是：引言、一段一般分析方法的简短描述、一段 IBM 的概述、分多个段落分别描述各个面向模式的模拟实验的方法和结果、最后的总结和结论。④ 比平时更努力地使文章清晰明了、条理分明、文笔优美。

10.5　可执行模型的可视化交流

一个完整明晰的 IBM 的书面描述对 IBM 相关研究的可重复性来说是必不可少的，但其并不能使该研究更容易被重复出来。为 IBM 开发软件和输入十分费力，几乎没有人愿意真的从头开始重复一个 IBE 实验。对于任何需要精密仪器的科学研究来说都是如此。然而，模拟研究有一个独特的优势，即我们一旦组装、测试好了软件，就可以轻松地复制发送给其他人使用了。我们可以向客户提供 IBM 及其文档和输入文件，这样他们就可以自己运行模型了。他们如果心存疑虑，那么可能只是想看看模型是否真的产生了我们所报告的结果；或者他们可能想要进行自己的实验，或许是为了测试模型结果的稳健性，或许是为了通过查看更多的输出以更好地理解结果，又或许是为了解决新的问题。我们不必强迫客户接受我们的结果，或者逼他们从头构建 IBM，而是应该让他们尽可能多地测试 IBM，重现模拟实验，而无须重建模拟器。

在 IBM 软件中配置图形用户界面（GUI，第 8.6.5 节）可以让其他人非常轻松地运行、理解和应用 IBM。GUI 实现了 Grimm（2002）所谓的"可视化调试"，其中包含了许多交流的要素。为客户提供一个易于使用和观察的 IBM 版本的好处可能是极其巨大的，根据我们的经验，图形控制和图形显示可以神奇地将 IBM 从黑匣子变成连模型怀疑论者（如野外生态学家）都可以理解、评估甚至是喜欢、相信的东西；即使是精通建模的同事也会对此更感兴趣，因为 IBM 似乎更易于理解和测试，所以对新的实验更有用处。

可视化交流 IBM 可执行版本的工具包括（Grimm 2002）：

（1）状态变量的图形表示

目的是使模型所有层级水平——通常是个体和种群——的状态变量易于观察。但是，这两个水平之间的差距往往很大，相互之间的关系很难说清楚。诀窍在于找到中间状态变量，将个体水平的状态变量聚合到一个中间水平，以便更容易地观察和理解涌现出来的系统水平的性质。关键的个体变量（大小、年龄等）的分布提供了这样的中间信息，例如，根据个体类别（年龄、性别等）所划分的汇总统计量（如平均值、最大值和最小值）就处在个体水平与种群水平之间。在模型开发和分析的过程中，建模者可以尝试不同的中间状态变量，看看哪些中间状态变量能对系统提供最佳的理解。

（2）用于改变模型和控制参数的输入界面

图形界面可以让观测者直接观测和改变参数值，参数值不单包括方程的系数，还包括控制执行的参数。为了避免让客户感到 IBM 的某些部分被隐藏起来了，所有参数都应该是可以访问的，即使是在模型分析过程中从未更改过的参数，也应该是可以访问的。IBM 应该允许随时更改任何参数。

（3）用于选择模型版本的输入界面

模型分析通常使用 IBM 的几个不同版本，例如，针对特定的个体行为选择特定的性状。这些不同的版本需要易于使用，以便其他人重复实验。

（4）用于操作低水平状态变量和过程的输入界面

能够选取特定个体（或其他实体，如生境单元），并在模拟过程中观察或操作它们的状态变量，使用户可以进行强大的控制实验；能够允许用户执行特定的底层模型过程，比如命令个体执行某个特定行为。

（5）对随机过程的控制

在 IBM 上开展控制实验有时需要控制随机过程的效应，这通常是通过控制随机数发生器来完成的（第 8.7.3 节）。设置一个使用确定性过程替代随机过程的 IBM 版本是可以实现的，并且可能是大有用处的。

（6）追踪模式

允许用户分步控制和执行个体模型动作。理想情况下，用户可以手动执行每一时间步的活动，甚至是每一时间步内的单个动作。

（7）原始数据的文件输出

仅仅进行图形化观测是不能完全理解 IBM 的，客户可能需要用其他变量和分析方法来分析模型，因此，必须能让用户将选定的变量写入输出文件。

对生态学家来说，提供上述所有的可视化交流工具似乎是一项庞大的软件工作。不过，基于主体模拟的软件平台（见第 8.4 节）就是专门为了这种交流而设计的，它们可以提供上述工具的绝大部分，而且只需要很少量的额外编程工作。

我们即便选择不向客户提供 IBM 的可执行版本，也可以制作模型运行的"电影"来促进可视化交流（例如，Deutschman et al. 1997 的电子版附录；以及 Railsbac and Harvey 2002）。模型运行的图形界面可以截取动画（如 GIF 文件）或视频（AVI 文件）。一些软件平台具备此种功能，也可以使用屏幕截图程序，如 SnagIt。虽然视频不能让客户运行和测试 IBM，但却能让客户"看到"模拟的过程，可以增强他们对模型的兴趣和信心。

10.6　交流软件

软件对 IBE 来说十分重要，直到交流阶段，软件仍然扮演着重要的角色。在此，我们简单地提一下研究人员可能会需要的几种有关软件的交流，这些在第 8 章中有更全面的讨论。

首先，发布一个 IBM 的软件可能是必要的，通常发布的是有关模型如何实现的源代码（用人和计算机可以解读的编程语言），但有时也会是能让其他用户运行模型的可执行代码（第 10.5 节）。一般来说，连接 IBM 软件及其文章的唯一可行方法是通过网络，使用作者自己的网站或期刊的数字附录网站。

其次，为审稿人和读者提供软件测试文档通常是很有好处的。特别是当生态学家对 IBE 的软件方面更加了解的时候，可以预见，大家会对模型软件测试证据产生巨大的需求。这样的证据可能包含数千个测试用例，文件大小会相当客观。与模型代码一样，通过网站发布这些文件是最有效的。

最后，IBE 的从业人员可以通过发布可供他人使用的新软件方法和代码来为科学做出贡献。许多项目会产生新的软件技术以及可重复使用的代码（特别是面向对象的类和函数库），这些代码可以给其他的建模者带来帮助，尤其有利于在基于个体的模拟和基于主体的模拟的软件平台上实现模型（见第 8.4.3 节）。一些基于主体的模拟的平台会定期举行用户会议，也有一些以这些软件为主题的普通会议，而这些会议是分享和获取有用软件的重要机会。

10.7　总结和结论

对于像 IBE 这样新颖的科学方法来说，发布方法、理论和应用是特别重要且有趣的。然而，IBE 的交流仍面临着一些特殊的挑战，其中一些正是由 IBE 的新颖性所导致的：编辑和审稿人往往乐于见到 IBE 与经典方法之间的比较，纵然这种比较并不恰当；又（这里没有讨论的一个问题）可能很难找到有资质的审稿人。IBE 的其他基本特征也总是成为发表工作的障碍。IBE 模型、软件和整个研究过程的复杂化趋势使得我们难以用简洁易读的方式彻底交流 IBE 工作。IBM 相关研究工作往往结合了建模和野外研究两个方面：在构建 IBM 之后，我们用它进行实验，收集和分析模型个体的观察结果。这种结合令我们难以使用读者觉得最舒服的传统方式来交流。而 IBE 本质上是跨学科的：在同一篇文章中，我们可能需要解决特定物种的个体生态学和种群生态学问题、复杂适应系统和软件工程问题。

IBE 项目（并且尤指学位论文项目）从各种交流策略中获益。该交流策略可以包括以下任务：

（1）维护一个项目网站

一个网站有很多的优点，即便是对个人的研究项目而言，因为没有其他的交流技术能够这么容易地让如此多的人获得这么丰富的信息。网站对于交流非正式的、初步的或补充性的信息尤其具有价值，这些信息包括已经提交但尚未被接受的文章、演示文稿、野外样地的描述和照片、展示模拟过程的动画和其他图形化输出、IBM 的完整描述、IBM 的软件以及软件测试等。

定期更新网站可以让你的项目看起来十分活跃、富有成效而且重要。你可以在热门网站上发布个人建模网站的链接来吸引注意力（可以在网上搜到这些网站，目前这些网站由 Craig Reynolds 和 Swarm Development Group 维护）。

（2）揣摩审稿人意见

当你设计研究和撰写文章时，思考一下第 10.4 节讨论的那些问题。

（3）发表模型描述

发表仅包含 IBM 完整描述的文章有助于后续更重要的文章保持简洁性和可读性。第 7.1 节列举了这么做的重要理由，其实还有另外一个原因是，这个描述文档可以很容易地转变为一篇描述模型的论文。

（4）提供软件和文档

交流你在软件方面所做出的努力是提高项目可信度的重要途径。你希望提供的材料可能有 IBM 的源代码、可执行代码（最好配备 GUI）、输入文件、软件的文档记录以及软件测试的文档记录。通常，提供这些材料的唯一可行方法是将它们发布到你自己的网站上，或将它们作为期刊文章的电子版附录出版。还有另外一种方法是，你可以发布一个声明，提示读者向你索要材料。

（5）发表建模分析

发表一个研究项目和相应的理论分析或应用分析，这一步通常是该项目的终极交流目标。发表策略的前几个要素提高了这一步取得成功的可能性。即使是在这一步，你也可以遵循一种策略方法，即首先发表测试和验证模型及其背后的理论分析，然后再发表模型的应用。

（6）交流软件产品

如果你的项目产生了有用的软件或计算技术，那么你可以通过与他人分享来推动生态学的科学研究。对于团队中包含计算机专业人员的跨学科项目来说，主动发布软件产品是尤为重要的。你的项目如果能为有才能的计算机科学家和软件工程师提供发表文章的机会，那么就更有可能吸引他们加入。

随着 IBE 越来越完善，随着技术的不断变化，我们可以预计交流问题也将会发生改变。怎么改变呢？首先，似乎有理由期待，随着 IBE 变得越来越普遍，我们将更少需要证明这种方法的合理性，也更少需要为了有趣或有效而将 IBM 的结果与经典模型相比较。

我们预料的最大的变化或许应该来自（我们非常希望！）生态学家们互相合作建立并改进描述 IBM 的通用格式。一种常见的格式就是我们在本章中提出的 PSPC+3 模型描述方案，它的广泛使用将帮助大家更容易写出并读懂 IBM 的模型描述。

从长远来看，使用 IBM 的通用软件平台将会带来更大的优势。目前，其他类型的生态模型都可以在专门的软件中简洁地描述和运行，例如矩阵模型（RAMAS 软件）、质量流模型（EcoPath 软件）和简单的 IBM（NetLogo 或 EcoBeaker）。对于 IBM 而言，像 Swarm 这样的平台（见第 8.4.3 节）也已经提供了"速写"的能力，让我们更易于描述模型，更易于将描述转化为工作软件。随着这些平台的不断完善和广泛应用，我们将实现第 8.1 节中阐述的目标——一种生态学家可以理解的且可以直接转换成 IBM 的计算机代码的、用以描述 IBM 的、通用且简明的语言。

最后，我们期望数字通信的发展将持续减轻对 IBM 交流的质疑。期刊文章的数字期刊和数字附录将使我们更容易向读者提供完整的模型描述、软件及其测试证据以及模拟运行过程的图形显示，能以更有力的方式支持我们的 IBE 研究。还有另外一种数字通信形式——在线论坛和"技术之家"——尚未被生态学家很好地利用。我们希望尽快有一些邮件列表和网站能让使用 IBM 的生态学家在其中寻找理论的和技术的信息，并彼此分享各自的结果和方法。

第四部分

结论与展望

第 11 章　在基于个体的生态学中使用解析模型

> 计算机程序本质上是大量的自动化数学，因此计算机建模的许多目的和方法都与传统的数学建模相一致。两者的根本目的均是阐明机制并做出预测。
>
> ——Richard K. Belew, Melanie Mitchell and David H. Ackley, 1996

11.1　引言

本书是关于基于个体的建模，以及如何在基于个体的生态学的框架内使用它来解决生态问题。当然，其他的建模方法在生态学中也得到了广泛的应用。特别是使用数学公式的解析模型是经典生态学的支柱。基于个体的方法以及解析的方法都是生态学的重要工具，各自为特定的目的而设计，每一种都有特定的优缺点。很多时候，建模者认为替代方法是相互竞争或者相互排斥的，并且会陷入到底哪种方法对哪种错的徒劳争论中。相反，在这一章中，我们将探讨基于个体的和解析的建模方法如何相结合的问题。对于关注个体和种群之间关系的生态学家来说，思考和使用解析模型是否有益？

基于个体的建模使用计算机仿真技术，对描述生态环境的复杂性基本没有限制。然而，我们在本书中已经看到，即使是设计良好的基于个体的模型也需要费力去执行、验证、分析、理解和交流。而另一方面，解析模型是基于数学的，主要是微分和偏微分方程。而解析的便利性对于可被分析的生态环境的复杂性提出了严格的限制。尤其，解析模型不能有效地解决个体变异性和适应性行为所带来的诸多影响。然而，解析模型具有一些特定的优势，这使得对于基于个体的生态学家来说，考虑和使用解析模型就变得非常重要。

因此，在本章中，我们将总结解析建模方法的最重要的优势，如何在基于个体的生态学中使用这些优势，以及这些方法是如何彼此关联的。我们不会提供解析方法的原理、技巧和结果的细节，因为这些信息在许多专题论文和教科书中都有提及，比如，May (1973, 1981b)、Hallam 和 Levin (1986)、Yodzis (1989)、Wissel (1989)、DeAngelis (1992)、Levin (1994)、Gurney 和 Nisbet (1998)、Roughgarden (1998)、Caswell (2001) 和 Murray (2002)。相反，我们将展示在某些情况下如何从基于个体的模型中提取解析近似值，以及解析方法如何直接或间接地帮助我们分析和理解基于个体的模型。这些主题与第 9 章的主题密切相关——如何分析基于个体的模型；但解析模型和基于个体的生态学之间的关系重要到我们需要把它们分开来论述。不过，我们首先要更详细地了解现有模型的不同类型及其特定目的。

11.2　生态模型的分类

　　生态模型可以根据许多不同的标准来进行分类。一些标准指出了模型中是否包含了某个特定因素：一个模型是确定性模型还是随机性模型取决于是否包含了随机性；一个模型是否是空间显含的取决于是否包含了空间。区分模型的一个更有趣的标准是它们的设计目的。一般来说，模型有三个目的：描述、理解和预测（Hall and DeAngelis 1985）。描述性（包括统计）模型用总体的方式来描述数据，因此可以预测变量之间的关系。描述性模型根本不涉及理解，但却能提供重要的线索来解释变量间的强关联性。用于理解的模型被称为“概念性”（如：Wissel 1992a）、“启发式”或“解释性”（Hall and DeAngelis 1985）模型。这些模型通常既不是用来描述特定系统的，也不是为了实现特定且可检验的预测的。最后，用于预测的模型常常试着更加细致地模拟自然，这导致了所谓的“系统模型”（参见第 2 章关于“幼稚的写实性”的讨论），显然，这些类别不是相互排斥的：一个模型经常有多于一个以上的目的。

　　统计模型和其他模型之间的区别很好界定，因为统计是一种定义明确的方法。以模型的目的到底是理解还是预测来区分模型却没有那么明确和直接。Holling（1966）和 May（1973）提出了一项重要且应用广泛的分类方案，即策略模型和技术模型。策略模型设法忽略细节，同时捕捉系统的基本动态（Murdoch et al. 1992）。他们认为策略模型提供了一般性的见解，因为许多不同的系统（例如，不同种群）被认为具有相同的“本质”。相比之下，技术模型关注的是特定系统的详细动态，目的是做出特定的预测，通常是为了解答与管理相关的问题。

　　介绍策略模型和技术模型的区别是为了说明简单的解析模型有意忽略详细经验知识的做法是合理的（参见 Levins 1966，1981；May 1981b；Caswell 1988；Wissel 1992a）。这个说明很重要，因为它可以消除这样一个误解，即有用的模型必须是“现实的”并包括所有已知的细节。策略模型和技术模型的区别在当时是非常有用的：在 20 世纪 70 年代，技术性模拟模型不是为一般的理解而设计的，而策略解析模型也不是为了实现可检验的预测。

　　然而，现今策略与技术之间的界限更加模糊了。在 20 世纪 70 年代，模拟模型和策略模型都是基于方程的。今天，生态学中的大多数模拟模型都是自下而上的：基于个体或基于网格的。正如我们在本书中所指出的，许多自下而上的模型都是为了同时提供理解和预测。因此，将模型划分为自上而下和自下而上的方法比试图区分策略和技术模型要有用得多。自上而下的模型关注系统水平，并且基于高度集中的状态变量，如生态系统功能、种群密度或物种数量。自上而下模型的主要设计准则就是它们可以用方程来表述。

　　Roughgarden 等（1996）提出了一种非常有用的模型分类方法，它将模型分为三种类型。"最简概念模型"（minimal models for ideas）旨在探索一种不涉及特定物种或地点的概念。这些模型并不是用来进行可检验的预测，或者应用于特定的真实系统的。大多数理论生态学的早期模型都是这样的；例子包括了洛特卡 - 沃尔泰勒模型（Lotka–Volterra model）、逻辑斯蒂增长方程、Levins 的集合种群模型（1970）以及群落矩阵模型（May 1973）。"最简系统模型"（minimal models for a system）旨在解释某些特定系统或物种的现象，同时忽略了真实系统的许多特征（假设这些特征无关紧要）。这些模型也不是为了具体且详细的预测而设计的。今天，生态学中的大多数数学模型都是这种类型的。最后，"综合系统模型"（synthetic model for a system）是对系统组件的详细描述的综合。早期的综合模型由大量的微分方程组成。现代的综合系统模型是自下而上的，代表了许多小的空间单元或个体及其行为。与最简模型相比，综合模型没有源自系统水平方程所强加的系统动态；相反，系统动态是由组件的交互作用所产生的。

　　本章将讨论最简模型的使用。我们将这些模型称为"解析模型"。然而，应该注意的是，"解析"是指一个模型的表达形式，而非指它的实现方式。许多解析模型至少在一定程度上是通过使用计算机技术来解决的。

11.3　解析模型的优点

　　基于个体的模型和解析模型的优势和劣势在很大程度是相对的。基于个体的模型是用来分析复杂系统的，但是，模型越复杂，它们就越难表达、执行、分析、理解和交流。另一方面，解析模型处理复杂系统的能力非常有限。然而，解析模型强大之处恰好是基于个体的模型的劣势所在。

　　（1）表达

　　解析模型的典型特征是用数学语言来表述系统。这种语言是通用、普遍、明确和简洁的。计算机程序，即自下而上的模拟模型的语言，则恰恰相反：许多不同的编程语言、编译器和计算机在几年之后就已经过时了；计算机代码的文字描述通常是模棱两可的，完全不简明扼要（正如我们在第 5 章、第 7 章和第 8 章中讨论的那样，许多"语言"都可用于表达模拟模型，其中却没有一个是被广泛接受的）。此外，解析模型必须非常简单，这看似是一种局限性实际上可能是一个优势：解析建模者被迫简化并忽略实际系统的一些特征，除了一两个被认为最重要的因素。基于个体的建模者也应该尽可能地简化，但是他们必须强迫自己这样做才能办得到（第 2 章）。

（2）执行

"执行"，我们指的是"运行"一个模型并产生结果所需的方法。非常简单的解析模型是可以被直接求解的，这也是数学语言的优势所在。然而，大多数情况下不是求解完整的模型，而是求解一个更简单的情形（例如，一个平衡态）。例如，基于通用洛特卡-沃尔泰勒模型的群落模型，或者是捕食者-猎物之间的相互作用，通常不会数值求解以获得所有组成群体的种群动态（但是请参见 Huisman and Weissing 1999；McCann 2000），而代之执行的是对平衡解的线性稳定性分析（May 1973）。因此，对解析模型求解的需求是进行简化的另一个强烈动因。今天，简化情况下的解析解通常是通过完整模型其他情况下的数值解来扩展获取的。就像基于个体的模型一样，这种数值解的精确性取决于所使用的计算机算法，所幸的是标准算法和软件已得到了广泛的应用（这一点与基于个体的模型不同）。

（3）全面理解

解析模型是为了抓住系统的本质而设计的（例如，May 1973），这对于基于个体的模型来说也是一样的（第 2 章）。不同的是解析模型具有易于分析和理解的特点。按照 Bossel（1992）的说法，典型的最简模型有 2 到 5 个状态变量，而综合模型（例如，森林模型）通常有 10 到 30 个状态变量。状态变量少意味着一个解析模型只有几个参数。因此，可以通过查看参数值的变化范围和组合来充分地探讨解析模型。此外，通常还可以推导出闭合解；这种技术清晰显示了状态变量是如何依赖于一个或多个参数的。由于这些优势，解析模型在识别和理解驱动系统动态的基本过程方面特别有用，例如，负反馈循环导致了集合种群中的平衡或消亡的阈值。

（4）交流

由于许多解析模型的公式完全是数学的，所以很容易就能简明而清晰地进行交流。然而，对于更复杂的解析模型来说，可能需要通过并不容易理解的强大的数学或数值计算方法去解答。

（5）普适性

从概念（例如，集合种群的密度制约），而不是特定系统的意义上来说

"最简概念模型"（解析模型）是普适的。"最简系统模型"也是普适的，它们描述的是系统的类别，而不是特定的系统或地域。

所有这些优点使解析模型成为理论生态学的主流方法，尽管还是有一些批评声（Pielou 1981；Simberloff 1981，1983；Hall 1988，1991；Krebs 1988；Grimm 1994；Weiner 1995；den Boer and Reddingius 1996）。这些优点如何与基于个体的模型的优势结合起来，例如，表达适应性行为和重现复杂模式的能力？在接下来的两节中，我们首先会论述解析模型建模者如何尝试在解析模型中融合基于个体的元素，然后再介绍基于个体的建模者如何间接地尝试采用解析模型的优点。

11.4　基于个体的模型的解析近似

解析模型的优点可以被应用到基于个体的模型的一个方式就是开发基于个体的模型的解析近似（analytical approximations）。为什么要构建一个基于个体的模型，然后试着用一个解析模型来粗略估计其种群水平上的行为呢？首先，这类研究尝试扩展生态学家的知识结构，把生态学问题的范围从能用解析模型解决的扩大到那些必须考虑个体的问题。但也许同样重要的是，这类研究弥合了基于个体的生态建模方法和经典生态建模方法之间的鸿沟。解析模型建模者对那些承认个体重要性的问题产生了兴趣，而基于个体的生态学家对潜在的有价值的数学技术有了更好的理解。

大部分关于基于个体的模型解析近似的工作，都是针对包括离散个体和显含空间分布的模型的。这些近似的研究项目主要是基于 Durrett 和 Levin（1994）的一篇文章："关于离散（和空间）的重要性"。该近似为分辨个体模型中哪些元素包含生态"信号"以及哪些是"噪声"提供了帮助。关于基于个体模型的近似的例子还有 Levin 和 Durrett（1996），Bolker 和 Pacala（1997，1999），Wilson（1998，2000），Grünbaum（1998），Law 和 Dieckmann（2000），Picard 和 Franc（2001），和 Law 等（2003）。Dieckmann 等（2000）所编写的丛书对该方法的示例和技术进行了全面的概述，尤其是所谓的成对近似法（pair approximations，Sato and Iwasa 2000）和矩量法（moment methods，Bolker et al. 2000；Dieckmann and Law 2000）。这些方法试图在二阶空间矩的时间和空间中捕捉个体分布的本质，不仅在第一矩（通常的"平均场近似"）也在第二矩建立动态方程。Wissel 等（2000）也提供了许多在平均场假设不成立的情况下的解析模型例子（例如，Dieckmann 2000）。

通常，这类研究遵循了类似 Bolker 和 Pacala（1997）研究的通用规范。首先，定义一个一般性问题；Bolker 和 Pacala 关注了在均匀的栖息地中经历密度依赖死亡的单一物种种群的空间模式形成。其次，开发一种模拟模型，来更全面地定义问题，并提供了一个与解析近似结果相比较的基准。Bolker 和 Pacala (1997) 使用了一种空间显含的、随机的模拟模型，但不完全是基于个体的。再次，开发解决问题的解析模型。事实上，可以使用不同程度的简化开发不止一个解析模型。Bolker 和 Pacala 只使用了空间结构的平均场近似、第二矩的近似和对第二矩近似的简化来发展并比较了解析模型；Levin 和 Durrett (1996) 同样地比较了平均场和第二矩的近似。最后，开展实验（使用第 9 章中讨论的技术）来比较解析模型与模拟模型的行为。例如，Bolker 和 Pacala (1997) 通过检验植物平衡密度以及密度的空间协方差如何随着控制密度的参数的变化来比较他们的模型。由此可以得出解析模型多大程度上近似于模拟模型的结论，从而解决最初的生态学问题。

Flierl 等 (1999) 研究了另一个基于个体模型的解析近似，他们关注了海洋生物的集群现象。我们将对模型进行详细的描述，因为它与第 6.2 节中提到的群居生活（如鱼群和社会性动物）的个体模型非常相似。

Flierl 等人用了一个基于个体的模型作为模拟模型的基准。在这个模型中，每个个体 i 是由它的位置 x_i 和速度 v_i 所决定的，其中 v_i 的变化归因于加速度 a_i：

$$\delta x_i = v_i \delta t + \delta X_i$$

$$\delta v_i = a_i \delta t + \delta V_i$$

δV_i 表示速度的随机变化。加速度驱动速度接近偏好速度 V：

$$a_i = \alpha (V - v_i)$$

我们可以对偏好速度做出不同的假设。例如，动物们可能会试图转移到邻居更密集的地方，用理想速度 V_i 来描述：

$$V_i = \sum W_1(x_j - x_i)$$

此处 W_1 是加权函数：

$$W_1(z) = \begin{cases} Vz(1 - z \cdot z) & |z| < 1 \\ 0 & |z| > 1 \end{cases}$$

对 W_1 而言，生成的群组是非常紧凑的。另一种加权函数也可以用来描述短距离内个体之间的相互排斥作用：

$$W_2(z) = \begin{cases} 3.3 Vz(1 - z \cdot z)\left(z \cdot z - \dfrac{1}{4}\right) & |z| < 1 \\ 0 & |z| > 1 \end{cases}$$

Flierl 等 (1999) 模拟了这些和其他简单的基于个体的模型，并展示了聚集是如何形成和移动的。

这个基于个体的模型的解析近似从一个简单的簿记方程（bookkeeping

equation）开始，该方程描述了个体密度 ρ 如何随个体之间的合并和分开 J 而变化：

$$\frac{\partial}{\partial t}\rho = -\nabla \cdot J \tag{11.1}$$

很明显，J 的最佳模型不仅是密度的函数，其还依赖于针对个体位置的概率分布的形状。因此，在具有聚集行为的群居动物中，个体的空间分布不能仅靠密度 ρ 来解释。

Flierl 等（1999）采用了以下策略来解决这个问题：他们假设密度和邻体的联合概率之间存在一种特定的关系，例如，邻体的分布是随机的（Grünbaum 1994）。又或者，可以用 IBM 的模拟来度量符合实际的关系。假设邻体随机分布在很多情况下都是不现实的，但是如果邻域相对于个体间的平均间距而言很大，并且个体的行为响应具有足够的随机性，那么这个假设就是可行的。

Flierl 等（1999）的解析近似是相当复杂的，衍生自统计物理学的各种假设和技术。在方程 11.1 中插入 J 的表达式，然后得到这个方程的数值解，从而得到了随时间变化的有机体的密度 ρ。得到的结果与基于个体的模型的输出相当吻合，尽管在群体的合并和分开的时间上存在一些差异。Flierl 等人也为群体大小的分布推导出了解析近似。当群组大小分布很快趋于稳定、群组合并和分开的平均速率能够被定义为群组大小的函数时，这种近似就是可行的（Fahse 等人 1998 年基于云雀个体的集群模型是一个类似的例子；第 6.6.3 节）。

Flierl 等人的例子和这一节中提到的其他的近似研究表明，解析近似至少可以抓住简单的基于个体的模型的基本特征。强大且易于使用的近似法可能非常有用，但是这些方法如同基于个体的模型一样，还处于初级阶段。目前，大多数近似方法都要求具备扎实的数学功底。同时还受到如下事实的限制：即使对于物理学中的许多问题（如流体湍流、复杂行为和数字电路）而言，这些技术也不具备可操作性。我们期望看到解析技术的进一步发展，以及如何应用它们去解决涉及个体与环境相互作用的重要生态问题。

11.5　使用解析模型来理解和分析基于个体的模型

在本节中，我们将讨论解析模型的一些优点，如，更全面的理解、易于交流和普适性，可以在 IBE 中获得而无须实际去执行解析模型。基于个体的生态学家可以从解析模型建模者那里获得一些有用的东西：系统水平上的概念，简化模型的框架，以及用于分析模型的数学知识。

11.5.1 采用系统水平上的概念

即使是设计良好的、简化的 IBM 也可能包含着太多的信息，以至于很难去理解系统水平上的现象是如何涌现的。相反，解析模型是专门用来思考和解释系统水平行为的。经典理论生态学包含了许多关于种群行为及其成因的概念，这些概念可以帮助我们理解基于个体的模型中的种群行为。

山毛榉森林模型 BEFORE 就是一个例子（6.8.3 节；Rademacher et al. 2004）。不管最初条件是什么，在 BEFORE 中总是会出现典型的马赛克森林结构模式（Neuert 1999）。此外，这种森林结构模式对种群结构参数的变化相当稳健。是什么导致了这种稳健性，某种平衡？解析模型和经典生态学的系统水平上的概念提供了一个强有力的线索：从最简模型我们了解到，负反馈循环常常会导致局部或全局的平衡。在局域尺度上，森林中存在着这样的反馈循环：上层林冠树木的出现会遮蔽次级林冠中较年轻的树木，增加了它们的死亡率（Neuert 1999）。这种在更新和存活之间的负反馈，在一定程度上导致了森林结构准平衡状态的出现。从解析建模中我们了解到的负反馈循环（或其他情况下的正反馈循环）有助于我们快速了解森林稳健性的内在原因。

当分析基于个体的模型时，我们应当牢记其他系统水平上的概念，包括集合种群中灭绝阈值的存在（Bascompte and Solé 1998），环境噪声对小种群存活的重要性（Wissel et al. 1994），扰动强度和物种多样性之间的关系（Connell 1978），群落中复杂性和群落稳定性之间的关系（May 1973）。认识这些概念是理解复杂模型的一个有效起点，讨论这些概念并将它们放在所有生态学家所熟悉的语境中，常常有助于交流基于个体的模型和它们的结果。

11.5.2 使用解析模型作为简化基于个体模型的框架

用分段的方式简化基于个体的模型，是一种有效的分析技术（第 9.4.4 节）。解析建模法可以作为框架来指导这种分析技术。不同于试图将同一个问题的基于个体的模型和解析模型进行直接比较（第 6.6 节），该想法是一步一步地简化基于个体的模型，了解在每一步中获得的和失去的内容，直到简化到解决相同问题的解析模型。其目的类似于试图从基于个体的模型中提取解析近似（第 11.4 节）：了解基于个体的模型的哪些元素对于某种特定的现象是必需的，以便区分生态"信号"和"噪声"。

这样的简化过程易于实现，可以遵循以下步骤：

- 通过使栖息地同质化来消除空间异质性。

- 通过保持固定的输入来减少随时间的变异，例如，使用恒定的天气条件。
- 通过扩大个体间相互作用的距离来减少局部相互作用的重要性。
- 通过使所有个体都相同而消除个体间的差异。
- 通过从模型进程中删除某个具体的过程，或者将参数归零，从而屏蔽该过程。
- 用确定性过程代替随机性过程。

模拟实验（第 9 章）可以被用来确定模型丧失了哪些功能，从而更好地理解模型，因为每次简化都使模型更接近于一个简单的解析模型。

简化复杂的 IBM 是分析 IBM 的一种有效方式。其中的一个例子就是由 Deutschman 等（1997）用 SORTIE 模型来分析的。SORTIE 是一个基于个体且空间显含的森林模型。SORTIE 详细地描述了 9 种树种的生长、死亡和更新。例如，生长依赖于局部的光资源，这是由基于邻近树木和太阳运动的阴影子模型来决定的。SORTIE 的目的是了解在不同的扰动、砍伐策略和多变的气候条件下森林的组成和结构。

首先，Deutschman 等人对整个模型进行了初始模拟，对比有干扰和没干扰的情境（周期性皆伐）。其主要结果是，未受干扰的森林主要是耐阴的山毛榉占优，而在受干扰的森林中黄桦则更为丰富。然后，作为模型全面深入分析的一部分，Deutschman 等人采用了两种简化的方式，使得 SORTIE 更像一个经典的解析模型。首先，通过用整片森林的平均可用光来取代每棵树的局部可用光，并通过使幼苗的分布全局化和随机化，从而消除了空间因素的影响。其次，过程和参数的数量急剧减少。在 SORTIE 中，这 9 个树种的每一个都有 10 个参数，它们控制着 6 个关键性状。主成分分析（PCA）表明，有两个因素解释了总变异量的 69%。这两个因素具有非常明显的生物学意义：耐阴性和生长策略。然后将包含所有性状的模拟简化为只包含这两个因素，进而与初始模拟进行比较。

在没有空间信息的"平均场"森林中，生物量大大降低，竞争排斥加速。在有干扰的情形下，黄桦完全消失了。因此，空间关系对于初始模拟结果的解释是必不可少的。基于简化的、主成分分析定义的物种性状的模拟结果与未受干扰的情况下初始模型的结果非常相似。但加入干扰未能重现黄桦的主导地位。Deutschman 等（1997）得出结论，主成分分析本身表明了基于个体的模型是可以被简化的，但物种性状的简化未能重现出完整模型的基本特征。两个主成分因子所无法解释的参数空间中 30% 的变异被证明具有"强烈的动态信号"。因此，自然发育的森林动态对每个物种的性状都是敏感的——至少在 SORTIE 中是这样的。

我们从基于个体的模型中删除细节，并检查这些细节是否对系统水平上的现象至关重要。这种简化不是为了将其简化为解析模型，我们没有获得新的基于个体模型的解析近似，但是在基于个体的模型向简单解析模型的逐渐简化过程中，我们对获得和失去的东西有了更多的了解。

11.5.3　使用解析构架来分析基于个体的模型

简单的解析模型提供了一种评估复杂模拟模型的综合方法，因为解析模型使用的是通用的、众所周知的、且易于理解的基础数学构架。我们分析基于个体的模型的一个方法就是看看它的种群水平动态是否类似于洛特卡-沃尔泰勒方程和随机漫步模型这类我们熟悉的模型所产生的动态。同样，这个想法并不是要在解析模型中估计基于个体的模型的动态；相反，这里的问题是基于个体模型的动态是否包含了解析建模中常见的数学特性。如果是，就可以利用从解析建模中学到的知识，来更好地理解基于个体的模型。

我们已经在 6.6.3 节中介绍了应用此类方法的例子。Fahse 等（1998）开发了一个基于个体的模型来研究云雀的搜索和群集策略。在完全基于生物学考量的基础上建立了自下而上的模型后，Fahse 等人随后分析了它的种群水平动态是否遵循了解析建模中的某种数学结构。分析发现，基于个体的模型实际上拥有与逻辑斯蒂方程类似的内在动态特性，这一发现极大地提高了我们对基于个体的模型的理解。

第二个例子是，用解析数学知识来理解自下而上的小种群随机模拟模型，这类小种群随机模型经常用于种群的生存力分析。在这类模型中，持续性和生存力是需要被分析的基本变量。然而对于如何量化持续性和生存能力，特别是在模拟模型中，还没有达成共识。比如说，1000 次模拟中的算术平均灭绝时间可能会因为初始条件的不同而有偏差；因灭绝时间的分布不是正态的，所以物种灭绝时间的中位数有时要比平均值更好；生存力——在一定时间范围内，种群灭绝的可能性是否足够低——比灭绝时间更有意义，但是所涉的时间范围和灭绝风险高低的选择是主观的。

然而，有人发现一个常见的解析结构形式，即一阶马尔可夫过程，揭示了一个灭绝过程的底层结构形式（Wissel et al. 1994；Grimm and Wissel 2004）。在这样一个马尔可夫过程中，种群的当前变化只取决于种群的现状，而不是种群的早期阶段。因此，种群动态被描述为缺乏"记忆"。我们稍后会讨论为什么这个假设没有它看起来的那么有局限性。考虑到一个有 n 个个体的种群，其中在时间 t 时 n 个个体的概率 $P_n(t)$ 是由所谓的主方程所决定的（马尔可夫过程的出生和死亡）：

$$\frac{dP_n(t)}{dt} = b_{n-1}P_{n-1}(t) + d_{n+1}P_{n+1}(t) - b_nP_n(t) - d_nP_n(t) \qquad (11.2)$$

这个方程包含了概率 $d_n dt$ 和 $b_n dt$，即在无穷小的时间间隔 dt 中，种群大小 n 分别（随着死亡）降低或（随着出生）增加一个个体的概率。对于出生和死亡率 b_n 和 d_n 来说，可以选择多个子模型，但是这个选择与接下来的考虑无关。公式 11.2 可以通过三对角转移矩阵 A 重写，其中矩阵元素 $A_{n,m}$ 由 b_n 和 d_n 所定义：

$$\frac{dP_n(t)}{dt} = \sum_m A_{n,m}P_m(t)$$

其中 m 取值从 1 到种群的环境容纳量。经过一段时间 t，灭绝概率 $P_0(t)$ 近似等于：

$$P_0(t) = 1 - c_1\exp(-\omega_1 t) \qquad (11.3)$$

此处 ω_1 是转移矩阵 A 的第一个特征值，且 c_1 是初始条件下 P_n（$t=0$），对应左特征向量的内积。方程 11.3 描述了灭绝可能性与时间的关系，所使用两个常数，c_1 和 ω_1，都有明确的生态学意义。该结构为一般化方法提供了基础：① 从模拟中找到两个常量值并且② 检验方程 11.3 是否适用于特定的模拟模型。

这个方法非常简单。种群在仿真模型中重复不断地运行至灭绝。于是，时间 t 时的灭绝概率 $P_0(t)$ 就是由仿真种群在时间 t 时灭绝的数量和总运行数的比率决定的。方程 11.3 可以重写为：

$$-\ln(1-P_0(t)) = -\ln(c_1) + \frac{t}{T_m}$$

将 $-\ln(1-P_0(t))$ 相对于时间 t 作图就会得到一条直线。其中时间 T_m 定义为：

$$T_m = \frac{1}{\omega_1}$$

常数 c_1 可由 y 轴的截距 $-\ln(c_1)$ 得到，并且特征时间 T_m 由直线斜率的倒数给出。Grimm 和 Wissel（2004）发现，T_m 是灭绝的平均时间，且不依赖于初始条件，就像矩阵模型中的种群内禀增长率不依赖于种群的初始状态一样。因此，T_m 可以被称为"内禀平均灭绝时间"。另一方面，c_1 反映了初始条件。结果表明，c_1 可以被解释为一个种群达到所谓的"建立阶段"的概率，它由种群状态变量（包括种群大小）的半稳态波动以及灭绝的短期概率所描述，是一个等于 $1/T_m$ 的常数。

$\ln(1-P_0)$ 与时间的关系图已经被用于各种各样的随机模拟模型中（图 11.1）。任何情况下这个图都是线性的，这反映了方程 11.3 的基本形式。即使是对于那些可能违反马尔可夫假设（系统没有"记忆"）的复杂模型，比如，有年龄结构或演替的模型而言，这个图也依然出乎意料地管用。然而，如果模型里有这种包含记忆的状态变量的话，种群动态中可能的记忆效应也可以由马尔可夫过程来描述。典型的例子包括了年龄、体重、大小，或者其他适合的协

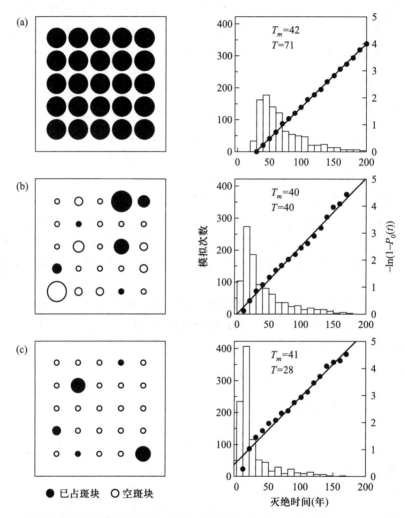

图 11.1 应用于不同初始条件下的集合种群模型的 $\ln(1-P_0)$ 图（Stelter et al. 1997）。左半边部分显示了种群和景观的初始状态（斑块；斑块的容纳量范围是 5~30 个个体，由斑块符号大小来表示）。（a）所有斑块都被占据并且具有最大的容纳量。（b）中等初始状态。（c）非常差的初始状态。右半边部分显示了模型 1000 次重复模拟仿真中，平均灭绝时间 T 的相应分布，$\ln(1-P_0)$ 图，以及平均内禀灭绝时间 T_m 与初始条件无关。注意，该模型包括环境变化和扰动，斑块的容纳量不是静态的，但是可能在扰动后达到最大值，然后由于演替而线性下降。（资料来源：修改自 Grimm and Wissel 2004）。

变量。如果这些额外的状态变量承载了种群早期阶段的记忆，那么马尔可夫过程的基本假设，即当前变化只取决于当前状态，仍然可以使用。Grimm 和 Wissel（2004）讨论了 $\ln(1-P_0)$ 图的理论和实践意义。

我们可以从这些例子中学到，自下而上模型的种群水平动态可能存在着很难直接理解的潜在数学结构形式。简单模型更清楚地揭示了这种结构形式，并且可以为寻找什么样的结构以及如何使用这种潜在的结构提供思路。但是请注意，我们这里讨论的是基础的数学结构形式，而不是特定的模型。方程 11.3 中所包含的基本数学结构形式独立于为出生和死亡所选择的特定子模型。我们可以将最简模型看作是一般性结构和机制的展示，并在基于个体的模型中寻找这些特性。有时我们可能会发现同样的结构形式，但如果没有，也不足为奇。

11.6　总结与讨论

解析建模无疑是生态学的一个基本工具。这种方法对大多数的基本科学问题产生了深远的影响，也许它最大的好处就是数学的普适性，数学是科学问题及其解决方案的语言。因此，每当生态学家解决新问题时，他们就应该考虑解析建模是否现实可行。当问题涉及个体之间相互作用和与环境的相互作用时，这个问题的答案通常是"否"——这就是为什么基于个体的模型存在的原因。但是如果答案是"是"，或者甚至是"可能"，那么就应该试一试解析模型。

因为基于个体的模拟仿真已经成为生态学的另一种工具，使用这两种方法的用户之间（但很自然地）出现了冲突。最好的情况，许多生态建模者和理论生态学家认为，基于个体的模型和解析模型是完全不同的工具，可以用来解决完全不同的问题。这种观点在很大程度上是正确的，但也并非完全正确。我们希望通过这一章使大家了解到，这两种方法之间有存在着有效的重合，而不是冲突。许多基于个体的模型都是种群模型，因此我们应该期望种群分析建模的长期传统能够为发展和分析基于个体的模型提供帮助。特别是，基于个体的生态学家应该尝试借用解析建模的一些关键优势：简化技术，以及众所周知的种群水平上的概念和数学结构形式。如此这般，将有助于我们更快更全面地了解基于个体的模型，并有助于我们与其他生态学家进行模型和结果的交流。

任何科学家都应感谢更加多样化的工具，以及对复杂问题多样的看法。基于个体的方法和解析的方法都有各自的倾向，如果不加控制的话，它们就会产生徒劳的效果：解析模型倾向于注重数学兴趣而忽视了生态相关性，而基于个体的模型则倾向于过分关注细节，从而让人难以理解。不断地相互借鉴有助于这两种方法向更好的方向发展。

第 12 章 对基于个体的生态学的总结和展望

> 新工具不仅增加了解决老问题的方法，也改变了这些问题的本质，并且在最极端的情况下，可能会揭示新的问题，从而开启系统性的探索。

——Ezequiel Di Paolo，Jason Noble and Seth Bullock，2000

12.1 引言

在前言和第1章中，我们解释了写这本书的原因：建立一个有效且清晰的框架来使用基于个体的建模，一种我们称之为"基于个体的生态学"的生态学新方法。基于个体的生态学的策略要素包括了良好建模的基本原则（第2章），"面向模式"的建模（第3章），理论方法（第4章），和基于个体角度的建模系统的概念性框架（第5章）。在第6章中，我们用超过30个基于个体的模型实例介绍了如何进行基于个体的生态学研究以及从该方法中学到了什么。然后，在第7章到第10章，我们进入了"引擎室"，讨论了基于个体的模型的四个重要的技术方面的问题：设计（第7章）、软件（第8章）、模型分析（第9章）和模型交流（第10章）。在第11章中，我们讨论了传统解析建模方法与IBE之间的关系。

现在，在最后一章中，我们是时候从"引擎室"里走出来，回到策略层面了。我们或多或少地已经传达出了清晰有效的基于个体建模的主要元素，并教会了读者如何操作"发动机"：如何设计、执行、分析和交流基于个体的模型。但是，这艘新的基于个体的生态学研究的航船将把我们带到何处？我们该学些什么课程，以及我们在航行中会学到些什么？我们的探险与更传统的生态学方法所做的有何不同？而且，当奋力前进时，我们对生态学，甚至对科学有什么贡献呢？

为了绘制我们预想的航线，本章首先讨论了可以用基于个体的生态学来解决的问题，以及基于个体的生态学与传统生态学方法的不同之处。然后，讨论了基于个体的生态学在复杂性科学的大背景下所扮演的角色。最后，出于兴趣，我们走马观花地看看未来的个体生态学实验室，去看看谁在那里工作，以及他们在做些什么。所有这一切的一个主要目的是要强调我们在第 1 章开始时说的一个观点：基于个体的模型是一种能从根本上解决生态学问题的工具——无论是理论问题还是应用问题。基于个体的模型本身并不是一个终点，而是一个过程的一部分，通过这个过程我们可以对生态模式进行机制性的理解，并解决我们所面临的紧迫的环境问题。

12.2　我们为什么需要基于个体的生态学？

基于个体的生态学是从个体和它们行为的角度出发的生态学，但是基于个体的生态学仍然是生态学，就像一般生态学一样面对着同样的问题。生态学一个被广泛接受的定义（Krebs 1972；但是请参见 Peters 1991）是生态学试图发现并解释生物体的分布模式和多度模式。在这个总体框架中存在着大量的分支学科，所有这些子分支学科通过添加限定词缩小了生态学的范围：种群、群落、景观、植物、森林、昆虫、极地、微生物、食物网、集合种群、湿地，等等。

在我们看来，基于个体的生态学不仅仅是添加到这个列表中的一个元素，而是像"生态学"本身一样具有普遍性：生态学的每一个分支学科都可以——有时也应该——以一种以个体为基础的方式来实现。而基于个体的生态学，就像一般性的生态学一样，试图解释分布模式和多度模式。然而从很多方面来讲，基于个体的生态学解决这个基本问题的方法是不同的。第 6 章中的模型实例和研究表明，基于个体的生态学可以用来解决许多"生态学"不能解决的其他问题和难题。

- 系统水平的分布和多度模式是如何从个体间的相互作用以及它们与环境的相互作用中涌现的？
- 不仅仅是多度，种群结构是如何影响生态学的？在基于个体的生态学中，"多度"只被看作是系统的一个简单状态变量，本身不足以解释自身的价值和动态。由于个体是不同的，种群可以由许多个体特征构成：性别、年龄、大小、生活史阶段、社会地位、空间位置等。完全不同的结构可能会导致同样的多度，因此只考虑多度就会忽略对大多数问题来说是非常重要的信息。要真正解释分布和多度模式，我们还必须解释种群结构。在许多基于个体的模型的例子中（例如，林戴胜、土拨鼠、犬类、群居蜘蛛，甚至是 Uchmański、Donalson 和 Nisbet 的假想物种模型），种群都受到了它们的大小、年龄、空间或社会地位的组成的影响。
- 什么机制决定了"分布"？通常，基于个体的生态学告诉我们，这些机制包括了个体的适应性分布和栖息地选择性状，栖息地或地形的结构，以及个体间的相互作用（例如，土拨鼠、林戴胜、猞猁和鳟鱼的个体模型等）。因此，"分布"是个体行为、环境和种群状况的综合结果。

　　● 对植物的多度和分布动态而言，局部相互作用的意义是什么？因为植物是固着的，它们的局部空间构成决定了局部竞争；由于局部竞争而导致的死亡是解释线性自疏轨迹这类普遍模式的关键。

　　● 在群落和生态系统层面上解释多度和分布模式的个体水平过程是什么？解决这类多样性问题需要群落和生态系统模型关注关键物种，而不是关注所有物种。

　　● 我们如何开发和检验具有机制性和结构真实性的管理模型，足以让应用生态学家用其来分析各种各样胁迫因素的影响和应用于不同的情况？相对简单但在个体水平上具有机制性的基于个体的模型，可以解释和预测复杂的种群反应（尤其对于栖息地的改变），而这些反应在种群水平上的模型中被证明是难以捉摸的。

　　● 环境和其他物种（例如，捕食者）如何影响一个物种的行为、生活史和种群动态？基于个体的模型包括了个体完整的生命周期，并且包括了复杂的环境动态。特别是通过使用诸如适应性特征的人工演化等技术，我们甚至可以观察生态系统是如何受到行为策略中的个体差异的影响的。

　　因此，我们需要基于个体的生态学以新颖的方式来解决传统的生态学问题，但我们也需要用它来解决在传统生态学框架中无法提出的新问题（因此，我们在本章的开头用了 Di Paolo 等人的格言）。

12. 3　基于个体的生态学与传统生态学有何不同？

　　现在，大多数生态学家都接受了我们所说的"传统生态学"的训练。我们谈到了基于解析模型（第 11 章）的经典理论生态学，以及受到经典理论生态学强烈影响的经验生态学，例如，在种群研究中虽然统计调查了个体但没有考虑个体的差异。特别是在第三部分中，我们识别出了基于个体生态学不同于传统生态学的技术方法：在基于个体的生态学中，我们的模型使用了多种信息，我们使用了计算机模拟而不是微积分，我们以不同的方式对模型进行检验和分析，并以不同的方式对模型和研究进行交流。但是，与传统生态学不同的是，基于个体的生态学拥有更多基本的、策略性的方法。我们在这里列举了 8 种一般性方式，基于个体的生态学所遵循的这些方式与传统生态学不同。

12.3.1　我们如何应对复杂性

生态学系统一直被视为复杂系统，因为其由许多独特的实体构成，而这些实体受多个过程和相互作用的影响。在模型中直接考虑这种复杂性，不进行任何筛选，这肯定会让人难以理解。传统理论生态学使用数学来筛除复杂性，简化了对生态学系统的描述，直到我们能够使用理论科学的经典工具：解析模型。这种方法意味着对高度综合性的状态变量进行建模，比如多度或产量，并假设这些变量仅依赖于自身和其他综合性的变量，而不是底层的过程（参见11.4 节中所讨论的近似方法）。例如，"密度制约"的意思是，多度的变化速率取决于多度本身——这当然只是一个隐喻，因为多度的变化来自个体行为和它们所处环境对它们的影响（Grimm and Uchmański 2002）。

有了基于个体的生态学，我们可以用一种完全不同的方式来处理复杂性。主要区别在于，我们明确地在不同级别的组织之间进行建模。就像在真实的生态系统中一样，基于个体的生态学中的个体和它们的行为是所有生态现象的本质驱动因素。并没有因为要为简单的动态系统设计概念框架（微分方程）而牺牲掉对独一无二的个体及其完整的生命周期的描述。与此同时，我们关注的并不只是所有个体以及它们的具体行为。相反，我们要寻找解释系统动态和复杂性的个体行为的模型。这种跨层次的方法已经非常成功地模拟了复杂的物理系统：科学家和工程师每天都在使用它来预测宇宙飞船、电子线路和建筑结构的行为。

基于个体的生态学并不是从一开始就忽略了复杂性，而是将简单的理论（或模型）整合到了计算机模型中。然后，我们使用假设检验的实验方法去试图了解个体行为所产生的动态变化（Platt 1964）。但是，我们该用哪些行为的哪些模型来解释生态系统的复杂性呢？答案是面向模式的方法：模式象征了结构和组织，而不是无常的复杂性。不同层级的多重模式是我们的指路明灯：我们在模型中只保留用来重现一组特定模式的过程和行为来筛除复杂性。由此产生的基于个体的模型比传统模型要复杂得多，但是仍然比真正的生态系统更简单、更容易研究。

12.3.2　我们通过研究特定系统从而得到普适认知

在传统生态学中，忽略复杂性的另一个原因是普适性：经典模型试图揭示多度和分布模式背后的一般机制。同任何科学一样，基于个体的生态学的目标当然也是获得一般性的见解，但它必须遵循一种不同的策略，因为复杂性不再被忽视。当我们明确地对待每个个体时，我们必须明确那些通常在经典模型中被隐藏起来的或未明确声明的假设（第 6.6 节）。大多数基于个体的模型都旨在表达真实的物种和系统，或许是为了获得在经典模型中被忽略掉的过程的合理假设，抑或仅仅是为了解决实际问题。如果有人认为特异性是一般性的对立面的话，那么基于个体模型对真实系统的关注可被视作是特异的。但是，如果我们把一般性理解为"应用于一般系统"，那么我们就必须首先开发一个真正的普适模型（或普适认知），我们必须首先有力地证明它至少对某些特定的、真实的系统是有用的和能预测的——而这并非传统理论生态学所关注的。

在基于个体的生态学中，我们遵循叔本华的建议即在特异性中寻求一般性。这里有两种方法可以通过将基于个体的生态学应用于特定系统来寻求普适性。首先，基于个体的生态学的理论开发周期（第 4 章）被用于识别对于模型有用的适应性个体性状的理论。针对这些性状演化的限制，很可能也与类似生物体的类似行为相似，而精心设计的性状理论也能应用于许多别的环境条件。因此，相对于某些行为的诸多理论，例如栖息地的选择，我们更有可能最终获得一个普适理论的工具箱，这些理论可以用于各种各样的物种和系统。工具箱本身可以变成一个需要分析的对象：某种或多种适应性性状的理论中是否存在模式？比如，我们能否辨别一大类的适应性行为，并用类似的方法建模？有许多行为涉及死亡率风险与生长之间的权衡，或许可以用基于适合度的理论来建模。

我们在基于个体的生态学中寻求普适性的第二种方法是寻找我们研究的不同系统的共同特征。当我们将基于个体的模型应用于一个系统时，比起使用传统模型，我们可以更加了解系统的内部结构和过程。我们在以各种方式检验基于个体的模型的过程中学到的东西还能增加我们对所研究系统的认识（第 9 章）。当我们研究更多的系统时，我们就可以用比较的方法来解决一些关于某些系统"组分"重要性的普遍问题，比如环境的多样性和干扰、物候学、结构多样性、能量和营养的摄入等。

12.3.3　行为生态学和种群生态学紧密相连：演化构成一切

生态是由个体行为"造就"的，而反过来个体行为又是由生态通过演化而塑造：对于真实的有机体而言，行为和生态是密不可分的。传统的种群生态学在很大程度上忽视了个体行为，而传统行为生态学往往忽视了生态学的动态。在基于个体的生态学中，我们同时关注了这两个层面，尤其关注了联系这两个层面的相关理论。在基于个体的生态学中，演化通常是该理论背后的关键概念：我们通常可以将生态动力解释为个体为了直接或间接地增加适合度而采取的行为。

12.3.4 建模和实证研究密切相连

野外生态学家非常善于观察系统中个体的行为，以及个体如何适应不断变化的环境。关于个体行为和生态学的经验知识是开发预测性模型和理论的丰富资源，然而却几乎被传统建模完全忽略了，传统建模更多关注数字（例如多度）而不是内涵丰度的过程和结构。在基于个体的生态学中，我们用两种重要的方式来应用经验知识。首先，经验性知识可以直接用于个体性状：我们可以根据具体的实验室研究来开展大规模的观察，甚至可以通过对罕见事件的非正式观察来建立我们的模型。其次，我们使用各种观察到的模式来设计和检验我们的模型和它们所包含的理论（第 12.3.7 节）。这些模式或许可以通过实地考察或受控实验来获取。

12.3.5 环境过程是模型不可或缺的一部分

传统生态学往往把环境多样性和异质性的重要性减小到最低。简单的传统模型将环境效应视为偏离标准环境的"噪声"，虽然承认它的存在但却把它忽略了。在其他种群水平模型中，环境效应只以必须被校准的参数的方式出现。显然，不考虑和解释环境变化和异质性的影响是一个严重的缺陷。首先，这些效应非常普遍；许多种群和群落受到食物供应和死亡风险中的空间和时间变化的影响；自然或人为干扰；以及现在的气候变化。其次，环境效应通常恰恰是我们构建生态模型试图去解决的重要问题：当栖息地消失、外来物种入侵和气候变化时，会发生什么？在基于个体的模型中，我们可以很容易地表达驱动种群的个体和环境之间的局部相互作用，以及个体之间的相互作用。一个基于个体的模型所涌现出来的环境变化的影响就和种群状态所产生的影响一样一目了然。

12.3.6 "理论"与现实世界是分不开的

在传统生态学中，对理论的追求与解决现实世界的问题是不相干的：理论模型非常抽象，因此几乎不能直接应用于管理问题（例如，Suter 在 1981 年讨论了生态系统理论在管理生态系统方面所起的尴尬作用）。相反，我们预想的基于个体的生态学的理论工具箱（第 4 章），就是为了让生态学家能够简单地为管理组装和配置模型，就如同为研究开发模型一样。例如，植物个体如何竞争光资源的理论，可以用来解释自然森林的结构多样性，管理木材的收获，以及预测外来植物入侵的影响。反过来，为管理应用开发基于个体的模型也产生了相应的理论：对于一个用作管理的模型来说，我们必须检验它的个体行为性状，这些性状一旦通过检验，就成了基于个体的生态学理论。

12.3.7　测试和分析是建模的一部分

对模型的检验和分析并不是传统理论生态学重点关注的问题。为了普适性"牺牲"掉了可验证性（Levins 1969）：为了要适用于所有种群，模型被设计得非常一般化，最终导致了结构的缺乏，以至于它们几乎无法做出任何可检验的预测。许多经典的模型都非常简单，因此它们只需要很少的分析即可理解。而大多数基于个体的模型都针对特定的系统，并产生了各种复杂且可检验的结果。因此，对模拟实验进行广泛分析（第 9 章）是一项必要而又有回报的工作。从分析中我们可以学到很多关于基于个体的模型的知识；通过检验它对一系列观察到的模式的预测，可以增强我们对模型预测能力的信心。

12.3.8　科学研究在本质上是跨学科的

传统生态学通常是数学和生物学的交叉；实际上，理论生态学在很大程度上是一个数学活动。基于个体的生态学需要更广泛的专业知识，因为它考虑了被建模系统的更多方面。Mullon 等（2003）描述了一个典型的基于个体的生态学的大型研究项目，该项目试图解决南非西海岸鳀鱼的动态变化问题。由于鳀鱼种群高度依赖于洋流，将流体动力学模型与鳀鱼的个体模型相结合，产生了大量有待分析的数据。因此，这个项目需要鱼类生物学、海洋学、模拟建模和统计方面的专家。总的来说，解决实际系统问题的基于个体的生态学项目需要在野生生物学方面的专业知识来理解系统；需要生理、行为和博物学方面的专业知识来模拟个体；需要物理学或工程学知识以及地理数据来模拟环境；需要用软件工程知识去设计和构建 IBM 的软件；以及需要模型分析知识来最终检验模型，并从模型中学习。对于生态学家来说，在基于个体的生态学领域开展工作可能意味着我们需要比较少的数学知识，而需要更多所研究系统的生物学知识以及更多的模拟建模和软件知识。

12.4　生态学对复杂系统科学有何贡献？

这本书很大程度上借鉴了一门新的科学——复杂适应系统（complex adaptive

systems，CAS）。复杂适应系统运动在过去几十年的发展，始于人们认识到基于经典的数学模型无法捕捉到许多系统的自适应个体的基本动态。生态学家是复杂适应系统研究的先驱之一；生态学早期的基于个体的模型（第 1.4 节）是首批试图寻找有效方法去建模和研究复杂适应系统的工作。现在，专攻复杂系统（如，物理、数学和计算机科学）领域的科学家们来到生物学领域特别是演化生态学中寻找复杂性问题（圣塔菲研究所的一位年轻科学家，专门研究复杂性，他曾经写过一段历史，介绍了物理学家发展出来的不太好的演化理论）。生态学，尤其是目前的基于个体的生态学，对复杂适应系统有什么贡献呢？我们面临着最复杂的问题，但是我们能不能成为解决复杂问题的开拓者呢？

到目前为止，复杂适应系统中的许多理论都有一种"猜测"（what-if）的本质：如果我们任由简单的自适应个体在数字世界里演化，会出现什么样的系统动态？如果我们改变一个个体的性状会涌现什么动态变化呢？基于个体的生态学对复杂性科学的贡献在于解决了"猜测"方法，新方法可以被称为"推测"（if-what）法："如果"观察到真实复杂系统的具体模式，那解释这些模式的个体性状是"什么"呢？"猜测"性的研究对于复杂性科学的起步变得极其重要；经典的复杂适应系统模型，如 Boids（第 6.2.1 节）和 Axelrod（1984，1997）的社会互动模型，使科学界相信复杂和重要的系统行为可以从简单的个体性状中产生。但是，正如我们在第 12.3 节中所指出的，为了开发出复杂系统如何工作的预测理论，科学家们必须要把我们在第二部分和第三部分描述的方法应用到真实系统中去：他们也必须问一些"推测"性的问题。在将个体性状和复杂的系统行为联系起来这个方面，生态学已经取得了比其他大多数复杂科学更大的进步。不仅是在理解复杂系统是如何运作的，而且在学习如何研究复杂系统方面，我们生态学家肯定能够重获领导地位。

12.5 拜访基于个体的生态学实验室

在这本书里，我们已经阐述了我们想要表达的。就像所有的科学著作作者一样，我们希望您能从头到尾读完这本书，向您周围的同事推荐这本书，并决定进入基于个体的生态学研究领域并遵循我们所有的建议。但是，更严肃的问题是：需要考虑越来越多的生态学家使用基于个体的方法的后果。或者，正如我们在这一章的前言中所问的那样：IBE 研究的航船将把我们带往何方？当然，我们还不能准确地回答这个问题。正如马克斯·普朗克（Max Planck）所说：预测是困难的，特别是当它们关乎未来。科学就是探索，因此无论我们发现什么，都将是崭新的和意想不到的。尽管如此，我们还是打算通过想象一下基于个体的生态学或许会变成什么模样，来结束这本书，我们会通过窥视一个虚构的生态实验室来完成这一过程。

现在让我们打开门，进入不太遥远的未来某大学 S 教授的生态实验室。处在主室中心的是会议桌，也是整个房间最重要的部分。靠墙的是研究生的办公桌，桌上堆满了野外设备和一台台连接着计算机集群的显示器，在角落里嗡嗡作响。在其中一张桌子上，一个研究生正在进行模拟软件课程的学习，加上建模入门和编程入门，这三门最核心课程是由生态学系和计算机科学系的教授共同讲授的。

一面墙上的书架上放了本旧版的《IBE 指南》，该指南收集了所有可用的个体行为和环境过程的模型，以及关于每种模型如何在各种环境下进行测试验证的信息。在同一个书架上，有本翻破了的旧版《EcoSwarm 用户手册》，这个软件包括了手册中的所有模型。现在，自从国家科学基金委员会最终决定资助开发这些 IBE 的基本工具后，指南和手册都可以从网上下载，这样科学家们就可以找到相关内容并添加到一个完整的、最新的模型和软件合集里。事实上，S 博士的实验室就对书中的模型和相应的 EcoSwarm 代码做出了很多贡献。最初，她留下了一个软件工程专业的研究生为她工作，但现在生态学专业的学生在软件方面得到了更好的培训，而且新的软件平台更容易使用，当这个软件工程专业的研究生毕业后她没有再招其他的软件工程专业的研究生。

下一个书架上放着《基于个体的生态学杂志》（*Journal of Individual-based Ecology*）的全集，这个杂志只是昙花一现。JIBE 的影响力在几年的时间里迅速增长，但是随着基于个体研究的质量的提高以及研究方法的健全，像 S 博士这样的科学家在主流生态学期刊上发表了越来越多的文章，因此也就不再需要专门的刊物了。在书架底层放着一本破旧而过时的书，即 Grimm 和 Railsback（2004），上面是一堆野外仪器的目录。

在她隔壁的办公室里，S 博士正在为她的基于个体的生态学课程备课。她将讨论植物如何感知和响应潜在的邻体植物竞争，以及这种适应性行为如何影响群落多样性。学生们很感兴趣也很热衷于这门课，因为他们看到了她所教授的理论如何与他们在野外看到的东西产生直接关系。学生们尤其对这些看似十分有趣的、尚未解决的、但很快就能被解决的基于个体的生态学问题非常感兴趣。她的一个学生现在正在使用已发表的数据和现有的基于个体的模型来检验一个新的理论，研究大型食草动物的繁殖力将如何适应栖息地环境的时间变化；这一理论基于之前一个学生开发的方法，该方法模拟了食草动物如何在大范围内选择栖息地。另一名学生正在野外评估可能因栖息地丧失而受到威胁的一种鸟类的适合度元素：死亡风险、觅食和生长以及筑巢的成功如何随着栖息地性状的变化而变化？即使是学生在课堂上开发的简单模型，也常常为老问题提供一个引人入胜的新视角。

但 S 博士发现，是时候去参加她的一个新项目的会议了，该项目旨在评估能够控制外来植物入侵附近国家公园的不同方法。在实验室的会议桌周围坐的是她所组建的团队，这个团队将设计基于个体的模型和构建所要使用的分析方法。国家公园的一位博物学家代表了客户，并提供了关于入侵问题的野外数据和一些轶事。植物学系的一位教授对该公园的本地群落和植物都很熟悉，并计划作为该项目的一部分，开展实验室研究，以确定是否存在一种疑似的化感性状能一定程度上解释入侵。散播种子的风是很重要的，所以 S 博士邀请了一位机械工程系的流体动力学家参加会议，帮助他们决定应该如何模拟当地的风。参加这个项目的研究生准备讨论可以获取或者需要获取哪些远程传感数据。最后，S 博士邀请了一位数学助理教授当顾问，因为他的研究兴趣是有关生物入侵的数学模型。尽管 S 博士仍然不清楚这位数学教授所谓的"扩散核"（dispersal kernels）是什么，但她从之前的项目中了解到，他对于建模的独特看法是富有成效的，并且有助于改进她的基于个体的模型的设计和分析。

随着会议的进行，当公园的博物学家和其他科学家提出一个又一个细节时，S 博士始终保持着缄默，他们认为基于个体的模型中必须包含这些细节从而确保它的真实性——但她知道这些细节中的大部分都必须要被去掉，因为这样才能把模型降低到只包含最基本的结构和过程，这样他们就可以分析模型进而对公园的管理层解释该模型。

最后，会议结束后，S 博士决定骑会儿自行车来理清思绪。当她在繁忙的自行车道上骑车穿过校园时，骑自行车的人出于安全考虑会无意识地聚集在一起，当他们穿过街道时，每一个骑自行车的人都离他们临近的人足够远，以避免撞到彼此。当她到达郊外、交通危险降低时，骑自行车的人就会散开，S 教授最终独自在田野里骑车。她仔细思考了这个新项目，考虑了他们收集的个体植物和自然群落的所有信息和数据。"现在，"她想，"在所有这些信息中，决定模型行为的关键模式是什么呢？"

术 语 表

以下是贯穿全书的术语。其中大多数术语在生态学中有不同的含义，因此我们需要说明如何在基于个体的生态学语境中使用它们。某些术语来自软件工程和复杂适应系统领域。

Action（活动） ——基于个体的模型进程的组成部分。活动由一系列模型目标所组成，实现这些目标的方法由活动执行（例如，个体性状、环境更新、输出），并按顺序处理这些目标。

Adaptive behavior（适应性行为） ——由适应性性状导致的个体行为，这些行为不是强行置入的。因此适应性行为是当性状被执行时，由性状和所处条件同时触发的结果。

Adaptive trait（适应性性状） ——包含有某类主动选择行为的性状，最终选择的行为取决于环境或内在条件。

Agent-based model，ABM（基于主体的模型） ——基于个体的模型在除生态学以外其他研究领域的称呼。"基于主体的模型"相比"基于个体的模型"而言更加广泛和常用。

Behavior（行为），individual behavior（个体行为），system behavior（系统行为） ——在仿真模拟中模型个体或者系统的实际行为。行为是基于个体的模型所产生的结果，而性状是个体用来选择其行为的一系列模型规则。

Classical models（传统模型，经典模型） ——生态学教科书和课程中最常描述的建模方法。传统模型通常在种群水平并且使用解析方程或矩阵来处理建模问题。

Collective（集群） ——在基于个体的模型中一群个体的集合，并且这种集合显示出自身独有的行为（例如，社会团体、鱼群、鸟群）。个体隶属于一个集群并且集群的状态也会影响个体。集群是介于个体和种群之间的组织层级。

Complex adaptive systems，CAS（复杂适应系统） ——由相互作用的有适应性的自主个体所组成的系统，也指对该类系统的科学研究。

Discrete event simulation（离散事件模拟仿真） ——包括基于个体的模型在内的一类建模。与使用系统水平连续变化速率的传统模型不同，离散事件模拟器是将系统行为表现为发生于系统组分的一系列离散时间的模拟仿真模型。

大部分关于离散事件模拟仿真的文献以及软件对基于个体的模型都很有用。

Emergent behavior（涌现行为）——并非是由个体性状所直接导致和表现的系统行为（有时也指由个体间相互作用所导致的个体行为）。相反地，涌现行为是从个体的适应性行为以及它们之间以及与环境之间的相互作用中产生的。如果系统行为① 并非个体特性的简单加总，② 与个体特性类型不同，并且③ 无法直接从个体性状中预测出来，那么该系统行为便被认为是具有涌现性（而非强加）的。

Expected fitness（期望适合度）——对个体未来适合度的评估，用来评估某些适应性性状的决策结果：个体做出决策以期增加期望适合度。任意时刻的期望适合度可能与个体实际的最终适合度关系甚微。

Fitness（适合度）——个体将其基因传递至下一代的可能；在基于个体的模型中，适合度是结果。个体的适合度可以由其存活并繁殖的后代个数来评估；或者由模型模拟仿真中该个体后代占最终种群的比例来评估。

Fitness element（适合度要素）——在直接寻求适合度的性状中，提高适合度所要达到的目标。适合度要素的例子包括将来的存活度、繁殖期的个体大小以及繁殖所需的社会等级。

Fitness measure，completeness，directness（适合度测度，完整性，直接性）——期望适合度的具体模型，用来模拟个体所使用的寻求适合度的适应性行为。个体决策由适合度测度的值所决定。适合度测度描述一个或多个适合度要素是如何取决于不同决策的。适合度测度的完整性随包含的适合度元素数量增加而增加：相比只包括增长的适合度测度，包含了期望适合度随生存率、个体成熟大小以及配偶选择的适合度测度其完整性更高。直接性表明适合度测度能够反映不同决策影响适合度结果的明确程度：例如增加生长的决策相比于增加后代的决策而言就是一个直接性较低的适合度测度。

Fitness-seeking（寻求适合度），direct fitness-seeking（直接寻求适合度），indirect fitness-seeking（间接寻求适合度）——一类适应性性状，表现为个体增加期望适合度的决策。直接寻求适合度的性状假设个体用适合度测度来评估不同的决策。间接寻求适合度的性状被设计用来表现真实个体身上观察到的行为，并且被认为间接作用于适合度。

Formulation（表达）——对模型完整细致的书面描述（软件工程中通常称为"规范"）。

Imposed behavior（施加行为）——可从个体性状预测并由个体性状所决定的系统行为；与涌现行为相对。

Individual（个体）——基于个体的模型中，行为被模拟的基本单位；被模拟的系统是由个体所组成的。"个体"在此是一个建模概念而非生物学概念；有时模型中的个体代表了超个体的集合，或者一个空间单元网格中的所有个体。

Individual-based ecology，IBE（基于个体的生态学）——对生态系统的科学研究，认为生态系统属性是由独特的、独立的个体以及个体与个体、个体与环境间的相互作用所决定的。

Interaction（相互作用），direct interaction（直接相互作用），mediated interaction（间接相互作用），interaction fields（相互作用域）——模型个体间相互联系或相互影响的机制。直接相互作用包括个体间信息的传递或者个体间直接的影响（例如捕食）。间接相互作用是指个体相互之间间接的影响，例如消耗同一类资源。食物竞争是一类很容易被模拟的间接相互作用：通过消耗食物资源，一个个体减少了食物可用性，间接地影响了其他个体。相互作用域代表了一个个体受邻近个体的平均影响或总影响。

Method（方法）——面向对象的软件中执行特定性状或过程的代码块，与非面向对象的软件中的子程序类似。

Observation（观测），observer tools（观测工具）——从基于个体的模型中收集信息和数据的过程；常见的观测包括时空模式的图形显示以及统计汇总的文件输出。观测工具是实现观测的软件工具，例如图形用户界面。

Platform（平台）——将模型转化为可执行代码并运行的编程语言或软件环境。平台包括面向对象或面向过程的编程语言以及不需要过多编程工作但只能建造和运行特定模型的高度集成的软件环境。

Prediction（预测），tacit prediction（隐性预测），overt prediction（显性预测）——在基于个体的模型中个体如何预测决策的结果的方式。隐性预测包括对决策结果简单而含蓄的预测，而显性预测对每个决策都做出明确的预测。

Sensing（感知）——基于个体的模型中个体获取其周围环境和邻体信息的方式。通常需要考虑个体能感知哪些信息（它们"知道"哪些变量）？个体能感知多少信息（从多少邻体或者多远距离获得信息）？所感知的信息到底有多准确？

Schedule（调度），dynamic schedule（动态调度），fixed schedule（固定调度）——在基于个体的模型表达中描述事件发生的先后次序：调度定义了执行的顺序和规则。在模型软件中，调度是定义活动并控制活动执行的代码。固定调度定义了事件是每一步都要执行的，而动态调度允许模型在运行当中再决定活动执行的次数和顺序。

State（状态），state variable（状态变量）——模型不同组分（个体、栖息地、系统）状态的测度，通常可以由单个数字来描述。状态变量是描述模型组分特定状态的变量。典型的个体状态变量有体重、性别、位置；典型的系统状态变量有种群生物量、物种数、死亡率（每一步死亡的个体数）等。

Stochasticity（随机性）——利用伪随机数来表现的过程或性状。过程和性状通常由随机模型来表现：事件是否发生是随机的，但发生的概率是确定的。例如一个个体的死亡是随机的，但是死亡概率与年龄和个体大小相关。随机性常被用于表现那些被认为不太重要的过程，或者未被了解的无法被准确模拟的过程。但是基于个体的模型当中的过程通常不是随机变化的。

Submodel（子模型）——基于个体的模型表达中的一部分，描述一个性状或者过程。基于个体的模型能被分成多个子模型，使得每个过程都能被分别模拟、校准和检验。

Super-individual（超个体）——代表多个个体（假设这些个体有相同的状态和行为）的个体。超个体并不代表自然界中聚集的个体，而是一种模拟大量个体的建模技术。

System（系统）——基于个体的模型中包含的所有个体，可能代表一个种群或者一个群落。系统有着和个体不同的属性，例如多度、死亡率和出生率、多样性以及空间格局。

Theory（理论），IBE theory（基于个体的生态学理论）——在基于个体的生态学中，"理论"是指在已知的生态学范畴内，经过检验的表明对解释系统行为有用的性状。"基于个体的生态学理论"包括了基于个体的模型中所发展出的理论以及发展这些理论的过程。

Trait（性状）——描述个体特定行为的模型。在模型中，性状通常是一系列个体特定时刻下的行为规则或者对特定情况的响应规则；个体由一系列的状态变量和性状来表现。典型的性状包括短期行为（觅食、对捕食者的响应）的模型，表型表达，或者生活史阶段的变化。

参 考 文 献

Adami, C. 2002. Ab initio modeling of ecosystems with artificial life. *Natural Resource Modeling*, 15, 133–146.

Adler, F. R. 1996. A model of self-thinning through local competition. *Proceedings of the National Academy of Sciences of the USA*, 93, 9980–9984.

An, G. 2001. Agent-based computer simulation and SIRS: building a bridge between basic science and clinical trials. *Shock*, 16, 266–273.

Anderson, J. J. 2002. An agent-based event driven foraging model. *Natural Resource Modeling*, 15, 55–82.

Andersson, M. 1994. *Sexual selection*. Princeton, New Jersey: Princeton University Press.

Antonsson, T., & Gudjonsson, S. 2002. Variability in timing and characteristics of Atlantic salmon smolt in Icelandic rivers. *Transactions of the American Fisheries Society*, 131, 643–655.

Aoki, I. 1982. A simulation study on the schooling mechanisms in fish. *Bulletin of the Japanese Society of Scientific Fisheries*, 48, 1081–1088.

Arnold, W., & Dittami, J. 1997. Reproductive suppression in male alpine marmots. *Animal Behaviour*, 53, 53–66.

Arthur, W. B. 1994. *Increasing returns and path dependence in the economy (economics, cognition, and society)*. Ann Arbor, Michigan: University of Michigan Press.

Arthur, W. B., Durlauf, S., & Lane, D. A. (eds). 1997. *The economy as an evolving complex system II*. Reading, Massachusetts: Addison–Wesley.

Auyang, S. Y. 1998. *Foundations of complex system theories in economics, evolutionary biology, and statistical physics*. New York: Cambridge University Press.

Axelrod, R. 1984. *The evolution of cooperation*. New York: Basic Books.

Axelrod, R. 1997. *The complexity of cooperation: agent-based models of competition and collaboration*. Princeton, New Jersey: Princeton University Press.

Axelrod, R., Riolo, R. L., & Cohen, M. D. 2001. Beyond geography: cooperation with persistent links in the absence of clustered neighborhoods. *Personality and Social Psychology Review*, 6, 341–346.

Banks, J. 2000. *Discrete-event system simulation*. Upper Saddle River, New Jersey: Prentice – Hall.

Bart, J. 1995. Acceptance criteria for using individual-based models to make management decisions. *Ecological Applications*, 5, 411–420.

Bartell, S. M., Breck, J. M., Gardner, R. H., & Brenkert, A. L. 1986. Individual parameter perturbation and error analysis of fish bioenergetics models. *Canadian Journal of Fisheries and Aquatic Sciences*, 43, 160-168.

Bascompte, J., & Solé, R. V. 1998. Models of habitat fragmentation. *Pages 127-149 of*: Bascompte, J., & Solé, R. V. (eds), *Modelling spatiotemporal dynamics in ecology*. New York: Springer-Verlag.

Bauer, S., Berger, U., Hildenbrandt, H., & Grimm, V. 2002. Cyclic dynamics in simulated plant populations. *Proceedings of the Royal Society of London B*, 269, 2443-2450.

Bauer, S., Wyszomirski, T., Berger, U., Hildenbrandt, H., & Grimm, V. 2004. Asymmetric competition as a natural outcome of neighbour interactions among plants: results from the field-of-neighbourhood modelling approach. *Plant Ecology*, 170, 135-145.

Beckmann, N., Kriegel, H. P., Schneider, R., & Seeger, B. 1990. The R* tree: an efficient and robust access method for points and rectangles. *Pages 322-331 of*: *Proceedings of the 1990 ACM SIGMOD International Conference on Management of Data*, *SIGMOD Record 2*. New York: ACM Press.

Begon, M., Firbank, L., & Wall, R. 1986. Is there a self-thinning rule for animal populations? *Oikos*, 46, 122-124.

Begon, M., Harper, J. L., & Townsend, C. R. 1990. *Ecology: individuals, populations and communities*. Oxford: Blackwell.

Beissinger, S. R., & Westphal, M. I. 1998. On the use of demographic models of population viability in endangered species management. *Journal of Wildlife Management*, 62, 821-841.

Belew, R. K., Mitchell, M., & Ackley, D. H. 1996. Computation and the natural sciences. *Pages 431-440 of*: Belew, R. K., & Mitchell, M. (eds), *Adaptive individuals in evolving populations*. SFI Studies in the Sciences of Complexity, Vol. XXVI. Reading: Addison-Wesley.

Bender, C., Hildenbrandt, H., Schmidt-Loske, K., Grimm, V., Wissel, C., & Henle, K. 1996. Consolidation of vineyards, mitigations, and survival of the common wall lizard (*Podarcis muralis*) in isolated habitat fragments. *Pages 248-261 of*: Settele, J., Margules, C., Poschlod, P., & Henle, K. (eds), *Species survival in fragmented landscapes*. Dordrecht: Kluwer.

Beres, D. L., Clark, C. W., Swartzman, G. L., & Starfield, A. M. 2001. Truth in modeling. *Natural Resource Modeling*, 14, 457-463.

Berger, U., & Hildenbrandt, H. 2000. A new approach to spatially explicit modelling of forest dynamics: spacing, ageing and neighbourhood competition of mangrove trees. *Ecological Modelling*, 132, 287-302.

Berger, U., & Hildenbrandt, H. 2003. The strength of competition among individual trees and the biomass-density trajectories of the cohort. *Plant Ecology*, 167, 89-96.

Berger, U., Wagner, G., & Wolff, W. F. 1999. Virtual biologists observe virtual grasshoppers: an assessment of different mobility parameters for the analysis of movement patterns. *Ecological Modelling*, 115, 119-128.

Bernstein, C., Kacelnik, A., & Krebs, J. R. 1988. Individual decisions and the distribution of predators in a patchy environment. *Journal of Animal Ecology*, 57, 1007-1026.

Bissonette, J. A. 1997. Scale-sensitive ecological properties: historical context, current meaning. *Pages 3-31 of*: Bissonette, J. A. (ed), *Wildlife and landscape ecology: effects of pattern and scale*. New York: Springer.

Bjørnstad, O. N., Fromentin, J. M., Stenseth, N. C., & Gjøsæter, J. 1999. Cycles and trends in cod populations. *Proceedings of the National Academy of Sciences of the USA*, 96, 5066-5071.

Blackmore, S. 1999. *The meme machine*. Oxford: Oxford University Press.

Blasius, B., Huppert, A., & Stone, L. 1999. Complex dynamics and phase synchronization in spatially extended ecological systems. *Nature*, 399, 354-359.

Bolker, B. M., & Pacala, S. W. 1997. Using moment equations to understand stochastically driven spatial pattern formation in ecological systems. *Theoretical Population Biology*, 52, 179-197.

Bolker, B. M., & Pacala, S. W. 1999. Spatial moment equations for plant competition: understanding spatial strategies and the advantages of short dispersal. *American Naturalist*, 153, 575-602.

Bolker, B. M., Deutschman, D. H., Hartvigsen, G., & Smith, D. L. 1997. Individual-based modelling: what is the difference? *Trends in Ecology and Evolution*, 12, 111.

Bolker, B. M., Pacala, S. W., & Levin, S. A. 2000. Moment methods for ecological processes in continuous space. *Pages 388-411 of*: Dieckmann, U., Law, R., & Metz, J. A. J. (eds), *The geometry of ecological interactions: simplifying spatial complexity*. Cambridge: Cambridge University Press.

Booth, G. 1997. Gecko: A continuous 2-D world for ecological modeling. *Artificial Life Journal*, 3, 147-163.

Bossel, H. 1992. Real-structure process description as the basis of understanding ecosystems and their development. *Ecological Modelling*, 63, 261-276.

Bossel, H. 1996. TREEDYN3 forest simulation model. *Ecological Modelling*, 90, 187-227.

Botkin, D. B. 1977. Life and death in a forest: the computer as an aid to understanding. *Pages 3-4 of*: Hall, C. A. S., & Day, J. W. Jr. (eds), *Ecosystem modeling in theory and practice: an introduction with case histories*. New York: John Wiley and Sons.

Botkin, D. B. 1993. *Forest dynamics: an ecological model*. Oxford, New York: Oxford University Press.

Botkin, D. B., Janak, J. F., & Wallis, J. R. 1972. Some ecological consequences of a computer model of forest growth. *Journal of Ecology*, 60, 849-872.

Brang, P., Courbaud, B., Fischer, A., Kissling-Naf, I., Pettenella, D., Schönenberger, W., Spörk, W., & Grimm, V. 2002. Developing indicators for sustainable management of mountain forests using a modelling approach. *Forest Policy and Economics*, 4, 113-123.

Breckling, B., & Mathes, K. 1991. Systemmodelle in der Ökologie: Individuen-orientierte und kompartiment-bezogene Simulation, Anwendung und Kritik. *Verhandlungen der Gesellschaft für*

Ökologie, 19, 635–646.

Breckling, B., & Reuter, H. 1996. The use of individual based models to study the interaction of different levels of organization in eclogical systems. *Senckenbergiana maritima*, 27, 195–205.

Breitenmoser, U., Breitenmoser-Würsten, C., Okarma, H., Kaphegyi, T., Kaphegyi-Wallmann, U., & Müller, U. M. 2000. *The action plan for the conservation of the eurasian lynx* (Lynx lynx) *in Europe*. Tech. rept. Nature and Environment, No. 112. Council of Europe.

Briggs, C. J., Sait, S. M., Begon, M., Thompson, D. J., & Godfray, H. C. J. 2000. What causes generation cycles in populations of stored-product moths? *Journal of Animal Ecology*, 69, 352–366.

Bruun, C. 2001. Prospect for an economic framework for Swarm. *In*: Luna, F., & Perrone, A. (eds), *Agent-based methods in economics and finance: simulations in Swarm*. Kluwer Academic Publishers.

Bull, C. D., Metcalfe, N. B., & Mangel, M. 1996. Seasonal matching of foraging to anticipated energy requirements in anorexic juvenile salmon. *Proceedings of the Royal Society of London B*, 263, 13–18.

Burgman, M. A., & Possingham, H. P. 2000. Population viability analysis for conservation: the good, the bad and the undescribed. *Pages 97–112 of*: Young, A. G., & Clarke, G. M. (eds), *Genetics, demography and viability of fragmented populations*. Cambridge: Cambridge University Press.

Burgman, M. A., Ferson, S., & Akcakaya, H. R. 1993. *Risk assessment in conservation biology*. London: Chapman and Hall.

Burnham, K. P., & Anderson, D. R. 1998. *Model selection and inference: a practical information-theoretic approach*. New York: Springer.

Camazine, S., Deneubourg, J.-L., Franks, N. R., Sneyd, J., Theraulaz, G., & Bonabeau, E. 2001. *Self-organization in biological systems*. Princeton, New Jersey: Princeton University Press.

Carter, J., & Finn, J. T. 1999. MOAB: a spatially explicit, individual-based expert system for creating animal foraging models. *Ecological Modelling*, 119, 29–41.

Casagrandi, R., & Gatto, M. 1999. A mesoscale approach to extinction risk in fragmented habitats. *Nature*, 400, 560–562.

Casti, J. L. 1998. *Would-be worlds*. New York: John Wiley and Sons.

Caswell, H. 1988. Theory and models in ecology: a different perspective. *Ecological Modelling*, 43, 33–44.

Caswell, H. 2001. *Matrix population models: construction, analysis and interpretation*. Sunderland, Massachusetts: Sinauer.

Chitty, D. 1996. *Do lemmings committ suicide? A beautiful hypothesis and ugly facts*. New York: Oxford University Press.

Claessen, D., De Roos, A. M., & Persson, L. 2000. Dwarfs and giants: cannibalism and competition in size-structured populations. *American Naturalist*, 155, 219–237.

Clark, C. W., & Mangel, M. 2000. *Dynamic state variable models in ecology*. New York: Oxford University Press.

Clark, M. E., & Rose, K. A. 1997. Individual-based model of stream-resident rainbow trout and brook char: model description, corroboration, and effects of sympatry and spawning season duration. *Ecological Modelling*, 94, 157–175.

Cohen, M. D., Riolo, R. L., & Axelrod, R. 2001. The role of social structure in the maintenance of cooperative regimes. *Rationality and Society*, 13, 5–32.

Connell, J. H. 1978. Diversity in tropical rain forests and coral reefs. *Science*, 199, 1302–1310.

Cornforth, D., Green, D. G., Newth, D., & Kirley, M. 2002. Do artificial ants march in step? Ordered asynchronous processes and modularity in biological systems. *Pages 28–32 of*: Standish, R. K., Bedau, M. A., & Abbass, H. A. (eds), *Artificial Life VIII*. MIT Press (available at: http://parallel.hpc.unsw.edu.au/complex/alife8/proceedings.html).

Corten, A. 1999. A proposed mechanisms for the Bohuslän herring periods. *ICES Journal of Marine Sciences*, 56, 207–220.

Cosgrove, D. J., Gilroy, S., Kao, T., Ma, H., & Schultz, J. C. 2000. Plant signalling 2000. Cross talk among geneticists, physiologists, and ecologists. *Plant Physiology*, 124, 499–505.

Cowell, R. G., David, A. P., Lauritzen, S. L., & Spiegelhalter, D. J. 1999. *Probabilistic networks and expert systems*. New York: Springer.

Crawley, M. J. 1990. The population dynamics of plants. *Philosophical Transactions of the Royal Society of London B*, 330, 125–140.

Crick, F. 1988. *What mad pursuit*. New York: Basic Books.

Crone, E. E., & Taylor, D. R. 1996. Complex dynamics in experimental populations of an annual plant, *Cardamine pennsylvanica*. *Ecology*, 77, 289–299.

Czárán, T. 1984. A simulation model for generating patterns of sessile populations. *Abstracta Botanica*, 8, 1–13.

Czárán, T. 1998. *Spatiotemporal models of population and community dynamics*. New York: Chapman and Hall.

Czárán, T., & Bartha, S. 1989. The effect of spatial pattern on community dynamics: a comparison of simulated and field data. *Vegetatio*, 83, 229–239.

Czárán, T., & Bartha, S. 1992. Spatiotemporal dynamic models of plant populations and communities. *Trends in Ecology and Evolution*, 7, 38–42.

de Roos, A. M., McCauley, E, & Wilson, W. G. 1991. Mobility versus density-limited predator–prey dynamics on different spatial scales. *Proceedings of the Royal Society of London B*, 246, 117–122.

Dean, W. R. J. 1995. *Where birds are rare or fill the air: the protection of the endemic and nomadic avifaunas of the Karoo*. Ph. D. thesis, University of Cape Town.

DeAngelis, D. L. 1992. *Dynamics of nutrient cycling and food webs*. London: Chapman and Hall.

DeAngelis, D. L., & Gross, L. J. (eds). 1992. *Individual-based models and approaches in ecology: populations, communities and ecosystems.* New York: Chapman and Hall.

DeAngelis, D. L., & Mooij, W. M. 2003. In praise of mechanistically-rich models. *Pages 63–82 of:* Canham, C. D., Cole, J. J., & Lauenroth, W. K. (eds), *Models in ecosystem science.* Princeton, New Jersey: Princeton University Press.

DeAngelis, D. L., Cox, D. K., & Coutant, C. C. 1979. Cannibalism and size dispersal in young-of-the-year largemouth bass: experiment and model. *Ecological Modelling*, 8, 133–148.

DeAngelis, D. L., Barnthouse, L. W., Van Winkle, W., & Otto, R. G. 1990. A critical appraisal of population approaches in assessing fish community health. *Journal of Great Lakes Research*, 16, 576–590.

DeAngelis, D. L., Rose, K. A., & Huston, M. A. 1994. Individual-oriented approaches to modeling ecological populations and communities. *Pages 390–410 of:* Levin, S. A. (ed), *Frontiers in mathematical biology.* New York: Springer.

DeAngelis, D. L., Mooij, W. M., & Basset, A. 2003. The importance of spatial scale in the modeling of aquatic ecosystems. *Pages 383–400 of:* Seuront, L., & Strutton, P. G. (eds), *Handbook of scaling methods in aquatic ecology: measurement, analysis, simulation.* Boca Raton, Florida: CRC Press.

den Boer, P. J., & Reddingius, J. 1996. *Regulation and stabilization paradigms in population ecology.* London: Chapman and Hall.

Deutschman, D. H., Levin, S. A., Devine, C., & Buttel, L. 1997. Scaling from trees to forests: analysis of a complex simulation model. *Science*, 277, 1688 (available at: http://www.sciencemag.org/feature/data/deutschman/index.htm).

Di Paolo, E. 2000. Ecological symmetry breaking can favour the evolution of altruism in an action-response game. *Journal of Theoretical Biology*, 203, 135–152.

Di Paolo, E. A., Noble, J., & Bullock, S. 2000. Simulation models as opaque thought experiments. *Pages 497–506 of:* Bedau, M. A., McCaskill, J. S., Packard, N. H., & Rasmussen, S. (eds), *Artificial Life VII: The Seventh International Conference on the Simulation and Synthesis of Living Systems, Reed College, Portland, Oregon, USA, 1–6 August.* Cambridge, Massachusetts: MIT Press/Bradford Books.

Dieckmann, U., & Law, R. 2000. Relaxation projections and method of moments. *Pages 412–455 of:* Dieckmann, U., Law, R., & Metz, J., A. J. (eds), *The geometry of ecological interactions: simplifying spatial complexity.* Cambridge: Cambridge University Press.

Dieckmann, U., Law, R., & Metz, J. A. J. (eds). 2000. *The geometry of ecological interactions: simplifying spatial complexity.* Cambridge: Cambridge University Press.

Diekmann, O., & Metz, J. A. J. (eds). 1986. *The dynamics of physiologically structured populations.* Lecture Notes on Biomathematics, vol. 68. New York: Springer Verlag.

Doak, D. F., & Morris, W. 1999. Detecting population-level consequences of ongoing environmental change without long-term monitoring. *Ecology*, 80, 1537–1551.

Donalson, D. D., & Nisbet, R. M. 1999. Population dynamics and spatial scale: effects of system size on population persistence. *Ecology*, 80, 2492–2507.

Dorndorf, N. 1999. *Zur Populationsdynamik des Alpenmurmeltiers: Modellierung, Gefährdungsanalyse und Bedeutung des Sozialverhaltens für die Überlebensfähigkeit*. Ph. D. thesis, University of Marburg, Germany.

Drechsler, M. 1998. Sensitivity analysis of complex models. *Biological Conservation*, 86, 401–412.

Drechsler, M. 2000. A model-based decision aid for species protection under uncertainty. *Biological Conservation*, 94, 23–30.

Drechsler, M., Frank, K., Hanski, I., O'Hara, B., & Wissel, C. 2003. Ranking metapopulation extinction risk: from patterns in data to conservation management decisions. *Ecological Applications*, 13, 990–998.

du Plessis, M. A. 1992. Obligate cavity-roosting as a constraint on dispersal of green (red-billed) woodhoopoes: consequences for philopatry and the likelihood of inbreeding. *Oecologia*, 90, 205–211.

Dunning, J., Stewart, D. J., Danielson, B. J., Noon, B. R., Root, T. L., Lamberson, R. H., & Stevens, E. E. 1995. Spatially explicit population models: current forms and future uses. *Ecological Applications*, 5, 3–11.

Durrett, R., & Levin, S. 1994. The importance of being discrete (and spatial). *Theoretical Population Biology*, 46, 363–394.

Ek, A. R., & Monserud, R. A. 1974. *Trials with program FOREST: growth and reproduction simulation for mixed species even or uneven-aged forest stands*. Tech. rept. Department of Forest Yield Research, Royal College of Forestry.

Elliot, J. A., Irish, A. E., Reynolds, C. S., & Tett, P. 2000. Modelling freshwater phytoplankton communities: an exercise in validation. *Ecological Modelling*, 128, 19–26.

Ellner, S. P., McCauley, E., Kendall, B. E., Briggs, C. J., Hosseini, P. R., Wood, S. N., Janssen, A., Sabelis, M. W., Turchin, P., Nisbet, R. M., & Murdoch, W. M. 2001. Habitat structure and population persistence in an experimental community. *Nature*, 412, 538–543.

Enquist, B. J., & Niklas, K. J. 2001. Invariant scaling relations across treedominated communities. *Nature*, 410, 655–660.

Enquist, B. J., Brown, J. H., & West, G. B. 1998. Allometric scaling of plant energetics and population density. *Nature*, 395, 163–165.

Ermentrout, G. B., & Edelstein-Keshet, L. 1993. Cellular automata approaches to biological modeling. *Journal of Theoretical Biology*, 160, 97–133.

Fagerström, T. 1987. On theory, data and mathematics in ecology. *Oikos*, 50, 258–261.

Fahse, L., Wissel, C., & Grimm, V. 1998. Reconciling classical and individual-based approaches of theoretical population ecology: a protocol for extracting population parameters from individual-based models. *American Naturalist*, 152, 838–852.

Firbank, L. G., & Watkinson, A. R. 1985. A model of interference within plant monocultures. *Journal of Theoretical Biology*, 116, 291–311.

Fishman, G. S. 1973. *Concepts and methods in discrete event simulation*. New York: Wiley.

Fishman, G. S. 2001. *Discrete event simulation: modeling, programming and analysis*. Berlin: Springer Verlag.

Flierl, G., Grünbaum, D., Levin, S., & Olson, D. 1999. From individuals to aggregations: the interplay between behavior and physics. *Journal of Theoretical Biology*, 196, 397–454.

Ford, E. D. 2000. *Scientific method for ecological research*. New York: Cambridge University Press.

Ford, E. D., & Diggle, P. J. 1981. Competition for light in plant monocultures modelled as a spatial stochastic process. *Annals of Botany*, 48, 481–500.

Ford, E. D., & Sorrensen, K. A. 1992. Theory and models of inter-plant competition as a spatial process. *Pages 363 – 407 of*: DeAngelis, D. L., & Gross, L. J. (eds), *Individual-based approaches in ecology*. New York: Chapman and Hall.

Franklin, A. B., Anderson, D. R., Gutiérrez, R. J., & Burnham, K. P. 2000. Climate, habitat quality, and fitness in Northern Spotted Owl populations in northwestern California. *Ecological Monographs*, 70, 539–590.

Frey-Roos, F. 1998. *Geschlechtsspezifisches Abwanderungsmuster beim Alpenmurmeltier* (Marmota marmota). Ph. D. thesis, University of Marburg, Germany.

Fromentin, J.-M., Myers, R. A., Bjørnstad, O. N., Stenseth, N. C., Gjøsæter, J., & Christie, H. 2001. Effects of density-dependent and stochastic processes on the regulation of cod populations. *Ecology*, 82, 567–579.

Garshelis, D. L. 2000. Delusions in habitat evaluation: measuring use, selection, and importance. *Pages 111 – 164 of*: Boitani, L., & Fuller, T. K. (eds), *Research Techniques in Animal Ecology, Controversies and Consequences*. Methods and cases in conservation science. New York: Columbia University Press.

Gentle, J. E. 2003. *Random number generation and Monte Carlo methods* (2nd edition). New York: Springer.

Ghilarov, A. M. 2001. The changing place of theory in 20th century ecology: from universal laws to arrays of methodologies. *Oikos*, 92, 357–362.

Gigerenzer, G. 2002. *Calculated risks: how to know when numbers deceive you*. New York: Simon and Schuster.

Gigerenzer, G., & Todd, P. M. 1999. Fast and frugal heuristics: the adaptive toolbox. *Pages 3–34 of*: Gigerenzer, G., Todd, P. M., & group, ABC (eds), *Simple heuristics that make us smart*. Evolution and cognition. New York: Oxford University Press.

Gilbert, S., & McCarty, B. 1998. *Object-oriented design in Java^{TM}*. Corte Madera, California: Waite Group Press.

Gilliam, J. F., & Fraser, D. F. 1987. Habitat selection under predation hazard: test of a model with foraging minnows. *Ecology*, 68, 1856–1862.

Ginot, V., Le Page, C., & Souissi, S. 2002. A multi-agents architecture to enhance end-user individual-based modelling. *Ecological Modelling*, 157, 23–41.

Giske, J., Huse, G., & Fiksen, Ø. 1998. Modelling spatial dynamics of fish. *Reviews in Fish Biology and Fisheries*, 8, 57–91.

Giske, J., Mangel, M., Jakobsen, P., Huse, G., Wilcox, C., & Strand, E. 2003. Explicit trade-off rules in proximate adaptive agents. *Evolutionary Ecology Research*, 5, 835–865.

Gmytrasiewicz, P. J., & Durfee, E. H. 2001. Rational communication in multiagent environments. *Autonomous Agents and Multi-agent Systems*, 4, 233–272.

Gopen, G. D., & Swan, J. A. 1990. The science of scientific writing. *American Scientist*, 78, 550–559.

Goss-Custard, J. D., West, A. D., Stillman, R. A., Durell, S. E. A. le V. dit, Caldow, R. W. G., McGrorty, S., & Nagarajan, R. 2001. Densitydependent starvation in a vertebrate without significant depletion. *Journal of Animal Ecology*, 70, 955–965.

Goss-Custard, J. D., Stillman, R. A., West, A. D., Caldow, R. W. G., & McGrorty, S. 2002. Carrying capacity in overwintering migratory birds. *Biological Conservation*, 105, 27–41.

Goss-Custard, J. D., Stillman, R. A., Caldow, R. W. G., West, A. D., & Guillemain, M. 2003. Carrying capacity in overwintering birds: when are spatial models needed? *Journal of Applied Ecology*, 40, 176–187.

Goss-Custard, J. D., Stillman, R. A., West, A. D., Caldow, R. W. G., Triplet, P., Durell, S. E. A. le V. dit, & McGrorty, S. 2004. When enough is not enough: shorebirds and shellfish. *Proceedings of the Royal Society of London B*, 271, 233–237.

Grand, T. C. 1999. Risk-taking behavior and the timing of life history events: consequences of body size and season. *Oikos*, 85, 467–480.

Grimm, V. 1994. Mathematical models and understanding in ecology. *Ecological Modelling*, 75/76, 641–651.

Grimm, V. 1999. Ten years of individual-based modelling in ecology: what have we learned, and what could we learn in the future? *Ecological Modelling*, 115, 129–148.

Grimm, V. 2002. Visual debugging: a way of analyzing, understanding, and communicating bottom-up simulation models in ecology. *Natural Resource Modeling*, 15, 23–38.

Grimm, V., & Berger, U. 2003. Seeing the forest for the trees, and vice versa: pattern-oriented ecological modelling. *Pages 411–428 of*: Seuront, L., & Strutton, P. G. (eds), *Handbook of scaling methods in aquatic ecology: measurement, analysis, simulation*. Boca Raton, Florida: CRC Press.

Grimm, V., & Uchmański, J. 2002. Individual variability and population regulation: a model of the significance of within-generation density dependence. *Oecologia*, 131, 196–202.

Grimm, V., & Wissel, C. 1997. Babel, or the ecological stability discussions: an inventory and analysis of terminology and a guide for avoiding confusion. *Oecologia*, 109, 323–334.

Grimm, V., & Wissel, C. 2004. The intrinsic mean time to extinction: a unifying approach to analyzing persistence and viability of populations. *Oikos*, 105, 501–511.

Grimm, V., Frank, K., Jeltsch, F., Brandl, R., Uchmański, J., & Wissel, C. 1996. Pattern-oriented modelling in population ecology. *Science of the Total Environment*, 183, 151–166.

Grimm, V., Günther, C.-P., Dittmann, S., & Hildenbrandt, H. 1999a. Gridbased modelling of macrozoobenthos in the intertidal of the Wadden Sea: potentials and limitations. *Pages 207–226 of:* Dittmann, S. (ed), *The Wadden Sea ecosystem—stability properties and mechanisms.* Berlin: Springer.

Grimm, V., Wyszomirski, T., Aikman, D., & Uchmański, J. 1999b. Individual-based modelling and ecological theory: synthesis of a workshop. *Ecological Modelling*, 115, 275–282.

Grimm, V., Dorndorf, N., Frey-Roos, F., Wissel, C., Wyszomirski, T., & Arnold, W. 2003. Modelling the role of social behavior in the persistence of the alpine marmot *Marmota marmota. Oikos*, 102, 124–136.

Grimm, V., Lorek, H., Finke, J., Koester, F., Malachinski, M., Sonnenschein, M., Moilanen, A., Storch, I., Singer, A., Wissel, C., & Frank, K. 2004. META-X: a generic software for metapopulation viability analysis. *Biodiversity and Conservation*, 13, 165–188.

Groeneveld, J., Enright, N. J., Lamont, B. B., & Wissel, C. 2002. A spatial model of coexistence among three *Banksia* species along a topographic gradient in fire-prone shrublands. *Journal of Ecology*, 90, 762–774.

Grünbaum, D. 1994. Translating stochastic density-dependent individual behavior with sensory constraints to an Eulerian model of animal swarming. *Journal of Mathematical Biology*, 33, 139–161.

Grünbaum, D. 1998. Using spatially explicit models to characterize foraging performance in heterogeneous landscapes. *American Naturalist*, 151, 97–115.

Gurney, W. S. C., & Nisbet, R. M. 1998. *Ecological Dynamics.* New York: Oxford University Press.

Guttman, A. 1984. R-trees: a dynamic index structure for spatial searching. *Pages 47–57 of: Proceedings of the 1984 ACM SIGMOD International Conference on Management of Data, SIGMOD Record 2.* New York: ACM Press.

Haefner, J. W. 1996. *Modeling biological systems: principles and applications.* New York: Chapman and Hall.

Hall, C. A. S. 1988. An assessment of several of the historically most influential theoretical models used in ecology and the data provided in their support. *Ecological Modelling*, 43, 5–31.

Hall, C. A. S. 1991. An idiosyncratic assessment of the role of mathematical models in environmental sciences. *Environment International*, 17, 507–517.

Hall, C. A. S., & DeAngelis, D. L. 1985. Models in ecology: paradigms found or paradigms lost?

Bulletin of the Ecological Socity of America, 66, 339-346.

Hallam, T. G., & Levin, S. A. (eds). 1986. *Mathematical ecology: an Introduction*. New York: Springer Verlag.

Hanski, I. 1994. A practical model of metapopulation dynamics. *Journal of Animal Ecology*, 63, 151-162.

Hanski, I. 1999. *Metapopulation ecology*. Oxford: Oxford University Press.

Hara, T. 1988. Dynamics of size structure in plant populations. *Trends in Ecology and Evolution*, 3, 129-133.

Harper, J. L. 1977. *The population biology of plants*. London: Academic Press.

Harper, S. J., Westervelt, J. D., & Shapiro, A.-M. 2002. Modeling the movement of cowbirds: applications toward management at the landscape scale. *Natural Resource Modeling*, 15, 111-131.

Harte, J. 1988. *Consider a spherical cow: a course in environmental problem solving*. Mill Valley, California: University Science Books (reprint edition).

Hemelrijk, C. K. 1999. An individual-orientated model of the emergence of despotic and egalitarian societies. *Proceedings of the Royal Society of London B*, 266, 361-369.

Hemelrijk, C. K. 2000a. Self-reinforcing dominance interactions between virtual males and females. Hypothesis generation for primate studies. *Adaptive Behavior*, 8, 13-26.

Hemelrijk, C. K. 2000b. Social phenomena emerging by self-organization in a competitive, virtual world (DomWorld). *Pages 11-19 of*: Jokinen, K., Heylen, D., & Nijholt, A. (eds), *Learning to behave. Workshop II: Internalising knowledge*.

Hemelrijk, C. K. 2002. Understanding social behaviour with the help of complexity science. *Ethology*, 108, 1-17.

Hengeveld, R., & Walter, G. H. 1999. The two coexisting ecological paradigms. *Acta Biotheoretica*, 47, 141-170.

Hilborn, R., & Mangel, M. 1997. *The ecological detective: confronting models with data*. Princeton, New Jersey: Princeton University Press.

Hildenbrandt, H. 2003. *The Field of Neighbourhood (FON) —ein phänomenologischer Modellansatz zur Beschreibung von Nachbarschaftsbeziehungen sessiler Organismen*. Ph. D. thesis, University of Bremen, Germany.

Hildenbrandt, H., Bender, C., Grimm, V., & Henle, K. 1995. Ein individuenbasiertes Modell zur Beurteilung der Überlebenschancen kleiner Populationen der Mauereidechse (*Podarcis muralis*). *Verhandlungen der Gesellschaft für Ökologie*, 24, 207-214.

Hirvonen, H., Ranta, E., Rita, H., & Peuhkuri, N. 1999. Significance of memory properties in prey choice decisions. *Ecological Modelling*, 115, 177-190.

Hogeweg, P. 1988. Cellular automata as paradigm for ecological modelling. *Applied Mathematics and Computation*, 27, 81-100.

Hogeweg, P., & Hesper, B. 1979. Heterarchical, selfstructuring simulation systems: concepts and applications in biology. *Pages 221–231 of*: Zeigler, B. P., Elzas, M. S., Klir, G. J., & Oren, T. I. (eds), *Methodologies in systems modelling and simulation*. Amsterdam: North–Holland Publishing Co.

Hogeweg, P., & Hesper, B. 1983. The ontogeny of interaction structure in bumble bee colonies: a MIRROR model. *Behavioral Ecology and Sociobiology*, 12, 271–283.

Hogeweg, P., & Hesper, B. 1990. Individual-oriented modelling in ecology. *Mathematical and Computer Modelling*, 13, 83–90.

Holland, J. H. 1975. *Adaptation in natural and artificial systems*. Ann Arbor: University of Michigan Press.

Holland, J. H. 1995. *Hidden order: how adaptation builds complexity*. Reading, Massachusetts: Perseus Books.

Holland, J. H. 1998. *Emergence: from chaos to order*. Reading, Massachusetts: Addison–Wesley.

Holling, C. S. 1966. The strategy of building models of complex ecological systems. *Pages 195–214 of*: Watt, K. E. F. (ed), *Systems analysis in ecology*. New York: Academic Press.

Houston, A. I., & McNamara, J. M. 1999. *Models of adaptive behavior: an approach based on state*. Cambridge: Cambridge University Press.

Huberman, B. A., & Glance, N. S. 1993. Evolutionary games and computer simulations. *Proceedings of the National Academy of Sciences*, 90, 7716–7718.

Huff, D. 1954. *How to lie with statistics*. New York: W. W. Norton and Co.

Huisman, J., & Weissing, F. J. 1999. Biodiversity of plankton by species oscillations and chaos. *Nature*, 402, 407–410.

Huse, G., & Giske, J. 1998. Ecology in Mare Pentium: an individual-based spatio–temporal model for fish with adapted behaviour. *Fisheries Research*, 37, 163–178.

Huse, G., Strand, E., & Giske, J. 1999. Implementing behaviour in individual-based models using neural networks and genetic algorithms. *Evolutionary Ecology*, 13, 469–483.

Huse, G., Giske, J., & Salvanes, A. G. V. 2002a. Individual-based modelling. *Pages 228–248 of*: Hart, P. J. B., & Reynolds, J. (eds), *Handbook of fish biology and fisheries*, Oxford: Blackwell.

Huse, G., Railsback, S., & Fernö, A. 2002b. Modelling changes in migration pattern of herring: collective behaviour and numerical domination. *Journal of Fish Biology*, 60, 571–582.

Huston, M, DeAngelis, D., & Post, W. 1988. New computer models unify ecological theory. *BioScience*, 38, 682–691.

Huth, A. 1992. *Ein Simulationsmodell zur Erklärung der kooperativen Bewegung von polarisierten Fischschwärmen*. Ph. D. thesis, University of Marburg, Germany.

Huth, A., & Wissel, C. 1992. The simulation of the movement of fish schools. *Journal of Theoretical Biology*, 156, 365–385.

Huth, A., & Wissel, C. 1993. Analysis of the behavior and the structure of fish schools by means of computer simulations. *Comments of Theoretical Biology*, 3, 169-201.

Huth, A., & Wissel, C. 1994. The simulation of fish schools in comparison with experimental data. *Ecological Modelling*, 75/76, 135-146.

Huth, A., Ditzer, T., & Bossel, H. 1998. *The rain forest growth model FORMIX3*. Göttingen, Germany: Verlag Erich Goltze.

Inada, Y., & Kawachi, K. 2002. Order and flexibility in the motion of fish schools. *Journal of Theoretical Biology*, 214, 371-387.

Iwasa, Y., & Roughgarden, J. 1986. Interspecific competition among metapopulations with space-limited subpopulations. *Theoretical Population Biology*, 30, 194-214.

Jackson, P. 1999. *Introduction to expert systems (3rd edition)*. Reading, Massachusetts: Pearson Addison Wesley.

Jaworska, J. S., Rose, K. A., & Brenkert, A. L. 1997. Individual-based modeling of PCB effects on young-of-the-year largemouth bass in southeastern USA reservoirs. *Ecological Modelling*, 99, 113-135.

Jax, K., Jones, C. G., & Pickett, S. T. A. 1998. The self-identity of ecological units. *Oikos*, 82, 253-264.

Jedrzejewski, W., Schmidt, K., Okarma, H., & Kowalczyk, R. 2002. Movement pattern and home range use by the Eurasian lynx in Bialowieza Primeval Forest (Poland). *Annales Zoologici Fennici*, 39, 29-41.

Jeltsch, F. 1992. *Modelle zu natürlichen Waldsterbephänomenen*. University of Marburg, Germany: Doctoral thesis.

Jeltsch, F., & Wissel, C. 1994. Modelling dieback phenomena in natural forests. *Ecological Modelling*, 75/76, 111-121.

Jeltsch, F., Wissel, C., Eber, S., & Brandl, R. 1992. Oscillating dispersal patterns of tephritid fly populations. *Ecological Modelling*, 60, 63-75.

Jeltsch, F., Milton, S. J., Dean, W. R. J., & van Rooyen, N. 1996. Tree spacing and coexistence in semiarid savannas. *Journal of Ecology*, 84, 583-595.

Jeltsch, F., Milton, S. J., Dean, W. R. J., & van Rooyen, N. 1997a. Analysing shrub encroachment in the southern Kalahari: a grid-based modelling approach. *Journal of Applied Ecology*, 34, 1497-1508.

Jeltsch, F., Müller, M. S., Grimm, V., Wissel, C., & Brandl, R. 1997b. Pattern formation triggered by rare events: lessons from the spread of rabies. *Proceedings of the Royal Society London B*, 264, 495-503.

Jenkins, T. M., Diehl, S., Kratz, K. W., & Cooper, S. D. 1999. Effects of population density on individual growth of brown trout in streams. *Ecology*, 80, 941-956.

Johst, K., & Brandl, R. 1997. The effect of dispersal on local population dynamics. *Ecological Modelling*, 104, 87-101.

Judson, O. P. 1994. The rise of the individual-based model in ecology. *Trends in Ecology and*

Evolution, 9, 9-14.

Kaiser, H. 1974. Populationsdynamik und Eigenschaften einzelner Individuen. *Verhandlungen der Gesellschaft für Ökologie*, 4, 25-38.

Kaiser, H. 1979. The dynamics of populations as result of the properties of individual animals. *Fortschritte der Zoologie*, 25, 109-136.

Kauffman, Stuart. 1995. *At home in the universe: the search for the laws of self-organization and complexity*. New York: Oxford University Press.

Kendall, B. E., Briggs, C. J., Murdoch, W. W., Turchin, P., Ellner, S. P., McCauley, E., Nisbet, R. M., & Wood, S. N. 1999. Why do populations cycle? A synthesis of statistical and mechanistic modeling approaches. *Ecology*, 80, 1789-1805.

Kenkel, N. C. 1990. Spatial competition models for plant populations. *Coenoses*, 5, 149-158.

Kleijnen, J. P. C., & Van Groenendaal, W. 1992. *Simulation: a statistical perspective*. Chichester: Wiley.

Knight, J. C., & Leveson, N. G. 1986. An experimental evaluation of the assumption of independence in multi-version programming, *IEEE Transactions on Software Engineering*, SE-12, 96-109.

Köhler, P., & Huth, A. 1998. The effects of tree species grouping in tropical rainforest modelling: simulations with the individual-based model FORMIND. *Ecological Modelling*, 109, 301-321.

Korpel, S. 1995. *Die Urwälder der Westkarpaten*. New York: Gustav Fischer Verlag.

Kramer-Schadt, S., Revilla, E., Wiegand, T., & Breitenmoser, U. 2004. Fragmented landscapes, road mortality and patch connectivity: modelling influences on the dispersal of Eurasian lynx. *Journal of Applied Ecology*, (in press).

Krause, J., & Ruxton, G. D. 2002. *Living in groups*. Oxford: Oxford University Press.

Krebs, C. J. 1972. *Ecology: the experimental analysis of distribution and abundance*. New York: Harper and Row.

Krebs, C. J. 1988. The experimental approach to rodent population dynamics. *Oikos*, 52, 143-149.

Krebs, C. J. 1996. Population cycles revisited. *Journal of Mammology*, 77, 8-24.

Kreft, J.-U., Booth, G., & Wimpenny, J. W. T. 2000. Applications of individual-based modelling in microbial ecology. *Pages 917-923 of*: Bell, C. R., Brylinsky, M., & Johnson-Green, P. (eds), *Microbial biosystems: new frontiers* (*Proceedings of the 8th international symposium on microbial ecology*). Halifax, Nova Scotia: Atlantic Canada Society for Microbial Ecology.

Kreft, J.-U., Picioreanu, C., Wimpenny, J. W. T., & van Loosdrecht, M. C. M. 2001. Individual-based modeling of biofilms. *Microbiology*, 147, 2897-2912.

Kunz, H., & Hemelrijk, C. K. 2003. Artificial fish schools: collective effects of school size, body size, and form. *Artificial Life*, 9, 237-253.

Lammens, E. H. R. R., van Nes, E. H., & Mooij, W. M. 2002. Differences in the exploitation of bream in three shallow lake systems and their relation to water quality. *Freshwater Biology*, 47, 2435-2442.

Lande, R. 1993. Risks of population extinction from demographic and environmental stochasticity and random catastrophes. *American Naturalist*, 142, 911-927.

Lankester, K., van Appeldoorn, R. C., Meelis, E., & Verboom, J. 1991. Management perspectives for populations of the Eurasian badger *Meles meles* in a fragmented landscape. *Journal of Applied Ecology*, 28, 561-573.

Latto, J. 1992. The differentiation of animal body weights. *Functional Ecology*, 6, 386-395.

Law, A. M., & Kelton, W. D. 1999. *Simulation modeling and analysis (3rd edition)*. New York: McGraw-Hill.

Law, R., & Dieckmann, U, 2000. A dynamical system for neighborhoods in plant communities. *Ecology*, 81, 2137-2148.

Law, R., Murrell, D. J., & Dieckmann, U. 2003. Population growth in space and time: spatial logistic equations. *Ecology*, 84, 252-262.

Laymon, S. A., & Reid, J. A. 1986. Effects of grid-cell size on tests of a spotted owl HSI model. *Pages 93-96 of*: Verner, J., Morrison, M. L., & Ralph, C. J. (eds), *Wildlife 2000: modeling habitat relationships of terrestrial vertebrates*. Madison: University of Wisconsin Press.

Leibundgut, H. 1993. *Europäische Urwälder: Wegweiser zur naturnahen Waldwirtschaft*. Bern, Switzerland: Haupt.

Leonardsson, K. 1991. Predicting risk-taking behaviour from life-history theory using static optimization technique. *Oikos*, 60, 149-154.

Leps, J., & Kindlmann, P. 1987. Models of the devolopment of spatial pattern of an even-aged plant population over time. *Ecological Modelling*, 39, 45-57.

Letcher, B. H., Priddy, J. A., Walters, J. R., & Crowder, L. B. 1998. An individual-based, spatially-explicit simulation model of the population dynamics of the endangered red-cockaded woodpecker, *Picoides borealis*. *Biological Conservation*, 86, 1-14.

Levin, S. A. 1981. The role of theoretical ecology in the description and understanding of populations in heterogeneous environments. *American Zoologist*, 21, 865-875.

Levin, S. A. 1992. The problem of pattern and scale in ecology. *Ecology*, 73, 1943-1967.

Levin, S. A. (ed). 1994. *Frontiers in mathematical biology*. Lecture Notes in Biomathematics, vol. 1. New York: Springer-Verlag.

Levin, S. A. 1999. *Fragile dominion: complexity and the commons*. Reading, Massachusetts: Helix Books.

Levin, S. A., & Durrett, R. 1996. From individuals to epidemics. *Philosophical Transactions of the Royal Society of London B*, 351, 1615-1621.

Levins, R. 1966. The strategy of model building in population biology. *American Scientist*, 54, 421-431.

Levins, R. 1970. Extinction. *In*: Gerstenhaber, M. (ed), *Some mathematical questions in biolo-*

gy. Providence, Rhode Island: American Mathematical Society.

Lewellen, R. H., & Vessey, S. H. 1998. The effect of density dependence and weather on population size of a polyvoltine species. *Ecological Monographs*, 68, 571–594.

Li, B.-L., Wu, H.-i, & Zou, G. 2000. Self-thinning rule: a causal interpretation from ecological field theory. *Ecological Modelling*, 132, 167–173.

Lima, S. L., & Zollner, P. A. 1996. Towards a behavioral ecology of ecological landscapes. *Trends in Ecology and Evolution*, 11, 131–135.

Liu, J., & Ashton, P. S. 1995. Individual-based simulation models for forest succession and management. *Forest Ecology and Management*, 73, 157–175.

Liu, J., Dunning, J., Jr., & Pulliam, H. R. 1995. Potential effects of a forest management plan on Bachman's sparrows (*Aimophila aestivalis*): Linking a spatially explicit model with GIS. *Conservation Biology*, 9, 62–75.

Loehle, C. 1990. A guide to increased creativity in research—inspiration or perspiration? *BioScience*, 40, 123–129.

Lomnicki, A. 1978. Individual differences between animals and the natural regulation of their numbers. *Journal of Animal Ecology*, 47, 461–475.

Lomnicki, A. 1988. *Population ecology of individuals.* Princeton, New Jersey: Princeton University Press.

Lomnicki, A. 1992. Population ecology from the individual perspective. *Pages 3–17 of*: DeAngelis, D. L., & Gross, L. J. (eds), *Individual-based models and approaches in ecology.* New York: Chapman and Hall.

Lonsdale, W. M. 1990. The self-thinning rule: dead or alive? *Ecology*, 71, 1373–1388.

Lorek, H., & Sonnenschein, M. 1999. Modelling and simulation software to support individual-based ecological modelling. *Ecological Modelling*, 115, 199–216.

Lotka, A. J. 1925. Reports of talk. *Journal of the American Statistical Association*, 20, 569–570.

Ludwig, D., Jones, D. D., & Holling, C. S. 1978. Qualitative analysis of insect outbreak systems: the spruce budworm and forest. *Journal of Animal Ecology*, 47, 315–332.

MacArthur, R. H., & Wilson, E. O. 1967. *The theory of island biogeography.* Princeton, New Jersey: Princeton University Press.

Magnusson, W. E. 2000. Error bars: are they the king's clothes? *Bulletin of the Ecological Socity of America*, 81, 147–150.

Mangel, M., & Clark, C. W. 1986. Toward a unified foraging theory. *Ecology*, 67, 1127–1138.

Mangel, M., & Clark, C. W. 1988. *Dynamic modeling in behavioral ecology.* Princeton, New Jersey: Princeton University Press.

Matsinos, Y. G., Wolff, W. F., & DeAngelis, D. L. 2000. Can individual-based models yield a better assessment of population viability? *Pages 188–198 of*: Ferson, S., & Burgman, M. A. (eds), *Quantitative methods for conservation biology.* New York: Springer.

May, R. M. 1973. *Stability and complexity in model ecosystems.* Princeton, New Jersey: Princeton

University Press.

May, R. M. 1976. Simple mathematical models with very complicated dynamics. *Nature*, 261, 459–467.

May, R. M. 1981a. The role of theory in ecology. *American Zoologist*, 21, 903–910.

May, R. M. (ed). 1981b. *Theoretical Ecology: principles and Applications*. Oxford: Blackwell.

Maynard Smith, J. 1989. *Evolutionary genetics*. Oxford: Oxford University Press.

Mazerolle, M. J., & Villard, M. -A. 1999. Patch characteristics and landscape context as predictors of species presence and abundance: a review. *Ecoscience*, 6, 117–124.

McCann, K. 2000. The diversity-stability debate. *Nature*, 405, 228–233.

McKay, M. D., Conover, W. J., & Beckman, R. J. 1979. A comparison of three methods for selecting values of input variables in the analysis of output from a computer code. *Technometrics*, 21, 239–245.

McKelvey, K., Noon, B. R., & Lamberson, R. H. 1993. Conservation planning for species occupying fragmented landscapes: the case of the northern spotted owl. *Pages 424–450 of*: Kareiva, P. M., Kingsolver, J. G., & Huey, R. B. (eds), *Biotic interactions and global change*. Sunderland, Massachusetts: Sinauer.

McQuinn, I. H. 1997. Metapopulations and the Atlantic herring. *Reviews in Fish Biology and Fisheries*, 7, 297–329.

Metcalfe, N. B., Fraser, N. H. C., & Burns, M. D. 1999. Food availability and the nocturnal vs. diurnal foraging trade-off in juvenile salmon. *Journal of Animal Ecology*, 68, 371–381.

Minar, N., Burkhart, R., Langton, C., & Askenazi, M. 1996. *The Swarm simulation system: a toolkit for building multi-agent simulations*. Tech. rept. Santa Fe Institute.

Mitchell, M. 1998. *An introduction to genetic algorithms*. Cambridge, Massachusetts: MIT Press.

Mitchell, M., & Taylor, C. E. 1999. Evolutionary computation: an overview. *Annual Review of Ecology and Systematics*, 30, 593–616.

Mollison, D. 1986. Modelling biological invasions: chance, explanation, prediction. *Philosophical Transactions of the Royal Society of London B*, 314, 675–693.

Mooij, W. M., & DeAngelis, D. L. 1999. Error propagation in spatially explicit population models: a reassessment. *Conservation Biology*, 13, 930–933.

Mooij, W. M., & DeAngelis, D. L. 2003. Uncertainty in spatially explicit animal dispersal models. *Ecological Applications*, 13, 794–805.

Mullon, C., Cury, P., & Penven, P. 2002. Evolutionary individual-based model for the recruitment of anchovy (*Engraulis capensis*) in the southern Benguela. *Canadian Journal of Fisheries and Aquatic Science*, 59, 910–922.

Mullon, C., Fréon, P., Parada, C., van der Lingen, C, & Huggett, J. 2003. From particles to individuals: modelling the early stages of anchovy (*Engraulis capensis/encrasicolus*) in the southern Benguela. *Fisheries and Oceanography*, 12, 396–406.

Murdoch, W. W., McCauley, E., Nisbet, R. M., Gurney, W. S. C., & de Roos, A. M. 1992.

Individual-based models: Combining testability and generality. *Pages 18 – 35 of*: DeAngelis, D. L. , & Gross, L. J. (eds), *Individualbased models and approaches in ecology*. New York: Chapman and Hall.

Murray, J. D. 2002. *Mathematical biology. I. An Introduction (3rd edition)*. New York: Springer-Verlag.

Myers, J. H. 1976. Distribution and dispersal in populations capable of resource depletion—a simulation study. *Oecologia*, 23, 255–269.

Neuert, C. 1999. *Die Dynamik räumlicher Strukturen in naturnahen Buchenwäldern Mitteleuropas*. Ph. D. thesis, University of Marburg, Germany.

Neuert, C., Du Plessis, M. A., Grimm, V., & Wissel, C. 1995. Welche ökologischen Faktoren bestimmen die Gruppengröße bei *Phoeniculus purpureus* (Gemeiner Baumhopf) in Südafrika? Ein individuenbasiertes Modell. *Verhandlungen der Gesellschaft für Ökologie*, 24, 145–149.

Neuert, C., Rademacher, C., Grundmann, V., Wissel, C., & Grimm, V. 2001. Struktur und Dynamik von Buchenwäldern: Ergebnisse des regelbasierten Modells BEFORE. *Naturschutz und Landschaftsplanung*, 33, 173–183.

Newnham, R. M. 1964. *The development of a stand model for Douglas fir*. Ph. D. thesis, University of British Columbia, Canada.

NeXT. 1993. *Object-oriented programming and the Objective-C language*. Redwood City, California: NeXT Computer Inc.

Nott, M. P. 1998. *Effects of abiotic factors on population dynamics of the Cape Sable seaside sparrow and continental patterns of herpetological species richness: an appropriately scaled landscape approach*. Ph. D. thesis, University of Tennessee.

Nowak, M. A., & Sigmund, K. 1998. Evolution of indirect reciprocity by image scoring. *Nature*, 393, 573–577.

Nowak, Martin A., Bonhoeffer, Sebastian, & May, Robert M. 1994. Spatial games and the maintenance of cooperation. *Proceedings of the National Academy of Sciences*, 91, 4877–4881.

Odum, E. P. 1971. *Fundamentals of ecology*. Philadelphia (3rd edition): Saunders.

Pacala, S. W. 1986. Neighborhood models of plant population dynamics. IV. Single species and multispecies models of annuals with dormant seeds. *American Naturalist*, 128 (6), 859–878.

Pacala, S. W. 1987. Neighborhood models of plant population dynamics. III. Models with spatial heterogeneity in the physical environment. *Theoretical Population Biology*, 31, 359–392.

Pacala, S. W., & Silander, J. 1985. Neighborhood models of plant population dynamics. I. Single species models of annuals. *American Naturalist*, 125, 385–411.

Pacala, S. W., Canham, C. D., & Silander Jr, J. A. 1993. Forest models defined by field measurements: I. The design of a northeastern forest simulator. *Canadian Journal of Forest Research*, 23, 1980–1988.

Pachepsky, E., Crawford, J. W., Bown, J. L., & Squire, G. 2001. Towards a general theory of biodiversity. *Nature*, 410, 923–926.

Parada, C., van der Lingen, C. D., Mullon, C., & Penven, P. 2003. Modelling the effect of buoyancy on the transport of anchovy (*Engraulis capensis*) eggs from spawning to nursery grounds in the southern Benguela: an IBM approach. *Fisheries Oceanography*, 12, 170–184.

Parrish, J. K., Viscido, S. V., & Grünbaum, D. 2002. Self-organized fish schools: an examination of emergent properties. *Biological Bulletin*, 202, 296–305.

Peters, R. H. 1991. *A critique for ecology*. Cambridge: Cambridge University Press.

Pfister, C. A., & Stevens, F. R. 2003. Individual variation and environmental stochasticity: implications for matrix model predictions. *Ecology*, 84, 496–510.

Picard, N., & Franc, A. 2001. Aggregation of an individual-based space dependent model of forest dynamics into distribution-based and spaceindependent models. *Ecological Modelling*, 145, 69–84.

Pielou, E. C. 1981. The usefulness of ecological models: a stock-taking. *Quarterly Review of Biology*, 56, 17–31.

Pitt, W. C., Box, P. W., & Knowlton, F. F. 2003. An individual-based model of canid populations: modelling territoriality and social structure. *Ecological Modelling*, 166, 109–121.

Platt, J. R. 1964. Strong inference. *Science*, 146, 347–352.

Porté, A., & Bartelink, H. H. 2002. Modelling mixed forest growth: a review of models for forest management. *Ecological Modelling*, 150, 141–188.

Pretzsch, H., Biber, P., & Dursky, J. 2002. The single tree-based stand simulator SILVA: construction, application and evaluation. *Forest Ecology and Management*, 162, 3–21.

Rademacher, C., & Winter, S. 2003. Totholz im Buchen–Urwald: Generische Vorhersagen des Simulationsmodelles BEFORE – CWD zur Menge, räumlichen Verteilung und Verfügbarkeit. *Forstwissenschaftliches Centralblatt*, 122, 337–357.

Rademacher, C., Neuert, C., Grundmann, V., Wissel, C., & Grimm, V. 2001. Was charakterisiert Buchenurwälder? Untersuchungen der Altersstruktur des Kronendachs und der räumlichen Verteilung der Baumriesen in einem Modellwald mit Hilfe des Simulationsmodells BEFORE. *Forstwissenschaftliches Centralblatt*, 120, 288–302.

Rademacher, C., Neuert, C., Grundmann, V., Wissel, C., & Grimm, V. 2004. Reconstructing spatiotemporal dynamics of central European beech forests: the rule-based model BEFORE. *Forest Ecology and Management*, (in press).

Railsback, S. F. 2001a. Concepts from complex adaptive systems as a framework for individual-based modelling. *Ecological Modelling*, 139, 47–62.

Railsback, S. F. 2001b. Getting "results": the pattern-oriented approach to analyzing natural systems with individual-based models. *Natural Resource Modeling*, 14, 465–474.

Railsback, S. F., & Harvey, B. C. 2001. *Individual-based model formulation for cutthroat trout, Little Jones Creek, California*. Tech. rept. Pacific Southwest Research Station, Forest Service, U. S. Department of Agriculture, Albany, California.

Railsback, S. F., & Harvey, B. C. 2002. Analysis of habitat selection rules using an individual-based model. *Ecology*, 83, 1817–1830.

Railsback, S. F., Lamberson, R. H., Harvey, B. C., & Duffy, W. E. 1999. Movement rules for individual-based models of stream fish. *Ecological Modelling*, 123, 73–89.

Railsback, S. F., Harvey, B. C., Lamberson, R. H., Lee, D. E., Claasen, N. J., & Yoshihara, S. 2002. Population-level analysis and validation of an individual-based cutthroat trout model. *Natural Resource Modeling*, 15, 83–110.

Railsback, S. F., Stauffer, H. B., & Harvey, B. C. 2003. What can habitat preference models tell us? Tests using a virtual trout population. *Ecological Applications*, 13, 1580–1594.

Ratz, A. 1995. Long-term spatial patterns created by fire: a model oriented towards boreal forests. *International Journal of Wildland Fire*, 5, 25–34.

Reiss, M. J. 1989. *The allometry of growth and reproduction*. Cambridge: Cambridge University Press.

Remmert, H. 1991. The mosaic-cycle concept of ecosystems—an overview. *Pages 1–21 of*: Remmert, H (ed), *The mosaic-cycle concept of ecosystems (Ecological Studies 85)*. New York: Springer.

Renshaw, E. 1991. *Modelling biological populations in space and time*. Cambridge: Cambridge University Press.

Reuter, H., & Breckling, B. 1994. Self-organisation of fish schools: an objectoriented model. *Ecological Modelling*, 75/76, 147–159.

Reuter, H., & Brecking, B. 1999. Emerging properties on the individual level: modelling the reproduction phase of the European robin *Erithacus rubecula*. *Ecological Modelling*, 121, 199–219.

Reynolds, C. W. 1987. Flocks, herds, and schools: a distributed behavioral model. *Computer Graphics*, 21, 25–36.

Reynolds, J, H., & Ford, E. D. 1999. Multi-criteria assessment of ecological process models. *Ecology*, 80, 538–553.

Ripley, B. D. 1987. *Stochastic simulation*. New York: Wiley.

Ropella, G. E. P., Railsback, S. F., & Jackson, S. K. 2002. Software engineering considerations for individual-based models. *Natural Resource Modeling*, 15, 2–22.

Rose, K. A. 1989. Sensitivity analysis in ecological simulation models. *Pages 4230–4234 of*: Singh, M. G. (ed), *Systems and control encyclopedia*. New York: Pergamon Press.

Rose, K. A., Smith, E. P., Gardner, R. H., Brenkert, A. L., & Bartell, S. M. 1991. Parameter sensitivities, Monte Carlo filtering, and model forecasting under uncertainty. *Journal of Forecasting*, 10, 117–133.

Rose, K. A., Christensen, S. W., & DeAngelis, D. L. 1993. Individual-based modeling of populations with high mortality: a new method based on following a fixed number of model individuals. *Ecological Modelling*, 68, 273–292.

Roughgarden, J. 1998. *Primer of ecological theory*. Upper Saddle River, New Jersey: Prentice Hall.

Roughgarden, J., & Iwasa, Y. 1986. Dynamics of a metapopulation with space-limited subpopulations. *Theoretical Population Biology*, 29, 235-261.

Roughgarden, J., Bergman, A., Shafir, S., & Taylor, C. 1996. Adaptive computation in ecology and evolution: a guide for future research. *Pages 25-30 of*: Belew, R. K., & Mitchell, M. (eds), *Adaptive individuals in evolving populations*. SFI Stuides in the Sciences of Complexity, Vol. XXVI. Reading: Addison-Wesley.

Ruckelshaus, M., Hartway, C., & Kareiva, P. 1997. Assessing the data requirements of spatially explict dispersal models. *Conservation Biology*, 11, 1298-1306.

Ruckelshaus, M., Hartway, C., & Kareiva, P. 1999. Dispersal and landscape errors in spatially explicit population models: a reply. *Conservation Biology*, 13, 1223-1224.

Ruxton, G. D. 1996. Effects of the spatial and temporal ordering of events on the behaviour of a simple cellular automaton. *Ecological Modelling*, 84, 311-314.

Ruxton, G. D., & Saravia, L. A. 1998. The need for biological realism in the updating of cellular automata models. *Ecological Modelling*, 107, 105-112.

Rykiel, E. J, Jr. 1996. Testing ecological models: the meaning of validation. *Ecological Modelling*, 90, 229-244.

Saltelli, A., Tarantola, F., Campolongo, F., & Ratto, M. 2004. *Sensitivity analysis in practice: a guide to assessing scientific models*. Halsted Press.

Sato, K., & Iwasa, Y. 2000. Pair approximations for lattice-based ecological models. *Pages 341-358 of*: Dieckmann, U., Law, R., & Metz, J. A. J. (eds), *The geometry of ecological interactions: Simplifying spatial complexity*. Cambridge: Cambridge University Press.

Savage, M., Sawhill, B., & Askenazi, M. 2000. Community dynamics: what happens when we rerun the tape? *Journal of Theoretical Biology*, 205, 515-526.

Schadt, S. 2002. *Scenarios assessing the viability of lynx populations in Germany*. Ph. D. thesis, Technical University of Munich, Germany.

Schadt, S., Revilla, E., Wiegand, T., Knauer, F., Kaczensky, P., Breitenmoser, U., Bufka, L., Cerveny, J., Koubek, P., Huber, T., Stanisa, C., & Trepl, L. 2002a. Assessing the suitability of central European landscapes for the reintroduction of Eurasian lynx. *Journal of Applied Ecology*, 39, 189-203.

Schadt, S., Knauer, F., Kaczensky, P., Revilla, E., Wiegand, T., & Trepl, L. 2002b. Rule-based assessment of suitable habitat and patch connectivity for the Eurasian lynx. *Ecological Applications*, 12, 1469-1483.

Scheffer, M., Baveco, J. M., DeAngelis, D. L., Rose, K. A., & van Nes, E. H. 1995. Super-individuals: a simple solution for modelling large populations on an individual basis. *Ecological Modelling*, 80, 161-170.

Schiegg, K., Walters, J. R., & Priddy, J. A. 2002. The consequences of disrupted dispersal in fragmented red-cockaded woodpecker *Picoides borealis* populations. *Journal of Animal Ecology*, 71, 710–721.

Schmitt, J., McCormac, A. C., & Smith, H. M. 1995. A test of the adaptive plasticity hypothesis using transgenic and mutant plants disabled in phytochrome-mediated elongation responses to neighbors. *American Naturalist*, 146, 937–953.

Schmitz, O. J. 2000. Combining field experiments and individual-based modeling to identify the dynamically relevant organizational scale in a field system. *Oikos*, 89, 471–484.

Schmitz, O. J. 2001. From interesting details to dynamical relevance: toward more effective use of empirical insights in theory construction. *Oikos*, 94, 39–50.

Schönfisch, B., & de Roos, A. 1999. Synchronous and asynchronous updating in cellular automata. *BioSystems*, 51, 123–143.

Schultz, J. C., & Appel, H. M. 2004. Cross-kingdom cross-talk: hormones shared by plants and their insect herbivores. *Ecology*, 85, 70–77.

Seibt, U., & Wickler, W. 1988. Bionomics and social strucgture of 'Family Spiders' of the genus *Stegodyphus*, with special reference to the African speces *S. dumicola* and *S. mimosarum* (Araneida, Eresidae). *Verhandlungen des naturwissenschaftlichen Vereins Hamburg*, 30, 255–303.

Sellis, T. K., Roussopoulos, N., & Faloutsosj, C. 1987. The R + -tree: A dynamic index for multidimensional objects. *In*: Stocker, Peter M., Kent, William, & Hammersley, Peter (eds), *VLDB'87, Proceedings of 13th International Conference on Very Large Data Bases, September 1-4, 1987, Brighton, England*. Palo Alto, California: Morgan Kaufmann.

Shin, Y. -J., & Cury, P. 2001. Exploring fish community dynamics through size-dependent trophic interactions using a spatialized individual-based model. *Aquatic Living Resources*, 14, 65–80.

Shugart, H. H. 1984. *A theory of forest dynamics: the ecological implications of forest succession models*. New York: Springer-Verlag.

Shugart, H. H., Smith, T. M., & Post, W. M. 1992. The potential for application of individual-based simulation models for assessing the effects of global change. *Annual Review of Ecology and Systematics*, 23, 15–38.

Silbernagel, J, 1997. Scale perception—from cartography to ecology. *Bulletin of the Ecological Society of America*, 78, 166–169.

Silvertown, J. 1991. Modularity, reproductive threshold, and plant population dynamics. *Functional Ecology*, 5, 577–582.

Silvertown, J., Holtier, S., Johnson, J., & Dale, P. 1992. Cellular automaton models of interspecific competition for space—the effect of pattern on process. *Journal of Ecology*, 80, 527–534.

Silvertown, J. W. 1992. *Introduction to plant population ecology*. Essex, England: Longman Scientific and Technical.

Simberloff, D. 1981. The sick science of ecology: symptoms, diagnosis, and prescription. *Eide-*

ma, 1, 49-54.

Simberloff, D. 1983. Competition theory, hypothesis-testing, and other community ecological buzzwords. *American Naturalist*, 122, 626-635.

Smith, E. P., & Rose, K. A. 1995. Model goodness-of-fit analysis using regression and related techniques. *Ecological Modelling*, 77, 49-64.

Smith, T., & Huston, M. 1989. A theory of the spatial and temporal dynamics of plant communities. *Vegetatio*, 83, 49-69.

Smith, T. M., & Urban, D. L. 1988. Scale and resolution of forest structural pattern. *Vegetatio*, 74, 143-150.

Sommer, U. 1996. Can ecosystem properties be optimized by natural selection? *Senckenbergiana maritima*, 27, 145-150.

Soulé, M. E. 1986. *Conservation biology: the science of scarcity and diversity*. Sunderland, Massachusetts: Sinauer.

Spencer, R. -J. 2002. Experimentally testing nest site selection: fitness tradeoffs and predation in turtles. *Ecology*, 83, 2136-2144.

Stacey, P. B., & Koenig, W. D. (eds). 1990. *Cooperative breeding in birds: long-term studies of ecology and behavior*. Cambridge: Cambridge University Press.

Starfield, A. M. 1997. A pragmatic approach to modeling for wildlife managment. *Journal of Wildlife Management*, 61, 261-270.

Starfield, A. M., & Bleloch, A. L. 1986. *Building models for conservation and wildlife management*. London: Collier Macmillan.

Starfield, A. M., Smith, K. A., & Bleloch, A. L. 1990. *How to model it: problem solving for the computer age*. New York: McGraw-Hill, Inc.

Stelter, C., Reich, M., Grimm, V., & Wissel, C. 1997. Modelling persistence in dynamic landscapes: lesson from a metapopulation of the grasshopper *Bryodema tuberculata*. *Journal of Animal Ecology*, 66, 508-518.

Stephan, T., & Wissel, C. 1999. The extinction risk of a population exploiting a resource. *Ecological Modelling*, 115, 217-226.

Stephens, P. A., Frey-Roos, F., Arnold, W., & Sutherland, W. J. 2002a. Model complexity and population predictions. The alpine marmot as a case study. *Journal of Animal Ecology*, 71, 343-361.

Stephens, P. A., Frey-Roos, F., Arnold, W., & Sutherland, W. J. 2002b. Sustainable exploitation of social species: a test and comparison of models. *Journal of Applied Ecology*, 39, 629-642.

Stillman, R. A., Poole, A. E., Goss-Custard, J. D., Caldow, R. W. G., Yates, M. G., & Triplet, P. 2002. Predicting the strength of interference more quickly using behaviour-based models. *Journal of Animal Ecology*, 71, 532-541.

Stillman, R. A., West, A. D., Goss-Custard, J, D., Durell, S. E. A. le V, dit, Yates,

M. G., Atkinson, P. W., Clark, N. A., Bell, M. C., Dare, P. J., & Mander, M. 2003. A behaviour-based model can predict shorebird mortality rate using routinely collected shellfishery data. *Journal of Applied Ecology*, 40, 1090–1101.

Stoll, P., & Weiner, J. 2000. A neighborhood view of interactions among individual plants. *Pages 11–27 of*: Dieckmann, U., Law, R., & Metz, J. A. J. (eds), *The geometry of ecological interactions: simplifying spatial complexity.* Cambridge: Cambridge University Press.

Stoll, P., Weiner, J. Muller-Landau, H., Müller, E., & Hara, T. 2002. Size symmetry of competition alters biomass – density relationships. *Proceedings of the Royal Society London B*, 269, 2191–2195.

Storch, I. 2002. On spatial resolution in habitat models: can small-scale forest structure explain capercaillie numbers? *Conservation Ecology*, 6.

Strand, E. 2003. *Adaptive models of vertical migration in fish.* Ph. D. thesis, University of Bergen, Norway.

Strand, E., Huse, G., & Giske, J. 2002. Artificial evolution of life history and behavior. *American Naturalist*, 159, 624–644.

Suter, G. W. 1981. Ecosystem theory and NEPA assessment. *Bulletin of the Ecological Society of America*, 62, 186–192.

Suter, G. W. 1996. Abuse of hypothesis testing statistics in ecological risk assessment. *Human and Ecological Risk Assessment*, 2, 331–347.

Sutherland, W. J. 1996. *From individual behaviour to population ecology.* New York: Oxford University Press.

Sutton, T. M., Rose, K. A., & Ney, J. J. 2000. A model analysis of strategies for enhancing stocking success of landlocked striped bass populations. *North American Journal of Fisheries Management*, 20, 841–859.

Symonides, E., Silvertown, J., & Andreasen, V. 1986. Population cycles caused by overcompensating density-dependence in an annual plant. *Oecologia*, 71, 156–158.

Tesfatsion, L. 2002. Agent-based computational economics: growing economies from the bottom up. *Artificial Life*, 8, 55–82.

Tews, J. 2004. *The impact of climate change and land use on woody plants in semiarid savanna: modeling shrub population dynamics in the Southern Kalahari.* Ph. D. thesis, University of Potsdam, Germany.

Tews, J., Brose, U., Grimm, V., Tielbörger, K., Wichmann, M., Schwager, M., & Jeltsch, F. 2004. Animal species diversity driven by habitat heterogeneity/diversity: the importance of keystone structures. *Journal of Biogeography*, 31, 79–92.

Thierry, B. 1985. Social development in three species of macaque (*Macaca mulatta*, *M. fascicularis*, *M. tonkeana*): A preliminary report on the first ten weeks of life. *Behavioural Processes*, 11, 89–95.

Thierry, B. 1990. Feedback loop between kinship and dominance: the macaque model. *Journal of*

Theoretical Biology, 145, 511-521.

Thompson, W. A., Vertinsky, I., & Krebs, J. R. 1974. The survival value of flocking in birds: a simulation model. *Journal of Animal Ecology*, 43, 785-820.

Thorpe, J. E., Mangel, M., Metcalfe, N. B., & Huntingford, F. A. 1998. Modelling the proximate basis of salmonid life-history variation, with application to Atlantic salmon, *Salmo salar* L. *Evolutionary Ecology*, 12, 581-599.

Thrall, P. H., Pacala, S. W., & Silander, J. A. 1989. Oscillatory dynamics in populations of an annual weed species *Abutilon theophrasti*. *Ecology*, 77, 1135-1149.

Thulke, H., Grimm, V., Müller, M. S., Staubach, C., Tischendorf, L., Wissel, C., & Jeltsch, F. 1999. From pattern to practice: a scaling-down strategy for spatially explicit modelling illustrated by the spread and control of rabies. *Ecological Modelling*, 117, 179-202.

Tikhonov, D. A., Enderlein, J., Malchow, H., & Medvinsky, A. 2001. Chaos and fractals in fish school motion. *Chaos, Solitons and Fractals*, 12, 277-288.

Tilman, D., & Wedin, D. 1991. Oscillations and chaos in the dynamics of a perennial grass. *Nature*, 353, 653-655.

Topping, C. J., & Jepsen, J. U. 2002. Simulation models of animal bebavior are useful tools in landscape and species management. *IALE Bulletin*, 20, 1-2.

Topping, C. J., Hansen, T. S., Jensen, T. S., Jepsen, J. U., Nikolajsen, F., & Odderskær, P. 2003a. ALMaSS, and agent-based model for animals in temperate European landscapes. *Ecological Modelling*, 167, 65-82.

Topping, C. J., Ostergaard, S., Pertoldi, C., & Bach, L. A. 2003b. Modelling the loss of genetic diversity in vole populations in a spatially and temporally varying environment. *Annales Zoologici Fennici*, 40, 255-267.

Trani, M. K. 2002. The influence of spatial scale on landscape pattern description and wildlife habitat assessment. *Pages 141-156 of*: Scott, J. M., & Heglund, P. (eds), *Predicting species occurrences: issues of accuracy and scale*. Island Press.

Turchin, P. 1998. *Quantitative analysis of movement: measuring and modeling population redistribution in animals and plants*. Sunderland, Massachusetts: Sinauer Associates.

Turchin, P. 2003. *Complex population dynamics: a theoretical/empirical synthesis*. Princeton, N. J.: Princeton University Press.

Turchin, P., Oksanen, L., Ekerholm, P., Oksanen, T., & Henttonen, H. 2000. Are lemmings prey or predators? *Nature*, 405, 562-565.

Turner, M. G., Wu, Y., Wallace, L. L., Romme, W. H., & Brenkert, A. 1994. Simulating winter interactions among ungulates, vegetation, and fire in northern Yellowstone Park. *Ecological Applications*, 4, 472-496.

Turner, M. G., Arthaud, G. J., Engstrom, R. T., Hejl, S., Liu, J., Loeb, S., & McKelvey, K. 1995. Usefulness of spatially explicit population models in land management. *Ecological Applications*, 5, 12-16.

Tyler, J. A., & Rose, K. A. 1994. Individual variability and spatial heterogeneity in fish popula-tion models. *Reviews in Fish Biology and Fisheries*, 4, 91-123.

Tyre, A. J., Possingham, H P., & Lindenmayer, D. B. 2001. Matching observed pattern with ecological process: can territory occupancy provide information about life history parameters? *Ecological Applications*, 11, 1722-1737.

Uchmański, J. 1985. Differentiation and frequency distributions of body weights in plants and ani-mals. *Philosophical Transactions of the Royal Society of London B.*, 310, 1-75.

Uchmański, J. 1999. What promotes persistence of a single population: an individual-based mod-el. *Ecological Modelling*, 115, 227-242.

Uchmański, J. 2000a. Individual variability and population regulation: an individual-based model. *Oikos*, 90, 539-548.

Uchmański, J. 2000b. Resource partitioning among competing individuals and population persist-ence: an individual-based model. *Ecological Modelling*, 131, 21-32.

Uchmański, J. 2003. Ecology of individuals. *Pages 275-302 of*: Ambasht, R. S., & Ambasht, N. K. (eds), *Modern trends in applied terrestrial ecology*. New York: Plenum Press.

Uchmański, J., & Grimm, V. 1996. Individual-based modelling in ecology: what makes the difference? *Trends in Ecology and Evolution*, 11, 437-441.

Uchmański, J., & Grimm, V. 1997. Individual-based modelling: What is the difference? Reply. *Trends in Ecology and Evolution*, 12, 112.

Ulbrich, K., & Henschel, J. R. 1999. Intraspecific competition in a social spider. *Ecological Modelling*, 115, 243-252.

Ulbrich, K., Henschel, J. R., Jeltsch, F., & Wissel, C. 1996. Modelling individual variability in a social spider colony (*Stegodyphus dumicola*: Eresidae) in relation to food abundance and its allocation. *Revue Suisse de Zoologie*, vol. hors série, 661-670.

Umeki, K. 1997. Effect of crown asymmetry on size-structure dynamics of plant populations. *Annals of Botany*, 79, 631-641.

van Nes, E. H. 2002. *Controlling complexity in individual-based models of aquatic vegetation and fish communities*. Ph. D. thesis, University of Wageningen, The Netherlands.

van Nes, E. H., Lammens, E. H. R. R., & Scheffer, M. 2002. PISCATOR, an individual-based model to analyze the dynamics of lake fish communities. *Ecological Modelling*, 152, 261-278.

Van Winkle, W., Rose, K. A., & Chambers, R. C. 1993. Individual-based approach to fish population dynamics: an overview. *Transactions of the American Fisheries Society*, 122, 397-403.

Van Winkle, W., Jager, H. I., Railsback, S. F., Holcomb, B. D., Studley, T. K., & Baldrige, J. E. 1998. Individual-based model of sympatric populations of brown and rainbow trout for instream flow assessment: model description and calibration. *Ecological Modelling*, 110, 175-207.

Vehrencamp, S. L. 1983. A model for the evolution of despotic versus egalitarian societies. *Animal*

Behaviour, 31, 667−682.

Verboom, J., Lankester, K., & Metz, J. A. J. 1991. Linking local and regional dynamics in stochastic metapopulation models. *Biological Journal of the Linnean Society*, 42, 39−55.

von Neumann, J., & Burks, A. W. 1966. *Theory of self-reproducing automata*. Urbana, Illinois: University of Illinois Press.

Vose, D. 2000. *Risk analysis: a quantitative guide*. Chichester: John Wiley and Sons.

Vucetich, J. A., & Creel, S. 1999. Ecological interactions, social organization, and extinction risk in African wild dogs. *Conservation Biology*, 13, 1172−1182.

Waldrop, M. M. 1992. *Complexity: the emerging science at the edge of order and chaos*. New York: Simon and Schuster.

Walker, J., Sharpe, P. J. H., Penridge, L. K., & Wu, H. 1989. Ecological field theory: the concept and field tests. *Vegetatio*, 83, 81−95.

Waller, L. A., Smith, D., Childs, J. E., & Real, L. A. 2003. Monte Carlo assessments of goodness-of-fit for ecological simulation models. *Ecological Modelling*, 164, 49−63.

Walling, L. L. 2000. The myriad plant responses to herbivores. *Journal of Plant Growth and Regulation*, 19, 195−216.

Walter, G. H., & Hengeveld, R. 2000. The structure of the two ecological paradigms. *Acta Biotheoretica*, 48, 15−46.

Watson, J. 1968. *The double helix: a personal account of the discovery of the structure of DNA*. New York: Atheneum.

Watt, A. S. 1947. Pattern and process in the plant community. *Journal of Ecology*, 35, 1−22.

Weiner, J. 1982. A neighborhood model of annual-plant interference. *Ecology*, 63, 1237−1241.

Weiner, J. 1990. Asymmetric competition in plant populations. *Trends in Ecology and Evolution*, 5, 360−364.

Weiner, J. 1995. On the practice of ecology. *Journal of Ecology*, 83, 153−158.

Weiner, J., Stoll, P., Muller-Landau, H., & Jasentuliyana, A. 2001. The effect of density, spatial pattern, and competitive symmetry on size variation in simulated plant populations. *American Naturalist*, 158, 438−450.

Weisfeld, M., & McCarty, B. 2000. *The object-oriented thought process*. Indianapolis, Indiana: SAMS Press.

Werner, E. E., & Peacor, S. D. 2003. A review of trait-mediated indirect interactions in ecological communities. *Ecology*, 84, 1083−1100.

Werner, F. E., Quinlan, J. A., Lough, R. G., & Lynch, D. R. 2001. Spatially explicit individual-based modeling of marine populations: a review of advances in the 1990s. *Sarsia*, 86, 411−421.

West, A. D., Goss-Custard, J. D., Stillman, R. A., Caldow, R. W. G., Durell, S. E. A. le V. dit, & McGrorty, S. 2002. Predicting the impacts of disturbance on wintering waders using a behaviour based individuals model. *Biological Conservation*, 106, 319−328.

Westoby, M. 1984. The self-thinning rule. *Advances in Ecological Research*, 14, 167–225.

Wiegand, T., Milton, S. J., & Wissel, C. 1995. A simulation model for a shrub ecosystem in the semiarid Karoo, South Africa. *Ecology*, 76, 2205–2221.

Wiegand, T., Naves, J., Stephan, T., & Fernandez, A. 1998. Assessing the risk of extinction for the brown bear (*Ursus arctos*) in the Cordillera Cantabrica; Spain. *Ecological Monographs*, 68, 539–570.

Wiegand, T., Moloney, K. A., Naves, J., & Knauer, F. 1999. Finding the missing link between landscape structure and population dynamics: a spatially explicit perspective. *American Naturalist*, 154, 605–627.

Wiegand, T., Jeltsch, F., Hanski, I., & Grimm, V. 2003. Using patternoriented modeling for revealing hidden information: a key for reconciling ecological theory and application. *Oikos*, 100, 209–222.

Wiegand, T., Revilla, E., & Knauer, F. 2004a. Dealing with uncertainty in spatially explicit population models. *Biodiversity and Conservation*, 13, 53–78.

Wiegand, T., Knauer, F., Kaczensky, P., & Naves, J. 2004b. Expansion of the brown bear (*Ursus arctos*) into the eastern Alps: a spatially explicit population model. *Biodiversity and Conservation*, 13, 79–114.

Wilson, W. G. 1998. Resolving discrepancies between deterministic population models and individual-based simulations. *American Naturalist*, 151, 116–134.

Wilson, W. G. 2000. *Simulating ecological and evolutionary systems in C.* Cambridge: Cambridge University Press.

Winkler, E., & Stöcklin, J, 2002. Sexual and vegetative reproduction of *Hierarcium pilosella* L. under competition and disturbance: a grid-based simulation model. *Annals of Botany*, 89, 525–536.

Wissel, C. 1989. *Theoretische Ökologie—Eine Einführung.* New York: Springer.

Wissel, C. 1992a. Aims and limits of ecological modelling exemplified by island theory. *Ecological Modelling*, 63, 1–12.

Wissel, C. 1992b. Modelling the mosaic-cycle of a Middle European beech forest. *Ecological Modelling*, 63, 29–43.

Wissel, C. 2000. Grid-based models as tools for ecological research. *Pages 94–115 of*: Dieckmann, U., Law, R., & Metz, J. A. J. (eds), *The geometry of ecological interactions: simplifying spatial complexity.* Cambridge: Cambridge University Press.

Wissel, C., Stephan, T., & Zaschke, S.-H. 1994. Modelling extinction and survival of small populations. *Pages 67–103 of*: Remmert, H. (ed), *Minimum animal populations (Ecological Studies 106).* Berlin: Springer.

With, K. A. 1997. The application of neutral landscape models in conservation biology. *Conservation Biology*, 11, 1069–1080.

Wolff, W. F. 1994. An individual-oriented model of a wading bird nesting colony. *Ecological Mod-

elling, 72, 75-114.

Wölfl, M., Bufka, L., Cerveny, J., Koubek, P., Heurich, M., Habel, H., Huber, T., & Poost, W. 2001. Distribution and status of lynx in the border region between Czech Republic, Germany and Austria. *Acta Theriologica*, 46, 181-194.

Wolfram, S. 2002. *A new kind of science*. Champaign, Illinois: Wolfram Media.

Wood, S. N. 1994. Obtaining birth and death rate patterns from structured population trajectories. *Ecological Monographs*, 64, 23-44.

Wu, H., Sharpe, P. J. H., Walker, J., & Penridge, L. K. 1985. Ecological field theory: a spatial analysis of resource interference among plants. *Ecological Modelling*, 29, 215-243.

Wyszomirski, T. 1983. A simulation model of the growth of competing individuals of a plant population. *Ekologia Polska*, 31, 73-92.

Wyszomirski, T. 1986. Growth, competition and skewness in a population of one-dimensional individuals. *Ekologia Polska*, 34, 615-641.

Wyszomirski, T., Wyszomirska, I., & Jarzyna, I. 1999. Simple mechanisms of size distribution dynamics in crowded and uncrowded virtual monocultures. *Ecological Modelling*, 115, 253-273.

Yoda, K., Kira, T., Ogawa, H., & Hozumi, K. 1963. Self-thinning in overcrowded pure stands under cultivated and natural conditions. *Journal of Biology (Osaka City University)*, 14, 107-129.

Yodzis, P. 1989. *Theoretical ecology*. New York: Harper and Row.

Zeeman, E. C. 1977. *Catastrophe theory: selected papers, 1972 - 1977*. Boston, Massachusetts: Addison-Wesley.

Zeide, B. 1987. Analysis of the 3/2 power law of self-thinning. *Forest Science*, 33, 517-537.

Zeide, B. 1989. Accuracy of equations describing diameter growth. *Canadian Journal of Forest Research*, 19, 1283-1286.

Zeide, B. 1991. Quality as a characteristic of ecological models. *Ecological Modelling*, 55, 161-174.

Zeide, B. 2001. Natural thinning and environmental change: an ecological process model. *Forest Ecology and Management*, 154, 165-177.

Zeigler, B. P. 1976. *Theory of modelling and simulation*. Malabar, Florida: Krieger.

Zeigler, B. P., Praehofer, H., & Kim, T. G. 2000. *Theory of modeling and simulation: integrating discrete event and continuous complex dynamic systems (2nd edition)*. Boston: Academic Press.

Zhivotovsky, L. A., Bergman, A., & Feldman, M. W. 1996. A model of individual adaptive behavior in a fluctuating environment. *Pages 131 - 153 of*: Belew, R. K., & Mitchell, M. (eds), *Adaptive Individuals in Evolving Populations*. Santa Fe Institute Studies in the Sciences of Complexity, vol. XXVI Reading, Mass: Addison-Wesley.

索　引